科学出版社“十四五”普通高等教育研究生规划教材

通信网络理论与应用

（第二版）

赵海涛　马东堂　黄圣春　周　力　编著

科学出版社

北　京

内 容 简 介

本书系统介绍了通信网络的基础理论和应用，理论与实际相结合，通俗易懂、实用性强。全书共10章，主要内容包括绪论、通信网络业务和协议建模基础、排队论及其应用、图论及其应用、通信网络中的传输与交换、多址接入、流量控制和拥塞控制、自组织网络及其分析方法、网络性能分析与仿真，以及智能化通信网络技术。

本书既可用作通信工程、网络工程及其他相关专业的高年级本科生和研究生的教材，又可供从事研究开发的相关工程技术人员参考和借鉴。

图书在版编目（CIP）数据

通信网络理论与应用/赵海涛等编著. —2 版. —北京：科学出版社，2022.6

科学出版社“十四五”普通高等教育研究生规划教材

ISBN 978-7-03-072366-6

Ⅰ. ①通…　Ⅱ. ①赵…　Ⅲ. ①通信网-高等学校-教材　Ⅳ. ①TN915

中国版本图书馆 CIP 数据核字（2022）第 090559 号

责任编辑：潘斯斯　陈　琪 / 责任校对：王　瑞

责任印制：赵　博 / 封面设计：迷底书装

科 学 出 版 社 出版

北京东黄城根北街 16 号

邮政编码：100717

http://www.sciencep.com

北京厚诚则铭印刷科技有限公司印刷

科学出版社发行　各地新华书店经销

*

2017 年 6 月第　一　版　　开本：787 × 1092　1/16

2022 年 6 月第　二　版　　印张：18

2025 年 1 月第七次印刷　　字数：427 000

定价：99.00 元

（如有印装质量问题，我社负责调换）

前　言

通信网络是现代信息社会的重要基础设施。本书系统介绍了通信网络的基础理论，结合无线通信网络的发展分析了通信网络理论的应用案例，力求使读者掌握通信网络的基础知识、相关理论和分析方法，了解通信网络的最新技术以及发展趋势，并为通信网络的进一步研究、开发、设计、规划、管理和维护打下坚实的基础。

本书第一版于 2017 年由科学出版社出版，目前通信网络方面的技术有了很大的进展，特别是在智能网络方面，而原来的教材中涉及较少。因此对本书进行修订，增加当前通信网络领域最新的研究进展和智能网络方面的内容，删除一些目前较少用到的知识内容，并对原来的内容整体进行优化和更新。另外，本书第一版中案例较少，第二版进行了补充。

本书的主要特点如下。

(1) 力求通俗易懂、深入浅出，既突出基础理论知识的完备性，又兼顾贴近工程实践的实用性。

(2) 应用案例侧重于通信网络理论在无线通信中的应用，反映了该领域的最新研究进展；扩展阅读为读者了解相关技术的脉络提供了素材和线索。

全书共分 10 章，主要内容如下。

第 1 章从通信网络的基本构成与分类入手，介绍网络的分层体系结构及功能、网络协议的功能、网络性能的评价指标体系以及通信网络的应用和发展趋势。

第 2 章介绍通信网络的建模理论，重点从通信网络业务建模和网络协议建模两个角度进行讨论，分析通信网络的业务特点和相应的业务建模方法、典型通信网络的建模方法，以及网络协议的有限状态机的建模方法。

第 3 章介绍排队论及其应用，包括排队系统模型、排队系统的性能指标、Little 公式、$M/M/m/n$ 排队系统和 $M/G/1$ 排队系统，并讨论排队论在通信网络中的应用。

第 4 章介绍图论及其应用，包括图论的基础知识、图的最小生成树问题、图的最短路径问题和选择算法，以及图论在网络流量分析中的应用。

第 5 章讨论通信网络中的传输与交换技术，重点介绍数据链路层中的传输复用、差错控制以及分组交换技术等。

第 6 章介绍多址接入技术，主要讨论传输媒介的分配和使用，包括以 FDMA、TDMA 和 CDMA 为代表的静态分配方案、以随机分配多址接入为代表的动态分配方案等，最后讨论非正交多址接入技术以及当前该领域有代表性的工作。

第 7 章介绍流量控制和拥塞控制理论，包括通过限制发送数据量的流量控制方法、最大流算法、最佳流问题，以及拥塞控制的原理和算法。

第 8 章介绍自组织网络及其分析方法，以自组织网络为典型来讨论通信网络理论的应用，重点介绍自组织网络的特点和体系结构、自组织网络的 MAC 协议和路由协议、自组织网络的服务质量及其安全性分析等。

第 9 章讨论网络性能分析与仿真方法，详细介绍网络的主要性能指标，以及无线网络容量、服务质量和可靠性的分析方法，最后介绍以 OPNET、ns-3 为代表的网络仿真软件。

第 10 章针对当前智能化通信网络的发展热潮，讨论智能化通信网络中涉及的技术，重点分析不同机器学习算法的分类和特点，以此进一步分析其在通信网络中的应用，给出了目前有代表性的研究进展。

本书作者长期从事通信网络教学和科研工作。全书的大纲拟定、统稿、修改定稿由赵海涛完成。第 1、2、3、7 章由赵海涛和马东堂执笔，第 4、10 章由周力执笔，第 5、6、9 章由黄圣春执笔，第 8 章由赵海涛执笔。

同时，在本书编写过程中参考了大量国内外文献和著作，在此对这些文献和著作的作者表示衷心的感谢。

本书涉及通信网络领域广泛的理论和技术问题，由于作者的知识局限，书中难免存在疏漏之处，敬请读者批评指正。

作　者

2021 年 11 月于国防科技大学

目　录

第1章　绪　　论

从人类社会诞生以来，人们就生活在各种各样的网络中。这些网络包括人际关系网络、交通网络，以及用于信息交互的通信网络等。随着社会不断发展，人们的日常生活也越来越离不开网络。在当前信息化社会中，其他网络往往需要通信网络的支撑得以运行，例如，为了维持良好的人际关系，人们往往需要通过通信网络进行沟通和交流；为了使交通网络运行流畅，也需要通信网络来进行流量监控、数据支撑和资源调度等。换一个角度来看，通信网络的运行与日常所见的人际关系网络、交通网络也有很多相似之处，甚至本质是相同的，构造和维护通信网络的很多方法也是受这些网络启发而得来的。因此，透过所熟知的人际关系网络，能更深刻地理解通信网络的运行。希望读者在本书后续的阅读中能借鉴这一思路，这样很多关于通信网络的理解就会更轻松，一些问题也能更容易理解。

1.1　通信网络的概念

通信网络是由一定数量的节点(包括终端节点、交换节点或转发节点等)和连接这些节点的传输链路有机地组织在一起，按约定的信令或协议完成网络内任意用户间信息交换的通信系统。对于一般的通信网络系统，可以用图 1-1 所示的模型来抽象地描述(图中圆圈表示网络节点，可以是计算机、路由器、手机、传感器等，每个节点都起到信源和/或信宿的作用；连接各节点的线段表示传输链路，它们可以是有线的，如光纤、双绞线、电话线等，也可以是无线的)。

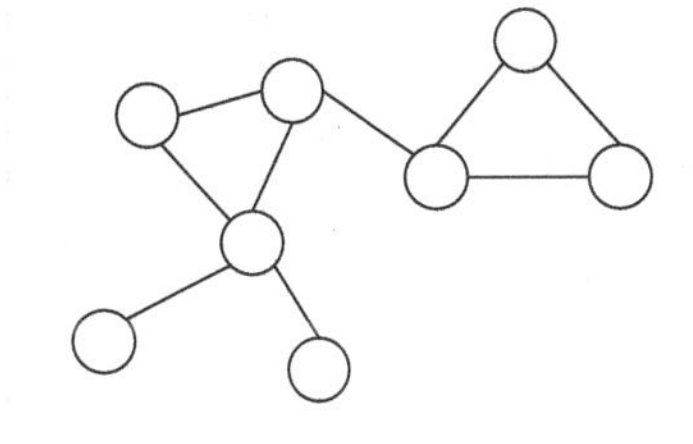

图 1-1　通信网络系统模型示意图

通信网络的发展需要基础理论的支撑和不断演进。通信网络正朝着泛在化、移动化、多媒体化、宽带化和智能化的方向发展，这对通信网络理论的研究提出了新的需求。当前，通信网络理论已经成为一门独立的学科，其内涵丰富、前景广阔。近年来，网络科学、随机网络、复杂网络等相关理论不断开枝散叶，出现了很多新的进展。然而，追根溯源，其仍植根于排队论、图论等基础通信网络理论。掌握这些理论不仅对于通信网络的规划、设计、建设、管理和维护等具有重要的指导意义，而且对于理解不断涌现的通信网络新理论也大有裨益。

通信网络的发展是以应用来驱动的，其演进本质是需求、理论、技术、产业相互作用并不断迭代完善的过程。人们一直希望打破不同地域或客观条件的限制实现“5W”的目标，即“任何人(Whoever)在任何时候(Whenever)的任何地方(Wherever)与任何人(Whomever)进行任何方式(Whatever)的通信”的目标，从早期的电话网到互联网，再到移动互联网等都是在这一目标需求驱使下发展起来的。当前，通信网络已经不再只是满足于人与人的连接，人与物的连接、物与物的连接成为更重要的发展趋势。为了达到“万物互联”的目标，传感器网络、物联网等不断成为研究热点。近年来，随着新一代移动通信网络的发展，不少专家学者也提出了“知识的互联”“意识的互联”“人-机-物-灵的互联”等需求和应用场景，通信网络也要不断发展来适应这些需求和应用场景。

因此，本书从通信网络的理论和应用两方面进行阐述，希望读者有一个较全面的认识，本书的内容安排如图 1-2 所示。本章首先讨论通信网络的基本构成与分类，然后讨论通信网络体系结构和网络协议，最后讨论通信网络的性能指标和基本理论问题。这样对通信网络的全貌有一个基本了解后，才能理解通信网络中有哪些基本的理论和技术，以及有哪些不同的应用场景。有了这样一个概貌，后面的各章再对各部分的细节内容进行阐述。

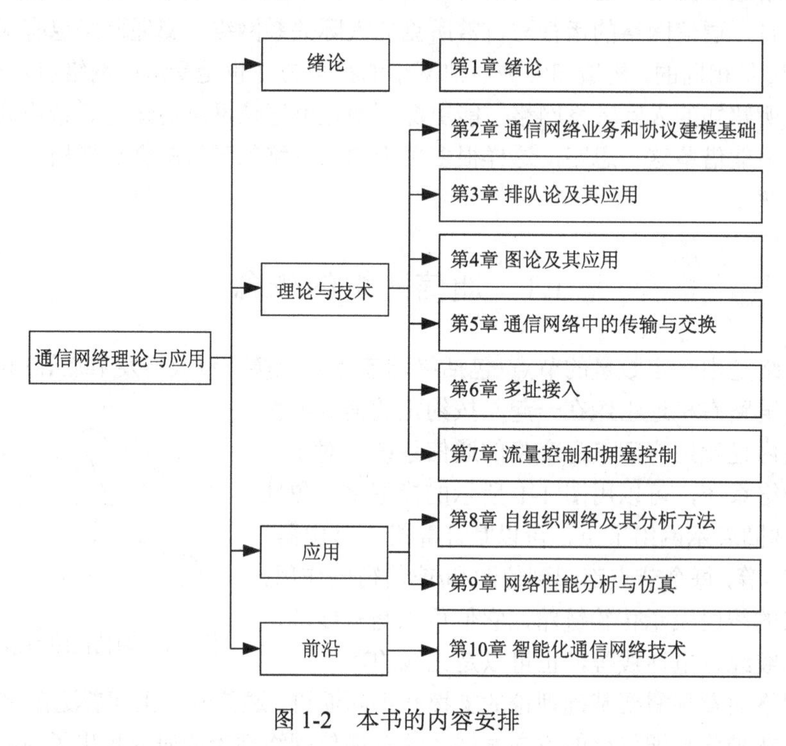

图 1-2　本书的内容安排

1.2　通信网络的基本构成与分类

1.2.1　通信网络的基本构成

如前所述，通信网络是由若干有连接关系的网络节点和连接它们的传输链路所构成的集合，也就是说通信网络是由相互依存、相互制约的许多要素组成的有机整体，用以完成规定的功能。在通信网络中，信息的交换可以在用户之间进行，也可以在设备之间进行，还可以在用户和设备之间进行。交换的信息包括业务信息(如语音、数据、图像、视频等)、控制信息(如信令信息、路由信息、测控信息等)和网络管理信息(如服务质量、故障信息、配置信息等)等。为了便于理解，以常见的移动通信网络为例，来介绍移动通信网络的一般架构，如图1-3所示。

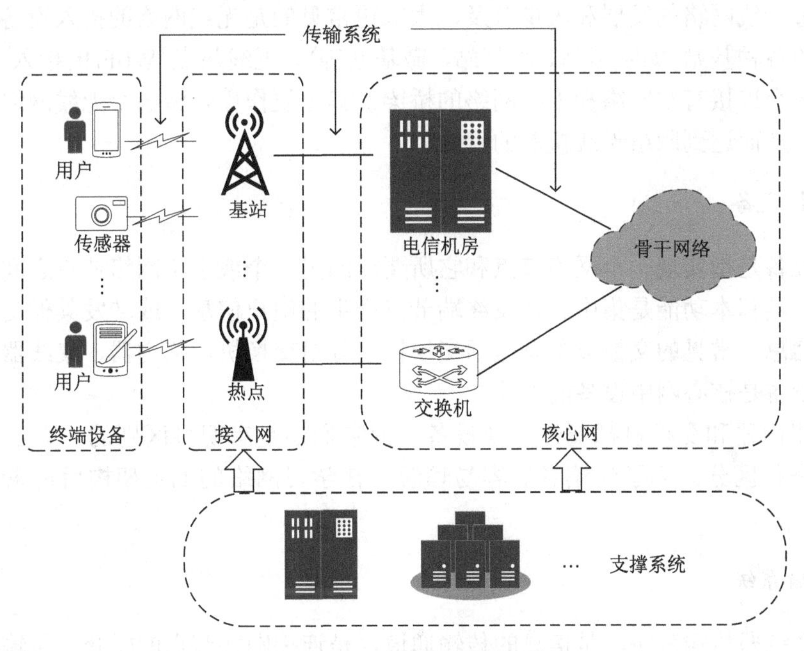

图1-3 移动通信网络架构示意图

通信网络中的每一次通信都需要软硬件的协调配合来完成。软件主要包括信令、协议、控制、管理、计费等单元，主要作用是完成通信网络的控制、管理、运营和维护。硬件主要包括终端设备、接入设备、交换设备、传输系统和支撑系统，它们完成通信网络的接入、交换、控制和传输等功能。下面将依次介绍这些硬件设施的定义和功能。

1. 终端设备

终端设备是指用户与通信网络之间的接口设备，包括信源、信宿，以及变换器和反变换器的一部分。最常见的终端设备有手机、固定电话、计算机、传真机、打印机、机顶盒、可视电话终端、网络摄像头等。终端设备的功能如下。

(1)将待传送的信息和传输链路上传送的信息进行相互转换。在发送端，将信源产生的信息转换成适合在传输链路上传送的信号；在接收端则将从链路上接收的信号转换为信宿要接收的信息。

(2)将信号与传输链路相匹配，由信号处理设备完成。

(3)信令的产生和识别，即终端设备产生和识别网内所需的信令，以实现呼叫建立、监控、拆除、网络管理等一系列通信控制功能。

2. 接入设备

接入设备是指将终端设备连接入网络的设备。早期个人计算机常用调制解调器(即

Modem，俗称"猫"）接入互联网，到后来的宽带综合接入设备，包括DSL（Digital Subscriber Line，数字用户线）、ADSL（Asymmetric Digital Subscriber Line，非对称数字用户线）等。目前，随着无线网络的发展和大量普及，大家更常见的是无线网络的接入设备，包括蜂窝网络中的各种基站（如宏基站、小基站、微基站等）、无线热点（Wi-Fi的接入点）等。它们相当于一个连接有线网络和无线网络的桥梁，其主要作用是将各个无线网络客户端连接到一起，从而达到网络无线覆盖的目的。

3. 交换设备

交换设备是指实现一个网络节点和它所要求的另一个或多个网络节点之间的交换连接的设备，其基本功能是集中、转发终端节点产生的用户信息，或转发其他交换节点需要转接的信息。常见的交换设备有电话交换机、分组交换机、路由器、集线器、转发器等，这些设备是核心网中设备的主体。

尽管路由器和交换机都属于交换设备，但它们还是有明显区别的，有必要在概念上对它们进行区分。为了使读者更容易理解，在学习网络的七层架构后再来分析两者的区别。

4. 传输系统

传输系统即传输链路，是信息的传输通道，是连接网络节点的媒介。传输链路可以分为不同的类型，如有线链路和无线链路（每一种还可再细分为不同的链路），各有不同的实现方式和适用范围。通常传输系统的硬件包括线路接口设备、传输媒介、连接设备等。传输系统的一个主要设计内容就是如何提高物理线路的使用效率，因此传输系统通常会采用多路复用技术，如频分复用、时分复用、码分复用、空分复用、波分复用等。

另外，为保证交换节点能正确接收和识别传输系统的数据流，交换节点必须与传输系统协调一致，包括保持帧同步和位同步、遵守相同的传输协议等。

5. 支撑系统

除了上述业务性的设备外，一个复杂的通信网络中往往还包括专门支持运营和管理整个网络系统的支撑系统，包括构建数据中心的设备、网络状态监测设备、网络安全设备等。

需要指出的是，上述设备或系统在实际中也并不是严格进行区分的，因为不同网络根据其应用场景的不同，构成可能不同，一个设备也可在网络中承担多个不同的角色。

1.2.2 通信网络的分层体系结构

网络设备庞多，网络运行起来也会很繁杂。如果一个问题太大或者太复杂，往往可以将其分解成多个子问题，而且为了加快问题解决的速度，这些子问题最好可以由各自领域的专业人士解决。正是基于这样的理念，为了让不同设备制造厂商生产的产品能够很好地协作，需要切分不同设备的界面，解耦设备间的紧密接口联系，这样对某一个设备进行替换或升级后不会影响到其他设备的正常运行。由此，建立了基于开放系统互连

(Open System Interconnection，OSI)参考模型的分层体系结构。分层就是将完成计算机通信全过程的所有功能划分成若干层，每一层对应一些独立的功能，从而将庞大而复杂的问题转化为若干较小的局部问题，而这些较小的局部问题是比较容易研究和处理的，而且是可以并行研究和处理的。

1. 网络体系结构定义

网络体系结构是一套顶层的设计标准，这套标准用来指导网络的技术设计，特别是协议和算法的工程设计。它包括以下两个层次。

(1)网络的构建原则，本层次确定了网络的基本框架。

(2)功能分解和系统的模块化，本层次指出了实现网络体系结构的方法，具体包括以下方面：网络状态的维护和转移；网络中的实体命名规则；命名、寻址和路由功能的内在关系及工作原理；通信功能的模块化划分；信息流之间的网络资源分配、网络终端系统与这种分配法则的相互作用、公平性和拥塞控制的实现；网络安全的实现和保证；网络管理功能的设计与实现；不同服务质量(Quality of Service，QoS)的实现方法。

根据以上定义，通信网络的网络体系结构必须完成以下三项具体工作。

(1)按一定规则把网络划分成为许多部分，并明确每一部分所包含的内容。

(2)建立参考模型，将各部分组合成通信网络，并明确各部分间的参考点。

(3)设置标准化接口，对参考点的接口标准化。接口标准化的实质就是从整体上使通信网络最优化，但局部可能暂时出现一些问题，如成本上升、处理信息量增加，并导致性能下降。一旦硬件大规模集成化和高速化，这些问题会迎刃而解。

2. 网络的分层和分段

通信网络采用分层体系结构、通信协议和分组交换方式实现了远程网络通信。任意一个网络总可以从垂直方向分解为若干独立的层。网络采用分层体系结构具有以下好处。

(1)各层相互独立。某一层并不需要知道它下面的层是如何实现的，而仅仅需要知道该层通过层间接口所提供的服务即可，故各层均可以采用最合适的技术来实现。由于每一层只实现一种相对独立的功能，因此可将一个难以处理的复杂问题分解为若干个较容易处理的问题。这样，整个问题的复杂度就下降了。

(2)灵活性好。当任何一层发生变化时，只要接口关系保持不变，上下相邻层则均不受影响。而且，某层提供的服务可以修改，如果某层提供的服务不再需要，可取消这一层，故易于扩充或者改变协议。

(3)实现和维护方便。分层体系结构通过把整个系统分解成若干个易于处理的部分，而使通信网络的实现、调试和维护等变得容易。

(4)易于标准化。因为每一层的功能及其所提供的服务都有精确的说明，所以，每一层的工作都可根据说明进行标准化设计。

当然，凡事都有两面性，分层也有一些缺点。例如，有些功能会在不同的层次中重复出现，因而产生了额外开销；每个层都单独做设计和优化，可能难以达到全局的最优化等。故在分层的时候，应该遵循一系列的原则。

作为计算机网络发展里程碑的阿帕网(Advanced Research Project Agency Network，ARPANET)就是采用分层方法实现的。ARPANET 确定了通信子网和资源子网两层网络及网络层次结构等概念，并研究了检错、纠错、中继路由选择、分组交换和流量控制等多种控制方法与协议。另外，其还制定了远程通信和文件传输等多种用户协议，为网络体系结构的完善和发展提供了实践经验。

网络分层后，每一层仍然很复杂。为了便于管理，在分层的基础上，再从水平方向把每一层网络划分为若干个分离的部分，这就是分段。采用分段概念的重要特点是允许层网络的一部分被层网络的其余部分看成一个单独实体。因而，层网络的内部结构是隐藏不露的，对于减少层网络管理控制的复杂性十分有利，使网络运营可以自由地改变其子网或使其最佳化，而不影响层网络的其余部分。这就是一个网络中可能会有多个不同网段的原因。

采用分段的概念对于在同一层网络内对网络结构进行规定是十分必要的。例如，当同一层网络由不同网络运营商联合提供端到端通道时，采用分段概念可以对管理界限进行规定。通信网络协议是网络体系结构的重要组成部分，它通常按照网络体系结构来设计。

3. OSI 参考模型

OSI 参考模型是由国际标准化组织(ISO)于 1984 年颁布的网络体系结构的国际标准。OSI 试图达到一种理想境界，即全世界的计算机网络都遵循这个统一的标准，从而全世界的计算机都能够很方便地进行互联和交换数据。下面对 OSI 参考模型进行较详细的叙述。

OSI 参考模型的基本构造技术是分层，建立标准分层模型的第一步是制定分层原则。归纳起来，OSI 的分层遵循以下原则：①层次不能太多，避免在描述及综合这些层次时发生困难；②应在接口服务描述工作量最少、穿过相邻边界相互作用次数最少或通信量最少的地方建立边界；③每一层应该有明确定义的功能，这种功能应在完成的操作过程方面或者在涉及的技术方面与其他功能层次有明显不同，因而相似的功能应放在同一层，对定义明确且处理方法明显不同的那些功能，应建立不同的层次；④分层后每一层应仅与其相邻的上、下层通过接口通信；⑤每一层使用下层提供的服务，并向上层提供服务；⑥在保持对上邻层提供服务和要求下邻层提供服务条件不变的情况下，允许各层重新设计，并允许各层的协议为适应结构、硬件及软件方面的新技术而进行某种变化；⑦对经验证确认是成功的层次应予以保留，这是通信设备制造商最为关心的事情；⑧在进行数据处理和相互通信时，若对应接口对标准化有好处，则应设立边界；⑨考虑数据处理的需要，在数据处理过程中需要不同的抽象级别(如词法、句法、语义等)的地方设立单独的层次，等等。

在遵循上述分层原则的基础上，最终形成了七层架构的 OSI 参考模型，如图 1-4 所示。

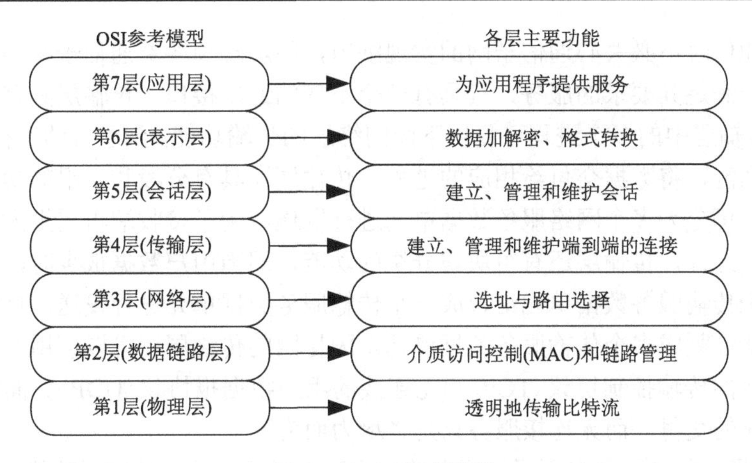

图 1-4 OSI 参考模型

OSI 参考模型中从低到高各层的功能简述如下。

(1) 物理层。物理层主要完成通信信号的传输功能。该层的核心任务是透明地传输比特流，“透明地传输比特流”表示经实际电路传输后的比特流没有发生变化，电路并没有对比特流的传输产生什么影响，因此比特流就“看不见”这个电路，任意组合的比特流都可以在这个电路上传输。物理层包括通信收/发机和通信信道等，其典型问题是用多少伏的电压表示 1，多少伏的电压表示 0；1 比特持续多少微秒；传输是否在两个方向上同时进行；用什么调制方式进行传输；网络接插件有多少针以及各针的用途等。这里的设计主要是处理机械接口、电气接口和过程接口，以及物理传输介质等问题。物理层对其后的各层隐藏了所有这些细节，将物理线路改造成了一个简单的数据链路。

(2) 数据链路层。数据链路层的主要功能是介质访问控制和链路管理。它使用由物理层提供的服务，并通过添加错误处理机制将简单的数据链路改造成可靠的数据链路，再提供给网络层。数据链路层以帧为单位传输数据，每一帧包括数据和必要的控制信息。数据链路层要解决的问题包括三个方面：第一个方面是由于帧的破坏、丢失和重复而出现的问题；第二个方面是防止高速的发送方的数据把低速的接收方“淹没”，因而需要有某种流量调节机制；第三个方面是信道共享的问题，例如，如果线路能用于双向传输数据，则数据链路层要解决两个方向的数据包对线路的竞争使用问题，而对于广播式网络，数据链路层则要处理多个用户对共享信道的访问问题。

(3) 网络层。网络层使用数据链路层提供的服务，负责为网络中的不同节点提供选址和路由选择功能，从而使距离很远的节点间能建立通信通道。网络层以分组或包为单位传送数据。相互通信的主机之间可能要经过许多个节点和链路，也可能还要经过多个路由器互连的通信子网，网络层的任务就是要选择合适的路由，使发送端传输层所传下来的数据能够按照地址找到目的主机。此外，如果在子网中同时出现过多的分组，它们将相互阻塞通路，形成瓶颈，因此拥塞控制也属于网络层的范围。在广播式网络中，选择路由的问题很简单，因此网络层很弱，甚至不存在。

(4) 传输层。传输层的主要功能是建立、管理和维护端到端的连接。它在优化网络服务的基础上，为源主机和目的主机之间提供价格合理的、可靠的透明数据传输，使高层用户在相互通信时不必关心通信子网的实现细节，即屏蔽掉各类通信子网的差异，向用户提供一个能满足其要求的服务，且具有一个不变的通用接口。传输层具有复用和分用的功能，即传输层中的多个进程可复用下面网络层的传输功能，到了目的主机的网络后，再使用分用功能，将数据交付给相应的进程。传输层还具有分段和重组的功能，即发送端的数据单元可分为多个网络服务数据单元进行发送，到了接收端再重组为发送端传输的数据单元。此外，传输层还有组块与分块的功能，即当用户数据很少时，发送传输实体可以将多个传输服务数据单元组合成一个传输服务数据单元进行发送，接收端传输实体再将其重新分割成多个传输服务数据单元。因特网的传输层还可以使用两种不同的协议：面向连接的传输控制协议(TCP)和无连接的用户数据报协议(UDP)。面向连接的服务能提供可靠的交付，而无连接服务只是“尽力而为”。

(5)会话层。会话层允许不同机器上的用户建立会话关系，其主要功能是建立、管理和维护这些会话。会话层可对基本的传输服务进行增值，并提供一个功能更为完善、能满足多方面应用要求的会话连接服务。会话层也可用于远程登录到分时系统或在两台机器间传输文件。会话层的服务中，一种是要进行会话管理。会话层允许信息同时双向传输，或任一时刻只能单向传输，在单向传输时会话层要负责在会话双方之间进行切换。另一种会话层服务是同步。例如，如果网络平均每小时出现一次大故障，而两台计算机之间要进行长达 2 小时的文件传输，该怎么办呢?为了解决这个问题，会话层提供了一种方法，即在数据流中插入检查点。每次网络崩溃后，仅需要重传最后一个检查点以后的数据。

(6)表示层。表示层的目的是处理有关被传送数据的表示问题，主要包括数据的加解密和格式转换等。表示层以下的各层只关心如何可靠地传输比特流，而表示层关心的是所传输的信息的语法和语义，并对用户层的语法进行解释。例如，大多数的用户程序之间并不是交换随机的比特流，而是交换人名、日期、货币数量和发票之类的对象信息，而这些对象信息是用字符串、整型、浮点数，以及几种简单类型组成的数据结构来表示的，并且不同的机器对这些类型的表示代码不同。这时，为了保证使用不同表示法的计算机之间的通信，交换过程中要使用抽象的方式来对这些数据结构进行定义，并且用标准的编码方式。而表示层就对这些抽象数据结构进行管理，并且将所使用的标准编码方式与计算机内部的表示方式进行相互转换。

(7)应用层。应用层是 OSI 参考模型的最高层，它为应用程序提供了访问 OSI 环境的手段，相当于应用程序的接入点。应用层包含了大量人们普遍需要的具体的服务协议，直接为用户的应用程序提供服务，如支持万维网应用的 HTTP 协议、支持电子邮件的 SMTP 协议、支持文件传送的 FTP 协议等。

4. 在 OSI 参考模型下路由器与交换机的区别

有了 OSI 参考模型的概念，再回头来看比较容易混淆的两个设备：路由器和交换机。尽管路由器和交换机都属于交换设备，但还是有必要对它们进行区分，路由器与交换机的主要区别体现在以下几个方面(这些区别，根本上是源自它们工作在不同的层次)。

(1)工作层次不同。最初的交换机工作在 OSI 参考模型的数据链路层，也就是第二层，而路由器一开始就设计在 OSI 参考模型的网络层工作。由于交换机工作在 OSI 参考模型的第二层(数据链路层)，因此，它的工作原理比较简单，而路由器工作在 OSI 参考模型的第三层(网络层)，可以得到更多的协议信息，路由器可以做出更加智能的转发决策。

(2)数据转发所依据的对象不同。交换机利用物理地址或者说 MAC 地址来确定数据转发的目的地址。而路由器则利用不同网络的 ID(即 IP 地址)来确定数据转发的目的地址。IP 地址是在软件中实现的，描述的是设备所在的网络，有时这些第三层的地址也称为协议地址或者网络地址。MAC 地址通常是硬件自带的，由网卡生产商来分配，而且已经固化到网卡中，一般来说是不可更改的。而 IP 地址则通常由网络管理员或系统自动分配。

(3)分割域的不同。传统的交换机只能分割冲突域，不能分割广播域；而路由器可以分割广播域。由交换机连接的网段仍属于同一个广播域，广播数据包会在交换机连接的所有网段上传播，在某些情况下会导致通信拥挤和安全漏洞。连接到路由器上的网段会被分配成不同的广播域，广播数据不会穿过路由器。虽然第三层以上的交换机具有 VLAN 功能，也可以分割广播域，但是各子广播域之间是不能通信交流的，它们之间的交流仍然需要路由器。

除此之外，路由器仅转发特定地址的数据包，不传送不支持路由协议的数据包和未知目标网络数据包，从而可以防止发生广播风暴。

5. OSI 参考模型与 TCP/IP 参考模型

在 20 世纪 80 年代，许多大公司甚至一些国家的政府机构都纷纷表示支持 OSI。然而到了 20 世纪 90 年代初，虽然整套的 OSI 国际标准都已经制定出来了，但由于因特网已抢先在全世界覆盖了相当大的范围，几乎找不到有什么厂家生产出符合 OSI 国际标准的商用产品。如今规模最大、覆盖全世界的计算机网络(即因特网)并未使用 OSI 国际标准，而是采用 TCP/IP 协议。但是，总的来说，TCP/IP 参考模型与 OSI 参考模型是类似的，只是将 OSI 参考模型的几个层进行了合并，如图 1-5 所示。OSI 参考模型对于讨论通信网络，以及对于理解体系结构和分层的思想仍然特别有价值。

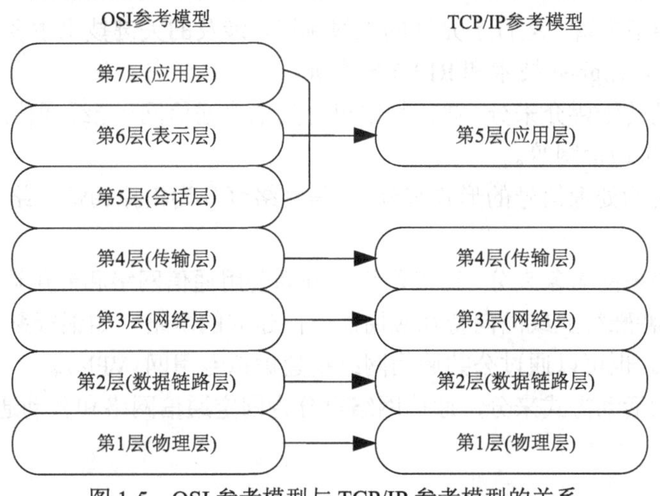

图 1-5　OSI 参考模型与 TCP/IP 参考模型的关系

1.2.3　通信网络的分类

通信网络可以有不同的分类方式，传统的分类方式是按照提供的业务、功能、覆盖范围等对通信网络进行分类。下面介绍几种常用的分类方式。

(1)按照承载的业务类型来分，通信网络可以分为固定电话网、移动电话网、数据通信网、计算机通信网、广播电视网、多媒体通信网和综合业务通信网等。“三网融合”中的“三网”指的就是电信网、计算机网和有线电视网，也是按照承载的业务类型来分类的。对于综合业务网络就不能按照承载的业务类型来分类。

(2)按照提供的功能来分，通信网络可分为传输网、交换网、接入网、信令网、同步网和管理网等。

(3)按照通信覆盖范围来分，通信网络可以分为广域网(Wide Area Network，WAN)、城域网(Metropolitan Area Network，MAN)、局域网(Local Area Network，LAN)和个域网(Personal Area Network，PAN)等。

广域网通常覆盖范围从几十公里到几千公里，能连接多个城市或国家，并能提供远距离通信。广域网的通信子网通常采用分组交换技术，可以利用公用分组交换网、卫星通信网和无线分组交换网。

城域网通常覆盖一个城市或一个大学校园，由于有密集的接入点和交换/路由点，城域网采用的技术也相对复杂一些。城域网可分为核心层、汇聚层和接入层。核心层主要提供宽带业务承载和传输，完成与已有网络的互联互通；汇聚层的基本功能是汇聚接入层的用户流量，进行数据分组传输的汇聚、转发和交换；接入层利用多种接入技术，进行带宽和业务的分配，实现用户的接入。

局域网是指在某一区域内由多个终端互联成的通信网络，一般覆盖范围在几千米以内。严格意义上，局域网是封闭型的，决定局域网的主要技术要素是网络拓扑、传输介质和介质访问控制方法。

个域网主要用于同一地点的各种通信终端之间的联网。若采用无线连接方式，则成为无线个人区域网(Wireless PAN，WPAN)。WPAN的特点是覆盖范围小(一般在10m半径以内)、业务类型丰富、运行于允许的无线频段，涉及的关键技术主要有蓝牙技术、超宽带(UWB)技术、Zigbee技术和RFID技术等。

(4)按通信的传输媒介来分，通信网络可分为电缆通信网、光纤通信网、短波通信网、微波通信网、卫星通信网等。

(5)按通信传输处理信号的形式来分，通信网络可分为模拟通信网络和数字通信网络等。

(6)按通信服务的对象来分，通信网络可分为公用通信网络和专用通信网络等。专用通信网络是一些特殊行业或面向特殊应用而专门建立的网络，如银行系统通常就有自己的专用通信网络。也可以通过公共通信网络搭建虚拟专用网(VPN)。

(7)按通信的活动方式来分，通信网络可分为固定通信网络和移动通信网络等。

1.3 网络协议概述

很多人在一起协同工作时，总要遵循共同的工作规程，这样才能协调多个不同个体的行为，使大家能协调一致而不起冲突，从而避免发生资源的浪费。例如，法律就是人类社会这个网络在运行中需要遵循的规程。通信网络与一个简单通信系统的根本区别就是，它也是很多个有通信能力的节点在一起协调工作。因此，在通信网络中的多个节点同样需要遵循一些规程，这便是网络协议。

具体而言，在通信网络中，双方进行通信时都必须认同一套用于信息交换的约定规则。协议就是约定规则使用的语言及其所表达的语义。协议要规定信息格式及每条信息所需控制信息的一套规则，实现这些规则的软件称为协议软件。

1.3.1 协议缺陷的教训

为了更清晰地认识到协议的作用，特别是协议完备性的重要性，接下来讲述一个案例。

某隧道全长 1.5 公里，穿过隧道的轨道有两条，每个方向各一条。为了保证安全，在任意时刻，隧道中的每一条轨道上只允许有一列火车经过。在隧道的两端都有 24 小时值班的信号员，他们通过电报信号发射器来交互简单信号。

如图 1-6 所示，当火车从一端(A)进入隧道后，信号系统能够自动将信号灯设置为红色，并且在该端的信号员向另一端(B)发送信号“火车在隧道中”。等到火车在隧道另一端(B)出现时，B 端的信号员向 A 端反馈“隧道已空”的反馈信号。A 端信号员接到这个信号以后就重置隧道入口信号灯为绿色，允许下列火车进入隧道。为了让系统更加安全，又加了第三个消息码，可以让信号员向位于隧道另一端的同事发问：“火车已经离开隧道了吗？”两个信号员的工作保证了隧道的安全使用。该协议同时也考虑到了即使在隧道的某端的信号发射器功能失效的情况下，即当火车进入后信号灯没有变成红色或者信号灯坏掉，信号员会用红旗(代替原来的红色信号灯)和白旗(代替原来的绿色信号灯)来表示信号，从而维持交通的正常进行。

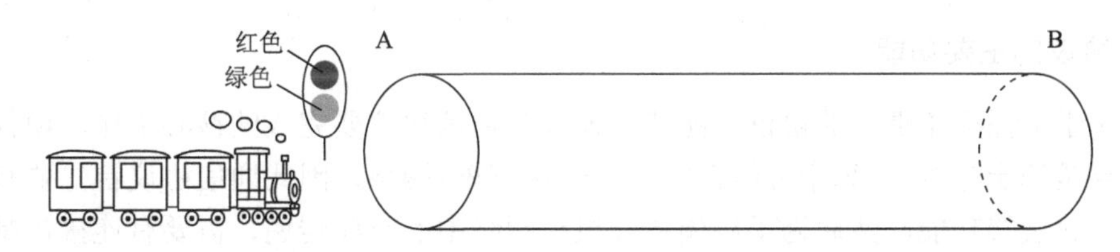

图 1-6 隧道示意图

尽管如此，该系统最终还是由于其协议的不完备性出现了问题。下面是对此事故的相关记录。

第一列火车从 A 端进入隧道，由于系统故障，信号系统并未将信号灯自动置为红色。此时，A 端的信号员(将其称为信号员 A)准确地发现了这一问题，于是首先向隧道另一端的同事(即信号员 B)发出信号“火车在隧道中”，然后使用红色旗帜向下一列火车发出警告。

然而，随之而来的第二列火车因速度太快，已经越过了刚才的绿色信号。幸运的是，火车司机在进入隧道的瞬间看见了信号员 A 的红色旗帜。而紧跟其后的第三列火车则及时地得到了红色旗帜的警告，并在隧道入口处停了下来。

信号员 A 返回到工作室，再次向他的同事发出“火车在隧道中”的信号，以表示目前已经有两列火车在隧道中。由于协议中未考虑到会出现这种事件，所以未规定“同时有两列火车在隧道中”如何表示。对于信号员 A 来说，唯一的问题就是要从同事那里得知两列火车是否都已离开了隧道，然后允许下一列火车(即第三列)进入。

为了让其同事对问题引起警惕，信号员 A 发出他所具有的最合适的消息：“火车已经离开隧道了吗?”此时，就算信号员 B 能够清楚地知道当前发生了什么情况，他也没有方法来交流(而且，很有可能他此时并不知道同时有两列火车在隧道中)。在看到第一列火车在隧道口出现后，信号员 B 完全按照先前的约定发出了信号“隧道已空”。

信号员 A 不知道自己是应该等待第二个“隧道已空”信号，还是应按照当初约定的协议来放行第三列火车。经过一段时间的等待后，他最终还是认为两列火车一定都已经有足够的时间离开了隧道，于是挥动白旗来允许第三列火车进入隧道。殊不知，此时第二列火车的司机因为已经在进入隧道的时候看到红旗，并且在隧道中停了下来，但经过深思之后，他决定为安全起见而退出隧道，从而与第三列火车相撞。

从当初对系统及协议进行设计的人员的角度来看，似乎觉得是万无一失了，因为在一般情况下，该系统是完全可以胜任的。然而现实中却发生了一个他们未曾预料的事件，这种未考虑到的情况一旦发生，系统往往就会崩溃，最终导致了灾难事故的发生。这就是协议缺陷带来的沉痛教训。

在对类似这样的事故分析之后，人们才发现要设计一套完整的通信规则是非常困难的。现实世界中往往会出现许多未曾预料的情况，或者有的情况虽然已考虑到了，但总以为是不会发生的，从而未对其进行预防处理。这些协议缺陷在通信网络中就会形成网络漏洞，带来网络安全隐患。对协议设计者来说，不但要求设计一套能在正常情况下有效使用的规则，同时该规则还应该能对难以预料的事件进行安全恢复。

1.3.2　协议的主要功能

类比于前面火车调度的协议，能清楚地理解通信协议要完成的核心工作。现代通信网络主要是基于分组的(每个分组都相当于一辆列车)网络，因此通信协议首先要有分段和组装、封装等功能，然后为了协调各分组在网络中的有序传递，需要有连接控制、流量控制、差错控制、寻址、复用及附加服务等功能。下面对这些功能分别予以简单介绍。

1. 分段和组装

在应用层将转移数据的逻辑单元称为消息，应用实体之间以消息的形式或以连续数据流的形式发送数据，较低层的协议需要把数据块分为较小的、长度受限的数据块，这个过程称为分段。通常把两实体之间按照协议交换的数据块称为协议数据单元(Protocol

Data Unit，PDU），在接收端重新把数据组装成消息。

对数据流进行分段也会带来不利的影响，主要如下。

(1)每个PDU包含一定量的控制信息，因此PDU的长度越小，控制信息的比特数在整个PDU的比特数中占的比例越大，从而降低了传输效率。

(2)PDU的到达会引起处理机的一个中断，PDU越小，引起的中断越多。

(3)PDU的长度越小，处理同一数据块所需要的时间越长。

协议设计者在确定PDU长度的过程中必须综合考虑上述诸多因素。分段的逆过程是组装，在接收端分段形成的数据块必须被组装成消息，对于不按照次序的数据块，则需要重新排序后再进行组装。

2. 封装

每个PDU不仅包含数据，而且还包含控制信息。有时某些PDU只包含控制信息而没有数据，其中的控制信息主要包含以下三个部分。

(1)地址：指出发送端或接收端的地址。

(2)错误检测码：包含某种校验序列，对收到的一段信息进行校验。

(3)协议控制：对流量和差错进行控制的信息。

在分段后形成的数据块上增加控制信息的过程称为封装，这是协议需要完成的功能之一，当存在多层协议时，需要按层次进行封装。

3. 连接控制

数据通信分为无连接和面向连接两种传送方式。在无连接的方式中，每个PDU在传送的过程中进行独立处理；在面向连接的方式中，在两个实体之间建立的一个逻辑联系称为连接，PDU通过建立的连接有序传送。面向连接的通信过程可以分为连接建立、数据传送、连接拆除三个阶段。面向连接的数据传送的一个重要特征是序号利用，对于PDU的发送均按照预定的序号进行，发送和接收实体根据传送的序号可以支持流量控制、差错控制和数据单元的组装等功能。

4. 流量控制

流量控制是指接收实体对发送实体送出的数据单元数量或速率进行限制。流量控制的最简单的形式是停止-等待程序。在整个程序中，发送实体必须在收到已经发送的一个PDU的确认消息后，才能再发送下一个新的PDU。更有效的协议是向发送实体设置一个发送单元的限制值，这一数值规定了在收到确认消息之前，允许发送实体发送出的数据单元的最大值。这就是广泛应用的滑动窗口控制。

为了更有效地对流量进行控制，流量控制协议可以设置在协议不同的层次上。

5. 差错控制

差错控制是通信协议的一个重要功能，差错控制技术是用来对PDU中的数据和控制信息进行保护的。差错控制技术的实现大多是用校验序列进行校验，在出错的情况下对整个 PDU 重新传输。另外，重新传输还受到定时器的控制，超过一定的时间没有收到确认消息，则重新传输。和流量控制一样，差错控制在系统的各个部分进行，例如，在网络接入部分即终端和网络之间进行，以保证在终端和网络之间对数据单元的准确接收。然而数据单元也可以在网络的内部丢失和出错，因此需要端到端的协议来对网络内部的错误予以纠正。

6. 寻址

在通信系统中，寻址是一个复杂的过程，和多方面的因素有关，寻址的过程涉及寻址的级别、寻址的范围、连接识别符和识别的模式四个方面。在 TCP/IP 网络结构中，寻址是协议的一个基本功能，通过寻址保证把数据单元送到准确的目的地。在 OSI 体系结构和其他通信结构中，寻址同样是协议的一项重要功能。

寻址和通信协议的层次有关，在不同的层次上，有相应的地址和寻址的方法。对通信子网的寻址是网络级寻址，这时地址和每一个终端系统(主机或终端)有关，也和每一个中间系统(路由器或交换机)有关，这样的一个地址是一个网络级的地址。

寻址关注的一个问题是寻址的范围，地址是一个整体地址，整体地址有以下特性。

(1)整体的单一性：一个整体地址识别唯一的系统，因此一个系统可以用一个整体地址来表示。

(2)整体的应用性：任何一个系统都可以利用其他系统的地址去识别该系统。

利用上述的两项特性，在互联网中可以通过对数据单元选路，从一个系统去访问其他任何一个系统。

连接识别符的应用具有如下优点：减小开销、选路、复用和状态信息的利用。寻址关注的另一个问题是寻址的模式。它可以分为单播、多播和广播。

7. 复用

和寻址相关的是复用，复用是指在一个系统中支持多个连接，例如，在 X.25 协议中，多条虚电路可以构建在一个端系统中，也就是说这些虚电路复用在端系统和网络之间的接口上。复用也可以利用端口号实现，在两个端系统之间建立多个连接，例如，多个 TCP 连接可以建立在一个给定的系统上，并且一个 TCP 连接支持多个端口。

8. 附加服务

协议也可以对通信实体提供各种附加服务。

(1)优先权：某些消息，如控制消息，需要以最短的时延到达目的地，这时需要对这些消息分配优先权，也可以按照连接或按照 PDU 来分配优先权。

(2)服务等级：对网络的服务质量指标提出要求，例如，对时延、吞吐量等设置门限。

(3)安全：设置口令权限，以保护系统的安全。

某一层次的协议不一定具有上述所有的功能，然而不同层次的协议可以具有相同类型的功能。以上概括了通信协议的基本功能，协议所具有的功能也是通信系统的基本功能，因此协议的基本功能的确定、层次的划分、通过硬件或软件对协议基本功能的实现，在通信系统的设计和开发中具有举足轻重的作用。

1.3.3 协议栈

对于所有通信的完整细节，设计人员不可能设计一个单一、巨大的协议，而是把通信问题划分成多个相对独立的问题，然后为每个问题设计一个单独的协议(称为协议子集)。这样，使用的协议子集形成了协议系列，从而使得每个协议的设计、分析、实现和测试变得简单，并增加了灵活性。

协议设计和开发成完整的协议集合称为协议栈(也称协议组或协议族)。协议栈中的每个协议解决一部分通信问题，这些协议合起来解决了整个通信问题，而且整个协议栈在各协议间能高效地相互作用。为确保可靠且高效率的通信，必须仔细准确地划分单独协议，确保每个协议处理的通信问题不会重复，基于前面的OSI参考模型，不同层会运行不同的协议，例如，MAC 协议运行于数据链路层，路由协议运行于网络层。但为了协议的实现更有效，协议之间应能共享数据结构和信息，这也是近年来“跨层协议设计与优化”这一研究成为热点的根本原因。

1.4 通信网络的性能

1.4.1 通信网络中的核心问题

随着网络通信技术的进步，通信网络逐步发展扩张，已经变得无处不在。那么网络通信都解决了哪些问题呢？网络通信的核心问题有三个：①建立起终端系统到传输网络的物理传输链路；②将数据从源端点投递到正确的宿端点；③通过流量和拥塞控制确保数据传输的正确性和可靠性。下面逐一介绍。

1. 连通性问题

建立起终端系统到传输网络的物理传输链路，实现直连系统间的可靠数据传输，描述了两个层次的需求：物理层，充分考虑物理媒介机械的、电气的、功能的和过程的特性，实现物理媒介上非结构化的比特流传输；数据链路层，发送带有必要的同步、差错控制和流量控制的数据块，使通过物理链路的信息传送变得可靠。这是实现网络通信的先决条件。

2. 寻路问题

将数据从源端点投递到正确的宿端点，这在只有两个节点的通信中是无需寻路的。在局域网或本地网中，只要加上目的地址，就可以让宿端点收到源端点发出的数据，似乎也算不上问题。然而随着网络的扩展，对于一个服务数以亿计的全球网络，将数据投送到正确的宿端点就成了一个需要认真对待的问题。因此对于如此庞大的异构网络，“广播”除了造成流量风暴和网络阻塞、导致信息泄露外，一般来说难以让期望的接收者收到发送者发送的数据。因此，将数据从源端点投递到正确的宿端点，是实现网络通信无法回避且非常关键的一步。对于无连接网络，让数据分组找到正确的最终接收者，需要途经的每一个路由器都了解网络的拓扑结构，并且采用合适的算法找到最佳的转发路径。对于面向连接的网络，在连接建立起来以前，同样需要为用于建立连接的信令分组寻找最佳转发路径，为后续的用户数据转发挑选构成虚电路的最佳中继路线。

3. 服务质量问题

通过流量和拥塞控制确保数据传输的正确性和可靠性，是现代通信网络所追求的设计目标。要确保数据传输的正确性和可靠性，必须进行流量和拥塞控制。

网络拥塞几乎是所有网络不可避免的特征。从建设成本来看，不能要求网络的每一条通信链路都提供无限大的容量，每一个转发节点都设置无限大的处理能力。随着网络规模的扩大，如果较多流量汇聚到少数通信链路或转发节点，必然造成数据在这些中继节点的拥塞。网络在拥塞时，不能保证网络数据传输的正确性和可靠性。因此，流量和拥塞控制是网络通信不可回避的研究内容，也是评价通信网络质量的重要依据。通常采用 3 个指标来评价网络通信质量：误码率、可用带宽和传输时延，这 3 个指标均与网络的流量和拥塞控制密切相关。

有 3 种情况会造成网络传输差错：①信道质量导致的误码，以及由此引起的数据丢失和误投；②网络拥塞导致的数据丢失；③协议或规则设计错误导致的数据误投或丢失。

1.4.2 通信网络主要性能指标

为了使通信网络能快速、有效、可靠地传递信息，必须提出一系列性能指标对一个新建或已经存在的通信网络进行评价，以判断其是否合理以及需要在哪些方面进行改进。通信网络主要的性能指标包括连通度、网络容量、网络对业务服务质量的支持能力和可靠性等。其中，连通度反映了网络拓扑的稳定性；网络容量描述的是网络的最大承载能力；网络对业务服务质量的支持能力又可细化为吞吐量、端到端时延以及时延抖动等具体指标；可靠性主要包括网络的丢包率、平均故障间隔时间与平均维修时间等。

1. 连通度

网络的连通度(Connectivity)即为网络中任一节点跟其他节点的连通程度，它反映了网络中部分节点故障时对网络连通性带来的影响。通俗点说，它反映了一个网络中最少要去掉多少个节点或者链路，这个网络就不能完全连通了。通常一个网络的连通度越好，它所代表的网络越稳定。在第 4 章中还会更详细地进行解释。

2. 网络容量

从网络信息论的角度考虑的网络容量(Network Capacity)融合了网络层、传输层和物理层的特点，观察网络的整体特性。目前，网络容量主要有两种定义。第一种定义是网络能达到的饱和吞吐量，即所有的节点都有数据要发送，它们通过在网络中相互竞争和协调，所能达到的吞吐量之和的最大值，以比特每秒(Bit per Second，bit/s)为单位。第二种定义是网络能同时容纳的网络节点数目，以节点个数为单位。人们往往根据不同的场景和需求来选择使用哪种网络容量的定义。

3. 吞吐量

吞吐量(Throughput)是指单位时间内某个节点发送和接收的数据量，单位一般是比特每秒(bit/s)。

4. 端到端时延

端到端时延(End-to-end Delay)是指数据包从离开源端点时算起一直到抵达宿端点时为止一共经历了多长时间。计算公式如下：

端到端时延＝数据包的接收时间-数据包的发送时间

5. 时延抖动

时延抖动(Delay Jitter)是网络时延的变化量，它由同一应用的任意两个相邻数据包在传输路由中经过网络时延而产生。时延抖动由相邻数据包时延差除以数据包序号差得到。计算公式为

时延抖动=(数据包 $P[j]$的时延–数据包 $P[i]$的时延)/(数据包 $P[j]$的序号 j–数据包 $P[i]$的序号 i)

数据包 $P[j]$的时延＝数据包 $P[j]$的接收时间–数据包 $P[j]$的发送时间

数据包 $P[i]$的时延＝数据包 $P[i]$的接收时间–数据包 $P[i]$的发送时间

6. 丢包率

丢包率(Packet Loss Rate)是指测试中所丢失的数据包数量与所发送的数据包数量的比值，通常在吞吐量范围内测试。丢包率与数据包长度以及数据包发送的频率相关。通常，千兆网卡在流量大于 200Mbit/s 时，丢包率小于万分之五；百兆网卡在流量大于 60Mbit/s 时，丢包率小于万分之一。

7. 平均故障间隔时间与平均维修时间

平均故障间隔时间(Mean Time Between Failures，MTBF)是指相邻两个故障间的时间的平均值，平均维修时间(Mean Time to Repair，MTTR)是指修复一个故障的平均处理时间。

1.5 通信网络的发展与应用

通信网络的发展非常迅猛，其中既有技术的牵引，也有需求的驱动，通信网络已成为当前社会的一种重要基础设施。回顾网络发展的历史，大约每十年都会有一次重大的变革甚至是换代。以移动通信网络为例(图 1-7)，以 1978 年年底美国贝尔实验室成功研制高级移动电话系统(AMPS)为开端，到 20 世纪 80 年代中期，很多国家陆续建起了第

一代移动通信系统(1G)。1G采用的是模拟信号传输，主要的业务是语音，1G时代也是“大哥大”横行的时代，代表公司是美国的摩托罗拉。1992年，第二代移动通信系统(2G)标准开始了，仅仅十年，摩托罗拉的霸主之位便被诺基亚取代。从1G到2G，最大的变化是从模拟电路跨越到了数字电路，从此，发短信一跃成为时髦的交流方式。此外，彩信、手机报、壁纸和铃声的在线下载也是热门业务。2001年，第三代移动通信技术(3G)正式登上了历史的舞台，图片、视频等成为新的业务增长点，人类正式进入多媒体时代。而且随着以第一代iPhone为代表的智能手机浪潮席卷全球，手机上也可以下载和安装各类APP。这个时代苹果公司成为引领者，一代巨头诺基亚黯然离场。2008年，第四代移动通信技术(4G)标准发布，4G带来了移动互联网，可以实现在线游戏、视频会议、高清视频等需要高速的功能。值得强调的是，中国成为4G标准的制定者之一。尽管这个时代苹果公司的地位还是举足轻重，但是中国的华为技术有限公司、小米科技有限责任公司等公司也变得越来越重要。除此之外，移动支付领域的支付宝和微信支付、移动互联网服务提供者字节跳动等也在这个时代的舞台上扮演了重要角色。2020年称为5G(第五代移动通信技术)元年，这个时代以“万物互联”为特色，它不仅是更高速率、更大带宽、更强能力的技术，而且是一个多业务、多技术融合的网络，更是面向业务应用和用户体验的智能网，最终打造以用户为中心的信息生态系统，以此为支撑的虚拟现实、无人驾驶等会逐渐改变我们的生活环境。

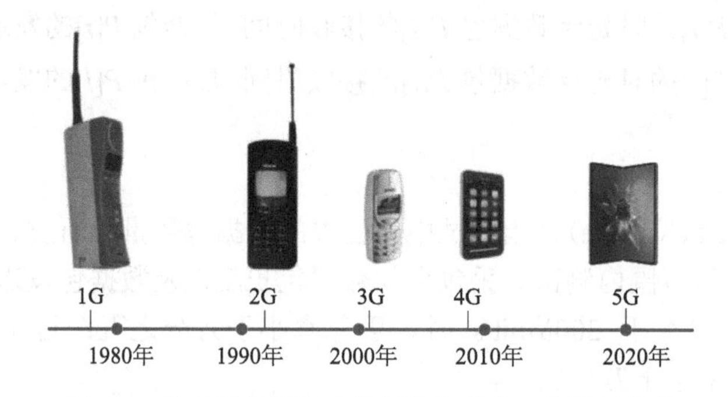

图1-7　移动通信网络大约每十年会有一次更新换代

人们的生活发生巨大变化，生活越来越便捷，人们已经离不开手机，从前没想过的事情一一发生，更加智能化的生活已经悄悄来临。未来通信网络将进一步向着数字化、宽带化、综合化、融合化、智能化、个人化的方向发展。

(1)全数字化。在通信网络中全面使用数字技术，包括数字传输、数字交换和数字终端等，以此为基础，未来的物理环境以及对其控制、操作和运行的系统将实现全数字化。数字化不仅使得信息可以低成本传播和复制，解决模拟信息复制和传播的高昂成本与信息失真问题，而且方便了信息的深层次处理：模拟世界的信息的处理主要依靠人的智慧和经验，而数字世界的信息更多地可以依靠机器来自动化处理。

(2)网络宽带化。从现代通信网络处理的具体业务上来看，随着信息技术的发展，用户对宽带新业务的需求开始迅速增加。通信网络宽带化已成为现实要求和必然趋势。近年来，几乎网络的所有层面(如接入层、边缘层、核心交换层)都在开发高新技术，高速选路与交换、高速光传输、宽带接入技术都取得了重大进展。超高速路由交换、高速互联网关、超高速光传输、高速无线数据通信等新技术已成为新一代信息网络的关键技术。从核心网来看，SDH潜力已尽，但光纤的容量仅利用了1%左右，因此采用新的复用技术已成为必然趋势，它可使传输容量增加为原来的几十倍至几百倍。从长远来看，可消除节点“电瓶颈”的光分插复用器和光交叉连接器节点是最终解决网络宽带化的手段。从接入网来看，各种宽带接入技术争奇斗艳。4G、5G、Wi-Fi等技术可实现无线接入宽带化；光纤接入技术在技术稳定性及综合性价比上，都使得光纤到户成为现实。近年来可见光无线通信、太赫兹通信等技术快速发展并取得突破，有望成为无线电宽带接入的一种有效补充。

(3)业务综合化。把来自各种信息源的通信业务综合在一个数字通信网络中传送，为用户提供综合性服务。随着社会的发展，人们对通信业务种类的需求不断增加，早期的电报、电话业务已经远远不能满足这种需求。就目前而言，传真、电子邮件、交互式可视图文，以及数据通信的其他各种增值业务等都在迅速发展。若每出现一种业务就建立一个专用的通信网络，必然是投资大、效益低，并且各个独立网的资源不能共享。另外，多个网络并存也不便于统一管理。如果把各种通信业务，包括电话业务和非电话业务等以数字方式统一并综合到一个网络中进行传输、交换和处理，就可以克服上述弊端，达到一网多用的目的，这样的网络称为综合业务数字网。

(4)网络融合化。以电话网为代表的通信网络和以Internet为代表的数据网络的互通与融合进程将加快步伐。在数据业务成为主导的情况下，现有通信网络的业务将融合到下一代数据网络中。IP数据网络与光网络的融合、无线通信与Internet的融合也是未来通信技术的发展趋势和方向。数以万亿计的“物”将通过网络实现互联，通过信息流动提高物理世界运行的效率，进而推动社会进步。网络融合化的重要研究内容是网络内计算资源、感知资源和通信资源的融合，近年来这三者的融合也是学术界和工业界的研究热点，既涉及终端侧，也涉及网络侧。

(5)网络智能化。网络智能化的设计思想，就是将传统电话网中交换机的功能予以分解，让交换机只完成基本的呼叫处理，而把各类业务处理，包括各种新业务的提供、修改及管理等，交给具有业务控制功能的计算机系统来完成。尤其是采用开放式结构和标准接口结构的灵活性、智能的分布性、对象的个体性、接口的综合性和网络资源利用的有效性等手段，可以解决信息网络在性能、安全、可管理性、可扩展性等方面所面临的诸多问题，对通信网络的发展具有重要影响。另外，大数据技术和人工智能技术的引入给网络智能化带来了新的发展。

(6)通信服务个人化。实现个人通信，即任何人在任何地点、任何时间与任何其他地点的任何人进行任何业务的通信。个人通信概念的核心是使通信最终适应个人(而不一定是终端)的移动性。或者说，通信是在人与人之间，而不是在终端与终端之间进行的。它将改变以往将终端或线路识别作为用户识别的传统方法，而采用与网络无关且唯一的个人通信号码。个人通信号码不受地理位置和使用终端的限制，通用于有线和无线系统，并给用户带来充分的终端移动性(即用户可在携带终端连续移动的情况下进行通信)和个人移动性(即用户能在网络中的任何地理位置上，根据他的要求选择或配置任一移动的或固定的终端进行通信)。个人通信的发展要达到理想的状态，仍是个长期而艰巨的任务。

扩展阅读：Internet 早期发展简史

Internet 最早来源于美国国防部高级研究计划局(Defense Advanced Research Projects Agency，DARPA)的前身 ARPA 建立的 ARPANET(阿帕网)。从 20 世纪 60 年代开始，ARPA 就开始向美国国内大学的计算机系和一些私人有限公司提供经费，以促进基于分组交换技术的计算机网络的研究。1968 年，ARPA 为 ARPANET 网络项目立项，这个项目基于这样一种主导思想：网络必须能够经受住故障的考验而维持正常工作，一旦发生战争，当网络的某一部分因遭受攻击而失去工作能力时，网络的其他部分应当能够维持正常通信。最初，ARPANET 主要用于军事研究目的，它有五大特点：①支持资源共享；②采用分布式控制技术；③采用分组交换技术；④使用通信控制处理机；⑤采用分层的网络通信协议。ARPANET 于 1969 年投入使用，初期只有四台主机。

1972 年，ARPANET 在首届计算机后台通信国际会议上首次与公众见面，并验证了分组交换技术的可行性，由此，ARPANET 成为现代计算机网络诞生的标志。ARPANET 在技术上的重大贡献是 TCP/IP 协议的开发和使用。1973 年，Bob Kahn 提出了建立 Internet(不同网络间的联网)的问题，并请 Vinton Cerf 与他共同考虑网络通信协议的各个细节。9 月，Vinton Cerf 以主席的身份，在萨塞克斯大学组织召开了国际网络工作小组(INWG)特别会议。在这次会议上，Vinton Cerf 和 Bob Kahn 提交了一份协议草稿，提出 Internet 最初设想。到 1974 年，IP(Internet 协议)和 TCP(传输控制协议)正式问世，合称 TCP/IP 协议。这两个协议定义了一种在计算机网络间传送报文(文件或命令)的方法。1980 年，ARPA 投资把 TCP/IP 加进 UNIX(BSD4.1 版本)的内核中，在 BSD4.2 版本以后，TCP/IP 协议即成为 UNIX 操作系统的标准通信模块。

1982 年，Internet 由 ARPANET、MILNET(军用网络)等几个计算机网络合并而成，作为 Internet 的早期骨干网，ARPANET 实验并奠定了 Internet 存在和发展的基础，较好地解决了异种机网络互联的一系列理论和技术问题。1983 年，ARPANET 分裂为两部分：ARPANET 和纯军事用的 MILNET。同年 1 月，ARPA 把 TCP/IP 协议作为 ARPANET 的标准协议，其后，人们称这个以 ARPANET 为主干网的网际互联网为 Internet，TCP/IP 协议族便在 Internet 中进行研究、实验，并改进成为使用方便、效率极好的协议族。与此同时，局域网和其他广域网的产生与蓬勃发展对 Internet 的进一步发展起了重要的作用。其中，最为引人注目的就是美国国家科学基金会(National Science Foundation，NSF)建立的美国国家科学基金网 NSFNET，1986 年，NSF 建立起了六大超级计算机中心，为了使全国的科学家、工程师能够共享这些超级计算机设施，NSF 建立了自己的基于 TCP/IP 协议族的计算机网络(NSFNET)，用高速通信线路把分布在各地的一些超级计算机连接起来。这样，当一个用户的计算机与某一地区相联以后，它除了可以使用任意超级计算中心的设施，以及同网上任意用户通信，还可以获得网络提供的大量信息和数据。这一成功使得 NSFNET 于 1990 年 6 月彻底取代了 ARPANET 而成为 Internet 的主干网。NSFNET 的最大贡献是使网络向全社会开放，而不像以前那样仅供计算机研究人员、政府职员和政府承包商使用，进而又经过十几年的发展形成Internet。其应用范围也由最早的军事、国防，扩展到美国国内的学术机构，进而迅速覆盖了全球的各个领域，运营性质也由以科研、教育为主逐渐转向商业化。

这期间，一个标志性事件是万维网(World Wide Web)的发明，因为大众使用互联网的主要方式是 Web。Internet 和 Web 还是有区别的。Web 运行于 Internet 之上，是 Internet 提供的众多功能的一种。Web 基于 HTTP 协议运行，而 Internet 是通过 TCP/IP 协议来运行的。构建 Internet 的关键人物其实比较多(除了前面提到的Vinton Cerf和Bob Kahn，还有J. C. R. Licklider、Leonard Kleinrock、Ivan Sutherland、Baul Baran、Donald Davies、Larry Roberts等众多先驱)，而在1991年，在欧洲核子研究组织(CERN)工作的Tim Berners-Lee(时年36岁)几乎是一人就构建了 Web 的基本架构，包括HTML(超文本标记语言)、HTTP(超文本传送协议)和 URL(统一资源定位符)等基础技术。Tim Berners-Lee由此也成为整个互联网发展历史上标志性的人物。Web推广的前两年很艰难，Tim Berners-Lee想尽了一切方法，一年下来每天也只有10～100次点击量。1991年，他去超文本大会演示Web，但会场连互联网都没有。为了演示，他和同事想方法从得克萨斯大学找到了拨号服务器，但是美国的电压无法运行瑞士产的调制解调器，他们商量后拿焊枪直接修改了调制解调器的电路(作为Web之父的Tim Berners-Lee获得2016年度的图灵奖，但他的贡献并不止于Web，目前，Tim Berners-Lee仍然坚守在学术研究岗位上，为MIT计算机科学与人工智能实验室的教授)。

1994年4月20日，国家计算机与网络设施(NCFC)工程通过美国 Sprint 公司连入Internet的64K国际专线开通，实现了与Internet的全功能连接。从此中国是真正拥有全功能Internet的国家被国际正式承认。此事被中国新闻界评为1994年中国十大科技新闻之一，在1995年2月28日国家统计局发布的《中华人民共和国国家统计局关于1994年国民经济和社会发展统计公报》中被列为中国1994年重大科技成就之一。

习 题

1-1 通信网络由哪些基本要素组成？

1-2 请列举5种常用的通信网络。

1-3 交换设备的主要功能有哪些？

1-4 什么是网络体系结构？网络体系结构必须完成哪些具体工作？

1-5 OSI参考模型包括哪几层？每一层的主要功能分别是什么？

1-6 网络协议的主要功能是什么？

1-7 如何评价通信网络的性能？

1-8 通信网络需要解决的基本理论问题有哪些？

1-9 请简要分析通信网络的发展趋势。

1-10 智能化的趋势会使通信网络越来越简单还是越来越复杂？

第 2 章　通信网络业务和协议建模基础

对通信网络进行准确建模是通信网络性能分析的基础，其本身也是通信网络领域的一个重要研究领域，目前仍在不断发展进步中。通信网络建模的对象主要包括业务量特性、网络协议、网络结构和控制机制等。本章将首先讨论通信网络的业务特点，再讨论通信业务源的建模理论和几种典型通信网络的建模问题，然后介绍协议形式化分析常用的有限状态机。而对于流量控制、网络结构的建模理论和方法，将在第 3、4 章中进行介绍。

2.1　通信网络的业务特点

现代通信网络的业务类型主要包括语音、数据、图像、视频，以及多媒体业务等。随着数据和视频业务的迅速增长，数据和视频业务越来越成为现代通信网络业务的主流，使得现代通信网络呈现出以下特点。

(1) 不同类型的业务有不同的业务特性和服务质量要求。例如，语音业务通常要求较高的实时性，一般从接续质量、传输质量和稳定性方面提出服务质量要求。而数据通信一般采用分组交换方式，数据业务的服务质量受到网络环境的影响，主要用服务可用性(Service Availability)、传输时延、时延抖动、吞吐量、丢包率和分组差错率等指标来衡量。

(2) 业务的突发性强。在通信业务建模时，需要充分考虑到这种业务的突发性，并采用尽可能简单的形式描述这种突发性。

(3) 业务占用资源的持续时间长且抖动大。

(4) 业务之间存在自相似(长时自相关性)特性。

(5) 对时延特性的要求越来越高。

2.2　业 务 建 模

2.2.1　业务建模的基本准则

(1) 真实性。模型产生的业务量应该接近真实业务源，能刻画真实业务源的主要统计特性，模型应该具有明确的物理意义。这也是建模过程中最重要的准则。

(2) 通用性。模型能同时描述多种不同业务的概率特征，最好能针对不同业务只需要改变某些参数即可。

(3) 简单性。应该采用尽量少的模型，参数具有直观的物理意义。

(4) 可操作性。在不失精确性的前提下，要易于进行数学分析或计算机仿真。

(5) 可匹配性。模型参数应能容易地从实际业务中拟合出来。

模型的参数越多，模型越精确，越接近真实的业务源。同时模型也越烦琐和复杂，理论分析和计算机仿真也就越困难。实际业务建模中往往需要对业务模型的精确性和复杂度进行折中。

2.2.2 连续时间业务源的建模

由于网络中大量用户会在何时发起什么样的业务总是不能准确预知的，这就造成通信网络的业务量总是随机的，所以业务量特性建模必须从研究这种随机性出发。

1. 随机事件的描述

随机事件的描述主要有两种常用的方法，即随机事件发生间隔的概率分布描述法和点过程(记数过程)描述法。

考虑一个典型的随机过程，如图 2-1 所示，用 $\{\tau_n;n=0,1,2,\cdots\}$ 表示事件发生的时刻，$N(t)$ 表示在时间段 t 内发生的事件个数。若假设事件的发生是相互独立的，则随机序列 $\{X_n;n=0,1,2,\cdots\}$ 可以完全描述该随机过程(其中 $X_n=\tau_n-\tau_{n-1}$)。

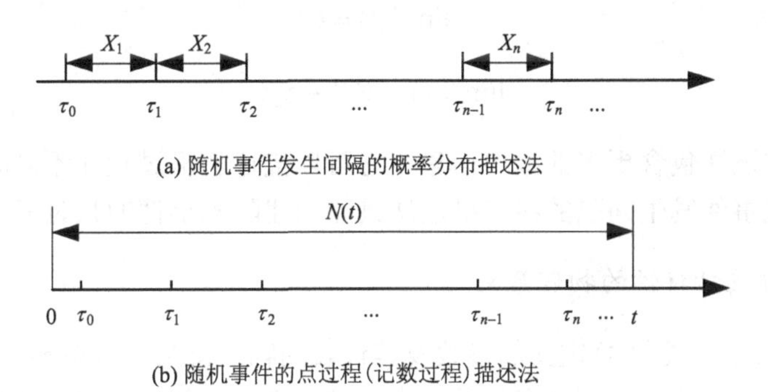

(a) 随机事件发生间隔的概率分布描述法

(b) 随机事件的点过程(记数过程)描述法

图 2-1　随机事件的描述方法

假设时间间隔序列 $\{X_n;n=0,1,2,\cdots\}$ 服从同一概率分布函数 $F(x)$，其均值、方差、三阶中心矩和相关系数分别用 m 、v^2 、μ_3 和 θ 来表示，并定义如下特征量。

业务强度：

$$\lambda=1/m \tag{2.1}$$

方差系数：

$$C^2=\frac{v^2}{m^2} \tag{2.2}$$

歪度系数：

$$S_k=\frac{\mu_3}{v^2} \tag{2.3}$$

相关系数：

$$\theta(t_n, t_{n+1}) = \frac{\mathrm{Cov}(t_n, t_{n+1})}{v^2} \tag{2.4}$$

随机事件点过程的统计特性(离散函数)如下。

均值：

$$m(t) = E\left[N(t)\right] \tag{2.5}$$

分散指数：

$$I(t) = \frac{\mathrm{Var}\{N(t)\}}{E\{N(t)\}} \tag{2.6}$$

歪度指数：

$$S(t) = \frac{\mu_3(t)}{E\{N(t)\}} \tag{2.7}$$

业务量：

$$M(t) = \lambda t \tag{2.8}$$

两种描述方法存在如下的等价关系：

$$\lim_{t\to\infty} I(t) = C^2 \tag{2.9}$$

$$\lim_{t\to\infty} S(t) = 3C^4 - S_k C^3 \tag{2.10}$$

记数过程描述法包含更多的概率信息，它可以描述随机过程在不同时间尺度内的概率特征，而随机事件发生间隔的概率描述法只能描述随机事件的长时间特征。

2. 随机事件统计特性的物理意义

下面对式(2.1)～式(2.4)定义的参数及其代表的物理意义进行解释。

如图 2-2 所示，业务强度是衡量随机事件发生强度的基本参数，随机事件发生间隔的均值 m 越小，表示其发生频次越密集，即业务强度越大。

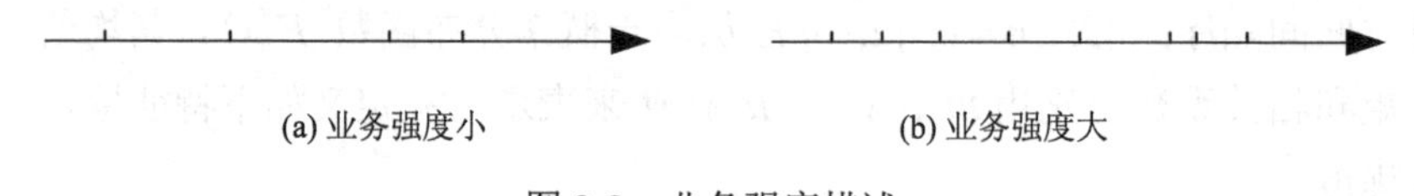

(a) 业务强度小　　(b) 业务强度大

图 2-2　业务强度描述

如图 2-3 所示，方差系数是衡量随机事件抖动的重要参数。

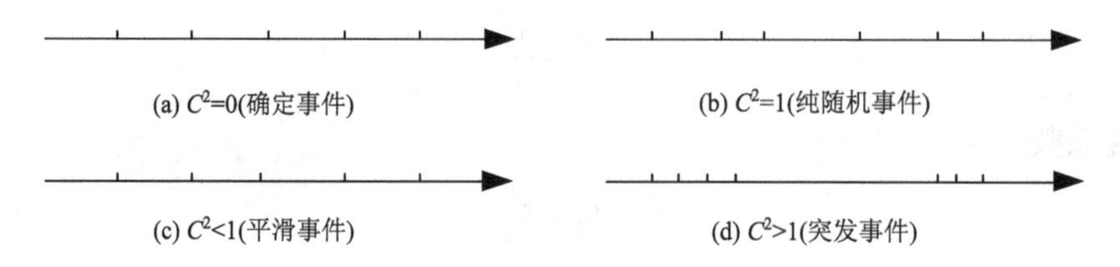

(a) C^2=0(确定事件)　　(b) C^2=1(纯随机事件)

(c) C^2<1(平滑事件)　　(d) C^2>1(突发事件)

图 2-3　方差系数描述

如图 2-4 所示，歪度系数是衡量随机事件对称性的重要参数，小于 1 偏向左侧，大于 1 偏向右侧。图中 pdf 表示概率密度函数。

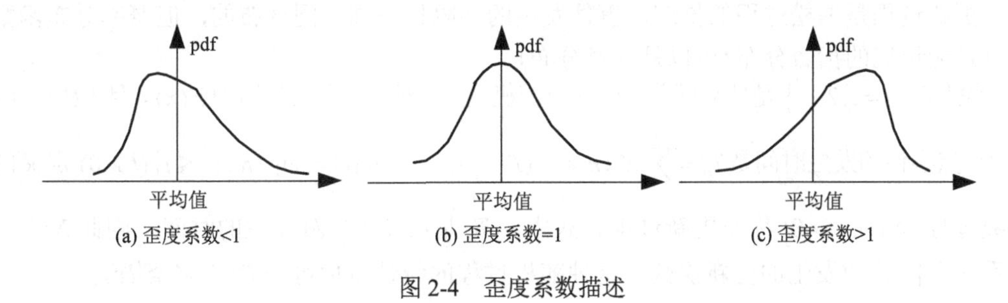

(a) 歪度系数<1　(b) 歪度系数=1　(c) 歪度系数>1

图 2-4　歪度系数描述

如图 2-5 所示，相关系数是衡量随机事件之间相互关联性的重要参数。

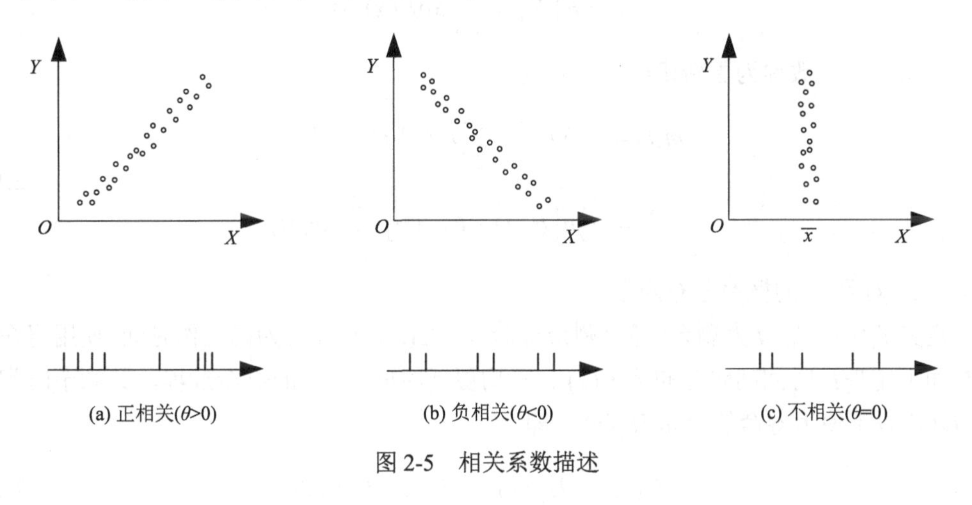

(a) 正相关($\theta>0$)　(b) 负相关($\theta<0$)　(c) 不相关($\theta=0$)

图 2-5　相关系数描述

3. 传统的业务量模型

传统的业务量模型主要有两大类，分别为马尔可夫类模型和自回归类模型。

马尔可夫类模型包含更新过程(Renewal Process)、间断泊松过程(Interrupted Poisson Process，IPP)、交互泊松过程(Switched Poisson Process，SPP)、开关模型(ON/OFF)、马尔可夫调制的泊松过程(Markov Modulated Poisson Process，MMPP)，该类模型适合对语音或数据及其汇聚业务量进行建模，也可以对图像业务建模。

自回归类模型包含自回归(Auto-regressive，AR)模型、离散自回归(DAR)模型、自回归滑动平均(ARMA)模型、自回归综合滑动平均(ARIMA)模型。该类模型适用于视频业务和计算机仿真。自回归类模型本质上是一种线性预测，即已知 N 个数据，可由模型推出第 N 点前面或后面的数据。所以，该类模型类似于插值，它们的目的都是增加有效数据。只是，自回归类模型是 N 点递推，而插值是由两点(或少数几点)去推导多点，所以，自回归类模型往往要比插值方法获得的效果更好。

这两类模型相较来看，马尔可夫类模型比较适合进行理论分析，自回归类模型比较适合计算机仿真。本章着重于前者，下面对几种马尔可夫类模型进行介绍。

1) 更新过程

更新过程是泊松过程的推广，事件发生的间隔仍是独立同分布的，但概率分布函数不再是无记忆的指数分布(可以是任意分布)。

设$\{X_n, n=1,2,\cdots\}$是独立同分布的非负随机变量，概率分布函数均为$F(x)$，且$F(0)<1$，第n个点事件的发生时间是$T_n=\sum_{i=1}^{n}X_i(n\geqslant 1)\ (T_0=0)$，由$N(t)=\sup\{n \mid T_n\leqslant t\}(t\geqslant 0)$定义的计数过程$\{N(t),\ t\geqslant 0\}$称作更新过程。式中，$T_n$是第$n$次更新发生的时间，因此$N(t)$表示系统在$[0,t]$中发生的更新次数。这种随机过程的统计特性可由$F(x)$完全描述。

平均更新间隔时间为

$$\mu=E[X_n]=\int_0^{\infty}x\mathrm{d}F(x)>0 \tag{2.11}$$

平均更新次数称为更新函数，表示为

$$\begin{aligned}m(t)=E[N(t)]&=\sum_{n=1}^{\infty}nP\{N(t)=n\}\\&=\sum_{n=1}^{\infty}n[F_n(t)-F_{n+1}(t)]=\sum_{n=1}^{\infty}nF_n(t)\end{aligned} \tag{2.12}$$

式中，$F_n(t)$是T_n的概率分布函数。

定义$Y_n(t)=T_n-t$为剩余时间(剩余寿命)，$Z_n(t)=t-T_{n-1}$为已工作时间(使用寿命)，则有如下定理：时间间隔分布为$F(x)$、平均更新时间为λ^{-1}的更新过程，其剩余时间分布$H_Y(x)$等于使用寿命的分布$H_Z(x)$，即

$$H_Y(x)=H_Z(x)=\lambda\int_0^{\infty}[1-F(y)]\mathrm{d}y \tag{2.13}$$

2) 间断泊松过程

IPP 是指经过随机开关控制(采样)的泊松过程，开关的关闭(OFF)与开启(ON)交互出现，在每个状态停留的时间分布分别服从参数为r_1和r_2的负指数分布，ON 区间事件按强度为λ的泊松过程发生，OFF 区间没有事件发生，如图 2-6 所示。

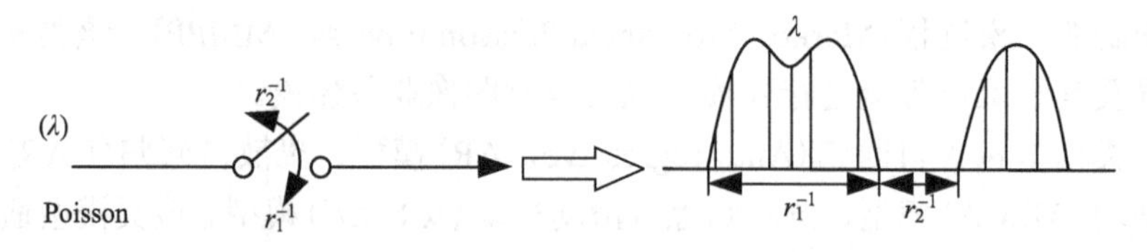

图 2-6　间断泊松过程描述

间断泊松过程的间隔分布服从二阶超指数分布，其参数为

$$\mu_1=\frac{1}{2}\left[\lambda+r_1+r_2+\sqrt{(\lambda+r_1+r_2)^2-4\lambda r_2}\right] \tag{2.14}$$

$$\mu_2 = \frac{1}{2}\left[\lambda + r_1 + r_2 - \sqrt{(\lambda + r_1 + r_2)^2 - 4\lambda r_2}\right] \tag{2.15}$$

$$p = \frac{\lambda - \mu_2}{\mu_1 - \mu_2} \tag{2.16}$$

间隔间相互独立且服从二阶超指数分布的更新过程等价于间断泊松过程，其参数为

$$\lambda = p\mu_1 + (1-p)\mu_2 \tag{2.17}$$

$$r_1 = \frac{p(1-p)(\mu_1 - \mu_2)^2}{\lambda} \tag{2.18}$$

$$r_2 = \frac{\mu_1 \mu_2}{\lambda} \tag{2.19}$$

IPP 最早是在研究电话网的迂回路由算法时，考虑如何对溢出的呼叫进行建模提出的。由于该过程既能很好地描述溢出过程的发生，又保留了泊松过程的特性，便于数学分析，因此，在电信网络的优化设计和分组交换网的建模中得到了广泛应用。分组交换网中的数据分组到达过程以及采用差分编码方式的视频数据分组到达过程都可以用 IPP 来近似。

3) 交互泊松过程

交互泊松过程是最简单的马尔可夫过程，它实际上相当于泊松过程和间断泊松过程的叠加，如图 2-7 所示。

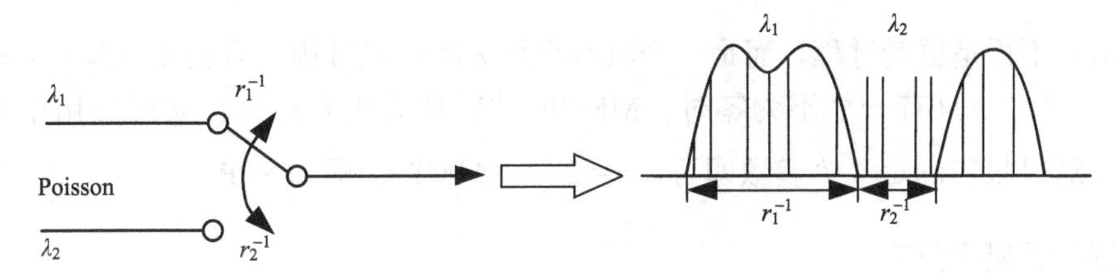

图 2-7　交互泊松过程描述

4) 开关模型

开关模型(图 2-8)是一个更新过程，叠加过程则不再是更新过程，ON 区间和 OFF 区间均为无记忆性的负指数分布，多用于 ATM 信源的建模。

IPP 适用于电话网中的突发业务，对于 ATM 网中的突发性，由于 ATM 信元的长度固定，因此在 ON 区间内信元周期性地产生，假设信元连续产生的区间和无信元产生的区间的长度均为负指数分布，则信元的到达过程是参数为 (r_1^{-1}, r_2^{-1}, T) 的 ON/OFF 过程。

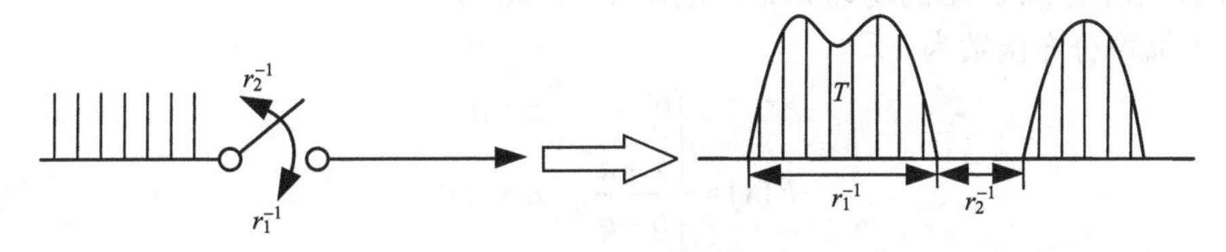

图 2-8　开关模型描述

ON/OFF 过程属于更新过程，但是它的间隔分布不是二阶超指数分布。由于 ON/OFF 模型中，ON 区间的到达过程是突发性为 0 的等间隔到达过程，在同样的模型参数下，ON/OFF 模型完全可以用 IPP 模型保守近似。

5) 马尔可夫调制的泊松过程

马尔可夫调制的泊松过程(图2-9)可以认为是 SPP 的推广。考虑一个泊松过程和一个相互独立的 r 状态马尔可夫过程，如果该泊松过程的业务强度 λ (或称为事件发生率，反映了单位时间内事件发生的次数)不是一个恒定量，而是随马尔可夫过程状态的转移而变化，即当马尔可夫过程转移到状态 j 时，$\lambda=\lambda_j(j=1,2,\cdots,r)$。换句话说，泊松过程的强度受一个 r 状态马尔可夫过程调制，则称该泊松过程为 r 状态马尔可夫调制的泊松过程，记为 MMPP_r。

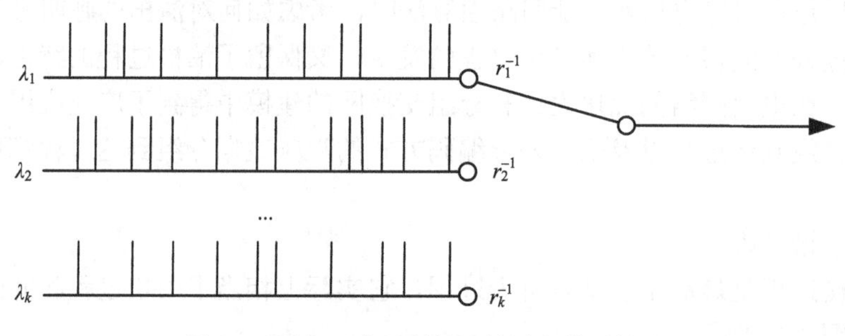

图 2-9　马尔可夫调制的泊松过程模型描述

MMPP 不再是更新过程，而是一个具有正相关的随机过程。只当 $\lambda_1=\lambda_2=\cdots=\lambda_r$ 或 $\{\lambda_1,\lambda_2,\cdots,\lambda_r\}$ 中只有一个不为零时，MMPP 才转化为更新过程。实际应用中多采用 MMPP_2，这时只需确定 4 个参数即可，$r=2$ 时，MMPP_2 即为 SPP。

2.2.3　连续型概率分布

常见的连续型概率分布有均匀分布、正态分布、瑞利(Rayleigh)分布、指数分布、k 阶埃尔朗(Erlang)分布、超指数分布。

1) 均匀分布

若随机变量 X 的概率密度函数为

$$f(x)=\begin{cases}\dfrac{1}{b-a}, & a<x<b\\ 0, & 其他\end{cases} \tag{2.20}$$

则称 X 服从区间 (a,b) 上的均匀分布，记作 $X\sim U(a,b)$。

它的概率分布函数为

$$F(x)=\begin{cases}0, & x<a\\ \dfrac{x-a}{b-a}, & a\leqslant x<b\\ 0, & x\geqslant b\end{cases} \tag{2.21}$$

其期望为 $E(X)=\dfrac{a+b}{2}$，方差为 $D(X)=\dfrac{b-a}{\sqrt{12}}$。

2) 正态分布

若随机变量 X 的概率密度函数为

$$f(x)=\frac{1}{\sqrt{2\pi}\sigma}\mathrm{e}^{-\frac{(x-\mu)^2}{2\sigma^2}},\quad -\infty<x<\infty \tag{2.22}$$

式中，μ、σ （$\sigma>0$）是常数，则称 X 服从参数为 μ、σ 的正态分布或高斯(Gauss)分布，记作 $X\sim N(\mu,\sigma^2)$。概率分布函数为

$$F(x)=\frac{1}{\sqrt{2\pi}\sigma}\int_{-\infty}^{x}\mathrm{e}^{-\frac{(x-\mu)^2}{2\sigma^2}}\mathrm{d}t \tag{2.23}$$

其期望为 $E(X)=\mu$，方差为 $D(X)=\sigma^2$。

特别地，当 $\mu=0$ 和 $\sigma=1$ 时，正态分布称为标准正态分布，其概率密度函数和概率分布函数常用 $\varphi(x)$ 和 $\varPhi(x)$ 表示。

$$\varphi(x)=\frac{1}{\sqrt{2\pi}}\mathrm{e}^{-\frac{x^2}{2}},\quad -\infty<x<\infty \tag{2.24}$$

$$\varPhi(x)=\frac{1}{\sqrt{2\pi}}\int_{-\infty}^{x}\mathrm{e}^{-\frac{x^2}{2}}\mathrm{d}t \tag{2.25}$$

正态分布广泛应用于各种噪声、干扰及统计计算中。

3) 瑞利分布

当一个随机二维向量的两个分量呈独立的、有着相同方差的正态分布时，这个向量的模呈瑞利分布。瑞利分布的概率密度函数为

$$f(x)=\frac{x}{\sigma^2}\mathrm{e}^{-\frac{x^2}{2\sigma^2}},\quad x>0 \tag{2.26}$$

其期望为 $E(X)=\sigma\sqrt{\dfrac{\pi}{2}}\approx1.253\sigma$，方差为 $D(X)=\dfrac{4-\pi}{2}\sigma^2\approx0.429\sigma^2$。

瑞利分布是最常见的用于描述平坦衰落信号接收包络或独立多径分量接收包络统计时变特性的一种分布类型。两个正交高斯噪声信号之和服从瑞利分布。

4) 指数分布

如果随机变量 X 的概率密度函数为

$$f(x)=\begin{cases}\lambda\mathrm{e}^{-\lambda x}, & x>0\\ 0, & \text{其他}\end{cases} \tag{2.27}$$

式中，$\lambda>0$ 是常数，则称 X 服从参数为 λ 的指数分布，记作 $X\sim E(\lambda)$。其概率分布函数为

$$F(x)=\begin{cases}0, & x<0\\ 1-\mathrm{e}^{-\lambda x}, & x\geqslant 0\end{cases} \tag{2.28}$$

其期望为 $E(X)=\dfrac{1}{\lambda}$，方差为 $D(X)=\dfrac{1}{\lambda}$。

指数分布的一个重要性质就是无后效性或无记忆性，一般作为各种寿命的近似，如元件、动物、设备的寿命，也可用于描述通话时间和一般系统中的服务时间。

5) k 阶埃尔朗分布

设 $v_1,v_2,\cdots,v_k$ 为相互独立的随机变量，且都服从参数为 $k\lambda$ 的指数分布，即 $v_i \sim E(k\lambda)(i=1,2,\cdots,k)$，则 $T=\sum_{i=1}^{k} v_i$ 的概率密度函数为

$$f_k(t)=\frac{k\lambda(k\lambda t)^{k-1}}{(k-1)!}\mathrm{e}^{-k\lambda t},\quad t>0;\lambda>0 \tag{2.29}$$

称 T 服从 k 阶埃尔朗分布，其期望为 $E(T)=\sum_{i=1}^{k}E(V_i)=k\cdot\dfrac{1}{k\lambda}=\dfrac{1}{\lambda}$，方差为 $D(T)=\dfrac{1}{k\lambda^2}$。当 $k=1$ 时，就是指数分布，即 $T\sim E(\lambda)$。

若顾客到达间隔呈负指数分布，且相互独立，则到达 k 个顾客的时间分布就是 k 阶埃尔朗分布。若顾客服务时间呈负指数分布，则连续服务 k 个顾客的时间同样服从 k 阶埃尔朗分布。

6) 超指数分布

如果随机变量 X 可以认为是 k 个相互独立且服从同样分布的负指数分布随机变量的概率(加权)和，则称 X 服从 k 阶超指数分布(以下用 H_k 表示)，其概率分布函数为

$$F(x)=1-\sum_{j=1}^{k}\alpha_j \mathrm{e}^{-\lambda_j x},\quad x\geqslant 0 \tag{2.30}$$

其期望和方差分别为 $E(X)=\sum_{j=1}^{k}\dfrac{\alpha_j}{\lambda_j}$ 与 $D(X)=2\sum_{j=1}^{k}\dfrac{\alpha_j}{\lambda_j^2}-\left(\sum_{j=1}^{k}\dfrac{\alpha_j}{\lambda_j}\right)^2$。利用柯西不等式，可以证明 $C^2\geqslant 1$。由此可见，k 阶超指数分布是负指数分布的一种混合分布。

2.2.4　离散型概率分布

设 X 为随机变量，若它的全部可能取值只有有限或无穷可数个，则称其为离散型随机变量。常见的离散型概率分布有 0-1 分布、二项分布、几何分布、泊松分布。

1) 0-1 分布

若随机变量 X 只可能取 0 和 1 两个值，概率分布为

$$P\{X=1\}=p,\quad P\{X=0\}=q=1-p,\quad 0<p<1;p+q=1 \tag{2.31}$$

则称 X 服从 0-1 分布(p 为参数)，也称为伯努利分布，记作 $X\sim B(1,p)$。其概率分布可表示为

$$P\{X=k\}=p^k q^{1-k},\quad k=0,1 \tag{2.32}$$

2) 二项分布

用 X 表示 n 重伯努利实验中事件 A 发生的次数，则当 $X=k(0\leqslant k\leqslant n)$ 时，即 A 在 n 次实验中发生了 k 次。共有 C_n^k 种可能，且两两互不相容。因此，A 在 n 次实验中发生 k 次的概率分布为

$$P\{X=k\}=C_n^k p^k (1-p)^{n-k},\quad k=0,1,2,\cdots,n \tag{2.33}$$

称这样的分布为二项分布，记作 $X\sim B(n,p)$。

特别地，当 n=1 时，二项分布即为 0-1 分布。显然 $\sum_{k=0}^{n} C_n^k p^k (1-p)^{n-k}=(p+1-p)^n=1$。

3) 几何分布

若 X 的概率分布为

$$P\{X=k\}=q^{k-1}p,\quad k=1,2,\cdots;q=1-p;0<p<1 \tag{2.34}$$

则称 X 服从参数为 p 的几何分布，记作 $X\sim G(p)$。

若 X 表示一个无穷次伯努利实验序列中，事件 A 首次发生所需要的次数，则 X 服从参数为 p 的几何分布。

4) 泊松分布

泊松分布是 1837 年法国数学家泊松(Poisson)将其作为二项分布的近似计算引入的。若随机变量 X 的全部可能取值为一切非负整数，且概率分布为

$$P\{X=k\}=\frac{\lambda^k \mathrm{e}^{-\lambda}}{k!},\quad k=0,1,2,\cdots \tag{2.35}$$

式中，$\lambda>0$ 是常数，则称 X 服从参数为 λ 的泊松分布，记为 $X\sim P(\lambda)$。

泊松定理：设随机变量 $X_n(n=1,2,3,\cdots)$ 服从二项分布 $B(n,p_n)$，其中 p_n 与 n 有关。如果 $\lim\limits_{x\to+\infty} np_n=\lambda$ （λ 为常数），则有

$$\lim_{x\to+\infty} P\{X_n=k\}=\lim_{x\to+\infty} C_n^k p_n^k (1-p_n)^{n-k}=\frac{\lambda^k \mathrm{e}^{-\lambda}}{k!},\quad k=0,1,2,\cdots,n \tag{2.36}$$

从而，当 n 较大，p_n 较小时，有

$$C_n^k p_n^k (1-p_n)^{n-k}\approx\frac{(np_n)^k \mathrm{e}^{-np_n}}{k!} \tag{2.37}$$

2.3　典型通信业务源的建模

2.3.1　独立随机事件的建模

1. 纯随机事件的描述

纯随机事件是现实生活中普遍存在的随机现象，也是最易进行数学分析的随机过程，其定义为：

(1) 事件之间相互独立；

(2) 事件间隔具有无记忆性。

负指数分布是连续型概率分布中唯一具有无记忆性的概率分布。事件发生的间隔或事件持续的时间服从负指数分布的连续型随机过程等效于泊松过程。泊松过程是最简单的随机过程之一，具有无记忆性，且只有一个参数。泊松过程的叠加/分解特性对于通信业务源的建模至关重要。

对于大量的稀有事件流，如果每一个事件流在总事件中起的作用很小，而且相互独立，则总的合成流可以认为是泊松流。泊松流的间隔分布应该服从负指数分布，而负指数变量和的分布服从 Gamma（k 阶埃尔朗）分布，且当 k 趋向无穷大时逼近定长分布。但是，由大数定律可知，大量稀有随机变量和的极限服从正态分布。因此，在 $r\to\infty$ 时，E_r 分布近似正态分布，由中心极限定理得

$$\frac{X-\dfrac{1}{\lambda}}{\sqrt{\dfrac{1}{r\mu^2}}}=\frac{X_1+X_2+\cdots+X_r-\dfrac{1}{\mu}}{\sqrt{\dfrac{1}{r\mu^2}}} \tag{2.38}$$

式中，$X_1,X_2,\cdots,X_r$ 是把埃尔朗分解后的 r 个服从负指数分布的随机变量，显然，当 $r\to\infty$ 时，X 服从正态分布 $N(\frac{1}{\lambda},\frac{1}{r\mu^2})$。

2. 平滑随机事件的描述

平滑随机事件是指方差系数小于 1 的随机事件，例如，经过整形器后的分组到达过程属于平滑事件。

k 阶埃尔朗或负二项分布可以描述 k 个负指数随机变量和的分布，其属于更新过程，方差系数等于 $1/k$，可以根据实际业务的方差系数测定值选择 k，k 趋于无穷大时逼近于定长分布，常用于多级服务系统的建模。但有时为了简便，将其近似为泊松过程进行分析。

3. 突发随机事件的描述

突发随机事件是指方差系数大于 1 或者相关系数大于 0 的随机事件，不能再用泊松过程来近似。间断泊松过程（IPP）可以描述不相关突发事件。

现实网络中大量随机事件的发生并非独立的，即使某个单一连续的到达或服务过程假设为更新过程，但一般来讲，更新过程的叠加不再是更新过程（只有泊松过程的叠加除外），而且往往具有正相关，因此更新过程近似是危险近似。

具有相关性的随机过程可以分为短时相关随机过程和长时相关随机过程，它们对网络性能的影响有很大的不同。

（1）短时相关：相关系数随间隔距离指数下降。

（2）长时相关：相关系数随间隔距离线性下降，即随机事件在不同时间段内呈现相似的概率特性。

SPP 和 MMPP 可以描述短时相关的突发事件，而描述长时相关随机事件则需要用其他分布来建模，如帕累托（Pareto）分布等。

2.3.2　实际业务源的建模

一个随机点过程可以通过其间隔时间的概率分布来描述，也可以通过一定时间内随机事件的发生次数的概率分布来描述。两者一一对应，但又各有千秋。

在实际建模过程中，可以根据事件发生的一阶矩、二阶矩、三阶矩和自相关系数等特征值的测定值选择/匹配不同的随机过程来近似。

泊松过程以及与其相对应的负指数分布在排队建模中起着非常关键的作用，也是应用最广的随机过程之一，这主要源于它们的无记忆性。

IPP 和 ON/OFF 模型能够很好地描述具有突发性的业务源，两者均为三参数更新过程。

MMPP 模型本身是一个马尔可夫过程，它可以用来描述具有正相关的到达或服务过程。在分组语音、数据和图像业务建模中，2 状态的 MMPP 得到了广泛的应用。

2.4　典型通信网络的建模

网络模型建立基于以下几个要素的折中：拟合性、描述模型的参数数目、参数估计复杂度、仿真执行时间。接下来将给出三种典型通信网络的建模。

2.4.1　电路交换网的建模

在电路交换网中，链路请求可能被拒绝，但链路建立后，独占固定分配的信道，适用于 QoS 要求较高的实时业务通信，如电话网。可将其建模如下。

(1) 顾客：呼叫请求、迂回呼叫、重拨请求；由于呼叫事件是非常随机的事件，可近似地认为服从泊松分布。

(2) 服务者：交换机之间的链路(固定时隙、多个时隙)。

(3) 服务时间：占线时间，同样呼叫的占线时间也可以认为是纯随机事件，用负指数分布来近似。

(4) 等待空间：对于呼损系统而言，没有等待空间(即所有信道都占用的情况下，立即拒绝呼叫请求)。

因此，电路交换网可以用一个泊松到达、负指数服务时间、多服务者、无排队队列的损失型排队系统模型来描述。

模型修正 1　实际系统中，由于各种突发事件可能引起业务量分配不均，经常采用迂回路由的方法，将由部分负载过重引起的溢出呼叫转移到其他空闲路由。

需要预测溢出发生的模式和溢出将要持续的时间，由于溢出只有在所有信道均被占用的情况下才发生，它不再是泊松过程，间断泊松过程更为恰当。

模型修正 2　随着电话的普及和人们生活模式的变化，人们打电话的行为也发生了变化，因此已经沿用近百年的电话排队系统模型也需要重新审视。

传统通话时间近似均值为 3min 的负指数分布，当时打电话主要是为了工作和紧急事件联络。近年来实际测试表明通话时间已经成倍增长，偏离负指数分布。

2.4.2 分组交换网的建模

分组交换网是由分组交换设备及其连接等级结构构成的，通过相关的设备与一定的等级机构完成用户之间的分组信息传输和处理，非实时，但数据可靠性高。可将其建模如下。

(1)顾客：数据报方式中的分组(变化长度)、虚电路方式中的虚拟链路等，分组达到近似泊松过程。

(2)服务者：路由器或分组交换机之间的传输链路。

(3)服务时间：分组传输时间、虚电路占用时间，近似泊松。

(4)等待空间：缓冲器(待时系统、呼叫等待系统)。

(5)排队系统模型：泊松到达、负指数服务时间、单一服务者、无穷大队列的等待模型。

模型修正 由于互联网实时交互式数据通信业务的大量出现以及多媒体业务的蓬勃发展，数据对实时性的要求也越来越高。

大量实测数据表明，互联网中的IP包存在突发性，甚至自相似特性，因此需要引入更为精确和复杂的模型。

2.4.3 ATM网络的建模

ATM网络是实现高速、宽带传输多种通信业务的现代数据通信网络形式之一。从处理数据业务的能力上看，ATM可具有两种交换方式的功能，既可承载语音通信，又可承载数据和其他多媒体业务的宽带综合业务。可将其建模如下。

(1)顾客：连接建立阶段的虚路径(VC)/虚通道(VP)请求、信元传输阶段的信元等。

(2)服务者：虚电路、信元传输链路。

(3)服务时间：虚电路占用时间、信元传输时间。

(4)等待空间：缓冲器(待时系统、呼叫等待系统)。

ATM系统中，带宽分配是根据用户申请的流量特性所确定的。ATM的业务源分为四类：恒定比特率(CBR)、可变比特率(VBR)、可用比特率(ABR)、未定比特率(UBR)，它们之间的随机性有很大区别，所要求的QoS也不相同，需分别对待。

1)CBR语音业务源的概率模型

语音业务在ATM网络上传输时通常作为CBR流量来处理，对于CBR流量的情况，由于ATM是统计复用，所以有可能发生输入流的速度之和超过输出VP的速度(带宽)，即使信元的平均流入量之和远没有达到输出VP的带宽，也会发生短时超速，由于输出缓冲器容量的限制而产生信元丢失。因此，既要考虑复用的CBR流量，也不能忽视用户系统和网络的CDV(Cell Delay Variation)通信网络建模的对应关系。

2)VBR语音业务源的概率模型

当ATM网络上的语音业务采用语音活动检测器(Speech Activity Detector，SAD)时，通常作为VBR流量来对待，在有音区间，信元每隔一定的时间间隔而生成；在无音区间不生成任何信元，因此可采用更新过程或MMPP来近似。对于由多个连接的信元叠加后的语音到达过程，可以将来自各呼叫的信元产生过程用 IPP 来近似，再将统计复用的 IPP 过程作为 MMPP 的一种特殊情况来处理。

2.5　有限状态机

不同的业务数据包进入网络后，要靠协议来掌控和管理数据包在网络中的流动，最终到达目的地。

将网络协议进行形式化建模更有利于进行协议的分析，也可以为协议的实现、测试和性能评估提供良好的基础。目前，协议的主要形式化模型包括有限状态机、Petri 网、时态逻辑和通信进程演算等。本节将主要对有限状态机进行介绍。

2.5.1　基本概念

现实事物是有不同状态的，例如，一个开关就有开和关两种状态。有限状态机所描述的事物的状态的数量是有限个，例如，一个正常工作的开关，其状态就是两个：Open 和 Closed。

有限状态机(Finite State Machine，FSM)是现实事物运行规则抽象而成的一个数学模型，通常也直接简称状态机。因此，有限状态机不是指一台实际的机器，而是指一个数学模型。

状态机一般表现为一张状态转换图。同样以开关的运行规则为例，可以抽象出如图 2-10 所示的一个状态转换图。

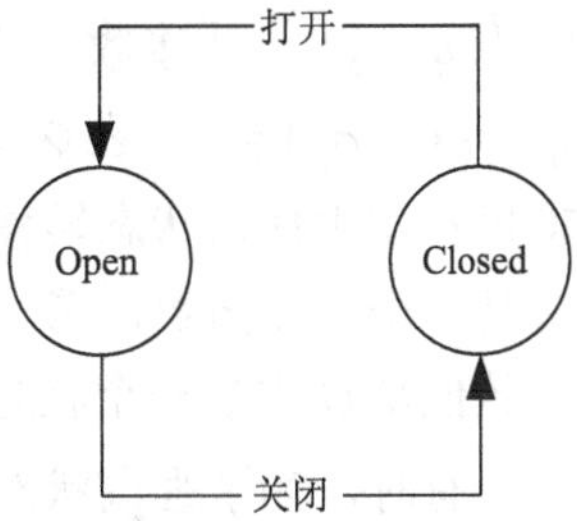

打开
Open
Closed
关闭

图 2-10　开关的状态转换图

在 Closed 状态下，如果读取/输入打开信号，那么状态就会切换为 Open。在 Open 状态下，如果读取/输入关闭信号，状态就会切换为 Closed。由此可见，给定一个状态机，同时给定它的当前状态以及输入，那么输出状态是可以明确地运算出来的，这是状态机的一个重要特性。

状态机是计算机科学的重要基础概念之一，也可以说是一种总结归纳问题的思想，应用范围非常广泛。状态机是一个对真实世界的抽象，而且是逻辑严谨的数学抽象，所以非常适合用在数字领域。它可以应用到各个层面上，如硬件设计、编译器设计，以及编程实现各种具体业务逻辑的时候(其实跟状态机类似的概念还有图灵机，图灵机就是计算机底层采用的计算模型)。通过一个例子来进行说明，街边的自动售货机中明显能看到状态机逻辑。对其进行简化，假设这是一台只卖 2 元一瓶的汽水的售货机，只接受 5 角和 1 元的硬币。初始状态是“未付款”，中间状态有“已付款 5 角”“已付款 1 元”“已付款 1.5 元”和“已足额付款”四个状态。状态切换的触发条件是投 1 元硬币和投 5 角硬币两种，到达“已足额付款”状态，还要进行余额清零和弹出汽水操作。所以，如果画出了一张完整的状态转换图，也会是比较复杂的一张图。考虑到还可能会有 1 角的硬币，以及用户可能有一些误操作，实际中的售货机对应的状态机就会更加复杂了。

好的状态机的标准很多，最重要的就是状态机要安全，是指 FSM 不会进入死循环，特别是不会进入非预知的状态(在第 1 章讲的火车的例子中，就是进入了非预知的状态)，而且若由于某些扰动而进入非设计状态，也能很快地恢复到正常的状态循环中。这里面有两层含义：其一要求该 FSM 的综合实现结果无异常扰动；其二要求 FSM 要完备，即使受到异常扰动而进入非设计状态，也能很快恢复到正常状态。

2.5.2　FSM 的定义

有限状态机主要包括三个部分：有限状态集、有限输入集和状态转移规则集。其中，有限状态集描述系统中的不同状态；有限输入集用于表征系统所接收的不同输入信息；状态转移规则集表示系统在接收不同输入下从一个状态转移到另一个状态的规则。有限状态机可由如下形式的定义给出。

有限状态机的定义：有限状态机可用三元组 $M=(Q,\Sigma,\delta)$ 表示，其中，

(1) $Q=\{q_0,q_1,\cdots,q_n\}$ 是有限状态集，在任一确定的时刻，有限状态机只能处于一个确定的状态 $q_i(i=0,1,2,\cdots,n)$；

(2) $\Sigma=\{\sigma_1,\sigma_2,\cdots,\sigma_m\}$ 是有限输入集，在任一确定的时刻，有限状态机只能接收一个确定的输入 $\sigma_j(j=1,2,3,\cdots,m)$；

(3) $\delta:Q\times\Sigma\to Q$ 是状态转移函数，如果在某一确定的时刻，有限状态机处于某一状态 $q_i\in Q$，并接收一个输入字符 $\sigma_j\in\Sigma$，那么下一时刻其将处于一个确定的状态 $q'=\delta(q_i,\sigma_j)\in Q$，在这里规定 $q=\delta(q,\varepsilon)$，即对任何状态 q，当输入空字符 ε 时，有限状态机不发生任何状态转移。根据定义，转移函数 δ 是从 $Q\times\Sigma$ 到 Q 的映射。也就是说，它是一个二元函数，第一个变元取自 Q 的一个状态，第二个变元取自 Σ 中的一个符号，函数值是 Q 中的一个状态。

有时，为了强调状态机的初始状态和终结状态，可以把有限状态集中的初始状态和终结状态都明确地表示出来，此时 FSM 也可以用四元组 $M=(Q,\Sigma,\delta,q_0)$ 或者五元组 $M=(Q,\Sigma,\delta,q_0,F)$ 来表示，其中，

(1) $q_0\in Q$ 是初始状态，有限状态机由此状态开始接收输入；

(2) $F\subseteq Q$ 是终结状态集，有限状态机在达到终结状态集的任一个状态后将不再接收输入。

例 2.1　给出一个有限状态机 $M=(\{q_0,q_1,q_2\},\{0,1\},\delta,q_0)$，其中状态转移函数 δ 具体定义如下：

$$\delta(q_0,1)=q_1,\quad \delta(q_0,0)=q_2,\quad \delta(q_1,1)=q_0$$
$$\delta(q_1,0)=q_2,\quad \delta(q_2,1)=q_1,\quad \delta(q_2,0)=q_0$$

在例 2.1 中，Q 中有 3 个状态 q_0、q_1、q_2，其中 q_0 为初始状态，有限输入集 Σ 中有两个字符，即只有两种可能的输入：0 和 1。因此，状态转移函数包括了 6 个式子。为了使得其表达更直观、更简便，状态转移函数通常采用关系矩阵、状态转移表或状态转移图的形式来表示。

(1) 状态转移矩阵。对于有限状态机 $M=(Q,\Sigma,\delta)$ 的状态转移函数 δ，用行表示状态机所处的当前状态，列表示将要到达的下一个状态，行列交叉处表示输入字符。称该矩

阵为状态转移函数 δ 的关系矩阵，或者称为有限状态机 M 的状态转移矩阵。

(2) 状态转移表。对于有限状态机 $M=(Q,\Sigma,\delta)$ 的状态转移函数 δ，用表格的行表示状态机所处的当前状态，列表示当前的输入字符，行列交叉处表示要到达的下一个状态。称该表格为有限状态机 M 的状态转移表。

(3) 状态转移图。对于有限状态机 $M=(Q,\Sigma,\delta)$ 的状态转移函数 δ，用圆圈（节点）表示状态；将存在转移关系的状态用有向弧连接，并在有向弧旁标注相应的输入字符；用标有箭头的节点表示初始状态。

例 2.1 中有限状态机的状态转移矩阵、状态转移表和状态转移图分别如图 2-11(a)、(b) 和 (c) 所示，其中图 (c) 中还标出了初始状态为 q_0。

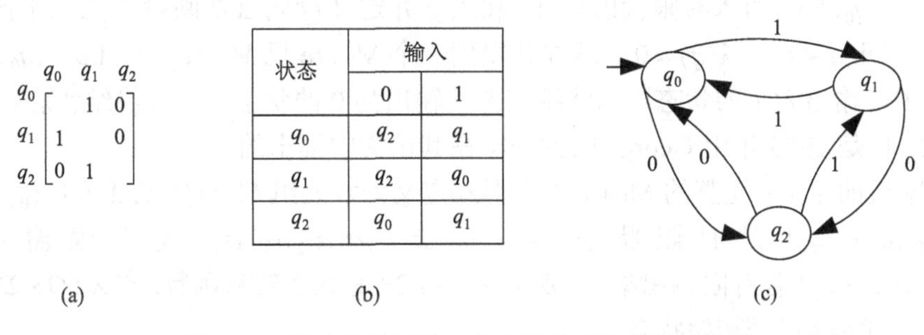

图 2-11　状态转移矩阵、状态转移表和状态转移图

前面讲的有限状态机中，给定当前状态和输入，其输出状态是确定的。但在实际中，可能存在输出状态是不确定的情况，这时用非确定有限状态机来表示。非确定有限状态机同样可以用一个三元组 $M=(Q,\Sigma,\delta)$（或者同前面的四元组、五元组）表示，唯一与确定 FSM 不同的是状态转移函数 $\delta: Q\times\Sigma\rightarrow 2^{Q}$，它表示：如果在某一确定的时刻，非确定有限状态机处于某一状态 $q_i\in Q$，并接收一个输入字符 $\sigma_j\in\Sigma$，那么下一时刻其将处于某一个状态子集 $\delta(q_i,\sigma_j)=\{p_1,p_2,\cdots,p_k\}(p_i\in Q; i=1,2,\cdots,k)$，也即它的状态转移并不是唯一的，而是有 k 个可能。

2.5.3　Moore 机与 Mealy 机

前面讨论的有限状态机和非确定有限状态机，可以看成仅接收输入并发生状态改变，但无任何输出的自动机器。实际上，现实生活中的许多有限状态系统对于不同的输入信号，除内部状态不断改变外，还不断向系统外部输出各种信号。具有输出的有限状态机按照输出的不同分成两类：若输出只和状态有关而与输入无关，则称为 Moore 机；若输出不仅和状态有关，而且和输入有关，则称为 Mealy 机。

Moore 机以爱德华·摩尔（Edward F. Moore）的名字命名，他在 1956 年的论文《Gedanken-在顺序机器上进行实验》（*Gedanken-Experiments on Sequential Machines*）中提出了这一概念。

Moore 机的定义：完整的 Moore 机可形式定义为六元组 $M=(Q,\Sigma,\Delta,\delta,\lambda,q_0)$。其中：① $Q=\{q_0,q_1,\cdots,q_n\}$ 是有限状态集；② $\Sigma=\{\sigma_1,\sigma_2,\cdots,\sigma_m\}$ 是有限输入集；③ $\Delta=\{a_1,a_2,\cdots,a_r\}$ 是有限输出集；④ $\delta:Q\times\Sigma\to 2^Q$ 是状态转移函数；⑤ $\lambda:Q\to\Delta$ 是输出函数；⑥ $q_0\in Q$ 是初始状态。

由上述 Moore 机的定义可以注意到 Moore 机只是在接收输入串的过程中不断改变状态，并且在每个状态上有字符输出。例如，对于输入串为 $\{\sigma_1,\sigma_2,\cdots,\sigma_m\}$，设 $\delta(q_0,\sigma_1)=q_1$，$\delta(q_1,\sigma_2)=q_2$，…，$\delta(q_{i-1},\sigma_i)=q_i$，…，$\delta(q_{n-1},\sigma_n)=q_n$。这时输出序列为 $\lambda(q_0)\lambda(q_1)\cdots\lambda(q_i)\cdots\lambda(q_n)$。

有限状态机可看作 Moore 机的一个特例。事实上，对于任何一个有限状态机 $M=(Q,\Sigma,\delta,q_0,F)$，引入有限输出集 $\Delta=\{0,1\}$，并定义 Q 到 Δ 的映射 λ 为：对于 $q\in F$，$\lambda(q)=1$；对于 $q\notin F$，$\lambda(q)=0$。这样就得到一个 Moore 机 $M'=(Q,\Sigma,\Delta,\delta,\lambda,q_0)$，在该 Moore 机中，输出为 1 的状态即为终结状态，输出为 0 的状态即为非终结状态。

Mealy 机是 1955 年由 George H. Mealy 在其论文中提出的。

Mealy 机的定义：完整的 Mealy 机可形式定义为六元组 $M=(Q,\Sigma,\Delta,\delta,\lambda,q_0)$。其中：① $Q=\{q_0,q_1,\cdots,q_n\}$ 是有限状态集；② $\Sigma=\{\sigma_1,\sigma_2,\cdots,\sigma_m\}$ 是有限输入集；③ $\Delta=\{a_1,a_2,\cdots,a_r\}$ 是有限输出集；④ $\delta:Q\times\Sigma\to 2^Q$ 是状态转移函数；⑤ $\lambda:Q\times\Sigma\to\Delta$ 是输出函数；⑥ $q_0\in Q$ 是初始状态。

在上述 Mealy 机定义中，除输出函数 λ 外，Q、Σ、Δ、δ、q_0 的含义均同 Moore 机相同。$\lambda(q,\sigma)=a$ 给出了当机器进入状态 q，并得到输入为 σ 时的输出为 a。当输入串为 $\{\sigma_1,\sigma_2,\cdots,\sigma_m\}$ 时，设 $\delta(q_0,\sigma_1)=q_1$，$\delta(q_1,\sigma_2)=q_2$，$\cdots$，$\delta(q_{i-1},\sigma_i)=q_i$，$\cdots$，$\delta(q_{n-1},\sigma_n)=q_n$。这时输出序列为 $\lambda(q_0,\sigma_1)\lambda(q_1,\sigma_2)\cdots\lambda(q_i,\sigma_{i+1})\cdots\lambda(q_{n-1},\sigma_n)$。

Moore 机可看作 Mealy 机的一种特例。事实上，对于任何一个 Moore 机 $M=(Q,\Sigma,\Delta,\delta,\lambda,q_0)$，设当输入串为 $\{\sigma_1,\sigma_2,\cdots,\sigma_n\}$ 时，其输出序列为 $\lambda(q_0)\lambda(q_1)\cdots\lambda(q_i)\cdots\lambda(q_n)$，其中 q_i 和 σ_i 满足：$\lambda(q_{i-1},\sigma_i)=q_i\ (1\leqslant i\leqslant n)$。引入 $Q\times\Sigma$ 到 Δ 的映射 λ'：$\lambda'(q_{i-1},\sigma_i)=\lambda\{\delta(q_{i-1},\sigma_i)\}=\lambda(q_i)\ (1\leqslant i\leqslant n)$。这样就得到一个 Mealy 机 $M'=(Q,\Sigma,\Delta,\delta,\lambda',q_0)$。对于输入串 $\{\sigma_1,\sigma_2,\cdots,\sigma_n\}$，Mealy 机 M' 的输出为 $\lambda'(q_0,\sigma_1)\lambda'(q_1,\sigma_2)\cdots\lambda'(q_{n-1},\sigma_n)=\lambda(q_1)\lambda(q_2)\cdots\lambda(q_n)$。

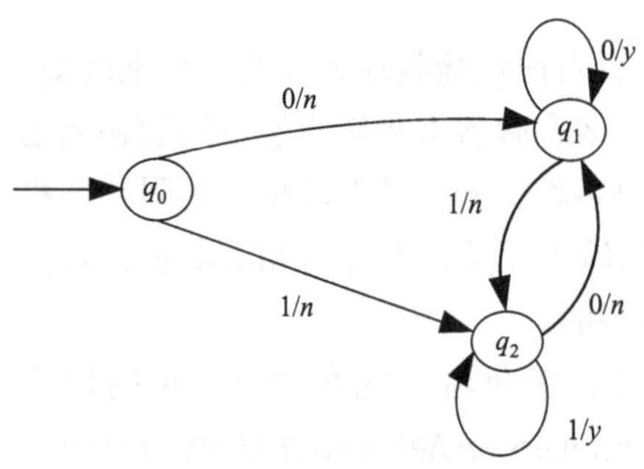

图 2-12　Mealy 机的状态转移图

在 Mealy 机的状态转移图中，在从状态 q_i 到状态 q_j 的弧上标记 a/b，用以表示其输入和输出，也可以表示为：$\delta(q_i,a)=q_j$，$\lambda(q_i,a)=b$。图 2-12 表示了具有下述状态转换函数和输出函数的 Mealy 机。

$$\delta(q_0,0)=q_1,\quad \delta(q_0,1)=q_2$$
$$\delta(q_1,1)=q_2,\quad \delta(q_1,0)=q_1$$
$$\delta(q_2,1)=q_2,\quad \delta(q_2,0)=q_1$$

$$\lambda(q_0,0)=n,\quad \lambda(q_0,1)=n$$
$$\lambda(q_1,1)=n,\quad \lambda(q_1,0)=y$$
$$\lambda(q_2,1)=y,\quad \lambda(q_2,0)=n$$

2.5.4　FSM 的变种

前面介绍的有限状态机中，在某个给定的状态、给定的输入下，其会有相对固定的状态转移(可能转移到某一个状态或者一个状态集中的某一元素)和输出。在实际中也存在一些情况，在某个给定的状态、给定的输入下(有时甚至不用输入，状态自动也会转移)，只能确定其状态转移的概率，此时可以用变种 FSM 来表示。

变种 FSM 的定义：可形式定义为三元组 $M=(Q,\Sigma,p)$。其中：① $Q=\{q_0,q_1,\cdots,q_n\}$ 是有限状态集；② $\Sigma=\{\sigma_1,\sigma_2,\cdots,\sigma_m\}$ 是有限输入集；③ $p:Q\times\Sigma\to Q$ 是状态转移概率，如果在某一确定的时刻，有限状态机处于某一状态 $q_i\in Q$，并接收一个输入字符 $\sigma_j\in\Sigma$，那么下一时刻其将处于一个状态 $q'\in Q$ 的概率为 $p(q_i,\sigma_j)$。在有些情况下，无论输入是什么，给定某一状态 q_i，其必定会按照某一概率转移到另一状态 q_j，此时其状态转移概率可简写为 $p_{i,j}$。

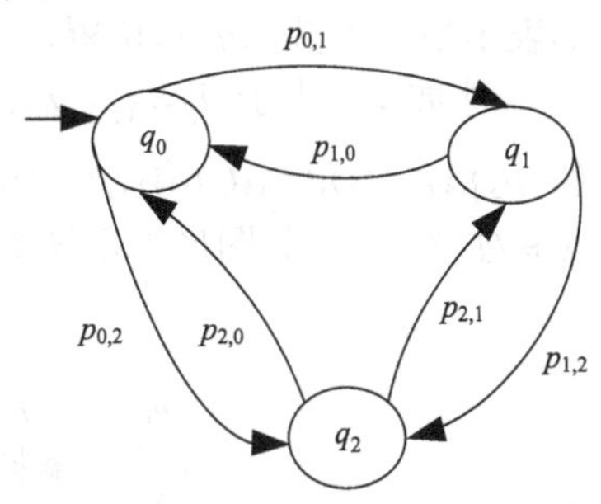

图 2-13　变种 FSM 的状态转移图

图 2-13 给出了一个变种 FSM 的状态转移图。其中该状态机包含 q_0、q_1 和 q_2 三种状态。在任一状态 q_i，其必定会按照 $p_{i,j}(i,j\in\{0,1,2\})$ 的概率转移到另一状态 q_j。

扩展阅读：Petri 网的概念

Petri 网的概念最早是由德国的卡尔·亚当·佩特里(Carl Adam Petri)于 1962 年在其博士学位论文《自动机通信》中提出来的。它是一种适合于并发、异步、分布式系统描述与分析的图形数学工具。Petri 网既有严格的数学表述方式，也有直观的图形表达方式；既有丰富的系统描述手段和系统行为分析技术，又为计算机科学提供坚实的概念基础。Petri 网能够表达并发的事件，研究领域趋向认为 Petri 网是所有流程定义语言之母。Petri 网已成为网络协议分析和设计的典型形式模型之一。

卡尔·亚当·佩特里是一名物理学家，他发明 Petri 网主要是从物理的角度去描述并发现象的。据佩特里本人所述，他认为 20 世纪 60 年代自动机理论由于缺乏并发(Concurrence)概念而不适合于表达现代物理学理论，如狭义相对论(Special Relativity)和不确定性原理(Uncertainty Principle)。Petri 网的一个重要的贡献是 Petri 网里面不存在全局时间的概念，它能够很容易地表达狭义相对论的观点。

从狭义相对论的观点出发，两个时空点之间如果没有因果关系把它们连接起来(或者说是“类空”的)，它们就是独立的，不能说其中一个发生在前，另一个发生在后，或者相反。因此，Petri 网里面的两种变迁如果都有发生的条件，则不能认为其执行顺序有任何关系。也就是说，Petri 网的每一个节点都可以拥有自己的独立时序，只要条件满足，就可以发生。

任何系统都可抽象为状态、活动(或者事件)及其之间关系的三元结构。在 Petri 网中，状态用位置(Place)表示，活动用迁移(Transition)表示。迁移的作用是改变状态，位置的作用是决定迁移能否发生，两者之间的这种依赖关系用流来表示。

定义 Petri 网结构：Petri 网结构是一个三元组 $N=(P,T,F)$，其中三元组含义如下。

(1) $P=\{p_1,p_2,\cdots,p_n\}$ 是有限位置集。

(2) $T=\{t_1,t_2,\cdots,t_n\}$ 是有限迁移集 $(P\cup T\neq\varnothing, P\cap T=\varnothing)$。

(3) $F\subseteq(P\times T)\cup(T\times P)$ 是流关系。

有限位置集和有限迁移集是 Petri 网的基本成分，流关系是由它们构造出来的。在图形表示中，用圆圈表示位置，用黑短线或者方框表示迁移，用有向弧表示流关系。

例如，对于 $P=\{p_1,p_2,p_3,p_4,p_5,p_6\}$、$T=\{t_1,t_2,t_3,t_4,t_5\}$ 和 $F=\{(p_1,t_1),(t_1,p_2),(t_1,p_3),(p_2,t_2),(p_3,t_3),(t_2,p_4),(t_3,p_5),(p_4,t_4),(p_5,t_4),(t_4,p_6),(p_6,t_5),(t_5,p_1)\}$ 的 Petri 网结构 $N=(P,T,F)$，其图形表示图如图 2-14 所示。

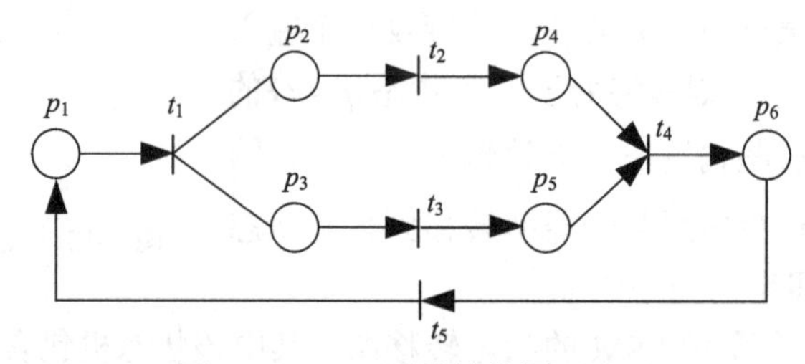

图 2-14　Petri 网结构的图形表示

Petri 网是非常有用的一种形式化表达模型，其应用非常广泛，比较常见的几种应用包括软件设计、工作流管理、工作流模式、数据分析、故障诊断、并行程序设计、协议验证等。

习　题

2-1　通信网络建模的对象有哪些？

2-2　请简述通信业务建模需要遵循哪些基本准则？

2-3　典型通信业务源的建模过程是怎样的？

2-4　试推导出参数为 (p,μ_1,μ_2) 的二阶超指数分布的概率分布函数、均值与方差系数。

2-5　用计算机仿真的手段模拟出负指数分布和 k 阶埃尔朗分布的概率特性。

2-6　试证明参数为 (λ,r_1,r_2) 的 IPP 模型的间隔分布类属于二阶超指数分布，并推导出 (λ,r_1,r_2) 与 (p,μ_1,μ_2) 的等效关系。

2-7　请查阅泊松流的概念。其与泊松分布有何关系？

2-8　试从顾客、服务者、服务时间、等待空间、排队系统模型等要素出发，对电路交换网、分组交换网和 ATM 网三种网络进行建模。

2-9　什么是有限状态机？

2-10　请简述 Moore 机和 Mealy 机的区别。

第 3 章　排队论及其应用

排队是通信网络和生活中的一种常见现象。例如，电话网中交换机线路的繁忙导致用户发起的呼叫经历排队等待，计算机通信网络中路由器处理能力的有限导致 IP 数据包在缓冲器中的排队等待。生活中的例子包括在超市等待结账的顾客队伍、在售票处等待购票的旅客队伍、拨打公司客服电话时的在线等待队伍、在机场等待起飞的飞机队伍、在高速路入口等待的汽车长龙等。造成排队现象的根本原因是业务(顾客)需求的随机性和服务设施的有限性之间的矛盾。

排队论就是研究服务系统中排队现象随机规律的一个运筹学分支。排队论的基本思想是 1909 年丹麦电话工程师 A. K. 埃尔朗(A. K. Erlang)在解决自动电话设计问题时开始形成的，当时称为话务理论。他在热力学统计平衡理论的启发下，成功地建立了电话统计平衡模型，并由此导出著名的埃尔朗呼损公式。排队论现已成为分析通信网络的运行效率、估计服务质量、确定系统参数的最优值和判断系统结构是否合理等工作的重要数学工具之一。

本章将介绍基本的排队系统模型、性能分析方法以及典型的排队系统性能分析。

3.1　排队系统模型

尽管通信网络以及生活中的各种排队现象在形式和内容上都各不相同，但是它们都可以抽象成如图 3-1 所示的排队系统模型。该模型将具体排队现象中的排队对象(人或物，如电话网中排队的呼叫、计算机网中排队的 IP 数据包、排队结账的顾客等)统一使用抽象的“顾客”概念来指代；具体排队现象中的服务机构(人或物，如电话网中交换机的线路、计算机网中路由器的处理单元、超市中结账的收银员等)统一使用抽象的“服务窗”概念来指代。由图 3-1 可知排队系统模型由三个基本环节组成：输入过程、排队规则和服务机制。本节将分别介绍。

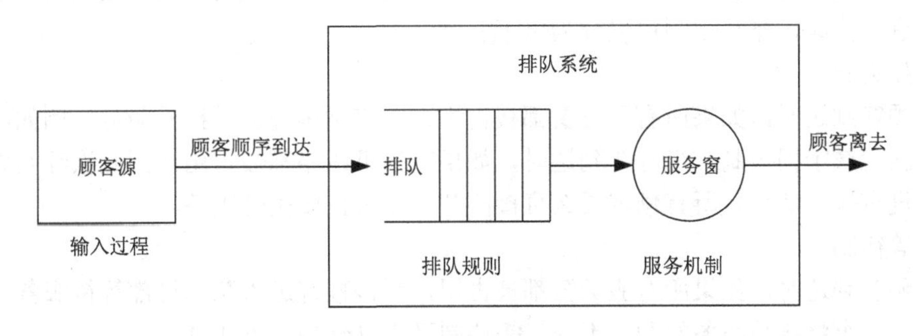

图 3-1　排队系统模型

3.1.1　输入过程

输入过程是对顾客到达排队系统的规律的客观描述，包括：

(1)顾客总体数量是有限的还是无限的；

(2)每次到达排队系统的顾客数是一个还是多个，即逐个到达还是成批到达；

(3)相继到达的顾客之间的时间间隔是确定的还是随机的；

(4)相继到达的顾客的时间间隔是否相互独立，即相互之间有没有影响；

(5)顾客达到的过程是否平稳，即相继到达的时间间隔分布和所含参数(期望、方差等)是否与时间相关。

输入过程通常假定为到达时间间隔为相互独立的、服从同一分布的、平稳的随机变量。输入过程可以从如下三个不同的角度进行描述。

(1) $\{M(t),t\geqslant 0\}$： $M(t)$ 表示在时间间隔 $[0,t]$ 内到达排队系统的顾客总数。

(2) $\{s_n,n=1,2,\cdots\}$： s_n 表示第 n 个到达排队系统的顾客到达的时间。

(3) $\{T_n,n=1,2,\cdots\}$： T_n 表示第 n 个顾客与其前一个顾客的到达时间间隔。

上述对输入随机过程的三种描述的关系如图 3-2 所示。三种方式都可以准确地描述输入随机过程，需要根据具体情况选择最合适的描述方式。

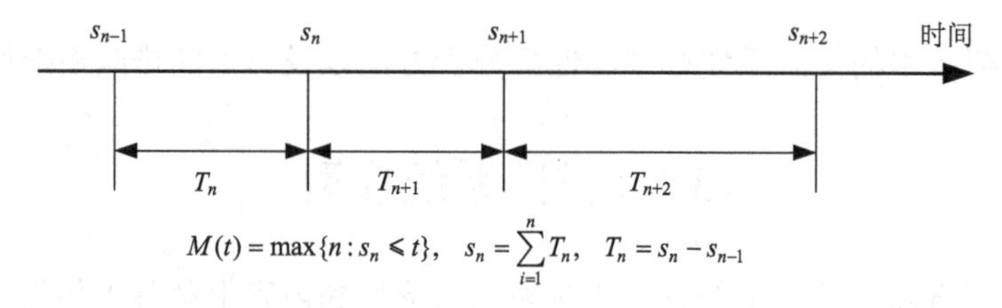

$$M(t)=\max\{n:s_n\leqslant t\},\quad s_n=\sum_{i=1}^{n}T_n,\quad T_n=s_n-s_{n-1}$$

图 3-2　输入过程的三种随机过程描述的关系

常用的描述顾客到达排队系统的随机变量包括定长分布(相继到达的顾客的时间间隔 T 为常量)，以及在第 2 章已经介绍过的泊松分布、负指数分布、埃尔朗分布等。

3.1.2　排队规则

排队规则是对顾客是否需要排队，以及排队的次序和方式的描述。根据新到达的顾客是否进行排队，排队规则可以分为以下三类。

1)损失制

新顾客到达时，如果所有服务窗都被占用，则该顾客离去不接受服务。例如，传统的电话网就属于损失制，当呼叫到达时，如果交换机线路都被占用，则此次呼叫失败。损失制没有排队队列，所有顾客要么直接离开，要么直接接受服务。

2)等待制

新顾客到达时，如果所有服务窗都被占用，则该顾客进入队列尾部等待服务。根据队列中下一个将接受服务的顾客不同，等待制又可以分为以下 4 种。

(1)先到先服务。按照先后到达次序进行服务，如排队结账的顾客队伍、高速收费站的汽车队伍。

(2) 后到先服务。后到达的顾客优先接受服务，如数据结构中的堆栈。

(3) 随机服务。从等待的队列中随机选取顾客进行服务，如摇号抽奖。

(4) 优先级服务。对队列中高优先级的顾客优先处理。优先级服务又可以进一步分为抢占型和非抢占型：非抢占型是指高优先级顾客到达时，先等待正在接受服务的顾客服务完毕之后再接受服务，如银行 VIP 会员；抢占型是指高优先级顾客到达时，立刻中断正在接受服务的顾客的服务，为高优先级顾客服务，如操作系统中的中断处理机制。

3) 混合制

混合制是损失制与等待制的组合。新顾客到达时，如果所有服务窗都被占用，则该顾客根据一定的条件决定是否进入队列直到接受服务。常用的判断条件有以下 2 种。

(1) 队列长度(队长)有限。当新顾客到达时，如果队列长度已经等于规定长度，则顾客离去；如果小于规定长度，则顾客排队，如医院里面的每天总数量有限的专家号。

(2) 等待时间受限。当新顾客到达时，如果所有服务窗都被占用，则排队等待。但是如果顾客的排队时间超过某个规定时间，则顾客离去，如有保质期限制的食品、药品等。

在混合制下，服务窗在给当前接受服务的顾客服务完毕之后，接下来为哪个顾客服务也可以分为与等待制相同的四种情况：先到先服务、先到后服务、随机服务、优先权服务。

3.1.3　服务机制

服务机制是对服务窗的结构形式(如串联、并联、混合网络等结构)、服务窗的个数以及服务窗服务时间的统计规律的描述。

图 3-1 介绍的排队系统只包含一个队列和一个服务窗，是排队系统最简单、最基本的形式。实际的通信网络等排队系统中可能包含多个队列和多个服务窗，多个队列之间相互连接构成排队网络。因此，将整个排队网络划分为多个互连的排队阶段，每个排队阶段表示提供同一种服务。根据系统包含的排队阶段数，可以将服务机制分为如下两种形式。

1) 单阶段服务机制

系统中只包含一种服务，可以由一个服务窗或者多个服务窗提供服务。只有一个服务窗的系统模型如图 3-1 所示。包含多个服务窗的系统模型如图 3-3 所示，多个服务窗之间必然以并联的方式进行服务，并且可以进一步划分为单队列多服务窗排队系统(图 3-3(a))、多队列多服务窗排队系统(图 3-3(b))两种情况。

图 3-3(a)中，所有的服务窗共享同一个队列。如果顾客到达时至少有一个服务窗空闲，则该顾客任选一个空闲服务窗立即接受服务。如果顾客到达时所有服务窗都忙，则形成队列，一旦有一个服务窗服务完毕，则队列里的顾客按照排队规则从队列中取出以接受服务。例如，银行里统一取号排队等候办业务的队伍就是单队列多服务窗排队系统。

图 3-3(b)中，每个服务窗都有自己单独的队列，可以看作多个图 3-1 所示的单队列单服务窗的并联形式，每个服务窗只为自己对应队列的顾客服务。例如，在拥有多个收银台的大型超市里等待结账的顾客队伍就是多队列多服务窗排队系统。图 3-3 的两种排

队系统虽然只是在队列结构上有很小的不同，但是在带来的性能上有很大的区别。

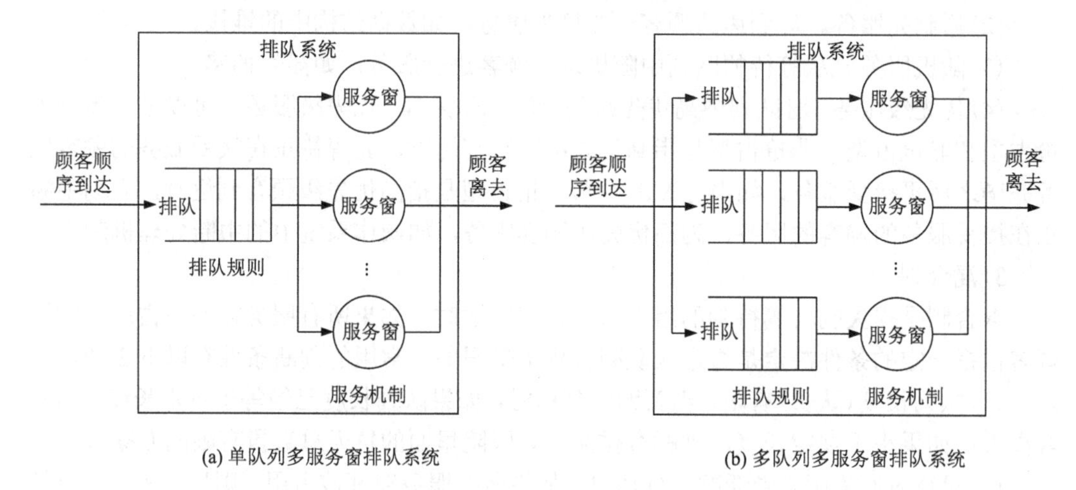

图 3-3　单阶段服务机制的多服务窗排队系统模型

2) 多阶段服务机制

顾客从进入系统到离开系统之间需要接受多种服务，并且多种服务之间有先后顺序，互相连接构成排队网络。每种服务都对应一个单阶段服务，可以由一个服务窗或者多个服务窗并联提供服务。串联的排队网络是最简单的网络结构，所有的服务阶段依次提供服务并且顺序固定。在复杂的排队网络结构中，每个顾客接受的服务以及次序都有可能不同。例如，图 3-4 所示的计算机网络中的 IP 数据包从源节点到目的节点需要经过多个路由器的转发，而且可以经过不同的路由器转发路径到达目的节点。

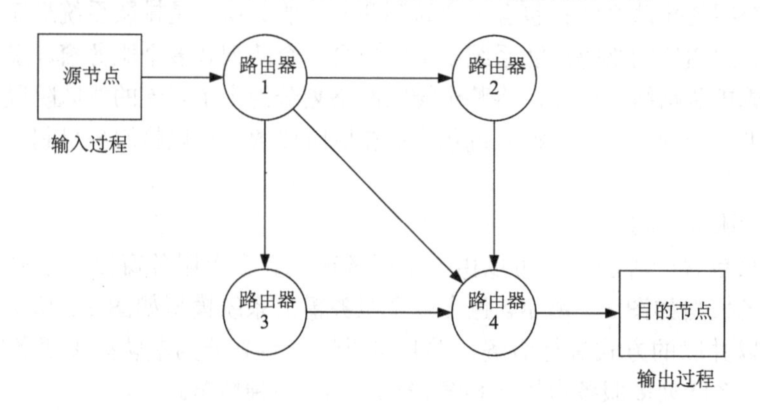

图 3-4　计算机网络中的排队网络模型

根据是否有顾客进出排队网络，排队网络可以进一步分为封闭型排队网络和开放型排队网络。在封闭型排队网络中，没有新顾客到达排队网络，也没有顾客离开排队网络，排队网络全封闭。在开放型排队网络中，所有顾客到达排队网络，接受完服务之后又离开网络。为保持排队系统稳定，即排队系统中的顾客数不会趋于无穷大，开放型排队网络需要遵守流量守恒定律——顾客到达率等于顾客离开率。

为准确描述服务机制，还需要包含服务窗为顾客提供服务的服务时间的统计规律。因为每个顾客开始接受服务的时间，以及接受完服务离开服务窗的时间，将同时受到输入过程和前面顾客的总服务时间两个因素的影响，所以需要采用服务时间来描述服务窗的服务效率。一般也将服务窗服务每个顾客的时间建模成随机变量，常用的服务时间分布包括定长分布、负指数分布、k 阶埃尔朗分布、一般独立分布等。各种分布的具体描述与输入过程相同。

3.1.4　排队系统的符号表示

目前通用的经典排队系统模型表述方式是 1953 年英国数学家 D. G. 肯德尔(D. G. Kendall)提出的肯德尔模型。该模型的形式是 $A/B/C/D/E/F$，各符号的含义如下。

A：顾客相继达到系统的间隔时间的分布。

B：服务窗服务时间的分布。

C：服务窗的个数。

D：系统中允许的最大顾客数，默认为无穷。

E：顾客源中的顾客数，默认为无穷。

F：排队规则，按先到先服务规则排队时可省略不写。

本章将以下列字母表示顾客到达间隔时间分布以及服务窗服务时间分布：M 是负指数分布；D 是定长分布；E_k 是 k 阶埃尔朗分布；H_k 是 k 阶超指数分布；GI 是一般互相独立的随机分布；G 是一般随机分布。

注意肯德尔模型中不能表达网络结构，对于串行网络甚至更复杂的混合网络不能进行描述。所以肯德尔模型只能描述单阶段服务机制，即单服务窗以及并联多服务窗两种排队系统。

一些常见的排队系统如下。

(1) $M/M/m/n$ 排队系统。顾客到达间隔时间的分布和服务时间的分布均为负指数分布，系统内设有 m 个并联的服务窗且系统容量为 n，顾客源中的顾客数为无穷，按先到先服务规则排队的混合制排队系统模型。具体又有以下 4 种情况。

①当队长不受限时，$n=\infty$，表示为 $M/M/m$，这是等待制排队系统(不拒绝方式)。

②当 $n<\infty$时，为混合制排队系统(时延拒绝方式)。

③当 $n=m$ 时，为损失制排队系统(即时拒绝方式)。

④当 $m=1$ 且 $n=\infty$，表示为 $M/M/1$ 系统，这是最简单的排队系统。

(2) $M/G/1$ 排队系统。顾客相继到达的间隔时间服从负指数分布，服务时间服从一般分布，系统内有 1 个服务窗，系统容量为无限大，顾客源中的顾客数为无穷，按先到先服务规则排队的混合制排队系统模型。

(3) $M/D/1$ 排队系统。顾客到达间隔时间为负指数分布，服务时间为定长分布，只有一个服务者。

(4) $M/E_k/1$ 排队系统。顾客到达间隔时间为负指数分布，服务时间为 k 阶埃尔朗分布，只有一个服务者。

(5) $M/H_k/1$ 排队系统。顾客到达间隔时间为负指数分布，服务时间为 k 阶超指数分布，只有一个服务者。

3.2　排队系统的性能指标

排队系统最重要的性能指标包括等待时间、逗留时间、等待队长、系统队长、排队系统效率等。因为排队系统的输入过程和服务时间都具有随机性，所以对于任一时刻 t，每个顾客的等待时间和逗留时间、排队系统的队列长度等性能指标也是一个随机变量。因此需要从瞬态特性和稳态特性两部分来分析它们的统计特性。

在一个排队系统运行的初始阶段，系统状态受系统的初始状态(t=0)的影响显著，这一工作状态称为系统的瞬态(过渡状态)。但是在经过足够长的运行时间(理论上是无限长的时间)之后，系统的工作状态将独立于初始状态和经历的时间，即此时排队系统的统计特性不随时间的推移而变化，称该排队系统已经由过渡阶段进入平稳状态(稳态)(或者统计平衡状态)阶段。实际应用中，大多数排队系统会很快趋于稳定。求解稳态特性比瞬态特性容易很多，所以本章后续描述及使用的主要是排队系统的稳态特性。

1)等待时间

等待时间是指平稳状态下，到达系统的任一顾客从到达时刻起到开始接受服务时刻为止的等待时间，也称为排队时间。排队时间是一个随机变量，它的数学期望记为W_q，表示平均等待时间。

2)逗留时间

逗留时间是指平稳状态下，到达系统的任一顾客从到达时刻起到接受完服务离开系统为止的时间，可以分为等待时间和服务窗服务的处理时间两部分。逗留时间是一个随机变量，它的数学期望记为W_s，表示平均逗留时间。

3)等待队长

等待队长是指平稳状态下，系统中正在排队等待的顾客数目。等待队长是一个随机变量，它的数学期望记为L_q，表示平均等待队长。

4)系统队长

系统队长是指平稳状态下，系统中顾客的总数目，包括正在接受服务的顾客数与排队等待的顾客数。系统队长是一个随机变量，它的数学期望记为L_s，表示平均系统队长。

5)排队系统效率

排队系统效率定义为平均服务窗占用数与总服务窗个数的比值，记为η，即

$$\eta = \frac{\overline{r}}{m} \tag{3.1}$$

式中，m 是服务窗个数，为确定值；r 是任意时刻占用的窗口数，为一个随机变量，$\overline{r}$ 是 r 的数学期望。因此，r/m 是一个随机变量，其统计平均值就是排队系统效率。

3.3　Little 公式

假设存在一个输入输出系统，顾客在时刻 $s_1, s_2, \cdots (0 \leqslant s_1 \leqslant s_2 \leqslant \cdots)$ 相继进入系统，它们在系统的逗留时间分别为 $w_1, w_2, \cdots$ 。令 $l(t)$ 为时刻 t 在系统中的总顾客数，$M(t)$ 表示在时间间隔 $[0,t]$ 内到达排队系统的顾客总数，再令

$$
\begin{aligned}
\lambda_e &= \lim_{T\to\infty} \frac{M(T)}{T} \\
L &= \lim_{T\to\infty} \frac{1}{T} \int_0^T l(t)\mathrm{d}t \\
W &= \lim_{m\to\infty} \frac{1}{m} \sum_{i=1}^{m} w_m
\end{aligned}
\tag{3.2}
$$

对于上述输入输出系统，若极限 λ_e、W 均以概率 1 存在且有限，则 L 也以概率 1 存在且有限，并且公式：

$$
L = \lambda_e W \tag{3.3}
$$

以概率 1 成立，该公式称为 Little 公式。

根据式(3.2)的定义，λ_e 是平均单位时间进入系统的顾客数，即有效顾客到达率；L 是系统中的平均总顾客数；W 是平均每个顾客在系统中花费的时间，针对排队系统模型中的不同模块，可以有不同的表达形式，参见式(3.4)和式(3.5)。1954 年 J. D. C. Little 提出了 Little 公式，1961 年他又给出了该公式的第一种证明方式，随后很多学者给出了不同的证明方式。因为这些证明比较复杂，下面只给出 Little 公式的一种直观解释。

对于处于统计平衡状态下的输入输出系统，系统中的平均总顾客数 L 和每个顾客的平均逗留时间 W 是固定的。当一个顾客到达系统，在系统中花费 W 时间后离开系统时，系统中的平均总顾客数仍然是 L。而此时系统中的平均总顾客数正是在 W 时间段内按有效顾客到达率 λ_e 到达的总顾客数，即 $L = \lambda_e W$ 。

将 Little 公式定义中的输入输出系统映射到排队系统模型中的不同模块，则可以得到不同的表达形式。如果将输入输出系统映射为整个排队系统，包含排队队列和服务窗两部分，则式(3.3)转化为

$$
L_s = \lambda_e W_s \tag{3.4}
$$

即平均系统队长等于有效顾客到达率乘以平均逗留时间。

如果将输入输出系统仅仅映射为排队系统的排队队列部分，不包括服务窗，则式(3.3)转化为

$$
L_q = \lambda_e W_q \tag{3.5}
$$

即平均等待队长等于有效顾客到达率乘以平均等待时间。

3.4　*M*/*M*/*m*/*n* 排队系统

本节将以 *M*/*M*/*m*/*n* 排队系统为例分析 *M*/*M* 排队系统。*M*/*M* 排队系统是指顾客相继到达的间隔时间和服务时间均服从负指数分布的排队系统，也称为泊松排队系统。*M*/*M* 排队系统是一种特殊的连续马尔可夫过程，其重要特点就是无后效性，即系统在任意 t_n 时刻之后的概率特性只与系统在 t_n 时刻所处的状态有关，而与系统在 t_n 时刻之前的状态无关。

定义 *M*/*M* 排队系统在 t 时刻的状态为系统中的总顾客数，记为 $N(t)$，则 $N(t)$ 的有效状态集合为 $\{0,1,2,\cdots\}$。因为顾客相继到达的时间和服务时间均服从负指数分布，所以在充分小的时间间隔内同时有两个或两个以上的顾客到达或者离开的概率都极小，即 *M*/*M* 排队系统的每一次状态转移只发生在相邻状态之间。系统状态 $N(t)$ 每次发生变化只可能有三种情况：加 1、减 1 和不变。假设 *M*/*M* 排队系统在 $N(t)=i$ 时顾客相继到达的平均间隔时间和平均服务时间分别为 $1/\lambda_i$ 和 $1/\mu_i$。定义 $p_{i,j}(t)$ 为系统状态经过 t 时间从状态 i 转移到状态 j 的概率函数，根据负指数分布的定义可知对于充分小的时间间隔 $\Delta t\,(\Delta t>0)$ 有

$$\begin{cases} p_{i,i+1}(\Delta t)=\lambda_i\Delta t+o(\Delta t), & i\geqslant 0 \\ p_{i,i-1}(\Delta t)=\mu_i\Delta t+o(\Delta t), & i\geqslant 1 \\ p_{i,i}(\Delta t)=1-(\lambda_i+\mu_i)\Delta t+o(\Delta t), & i\geqslant 0 \\ p_{i,j}(\Delta t)=o(\Delta t), & |i-j|\geqslant 2 \end{cases} \tag{3.6}$$

忽略高阶无穷小项之后，$N(t)$ 在充分小的时间间隔 Δt 的状态转移概率如下。

(1) 生。总顾客数从 i 增加为 i+1，其概率为 $\lambda_i\Delta t$。

(2) 灭。总顾客数从 i 减少为 i–1，其概率为 $\mu_i\Delta t$。

(3) 不变。总顾客数保持 i 不变，其概率为 $1-(\lambda_i+\mu_i)\Delta t$。

由式 (3.6) 可知

$$\begin{cases} \lambda_i=\lim\limits_{\Delta t\to 0}\dfrac{p_{i,i+1}(\Delta t)}{\Delta t} \\ \mu_i=\lim\limits_{\Delta t\to 0}\dfrac{p_{i,i-1}(\Delta t)}{\Delta t} \end{cases} \tag{3.7}$$

因此，参数 λ_i 和 μ_i 在 *M*/*M* 排队系统中有着特殊的含义，即系统状态 $N(t)$ 的瞬时转移速率，也称为转移强度。

M/*M* 排队系统是生灭过程的一种特例。生灭过程是每一次状态转移都发生在相邻状态之间的齐次马尔可夫过程，其状态变化只有生、灭和不变三种情况。齐次马尔可夫过程是具有无后效性、条件分布不随观察起点变化的随机过程。

分析 *M*/*M* 排队系统的性能有两种方法：古典解析法和近代解析法。古典解析法的思路是先对系统的瞬态特性进行概率计算，然后求解微分方程组来获得系统的瞬态概率。而近代解析法不求解瞬态特性，直接计算系统在统计平衡状态下的状态概率以及相关的

特性指标。近代解析法适用于存在平稳状态的系统，可以求解串并联或者网络结构的排队系统、优先权排队系统等，适用范围更广。

3.4.1　古典解析法

$M/M/m/n$ 排队系统的模型如图 3-5 所示，其含义为：输入过程为泊松流，平均顾客到达速率为 λ，顾客源中的顾客数为无穷；每个顾客的服务时间相互独立并服从负指数分布，平均服务时间为 $1/\mu$；m 个并联的服务窗可同时提供相同服务；采用单队列、先到先服务的混合制排队规则，系统容量为 n，即最大队列长度为 $n-m$。

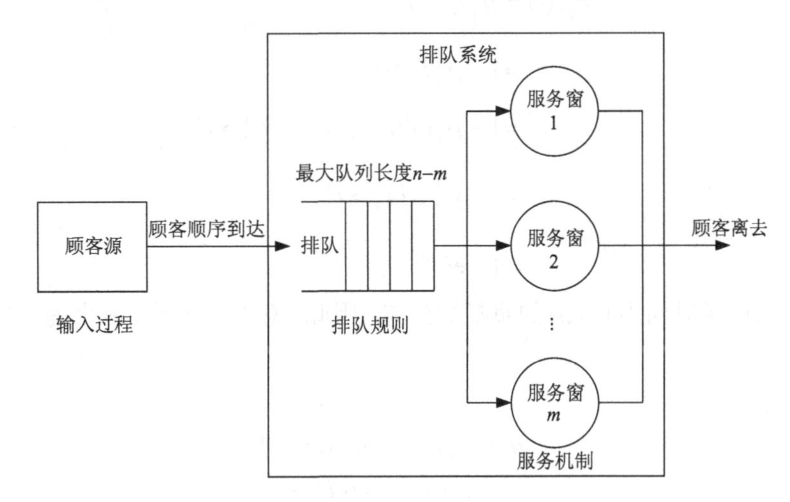

图 3-5　$M/M/m/n$ 排队系统模型

1) 瞬态特性分析

将系统在时刻 t 处于状态 $i\ (i\in\{0,1,2,\cdots,n\})$ 的概率记为 $P_i(t)=P\{N(t)=i\}$。对于充分小的时间间隔 Δt，由全概率公式以及 $M/M/m/n$ 排队系统每次状态转移只发生在相邻状态之间的特性可得

$$P_0(t+\Delta t)=P_0(t)\cdot p_{0,0}(\Delta t)+P_1(t)\cdot p_{1,0}(\Delta t) \tag{3.8}$$

$$P_n(t+\Delta t)=P_{n-1}(t)\cdot p_{n-1,n}(\Delta t)+P_n(t)\cdot p_{n,n}(\Delta t) \tag{3.9}$$

$$P_i(t+\Delta t)=P_{i-1}(t)\cdot p_{i-1,i}(\Delta t)+P_i(t)\cdot p_{i,i}(\Delta t)+P_{i+1}(t)\cdot p_{i+1,i}(\Delta t),\quad 1\leqslant i\leqslant n-1 \tag{3.10}$$

因为 $M/M/m/n$ 排队系统是生灭过程，每次状态转移只发生在相邻状态之间，所以系统能转移到 $N(t+\Delta t)=0$ 状态的前一个状态只可能是 0 与 1，对应式(3.8)；系统能转移到 $N(t+\Delta t)=n$ 状态的前一个状态只可能是 $n-1$ 与 n，对应式(3.9)；而对于中间的 $n-1$ 个状态 $N(t+\Delta t)=i(1\leqslant i\leqslant n-1)$ 的前一个状态有三种可能，分别是 $i-1$、i 和 $i+1$，对应式(3.10)。

$M/M/m/n$ 排队系统只包含一个平均顾客到达速率恒定为 λ 的顾客源，所以在系统允许接收新顾客的状态下，顾客的到达率保持不变，即 $\lambda_i=\lambda(0\leqslant i\leqslant n-1)$。当总顾客数达到上限 n 时，队列已满，新到达的顾客会被拒绝入队，即 $\lambda_n=0$。

$$\lambda_i = \begin{cases} \lambda, & 0 \leqslant i \leqslant n-1 \\ 0, & i = n \end{cases} \tag{3.11}$$

顾客离开 $M/M/m/n$ 排队系统的速率是随着占用的服务窗的总数变化而变化的。当系统中顾客数为 0 时，没有服务窗被占用，即不会有顾客离开，$\mu_0 = 0$。当系统中有 $i\,(1 \leqslant i \leqslant m)$ 个服务窗被占用时，假设各服务窗的剩余服务时间分别为 T_1，T_2，…，T_i，都服从平均服务时间为 $1/\mu$ 的负指数分布。令第一个离开的顾客所需的时间为 T_i'，则 $T_i' = \min\{T_1, T_2, \cdots, T_i\}$。依据负指数分布特性可求得 T_i' 的概率分布函数 $F_{T_i'}(t)$ 如下：

$$\begin{aligned} F_{T_i'}(t) &= p\left\{T_i' \leqslant t\right\} \\ &= 1 - p\left\{T_i' > t\right\} \\ &= 1 - p\left\{\min\{T_1, T_2, \cdots, T_i\} > t\right\} \\ &= 1 - \prod_{n=1}^{i} p\left\{T_n > t\right\} \\ &= 1 - \mathrm{e}^{-i\mu t} \end{aligned} \tag{3.12}$$

即 T_i' 服从平均服务时间为 $1/(i\mu)$ 的负指数分布。因此，总顾客数从 i 减少为 i–1 的转移速率为

$$\mu_i = \begin{cases} 0, & i = 0 \\ i\mu, & 1 \leqslant i \leqslant m-1 \\ m\mu, & m \leqslant i \leqslant n \end{cases} \tag{3.13}$$

将式(3.11)和式(3.13)代入式(3.6)可得 $M/M/m/n$ 排队系统的状态转移概率函数为

$$p_{i,i+1}(\Delta t) = \lambda \Delta t + o(\Delta t), \quad 0 \leqslant i \leqslant n-1 \tag{3.14}$$

$$p_{i,i-1}(\Delta t) = \begin{cases} i\mu\Delta t + o(\Delta t), & 1 \leqslant i \leqslant m-1 \\ m\mu\Delta t + o(\Delta t), & m \leqslant i \leqslant n \end{cases} \tag{3.15}$$

$$p_{i,i}(\Delta t) = \begin{cases} 1 - \lambda\Delta t + o(\Delta t), & i = 0 \\ 1 - (\lambda + i\mu)\Delta t + o(\Delta t), & 1 \leqslant i \leqslant m-1 \\ 1 - (\lambda + m\mu)\Delta t + o(\Delta t), & m \leqslant i \leqslant n-1 \\ 1 - m\mu\Delta t + o(\Delta t), & i = n \end{cases} \tag{3.16}$$

将状态转移概率函数(式(3.14)～式(3.16))代入式(3.8)～式(3.10)，简单变换获得差分方程之后再取极限，令 $\Delta t \to 0$，则得到关于 $P_i(t)$ 的微分差分方程组：

$$\frac{\mathrm{d}P_i(t)}{\mathrm{d}t} = \begin{cases} -\lambda P_0(t) + \mu P_1(t), & i = 0 \\ \lambda P_{i-1}(t) - (\lambda + i\mu)P_i(t) + (i+1)\mu P_{i+1}(t), & 1 \leqslant i \leqslant m-1 \\ \lambda P_{i-1}(t) - (\lambda + m\mu)P_i(t) + m\mu P_{i+1}(t), & m \leqslant i \leqslant n-1 \\ \lambda P_{n-1}(t) - m\mu P_n(t), & i = n \end{cases} \tag{3.17}$$

式中，$\dfrac{\mathrm{d}P_i(t)}{\mathrm{d}t} = \lim\limits_{\Delta t \to 0} \dfrac{P_i(t + \Delta t) - P_i(t)}{\Delta t}$。

联合微分差分方程组(式(3.17))和系统初始状态值，理论上可以求得系统在任意时

刻的瞬态概率 $P_i(t)(i\in\{0,1,2,\cdots,n\})$，但是求解过程非常复杂。这里提供对 $m=1$ 且 $n=1$ 的最简单情况的分析，即 $M/M/1/1$ 排队系统，式(3.17)变为

$$\begin{cases}\dfrac{\mathrm{d}P_0(t)}{\mathrm{d}t}=-\lambda P_0(t)+\mu P_1(t)\\ \dfrac{\mathrm{d}P_1(t)}{\mathrm{d}t}=\lambda P_0(t)-\mu P_1(t)\end{cases} \tag{3.18}$$

假设系统初始时刻空闲，即 0 时刻系统中的顾客数恒为 0，则有

$$P_0(0)=P\{N(0)=0\}=1 \tag{3.19}$$

联立式(3.18)和式(3.19)可得 $M/M/1/1$ 排队系统的瞬态概率为

$$\begin{cases}P_0(t)=\dfrac{1}{\lambda+\mu}\left[\mu+\lambda\mathrm{e}^{-(\lambda+\mu)t}\right]\\ P_1(t)=\dfrac{\lambda}{\lambda+\mu}\left[1-\mathrm{e}^{-(\lambda+\mu)t}\right]\end{cases} \tag{3.20}$$

根据式(3.20)可进一步计算 $M/M/1/1$ 排队系统的性能指标，t 时刻的平均系统队长 $L_s(t)$ 为

$$L_s(t)=E[N(t)]=\sum_{i=0}^{1}i\cdot P_i(t)=\frac{\lambda}{\lambda+\mu}\left[1-\mathrm{e}^{-(\lambda+\mu)t}\right] \tag{3.21}$$

因为到达 $M/M/1/1$ 排队系统的顾客要么立即接受服务，要么直接离开，所以系统的平均等待队长和平均等待时间恒为 0，即 $L_q(t)=0$，$W_q(t)=0$。平均逗留时间就是进入系统的每个顾客的平均服务时间，即 $W_s(t)=1/\mu$。

2) 稳态特性分析

当排队系统经过足够长的运行时间(理论上是无限长的时间)之后，系统进入平稳状态(或者统计平衡状态)，此时状态概率以及其他性能指标将与时间无关。例如，对前面求出的 $M/M/1/1$ 排队系统的性能对时间求极限，可得稳态性能如下：

$$P_0=\lim_{t\to\infty}P_0(t)=\frac{\mu}{\lambda+\mu}$$

$$P_1=\lim_{t\to\infty}P_1(t)=\frac{\lambda}{\lambda+\mu}$$

$$L_s=\lim_{t\to\infty}L_s(t)=\frac{\lambda}{\lambda+\mu}$$

$$W_s=\lim_{t\to\infty}W_s(t)=\frac{1}{\mu}$$

$$L_q=\lim_{t\to\infty}L_q(t)=0$$

$$W_q=\lim_{t\to\infty}W_q(t)=0$$

3.4.2　近代解析法

近代解析法适用于存在平稳状态的系统，利用平稳状态下状态概率的取值与时间无关的性质，直接计算系统在统计平衡状态下的状态概率。近代解析法的关键步骤是建立瞬时状态流图，然后根据瞬时状态流图建立状态平衡方程组。对于很多古典解析法很难求解的排队系统可以方便地获得稳态解。例如，*M/M/m/n* 排队系统，其瞬时状态流图如图 3-6 所示。

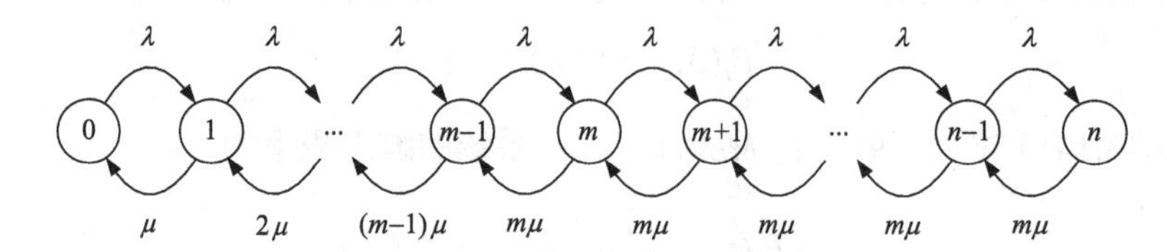

图 3-6　*M/M/m/n* 排队系统的瞬时状态流图

瞬时状态流图表达的意义是排队系统的总顾客数状态的瞬时转移强度。图 3-6 中带不同数值的圆圈表示排队系统所处的不同状态，圈内的数值 $i\,(i=0,1,2,\cdots,n)$ 表示排队系统处于总顾客数为 i 的状态。每个状态 i 的取值是平稳状态下排队系统处于该状态的概率 P_i， P_i 都是常数。图中带箭头的弧线表示排队系统可以从源状态转移到目的状态，弧线上的权值表示系统状态的瞬时转移速度。例如，图 3-6 中 *M/M/m/n* 排队系统中：包含从状态 i 到 $i+1\,(0\leqslant i\leqslant n-1)$、瞬时转移速度为 λ（即式(2.1)中的业务强度）的弧线，表示在充分小的时间间隔 Δt 内增加一个顾客的概率为 $\lambda\Delta t$；包含从状态 i 到 $i-1\,(1\leqslant i\leqslant m-1)$、瞬时转移速度为 $i\mu$ 的弧线，表示顾客数 i 在区间 $[1,m-1]$ 时，在充分小的时间间隔 Δt 内减少一个顾客的概率为 $i\mu\Delta t$；包含从状态 i 到 $i-1\,(m\leqslant i\leqslant n)$、瞬时转移速度为 $m\mu$ 的弧线，表示顾客数 i 在区间 $[m,n]$ 时，在充分小的时间间隔 Δt 内减少一个顾客的概率为 $m\mu\Delta t$。

当排队系统达到平稳状态时，系统仍然在不同状态间转换，但是每个状态的概率保持恒定不变。以瞬时状态流图中的状态为观测对象，这表示概率意义上每个状态的流入速率等于流出速率，即概率守恒。状态 i 的流入速率为所有指向状态 i 的弧线权值与对应源状态概率之积的求和，状态 i 的流出速率为所有离开状态 i 的弧线权值与状态 i 概率之积的求和。以图 3-6 所示的 *M/M/m/n* 排队系统为例，分别对状态 0～n 计算状态平衡方程可得如下方程组：

$$\begin{cases}\lambda P_0=\mu P_1\\(\lambda+i\mu)P_i=\lambda P_{i-1}+(i+1)\mu P_{i+1}, & 1\leqslant i\leqslant m-1\\(\lambda+m\mu)P_i=\lambda P_{i-1}+m\mu P_{i+1}, & m\leqslant i\leqslant n-1\\m\mu P_n=\lambda P_{n-1}\end{cases}\tag{3.22}$$

式中，每个方程等号的左侧是状态 i 的流出速率；右侧是状态 i 的流入速率。该方程组也可以由古典分析法的微分差分方程组在稳态情况下导出，即式(3.17)在 $\mathrm{d}P_i(t)/\mathrm{d}t=0$ 时即等效于式(3.22)。根据概率归一化条件得系统处于每个状态的概率之和为 1。

$$\sum_{i=0}^{n} P_i = 1 \tag{3.23}$$

联立式(3.22)与式(3.23)可解得所有的状态概率 P_i。

令 $\rho = \lambda/m\mu$，其物理意义是 $M/M/m/n$ 排队系统所有服务窗都占用情况下的排队强度。根据式(3.22)依次将所有状态概率用 P_0 表示如下。

对于 1 状态：有 $\lambda P_0 = \mu P_1$，故 $P_1 = \frac{\lambda}{\mu} P_0 = m\rho P_0$。

对于 2 状态：有 $\lambda P_1 = 2\mu P_2$，故 $P_2 = \frac{\lambda}{2\mu} P_1 = \frac{m^2\rho^2}{2!} P_0$。

…

对于 m 状态：有 $\lambda P_{m-1} = m\mu P_m$，故 $P_m = \frac{\lambda}{m\mu} P_{m-1} = \frac{m^m\rho^m}{m!} P_0$。

对于 m+1 状态：有 $\lambda P_m = m\mu P_{m+1}$，故 $P_{m+1} = \frac{\lambda}{m\mu} P_m = \frac{m^m\rho^{m+1}}{m!} P_0$。

…

对于 n 状态：有 $\lambda P_{n-1} = m\mu P_n$，故 $P_n = \frac{\lambda}{m\mu} P_{n-1} = \frac{m^m\rho^n}{m!} P_0$。

综上所述，有

$$P_i = \begin{cases} \dfrac{m^i\rho^i}{i!} P_0, & 0 \leqslant i \leqslant m-1 \\ \dfrac{m^m\rho^i}{m!} P_0, & m \leqslant i \leqslant n \end{cases} \tag{3.24}$$

利用概率归一化条件，有

$$1 = \sum_{i=0}^{n} P_i = \left(\sum_{i=0}^{m-1} \frac{m^i\rho^i}{i!} + \sum_{i=m}^{n} \frac{m^m\rho^i}{m!} \right) P_0 \tag{3.25}$$

解得

$$P_0 = \begin{cases} \left(\sum_{i=0}^{m-1} \dfrac{m^i\rho^i}{i!} + \dfrac{m^m\rho^m}{m!} \dfrac{1-\rho^{n-m+1}}{1-\rho} \right)^{-1}, & \rho \neq 1 \\ \left[\sum_{i=0}^{m-1} \dfrac{m^i}{i!} + \dfrac{m^m}{m!}(n-m+1) \right]^{-1}, & \rho = 1 \end{cases} \tag{3.26}$$

将式(3.26)代入式(3.24)即可获得 $M/M/m/n$ 排队系统在平稳状态下处于各状态的概率 $P_i\ (0 \leqslant i \leqslant n)$。

利用所获得的稳态概率，可以计算 $M/M/m/n$ 排队系统在平稳状态下的性能指标如下。

1) 平均系统队长

平稳状态下，系统中正在接受服务的顾客和排队等待的顾客总数的期望 L_s 为

$$
\begin{aligned}
L_s &= \sum_{i=0}^{n} i \cdot P_i \\
&= \sum_{i=0}^{m-1} i \cdot \frac{m^i \rho^i}{i!} P_0 + \sum_{i=m}^{n} i \cdot \frac{m^m \rho^i}{m!} P_0 \\
&= \begin{cases} \sum_{i=0}^{m-2} \frac{m^{i+1} \rho^{i+1}}{i!} P_0 + \frac{m^m \rho^m}{m!} \cdot \left[\frac{m-(n+1)\rho^{n-m+1}}{1-\rho} + \frac{\rho - \rho^{n-m+2}}{(1-\rho)^2} \right] \cdot P_0, & \rho \neq 1 \\ \sum_{i=0}^{m-2} \frac{m^{i+1}}{i!} P_0 + \frac{m^m}{m!} \cdot \frac{(n+m)(n-m+1)}{2} \cdot P_0, & \rho = 1 \end{cases}
\end{aligned} \tag{3.27}
$$

根据概率归一化公式(3.25)可得

$$
\sum_{i=0}^{m-2} \frac{m^{i+1} \rho^{i+1}}{i!} P_0 = \begin{cases} m\rho - \frac{m^{m+1} \rho^m (1-\rho^{n-m+2})}{m!(1-\rho)} P_0, & \rho \neq 1 \\ m - \frac{m^{m+1}(n-m+2)}{m!} P_0, & \rho = 1 \end{cases} \tag{3.28}
$$

将式(3.28)代入式(3.27)可得

$$
L_s = \begin{cases} m\rho + \frac{m^m \rho^{m+1} \left[1-(n+1)\rho^{n-m} + (n+m)\rho^{n-m+1} - m\rho^{n-m+2} \right]}{m!(1-\rho)^2 \cdot \sum_{i=0}^{m-1} \frac{m^i \rho^i}{i!} + m^m \rho^m (1-\rho)(1-\rho^{n-m+1})}, & \rho \neq 1 \\ m + \frac{m^m \left[(n-m)^2 + n - 3m \right]}{2m! \sum_{i=0}^{m-1} \frac{m^i}{i!} + 2m^m (n-m+1)}, & \rho = 1 \end{cases} \tag{3.29}
$$

2) 平均等待队长

平稳状态下，系统中正在排队等待的顾客数目的期望 L_q 为

$$
\begin{aligned}
L_q &= \sum_{i=m+1}^{n} (i-m) \cdot P_i \\
&= \sum_{i=m+1}^{n} (i-m) \cdot \frac{m^m \rho^i}{m!} P_0 \\
&= \begin{cases} \frac{m^m \rho^{m+1}(1-\rho)\left[1-(n-m+1)\rho^{n-m} + (n-m)\rho^{n-m+1} \right]}{m!(1-\rho) \cdot \sum_{i=0}^{m-1} \frac{m^i \rho^i}{i!} + m^m \rho^m (1-\rho^{n-m+1})}, & \rho \neq 1 \\ \frac{m^m (n-m)(n-m+1)}{2m! \sum_{i=0}^{m-1} \frac{m^i}{i!} + 2m^m (n-m+1)}, & \rho = 1 \end{cases}
\end{aligned} \tag{3.30}
$$

3) 平均逗留时间

平稳状态下，到达系统的任一顾客从到达时刻起到接受完服务离开系统为止的时间的期望为 W_s。这里使用 Little 公式来计算。只有在系统处于状态 1～n–1 时，新到达的顾

客能够进入系统排队或者立即接受服务；当系统处于状态 n 时，因为系统等待队列已满，新到达的顾客将立即离开不被系统接纳。因此可得有效顾客到达率 λ_e 为

$$\lambda_e = \lambda(1-P_n) = \lambda\left(1-\frac{m^m \rho^n}{m!}P_0\right) \tag{3.31}$$

根据式(3.4)，将式(3.31)代入式(3.29)可得平均逗留时间 W_s 为

$$W_s = \frac{L_s}{\lambda_e} = \begin{cases} \dfrac{m!(1-\rho)\cdot\sum\limits_{i=0}^{m-1}\dfrac{m^i\rho^i}{i!} + m^{m-1}\rho^m\left(\dfrac{1-\rho^{n-m}}{1-\rho}+m-n\rho^{n-m}\right)}{\mu\cdot m!(1-\rho)\cdot\sum\limits_{i=0}^{m-1}\dfrac{m^i\rho^i}{i!}+\mu\cdot m^m(\rho^m-\rho^n)}, & \rho\neq 1 \\ \dfrac{2m!\sum\limits_{i=0}^{m-1}\dfrac{m^i}{i!}+m^{m-1}(n-m)(n+m+1)}{2\mu\cdot m!\sum\limits_{i=0}^{m-1}\dfrac{m^i}{i!}+2\mu\cdot m^m(n-m)}, & \rho=1 \end{cases} \tag{3.32}$$

4) 平均等待时间

平稳状态下，到达系统的任一顾客从到达时刻起到开始接受服务时刻为止的时间的期望为 W_q。与平均逗留时间的求法一样，根据 Little 公式，将有效顾客到达率公式(3.31)代入式(3.30)可得平均等待时间 W_q 为

$$W_q = \frac{L_q}{\lambda_e} = \begin{cases} \dfrac{m^{m-1}\rho^m(1-\rho)\left[1-(n-m+1)\rho^{n-m}+(n-m)\rho^{n-m+1}\right]}{\mu\cdot m!(1-\rho)\cdot\sum\limits_{i=0}^{m-1}\dfrac{m^i\rho^i}{i!}+\mu\cdot m^m(\rho^m-\rho^n)}, & \rho\neq 1 \\ \dfrac{m^{m-1}(n-m)(n-m+1)}{2\mu\cdot m!\sum\limits_{i=0}^{m-1}\dfrac{m^i}{i!}+2\mu\cdot m^m(n-m)}, & \rho=1 \end{cases} \tag{3.33}$$

3.4.3 *M/M/m/n* 排队系统的特殊模型

当对 *M/M/m/n* 排队系统中的参数 m、n 做不同取值时将获得如下几种模型。

1) *M/M/m/m* 排队系统

若取 $n=m$，即成为损失制排队系统 *M/M/m/m*。此时系统中不允许排队，新顾客到达时，如果有空闲的服务窗，则立即接受服务，否则立即离开。将 $n=m$ 代入 *M/M/m/n* 排队系统的状态概率公式可得 *M/M/m/m* 的状态概率为

$$P_i = \frac{m^i\rho^i}{i!}\left(\sum_{i=0}^{m-1}\frac{m^i\rho^i}{i!}\right)^{-1}, \quad 0\leqslant i\leqslant m \tag{3.34}$$

平均系统队长和平均逗留时间分别为

$$L_s = m\rho - \frac{m^{m+1}\rho^{m+1}}{m!\sum_{i=0}^{m-1}\frac{m^i\rho^i}{i!} + m^m\rho^m}$$

$$W_s = \frac{1}{\mu}$$

因为 $M/M/m/n$ 排队系统没有等待队列，所以平均等待队长和平均等待时间都为 0。

2) $M/M/m$ 排队系统

若取 $n \to \infty$，即成为等待制排队系统 $M/M/m$。此时系统允许无限队长的排队。但是为了保证系统稳定，即队列长度不会随时间增加而无限增长，需满足业务强度 $\rho < 1$。$M/M/m$ 的状态概率为

$$P_i = \begin{cases} \dfrac{m^i\rho^i}{i!}\left[\sum_{i=0}^{m-1}\dfrac{m^i\rho^i}{i!} + \dfrac{m^m\rho^m}{m!(1-\rho)}\right]^{-1}, & 0 \leqslant i \leqslant m-1 \\ \dfrac{m^m\rho^i}{m!}\left[\sum_{i=0}^{m-1}\dfrac{m^i\rho^i}{i!} + \dfrac{m^m\rho^m}{m!(1-\rho)}\right]^{-1}, & i \geqslant m \end{cases} \tag{3.35}$$

平均系统队长、平均等待队长、平均逗留时间和平均等待时间分别为

$$L_s = m\rho + \frac{m^m\rho^{m+1}}{m!(1-\rho)^2 \cdot \sum_{i=0}^{m-1}\frac{m^i\rho^i}{i!} + m^m\rho^m(1-\rho)}$$

$$L_q = \frac{m^m\rho^{m+1}(1-\rho)}{m!(1-\rho)\cdot\sum_{i=0}^{m-1}\frac{m^i\rho^i}{i!} + m^m\rho^m}$$

$$W_s = \frac{m!(1-\rho)\cdot\sum_{i=0}^{m-1}\frac{m^i\rho^i}{i!} + m^{m-1}\rho^m\left(\frac{1}{1-\rho} + m\right)}{\mu\cdot m!(1-\rho)\cdot\sum_{i=0}^{m-1}\frac{m^i\rho^i}{i!} + \mu\cdot m^m\rho^m}$$

$$W_q = \frac{m^{m-1}\rho^m(1-\rho)}{\mu\cdot m!(1-\rho)\cdot\sum_{i=0}^{m-1}\frac{m^i\rho^i}{i!} + \mu\cdot m^m\rho^m}$$

3.5 $M/G/1$ 排队系统

3.4 节所分析的 $M/M/m/n$ 排队系统的重要特点是在任意时刻系统中的顾客数、下一位新顾客到达的剩余时间、接受服务顾客的剩余服务时间都具有无后效性。但是并非所有的排队系统都具有无后效性，如本节即将介绍的一类典型非马尔可夫排队系统——$M/G/1$ 排队系统。$M/G/1$ 排队系统的模型如图 3-7 所示，其含义为：输入过程为泊松流，平均

顾客到达速率为λ，顾客源中的顾客数为无穷；每个顾客的服务时间相互独立并服从一般分布，平均服务时间为$1/\mu$，方差为σ^2；只有一个服务窗提供服务，采用单队列、队列缓存容量无限大、先到先服务的排队规则。

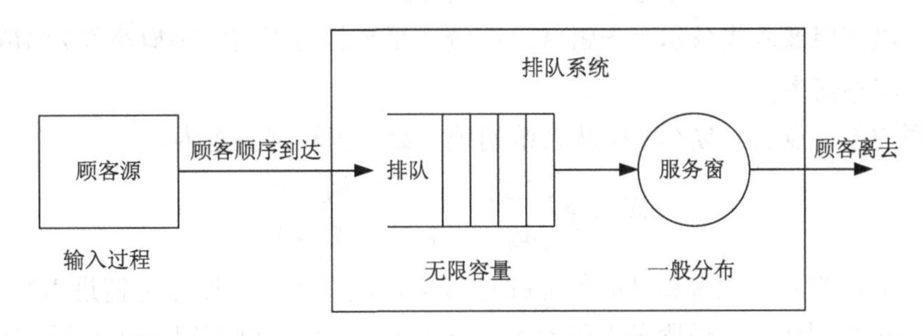

图 3-7　$M/G/1$ 排队系统模型

3.5.1　平稳状态下的稳定状态概率

本节基于嵌入式马尔可夫链，计算 $M/G/1$ 排队系统在统计平衡状态下的稳定状态概率。将使用到的参数定义如下。

(1) $\{Q(t), t \geqslant 0\}$ 是在任意时刻 t，系统中的总顾客数(包括正在接受服务的顾客数与排队等待的顾客数)。$\{Q(t), t \geqslant 0\}$ 是连续时间随机过程。

(2) t_n $(n=1,2,\cdots)$ 是第 n 个顾客接受完服务后离开排队系统的时间点。

(3) T_n $(n=1,2,\cdots)$ 是第 n 个顾客所需的服务时间。

(4) X_n $(n=1,2,\cdots)$ 是在 t_n 时刻系统中的总顾客数(不包括离开的第 n 个顾客)，即 $\{X_n\}$ 是对连续时间随机过程 $\{Q(t)\}$ 在离散时间序列 t_n $(n=1,2,\cdots)$ 上的采样。

$$X_n = Q(t_n), \quad n=1,2,\cdots$$

(5) Y_n $(n=1,2,\cdots)$ 是在第 n 个顾客接受服务期间到达的新顾客数。

已知任意时刻 t 在系统中的总顾客数 $Q(t)$ 时，计算 t 时刻之后的 $Q(t)$ 的状态概率。因为 $M/G/1$ 排队系统中顾客的服务时间不服从负指数分布，所以下一个即将离开的顾客的剩余服务时间与 t 时刻之前已经接受服务的时间长度有关。因此仅仅已知 $Q(t)$ 无法计算出 t 时刻之后的 $Q(t)$ 的状态概率，表明 $Q(t)$ 不具有无后效性，$\{Q(t), t \geqslant 0\}$ 不是一个马尔可夫过程。但是考虑 $Q(t)$ 在每个顾客离开系统的时刻的采样序列 X_n $(n=1,2,\cdots)$：因为系统中所有的顾客都还未开始接受服务，所以未来离开的所有顾客的剩余服务时间都服从 $M/G/1$ 指定的一般分布；未来将到达的新顾客的间隔时间服从无记忆的负指数分布。所以在已知 X_n 时，可以根据 $M/G/1$ 的分布计算出所有 X_i $(i \geqslant n+1)$ 的状态概率，即 X_n 具有无记忆性，$\{X_n, n=1,2,\cdots\}$ 是离散时间马尔可夫链。

这种在一般时刻采样的概率变量不能形成马尔可夫链，但是在特殊时刻采样的概率变量能形成马尔可夫链，这个过程称为嵌入式马尔可夫链。能够形成马尔可夫链的时间点称为再生点或者嵌入点。$M/G/1$ 排队系统就是嵌入式马尔可夫链，其中每个顾客服务结束的时刻 t_n 就是 $M/G/1$ 排队系统的再生点。

可以证明，在任意时间点的顾客数 $Q(t)$ 的极限分布与在 t_n 时刻观察到的顾客数 X_n 的极限分布完全一样，即稳定状态概率满足

$$\lim_{t\to\infty} p\{Q(t)=k\} = \lim_{n\to\infty} p\{X_n = k\}$$

所以可以使用嵌入式马尔可夫链 X_n 在统计平衡状态下的状态概率作为 $M/G/1$ 排队系统的稳定状态概率。

在不同的再生点上，$M/G/1$ 排队系统的顾客数一步转移关系为

$$X_{n+1} = \begin{cases} Y_{n+1}, & X_n = 0 \\ X_n + Y_{n+1} - 1, & X_n \geqslant 1 \end{cases} \tag{3.36}$$

若 $X_n = 0$，第 n 个顾客离开时第 n+1 个顾客还没有到达，则服务窗进入空闲状态。在第 n+1 个顾客到达后接受服务期间有 Y_{n+1} 个新顾客达到，则在第 n+1 个顾客离开系统时会留下 Y_{n+1} 个等待服务的顾客，即 $X_{n+1} = Y_{n+1}$。

若 $X_n \geqslant 1$，第 n 个顾客离开时系统中有 X_n 个顾客，排队首的是第 n+1 个顾客，其马上进入服务窗接受服务。在第 n+1 个顾客接受服务期间有 Y_{n+1} 个新顾客达到，所以在第 n+1 个顾客离开系统时会留下 $X_n + Y_{n+1} - 1$ 个等待服务的顾客，即 $X_{n+1} = X_n + Y_{n+1} - 1$。

式(3.36)进一步证明了 X_{n+1} 仅与 X_n 有关，$\{X_n, n=1,2,\cdots\}$ 是离散时间马尔可夫链。据式(3.36)可得转移概率为

$$\begin{aligned} p_{ij} &= p\{X_{n+1} = j \mid X_n = i\} \\ &= \begin{cases} p\{Y_{n+1} = j-i+1\}, & i \neq 0;\ j \geqslant i-1 \\ p\{Y_{n+1} = j\}, & i = 0;\ j \geqslant 0 \\ 0, & \text{其他} \end{cases} \end{aligned} \tag{3.37}$$

令 $a_i = p\{Y_n = i\}$，设 $M/G/1$ 的服务时间的分布密度函数为 $g(t)$，即随机变量 $T_n\ (n=1,2,\cdots)$ 相互独立且分布密度函数为 $g(t)$，可得

$$a_i = p\{Y_n = i\} = \int_0^\infty p\{Y_n = i \mid T_n = t\} \cdot g(t)\mathrm{d}t = \int_0^\infty \frac{(\lambda t)^i}{i!} \mathrm{e}^{-\lambda t} \cdot g(t)\mathrm{d}t \tag{3.38}$$

并且满足 $\sum\limits_{i=0}^{\infty} a_i = 1$。

$M/G/1$ 排队系统的嵌入式马尔可夫链 $\{X_n, n=1,2,\cdots\}$ 的一步转移矩阵为

$$P = \begin{bmatrix} a_0 & a_1 & a_2 & a_3 & \cdots \\ a_0 & a_1 & a_2 & a_3 & \cdots \\ 0 & a_0 & a_1 & a_2 & \cdots \\ 0 & 0 & a_0 & a_1 & \cdots \\ \vdots & \vdots & \vdots & \vdots & \end{bmatrix} \tag{3.39}$$

$\{X_n, n=1,2,\cdots\}$ 的一步状态转移图如图 3-8 所示。

一步状态转移图表达的意义是 $M/G/1$ 排队系统在连续两个再生点时刻的总顾客数状态的转移概率。图 3-8 中数值为 $n\ (n=0,1,2,\cdots)$ 的圆圈表示排队系统在再生点处总顾客数

为 n 的状态。每个状态 n 的取值是平稳状态下排队系统处于该状态的概率 P_n， P_n 都是常数。图中带箭头的弧线表示排队系统前一再生点处于源状态，下一个再生点可能处于目的状态，弧线上的权值 a_i 表示转移发生的概率。因为 $M/G/1$ 嵌入式马尔可夫链的转移弧线太复杂，图 3-8 中只给了以状态 0 和状态 $i\,(i \geqslant 1)$ 为源状态的部分转移弧线作为代表。由式(3.36)或者式(3.38)可知，状态 0 可以转移到所有状态，状态 $i\,(i \geqslant 1)$ 可以转移到大于等于 $i-1$ 的所有状态。

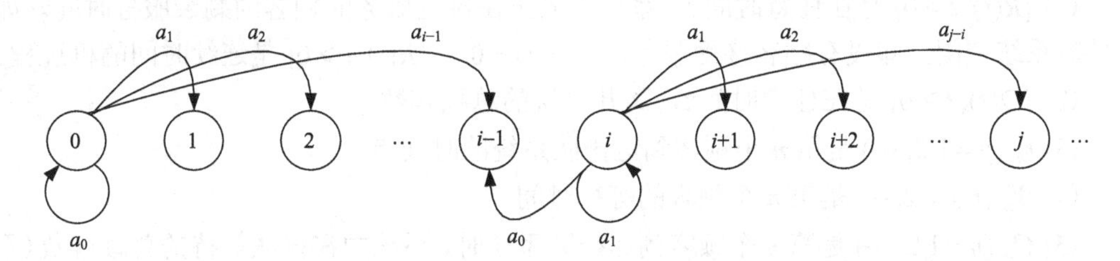

图 3-8　$M/G/1$ 嵌入式马尔可夫链的一步状态转移图

定义 $M/G/1$ 排队系统的排队强度为 $\rho = \lambda/\mu$。可以验证当 $\rho < 1$ 时，该马尔可夫链是遍历、平稳的，定义状态 i 的稳定状态概率为

$$P_i = \lim_{n\to\infty} p\{X_n = i\}$$

满足 $[P_0 \quad P_1 \quad P_2 \quad \cdots] = [P_0 \quad P_1 \quad P_2 \quad \cdots]\cdot P$，即

$$P_i = P_i a_0 + \sum_{j=1}^{i+1} P_j a_{i-j+1} \tag{3.40}$$

定义顾客队长分布 $\{P_n, n=0,1,2,\cdots\}$ 和 Y_n 的概率分布 $\{a_n, n=0,1,2,\cdots\}$ 的母函数分别为

$$P(x) = \sum_{i=0}^{\infty} P_i x^i$$

$$\begin{aligned} A(x) &= \sum_{i=0}^{\infty} a_i x^i = \int_0^{\infty} \sum_{i=0}^{\infty} x^i \frac{(\lambda t)^i}{i!} \mathrm{e}^{-\lambda t} \cdot g(t)\mathrm{d}t \\ &= \int_0^{\infty} \mathrm{e}^{-\lambda(1-x)t} \cdot g(t)\mathrm{d}t \\ &= \mathscr{L}\{g[\lambda(1-x)]\} \end{aligned}$$

式中，$\mathscr{L}\{g(s)\}$ 是 $M/G/1$ 服务时间的分布密度函数 $g(t)$ 的拉普拉斯变换。

根据式(3.40)可推导得到顾客队长分布 $\{P_n, n=0,1,2,\cdots\}$ 的母函数为

$$\begin{aligned} P(x) &= \frac{(1-\rho)(1-x)A(x)}{A(x)-x} \\ &= \frac{(1-\rho)(1-x)\mathscr{L}\{g[\lambda(1-x)]\}}{\mathscr{L}\{g[\lambda(1-x)]\}-x} \end{aligned} \tag{3.41}$$

该公式称为帕拉恰克-辛钦(Pollaczek-Kninchine)公式。根据母函数公式(3.41)的值可获得 $\{P_n, n=0,1,2,\cdots\}$，即 $M/G/1$ 排队系统在统计平衡状态下所有的稳定状态概率。

3.5.2　平稳状态下的性能指标

利用上面从 $M/G/1$ 排队系统再生点出发时获得的母函数 $P(x)$ 和 $A(x)$，可以根据定义直接计算出统计平衡状态下的性能指标。本节将给出第二种方法，分析每个顾客到达 $M/G/1$ 排队系统的时间点，利用平均剩余服务时间来计算平稳状态下的性能指标。需要使用到的新参数定义如下。

(1) $\{R(t), t \geqslant 0\}$ 是在任意时间 t，系统中的正在接受服务的顾客的剩余服务时间。如果此时系统空闲，即没有顾客接受服务，则 $R(t)=0$ 。$\{R(t), t \geqslant 0\}$ 是连续时间随机过程。

(2) $\{D(t), t \geqslant 0\}$ 是在任意时间 t，离开系统的总顾客数。

(3) $t_n' \ (n=1,2,\cdots)$ 是第 n 个顾客到达排队系统的时间点。

(4) $W_n \ (n=1,2,\cdots)$ 是第 n 个顾客的等待时间。

(5) $Q_n \ (n=1,2,\cdots)$ 是第 n 个顾客到达排队系统时，系统中在排队等待的总顾客数(不包含正接受服务的顾客)。

根据上述参数定义可知，第 i 个顾客所需的等待时间为

$$W_i = R(t_i') + T_{i-1} + T_{i-2} + \cdots + T_{i-Q_i} \tag{3.42}$$

式中，等号右边第一项 $R(t_i')$ 是第 i 个顾客到达时正接受服务的顾客的剩余服务时间，后面的 Q_i 项是排在第 i 个顾客前面的顾客的服务时间。根据 $M/G/1$ 排队系统定义，各顾客的服务时间 T_j 独立同分布，且平均服务时间为 $1/\mu$，对式(3.42)两侧取期望得

$$\begin{aligned} E[W_i] &= E[R(t_i')] + E\left[\sum_{j=i-Q_i}^{i-1} T_j\right] \\ &= E[R(t_i')] + \sum_{n=0}^{\infty} E\left[\sum\nolimits_{j=i-Q_i}^{i-1} T_j \mid Q_i = n\right] \times p\{Q_i = n\} \\ &= E[R(t_i')] + \frac{E[Q_i]}{\mu} \end{aligned} \tag{3.43}$$

式(3.43)对时间求极限，即令 $i \to \infty$，可得 $W_q = \lim\limits_{i\to\infty} E[W_i]$ 是平均等待时间，$L_q = \lim\limits_{i\to\infty} E[Q_i]$ 是平均等待队长。根据 Little 定理有 $L_q = \lambda W_q$，代入式(3.43)并令 $i \to \infty$ 可得

$$W_q = \lim_{i\to\infty} E[W_i] = \lim_{i\to\infty} E[R(t_i')] + \frac{\lambda}{\mu} W_q \tag{3.44}$$

即

$$W_q = \frac{\lim\limits_{i\to\infty} E[R(t_i')]}{1-\rho} \tag{3.45}$$

$M/G/1$ 排队系统中的正在接受服务的顾客的剩余服务时间 $R(t)$ 与时间 t 之间的关系如图 3-9 所示。求顾客到达时正在接受服务的顾客的剩余服务时间 $R(t_i')$ 的数学期望，可以等价为对图 3-9 中的灰色面积求平均。因为在$[0, t]$时间段共有 $D(t)$ 个顾客接受完服务，

每个用户剩余服务时间的积分对应图 3-9 中的一个等腰直角三角形，即下列等式以概率 1 成立。

$$\lim_{i\to\infty} E[R(t_i')] = \lim_{t\to\infty}\frac{1}{t}\int_0^t R(s)\mathrm{d}s = \frac{1}{2}\cdot\lim_{t\to\infty}\frac{D(t)}{t}\cdot\lim_{t\to\infty}\frac{\sum_{j=1}^{D(t)} T_j^2}{D(t)} \tag{3.46}$$

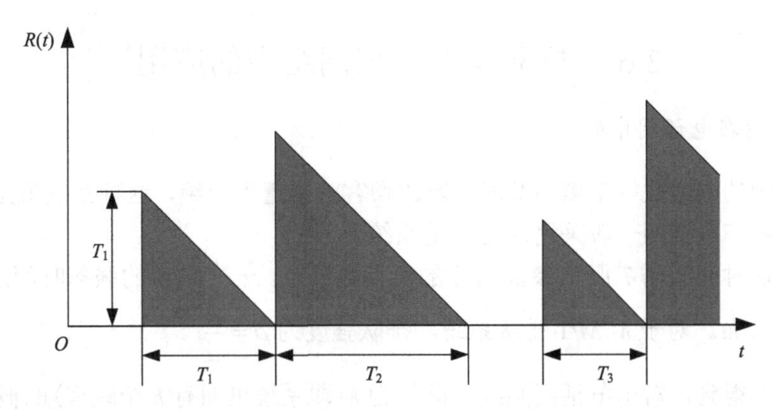

图 3-9　$M/G/1$ 排队系统中正接受服务的顾客的剩余服务时间 $R(t)$ 与时间 t 之间的关系

$\lim_{t\to\infty} D(t)/t$ 表示长时间的平均离开率。当 $M/G/1$ 排队系统处于平稳状态时，系统长期的平均离开率以概率 1 等于系统长期的平均到达率，即

$$\lim_{t\to\infty}\frac{D(t)}{t} = \lambda \tag{3.47}$$

根据大数定律可得

$$\lim_{t\to\infty}\frac{\sum_{j=1}^{D(t)} T_j^2}{D(t)} = \lim_{n\to\infty}\frac{\sum_{j=1}^{n} T_j^2}{n} = E[T^2] = \sigma^2 + \frac{1}{\mu^2} \tag{3.48}$$

联立式(3.45)～式(3.48)可得平均等待时间 W_q 为

$$W_q = \frac{\lambda}{2(1-\rho)}\left(\sigma^2 + \frac{1}{\mu^2}\right) \tag{3.49}$$

平均逗留时间 W_s 为

$$\begin{aligned} W_s &= \lim_{i\to\infty} E[W_i] + \lim_{i\to\infty} E[T_i] \\ &= \frac{\lambda}{2(1-\rho)}\left(\sigma^2 + \frac{1}{\mu^2}\right) + \frac{1}{\mu} \\ &= \frac{1}{\mu(1-\rho)}\left[1 - \frac{\rho}{2}\left(1 - \mu^2\sigma^2\right)\right] \end{aligned} \tag{3.50}$$

根据 Little 定理可求得平均等待队长 L_q 和平均系统队长 L_s 分别为

$$L_q = \lambda W_q = \frac{\lambda^2}{2(1-\rho)}\left(\sigma^2 + \frac{1}{\mu^2}\right) \tag{3.51}$$

$$L_s = \lambda W_s = \frac{\rho}{1-\rho}\left[1 - \frac{\rho}{2}\left(1 - \mu^2\sigma^2\right)\right] \tag{3.52}$$

上述四个公式(式(3.49)～式(3.52))也称为帕拉恰克-辛钦公式。

3.6　排队论在通信网络中的应用

1. 排队论在电话网中的应用

当系统中的顾客数等于窗口数时，新的顾客就会遭到拒绝，这种系统就是 $M/M/m/m$ 即时拒绝系统。电话网一般采用即时拒绝系统。

顾客到达时间间隔 T 服从参数为 λ 的负指数分布。一个顾客的服务时间服从参数为 μ 的负指数分布。对于 $M/M/1$ 排队系统，排队强度为 $\rho = \frac{\lambda}{\mu}$ 。

可以推导得到，对于电话网系统，队长为 k(即系统里面有 k 个顾客)的概率 p_k 为

$$p_k = \frac{(m\rho)^k}{k!}p_0 = \frac{a^k}{k!}p_0, \quad 0 < k \leqslant m \tag{3.53}$$

式中，

$$p_0 = \left[\sum_{k=0}^{m}\frac{(m\rho)^k}{k!}\right]^{-1} = \left(\sum_{k=0}^{m}\frac{a^k}{k!}\right)^{-1} \tag{3.54}$$

其中，$a = \frac{\lambda}{\mu} = \lambda \cdot \bar{\tau}$，是电话网系统的流入话务量强度。这里 λ 是单位时间内的平均呼叫次数，而 $\bar{\tau} = \frac{1}{\mu}$ 是平均每次呼叫的服务时间。a 是无量纲的，但通常使用埃尔朗作为它的单位，m 是线束容量(即窗口数)。

当顾客到达系统时，若 $k \leqslant m$，则立即接受服务；若 $k > m$，就被拒绝而离去，因此顾客等待时间为 0，平均队长 N 也变成平均处于忙状态的平均窗口数量 $\bar{r}$。由此可以求得以下几个重要指标。

(1) 平均队长 N：

$$N = \bar{r} = \sum_{k=0}^{m} k\frac{(m\rho)^k}{k!}p_0 = \frac{\sum_{k=0}^{m} k\frac{(m\rho)^k}{k!}}{\sum_{k=0}^{m}\frac{(m\rho)^k}{k!}} = m\rho\left(1 - p_m\right) = a\left(1 - p_m\right) \tag{3.55}$$

(2) 呼损率 p_c：

$$p_c = p_m = \frac{a^m / m!}{\sum_{k=0}^{m} \frac{a^k}{k!}} \tag{3.56}$$

这是话务理论中著名的埃尔朗呼损公式。

(3)系统效率η：

$$\eta = \frac{\bar{r}}{m} = \frac{N}{m} = \frac{a(1-p_m)}{m} \tag{3.57}$$

即时拒绝系统的呼损率p_c与流入话务量强度a及系统效率η与线束容量m的关系如下。

(1) 呼损率p_c随着话务量强度a的增加而上升，当话务量强度一定时，增加m，可使呼损率下降。

(2)允许的呼损率越大，系统效率越高，这说明牺牲服务质量，即允许较大的呼损率，可以换取系统效率的提高。

(3) m 越大，系统效率越高，这就是大群化效应，即尽可能多地共用出线可以获得高效率。

2. 排队论在数据通信网中的应用

目前各种数据通信网信息的交换都是以包为单位存储转发的，包可以称为分组。各分组到达网络节点(即交换机)进行存储转发的过程中，当多个分组要去往同一输出链路时，就要进行排队，所以数据通信网就是一个大的排队系统。

一个分组可以认为就是一个顾客，交换设备、信息传输网络就相当于服务机构，一条中继信道即为一个服务者(或服务窗)。

服务到达率λ就是单位时间内到达交换节点的分组数量，服务者数目m指分组交换节点的输出信道数量。

只是需要注意的是：在数据通信网中，习惯上用$1/\mu$表示分组的平均长度，交换节点的一个输出信道容量为C。由此可以推导出，传送一个分组的平均时间，即分组的平均发送时间为$1/\mu C$，则每条输出信道发送分组的速率为μC(它对应着一个服务者的服务速率μ)。而对于有m条输出信道的交换节点(它相当于一个排队系统)来说，发送分组的速率(即系统的服务速率)为$m\mu C$。

扩展阅读：信息年龄

常见的网络性能指标有吞吐量、时延、时延抖动、带宽时延积等，最近又有信息年龄(Age of Information, AoI)这一新的指标被提出来。

信息年龄被定义为$\Delta_n(t) = t - u_n(t)$，式中，$u_n(t)$是信息生成时间，t是当前时刻，它本质上是用来描述系统采集数据的时效性或“新鲜度”。这一概念在对采集数据时效性要求较高的场景中特别有意义，如车联网、无人驾驶控制系统、生命监测系统和野外火灾报警系统等。这些对数据时效性敏感的应用场景，往往要求数据的“新鲜度”，而不太在意数据的吞吐量或完整性。

信息年龄这一指标和网络的时延有许多相似之处，易混淆。下面用最简单的排队论模型——$M/M/1$ 队列来解释它们之间的区别。

在最经典的 $M/M/1$ 队列中，把数据的生成视为顾客到达，把数据的发送视为顾客接受完服务离开。如果我们在满足排队系统稳态条件的前提下，固定服务员的服务率 μ，将顾客到达率 λ 从小到大逐渐增大，那么这个排队系统的时延是单调增加的。因为顾客到达率越大，自然服务员需要的工作时间越长、时延越大。其中，$M/M/1$ 系统的平均等待时间为 $E[W]=\dfrac{\rho}{\mu(1-\rho)}$。式中，$\rho=\dfrac{\lambda}{\mu}$ 代表系统的排队强度。

由图 3-10 可知，信息年龄随着信息生成速率（或者队列负载）的增加，先增加再减小。原因是信息生成速率的增加具有双重影响：①当系统的顾客到达率很低时，虽然服务员有余力服务顾客，但是最后顾客离开的频率也很低。可以理解为数据更新速率太慢，虽然时延很低，但是由于更新慢 $u_n(t)$ 总是偏小，导致 AoI 会偏高。②当系统的顾客到达率过高，服务员无法及时提供服务，等待顾客太多时，AoI 也会偏高。图 3-10 中，信息生成速率对应排队模型中的顾客到达率，由于服务员的服务率 μ 是固定的，因此该图也可以看作是系统的排队强度 $\rho=\dfrac{\lambda}{\mu}$ 与 AoI 的关系。

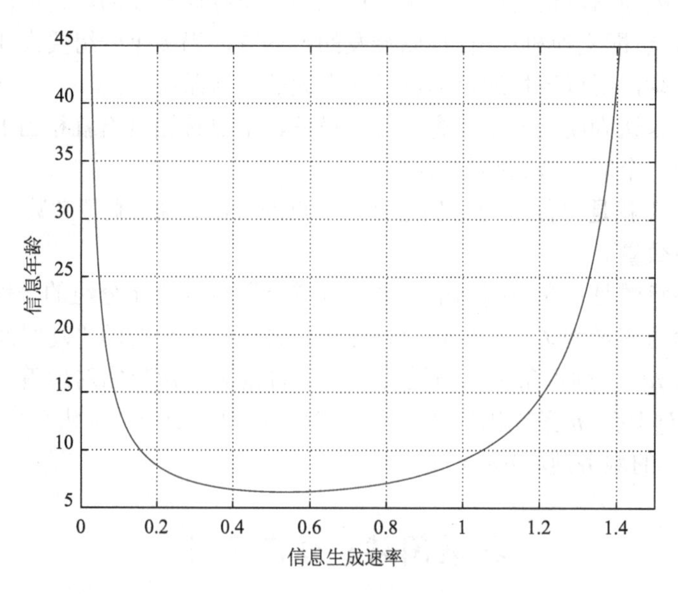

图 3-10　系统信息年龄和信息生成速率间的关系

对于上述排队系统，信息生成速率过大或者过小都不利于保持数据的时效性，但是排队系统的时延 $E[W]$ 却与信息生成速率正相关。

习　题

3-1　设齐次马尔可夫链的一步转移矩阵为

$$P=\begin{bmatrix}\frac{1}{3} & 0 & \frac{2}{3}\\ \frac{1}{4} & \frac{3}{4} & 0\\ \frac{1}{6} & 0 & \frac{5}{6}\end{bmatrix}$$

试问此链共有几个状态？绘出其状态流图，并求两步转移概率矩阵。平稳分布是否存在？若存在，试求之。

3-2　在一个具有 N 个位置的露天停车场，只要有空位，就接纳汽车停车，若无空位，再来停车的汽车就另寻他处。假定汽车到来是参数为 λ 的泊松分布，而已停汽车占用时间是负指数分布(参数为 μ)，两者独立。令 $X(t)$ 表示占用的位置数，有 $X(0)=j$。试证 $X(t)$ 是一个具有 $\lambda_j=\begin{cases}\lambda, & j<N\\ 0, & j\geqslant N\end{cases}$ 及 $\mu_j=j\mu(0\leqslant j\leqslant N)$ 的生灭过程，并求 $p_j(t)$ 满足的微分方程。

3-3　考虑一个 $M/M/1/K$ 队列，这是一个不能包含大于 K 个顾客的马尔可夫队列。当这个队列满时，一个新到来的顾客就不允许参与到队列中且被拒绝。试计算在稳态情况下这个队列中顾客数的概率，并计算出在这个系统内的平均顾客数。若网络中窗口数变为 N 且 $N<K$，重新计算系统内的平均顾客数。

3-4　信息分组从 LAN 上的计算机传输到其他网络，所有分组必须通过连接 LAN 与 WAN 的路由器才能传输到广域网和外部世界。考虑从 LAN 到路由器的传输流。分组到达平均速率为每秒 5 个分组。分组平均长度是 144 字节，假定长度是指数分布的。线路从路由器到广域网的速率是 9600bps。求解：

(1) 在路由器的平均排队时间；

(2) 平均有多少分组在路由器中。

3-5　在邮局，邮递员必须从一名助理管理的办公室取回他们的任务，假设每小时平均有 4 位邮递员领取任务，而每小时要付给邮递员 10 元，可以雇佣助理 A、助理 B 或助理 C 来管理办公室。平均来说，助理 A 处理一个请求需用 11.5min，每小时需付给助理 A 9.5 元；助理 B 用 12.5min 处理一个请求，每小时需付给助理 B 7 元；助理 C 用 10min 处理一个请求，每小时需付给助理 C 12.5 元，假设邮递员的到达过程为泊松过程，助理的处理时间都是负指数分布，问应该雇佣哪一位助理？

3-6　考虑由相同的 n 个容易出故障的机器及其组成的系统，安排两名维修工修理出故障的机器，机器正常运行的平均时间和维修时间分别服从均值为 λ^{-1} 与 μ^{-1} 的指数分布，如果有 i 台机器发生故障，则称系统处在状态 $i(i=0,1,\cdots,n)$。

(1) 写出此机器维修模型的状态的马尔可夫链的生成矩阵。

(2) 求出系统中有 i 台机器故障的稳态概率 p_i。

(3) 求一名维修工空闲的稳态概率。

3-7　在一个单服务窗的排队系统中，顾客按平均到达率为每小时 5 个的泊松流到来。如果服务时间(单位为分钟)服从均匀分布：

$$f(x)=\begin{cases}\dfrac{1}{10}, & 5\leqslant x\leqslant 15\\ 0, & \text{其他}\end{cases}$$

试求：

(1) 系统繁忙的概率；

(2) 系统中顾客的期望个数；

(3) 队列中的期望等候时间。

3-8 考察某通信系统，有 4 条线与主机相连。每条线的利用率是 0.6，转换信息时间平均是 2s。第一条线转换信息时间是 $\Gamma(\alpha,\beta)$ 分布，$\alpha=\dfrac{1}{3}$，$\beta=\dfrac{1}{6}$；第二条线是负指数分布；第三条线是埃尔朗分布 E_3；第四条线是定长分布。试对每条线求 L_q、L_s、W_q、W_s 及 $D(W_s)$。提示：$\Gamma(\alpha,\beta)$ 分布即分布密度函数为

$$g(t)=\frac{\beta^{\alpha}}{\Gamma(\alpha)}t^{\alpha-1}\mathrm{e}^{-\beta t},\quad t>0$$

3-9 试利用泊松过程的特性，对于一个 $M/G/1$ 队列为 Little 公式给出其他证明。

3-10 在一家银行里，顾客以平均每小时 36 人的泊松流到达，n+3 个顾客的服务时间平均数为 0.035h 的负指数分布。假定系统在同一时刻最多只能容纳 30 个顾客，在下面的每一种条件下要配备多少个出纳员？

(1) 有 $n+3$ 个以上的顾客等待的概率小于 0.25，n 表示出纳员的人数。

(2) 系统中期望个数不超过 3。

(3) 平均 1h 可服务 30 个顾客的概率大于 0.9。

3-11 设到达某商场的顾客组成强度为 λ 的泊松过程，每个顾客购买商品的概率为 p，且与其他顾客是否购买商品相互独立，若 $\{Y_t,t\geqslant 0\}$ 是购买商品的顾客数，证明 $\{Y_t,t\geqslant 0\}$ 是强度为 λp 的泊松过程。

3-12 设群体中各个个体的繁殖是相互独立、强度为 λ 的泊松过程，若假设没有任何成员死亡，以 $X(t)$ 记录时刻 t 群体的总数量，则 $X(t)$ 是一个纯生过程，其 $\lambda_n=n\lambda(n>0)$。称此过程为尤尔过程，试求：

(1) 从一个个体开始，在时刻 t 群体总量的分布；

(2) 从一个个体开始，在时刻 t 群体诸成员年龄之和的均值。

第 4 章　图论及其应用

图论是离散数学的一部分，是现代应用数学的一个分支，它主要研究人们在自然界和社会生活中遇到的包含某种二元关系的问题或系统。它把这种问题或系统抽象为点和线的集合，用点和线相互连接的图来表示，通常也称为点线图。图论就是研究点和线连接关系的理论。因此，图论中的“图”，并不是以前学过的通常意义下的几何图形或物体的形状图，也不是工程设计图中的“图”，而是以一种抽象的形式来表达一些确定的对象，以及这些对象之间具有或不具有某种特定关系的一个数学系统。

图论最早起源于一些数学游戏的难题研究，如欧拉所解决的哥尼斯堡七桥问题，以及在民间广泛流传的一些游戏难题(如迷宫问题、博弈问题、棋盘上“马”的行走路线问题等)。这些古老的难题，吸引了很多学者的注意。一些学者在这些问题研究的基础上又继续提出了著名的四色猜想和哈密尔顿(环游世界)数学难题。19 世纪 40 年代，图论应用于分析电路网络，这是它最早应用于工程科学，随着科学的发展，图论在解决运筹学、网络理论、信息论、控制论、博弈论以及计算机科学等各个领域的问题时，发挥出越来越大的作用。在人们的社会实践中，图论已成为解决自然科学、工程技术、社会科学、生物技术以及经济、军事等领域中的许多问题的有力工具之一，因此越来越受到喜爱。图论的内容十分丰富，涉及的面也比较广。本章主要介绍基本概念、原理，以及典型的应用实例，目的是使学生在对网络建模、分析和优化等有关内容进行学习研究时，可以把图论的基本理论和方法作为工具。

4.1　图 论 概 述

图论的起源可以追溯到 1736 年的哥尼斯堡七桥问题。哥尼斯堡(即如今俄罗斯的加里宁格勒)是一座位于桑比亚半岛南部的城市，城市内有一条名叫普莱格尔的河穿过。如图 4-1(a)所示，河中有两个岛屿 C 与 D。为了沟通城市交通，岛与岛，以及岛与岸之间架设了七座桥。现在的问题是，要从任何一地出发，是否能在每座桥只允许通过一次的前提下，最后又返回到原出发地？实际上，任何这样的尝试都没有成功。

后来，欧拉将其化为图论问题，使其迎刃而解，证明了哥尼斯堡七桥问题不可能有解。方法如下：先将每块陆地用点来表示，分别为河岸 A、B 和岛屿 C、D，将连接陆地之间的七座桥用连接相应点之间的线条来表示，就形成了一个图，如图 4-1(b)所示。哥尼斯堡七桥问题就变为：在图 4-1(b)中，从任意一点出发，能否用笔画过每条边一次且仅画一次，最后又重新回到原出发点？

一个图，如果能够从一点出发，经过每条边一次且仅一次再回到原出发点，则称为欧拉图。

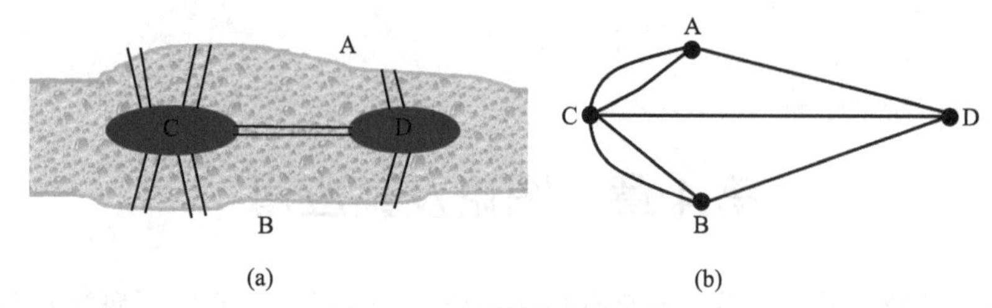

图 4-1　哥尼斯堡七桥问题

由于每通过一个点时，必须经过两条边，即从一条边进入又从另一条边离开该点，因此如果哥尼斯堡七桥问题有解(即其为欧拉图)，则图 4-1(b)中与每个点相连的边必然都是偶数条。然而，图 4-1(b)中与每个点相连的边都是奇数条，因而哥尼斯堡七桥问题不可能有解。

判断欧拉图的充分必要条件：无向连通图 G 是欧拉图的充分必要条件是 G 的每个节点的度均为偶数。

人们确信，这是最早利用图论分析和解决问题的范例之一。当然，图论的发展，还是因为它在科学技术、经济运营中的大量应用而引起的。图论的研究史历经二百多年，总体而言，可以划分为三个阶段。

1736 年到 19 世纪中叶是图论发展的萌芽阶段，此时多数问题以游戏问题为主，其中最具代表性的就是哥尼斯堡七桥问题。针对该问题，欧拉于 1974 年发表论文 *The Solution of A Problem Relating to the Geometry of Position*，并被公认为图论历史上第一篇论文。

19 世纪中叶到 1936 年是图论的理论形成时期，该时期图论问题大量出现，如四色问题(1852 年)和哈密尔顿(Hamilton)问题(1856 年)，同时出现了以图为工具去解决其他领域中一些问题的成果。最有代表性的工作是 Kirchhoff(1847 年)和 Cayley(1857 年)分别用树的概念去研究电网络方程组问题和有机化合物的分子结构问题。同时，还出现了大量理论成果，如 Menger 定理(1927 年)、Kuratowski 定理(1930 年)和 Ramsey 定理(1930 年)等。这些理论和结果为图论的发展奠定了基础。1936 年，匈牙利数学家柯尼希(Konig)写出了第一本图论专著《有限图和无限图的理论》(*Theory of Finite and Infinite Graphs*)，标志着图论成为数学的一个新分支。

1936 年以后是图论的应用发展时期。图论的方法在生产管理、军事、交通运输、计算机和通信网络中得到了应用。我国学者从 20 世纪 50 年代开始关注图论，取得了一定的成果。进入 70 年代后，随着计算机技术的普及，图论在理论和应用方面实现了跨越式的发展。

4.2　图 论 基 础

4.2.1　图的定义

直观地讲，画 n 个点，把其中的一些点用曲线或直线段连接起来，不考虑点的位置与连线的长短，这样所形成的点与线的关系结构就是一个图。

设有节点集 $V=\{v_1,v_2,\cdots,v_n\}$ 和边集 $E=\{e_1,e_2,\cdots,e_m\}$，当存在关系 R，使 $V\times V\to E$ 成立时，则说由节点集 V 和边集 E 组成图 G，记为 $G=(V,E)$。关系 R 可以说成对任一边 $e_k(k=1,2,\cdots,m)$，集合 V 中有一对节点 $(v_i,v_j)(i,j=1,2,\cdots,n)$ 与之对应。

也就是说，由节点集 V 和点与点之间的连线的集合 E 所组成的集合对 (V,E) 称为图 $G(V,E)$。其中，V 中的元素称为节点，E 中的元素称为边。如果有一条边 e_k 与节点对 (v_i,v_j) 相对应，则称 v_i、v_j 是 e_k 的节点(也称为端点)，记为 $e_k=(v_i,v_j)$，称点 v_i、v_j 与边 e_k 关联，而称 v_i 与 v_j 为相邻节点。

例 4.1　在图 4-2(a)所示的图 $G=(V,E)$ 中：$V=\{v_1,v_2,v_3,v_4\}$，$E=\{e_1,e_2,e_3,e_4,e_5,e_6\}$，其中 $e_1=(v_1,v_2)$，$e_2=(v_1,v_3)$，$e_3=(v_2,v_4)$，$e_4=(v_2,v_3)$，$e_5=(v_3,v_4)$，$e_6=(v_1,v_4)$；v_1 与 e_1、e_2、e_6 关联；v_1 与 v_2、v_3、v_4 是相邻节点。

注意，一个图可以用几何图形来表示，但一个图所对应的几何图形不是唯一的。一个图只由它的节点集 V、边集 E 和点与边的关系所确定，而与节点的位置和边的长度及形状无关。例如，图 4-2(a)和(b)只是一个图的两种不同的几何图形表示方法。

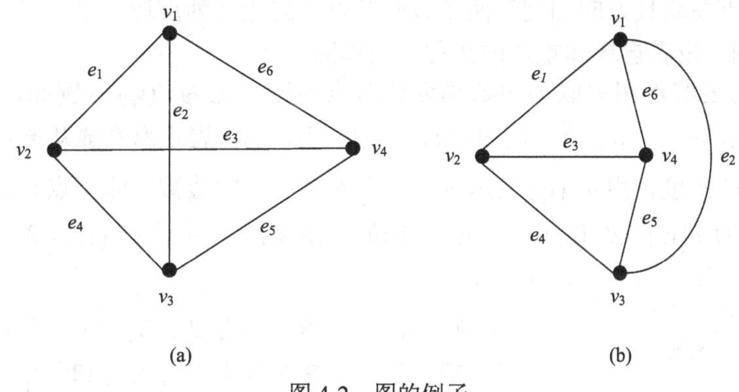

图 4-2　图的例子

4.2.2　图的相关概念

(1)无向图。设图 $G=(V,E)$，当 v_i 对 v_j 存在某种关系 R 等价于 v_j 对 v_i 存在某种关系 R 时，称 G 为无向图，即图 G 中的任意一条边 e_k 都对应一个无序节点对 (v_i,v_j)，而且 $(v_i,v_j)=(v_j,v_i)$。

(2)有向图。设图 $G=(V,E)$，当 v_i 对 v_j 存在关系 R 不等价于 v_j 对 v_i 存在关系 R' 时，称 G 为有向图，即图 G 中的任意一条边都对应一个有序节点对 (v_i,v_j)，且 $(v_i,v_j)\neq(v_j,v_i)$。

(3)有权图。设图 $G=(V,E)$，如果对它的每一条边 e_k 或对它的每个节点 v_i 赋予一个实数 p_k，则称图 G 为有权图或加权图，p_k 称为权值。对于电路图，若节点为电路中的点，边为元件，则节点的权值可以为电压，边的权值为电阻。对于通信网络而言，节点可代表路由器，边代表链路，权值可以为长度或造价等。

(4)相邻边。若有两条边与同一节点关联，则称这两条边为相邻边。例如，图 4-2 中，

e_1 与 e_2 、 e_3 、 e_4 、 e_6 都是相邻边。

(5) 自环。若与一条边相关联的两个节点是同一个节点，则称该边为自环，如图 4-3 中的 e_1 。

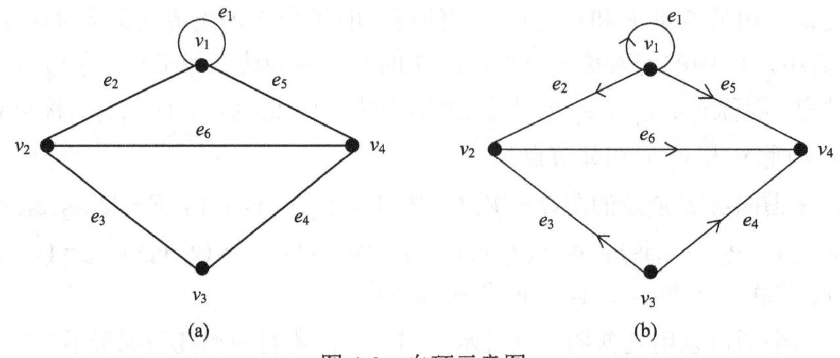

图 4-3　自环示意图

(6) 重边。在无向图中与同一对节点关联的两条或两条以上的边称为重边。在有向图中与同一对节点关联且方向相同的两条或两条以上的边称为重边。

(7) 简单图。没有自环和重边的图称为简单图。

(8) 度。与某节点相关联的边数称为该节点的度，记为 $d(v_i)$ 。例如，图 4-3 (a) 中 $d(v_2)=3$ ， $d(v_3)=2$ ， $d(v_1)=3$ 。若为有向图，用 $d^+(v_i)$ 表示离开或从节点 v_i 射出的边数，即节点 v_i 的出度，用 $d^-(v_i)$ 表示进入或射入节点 v_i 的边数，即节点 v_i 的入度，而节点 v_i 的度表示为 $d(v_i)=d^+(v_i)+d^-(v_i)$ 。例如，图 4-3 (b) 中， $d^+(v_1)=3$ ， $d^-(v_1)=1$ ， $d(v_1)=4$ 。

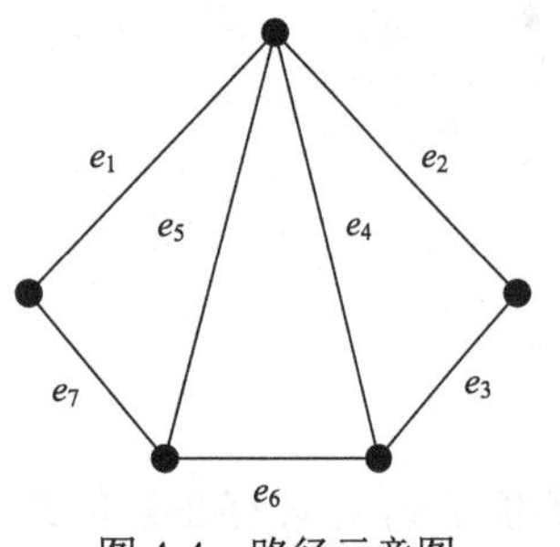

图 4-4　路径示意图

(9) 路径 (Path)。既无重复边，又无重复节点的边序列叫作路径，或简称径。在路径中，每条边和每个节点都只出现一次。例如，图 4-4 中 (e_1 、 e_2 、 e_3)、(e_1 、 e_2 、 e_3 、 e_6)、(e_4 、 e_6 、 e_7) 等都为路径。

(10) 连通图。设图 $G=(V,E)$ ，若图中任意两个节点之间至少存在一条路径，则称图 G 为连通图，否则称 G 为非连通图。例如，在图 4-5 中，图 (a) 为连通图，图 (b) 为非连通图。

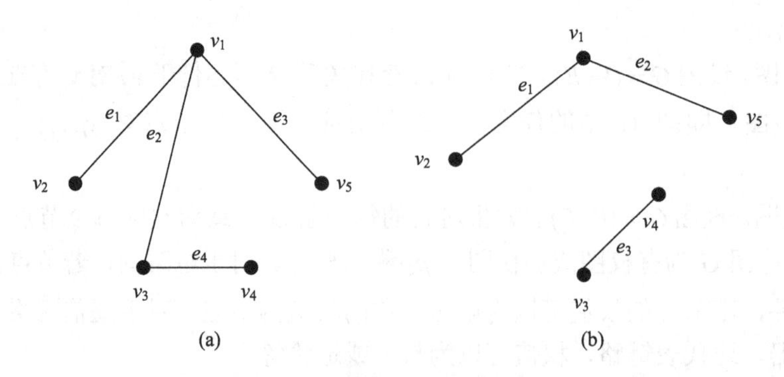

图 4-5　连通图与非连通图

(11) 有限图与无限图。V 与 E 为有限个元素集合的图叫有限图，否则叫无限图。

(12) 完全图。任意两个节点都相邻接的图称为完全图。根据其定义，在完全图中，若有 n 个节点，则有 $n(n-1)/2$ 条边，其图可表示为 $G=(n, n(n-1)/2)$。

(13) K 正则图。这种图的每个节点都与 K 条边相关联。不难证明完全图是 n–1 正则图，即在完全图中每个节点都与 n–1 条边相关联。

(14) 子图。设 $G=(V,E)$ 和 $H=(V_1,E_1)$ 是两个图，如果 V 包含 V_1，E 包含 E_1，则称 H 是 G 的子图，记为 $G \supseteq H$，如图 4-6 所示。

(15) 真子图。如果 H 是 G 的子图，并且 $V=V_1$ 和 $E=E_1$ 中至少有一个不存在，就称 H 是 G 的真子图，记为 $G \supset H$，如图 4-7 所示。

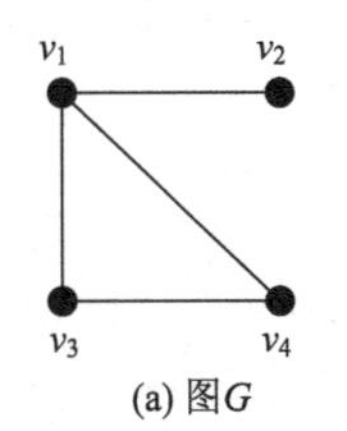

(a) 图 G

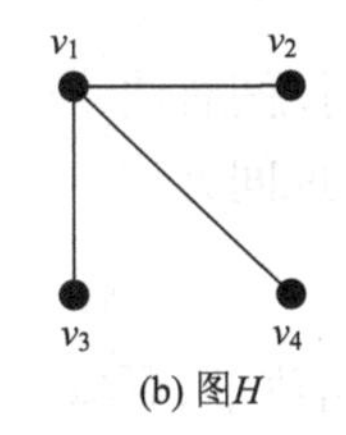

(b) 图 H

图 4-6　子图示例

(a) 图 G　(b) 图 H

图 4-7　真子图示例

(16) 生成子图。如果 H 是 G 的子图，并且 $V=V_1$，则称 H 是 G 的生成子图。例如，图 4-8 中，图 H 为图 G 的一个子图。

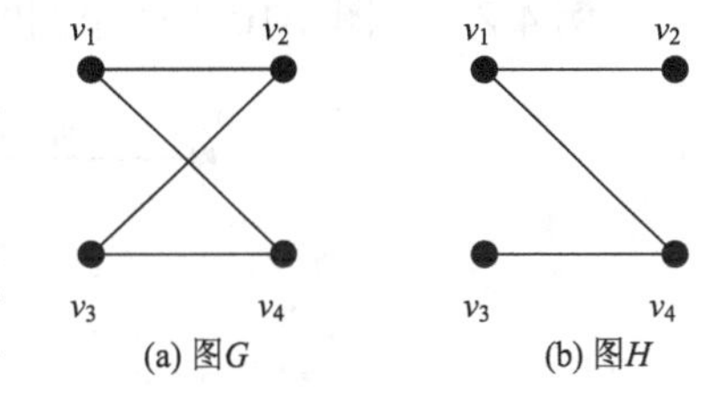

图 4-8　生成子图示例

从定义可以看出，每个图都是它自己的子图。从原来的图中适当地去掉一些边和节点后得到子图。如果子图中不包含原图的所有边，就是原图的真子图；若包含原图的所有节点，就是原图的生成子图。图 4-9 中，图 (b) 是图 (a) 的真子图，图 (c) 是图 (a) 的生成子图，也是真子图。

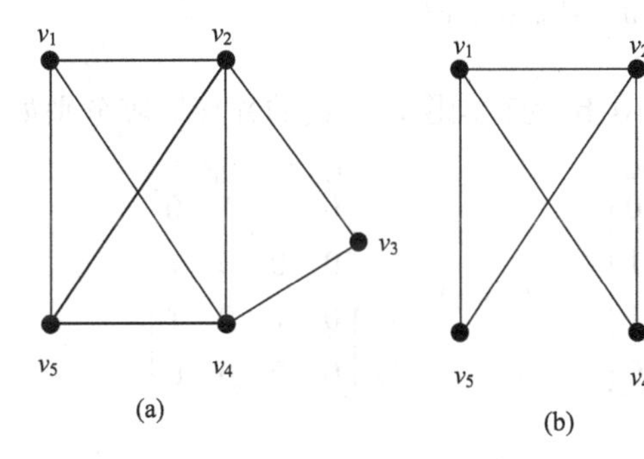

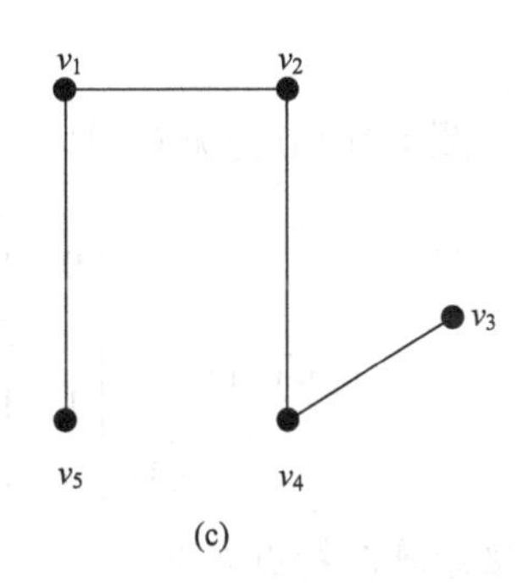

图 4-9　真子图与生成子图

4.2.3　图的矩阵表示

图的最直接的表示方法是用几何图形，且这种方法已经广泛地应用。但是，几何图形在数值计算和分析时有很大的缺点，因此需借助于矩阵表示。这些矩阵是与几何图形一一对应的，即由图形可以写出矩阵，由矩阵也能画出图形。用矩阵表示的最大优点是可以存入计算机，并进行所需的运算。下面介绍图的常用矩阵表示方法：邻接矩阵和权值矩阵。

1. 邻接矩阵

由节点与节点之间的关系确定的矩阵称为邻接矩阵。它的行和列都与节点相对应，因此对于一个有 n 个节点，m 条边的图 G，其邻接矩阵是一个 $n \times n$ 的方阵，记作 $C(G)=[c_{ij}]_{n\times n}$。

(1)对于有向图而言：

$$C_{ij}=\begin{cases}1, & 若从v_i到v_j间有边\\ 0, & 若从v_i到v_j间无边\end{cases}$$

(2)对于无向图而言：

$$C_{ij}=C_{ji}=\begin{cases}1, & 若从v_i到v_j间有边\\ 0, & 若从v_i到v_j间无边\end{cases}$$

例 4.2　求图 4-10 中两个图的邻接矩阵。

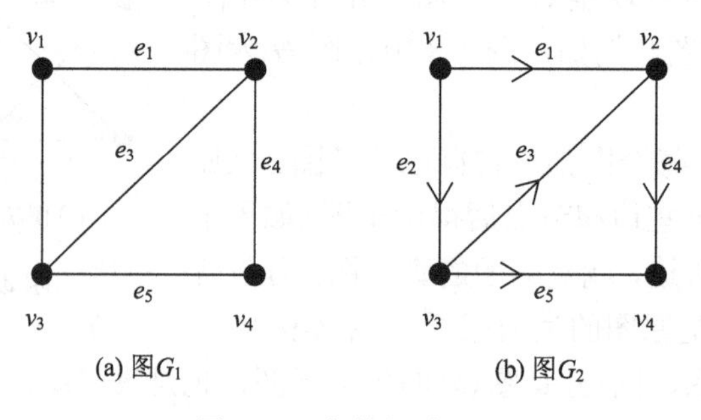

图 4-10　邻接矩阵示例

解　图 4-10(a)为无向图，而图 4-10(b)为有向图，它们的邻接矩阵分别如下：

$$C(G_1)=\begin{array}{c}\\ v_1\\ v_2\\ v_3\\ v_4\end{array}\begin{array}{c}\begin{matrix}v_1 & v_2 & v_3 & v_4\end{matrix}\\ \begin{bmatrix}0 & 1 & 1 & 0\\ 1 & 0 & 1 & 1\\ 1 & 1 & 0 & 1\\ 0 & 1 & 1 & 0\end{bmatrix}\end{array},\quad C(G_2)=\begin{array}{c}\\ v_1\\ v_2\\ v_3\\ v_4\end{array}\begin{array}{c}\begin{matrix}v_1 & v_2 & v_3 & v_4\end{matrix}\\ \begin{bmatrix}0 & 1 & 1 & 0\\ 0 & 0 & 0 & 1\\ 0 & 1 & 0 & 1\\ 0 & 0 & 0 & 0\end{bmatrix}\end{array}$$

邻接矩阵的特点如下。

(1)当图中无自环时，C 阵的对角线上的元素都为 0。若有自环，则对角线上对应的相应元素为 1。

(2)对于无向简单图，其邻接矩阵是对称的。

(3)对于有向简单图，即没有自环和同方向并行边的有向图：邻接矩阵不一定对称。

(4)有向图中，C 阵中的每行上 1 的个数为该行所对应的节点的出度 $d^+(v_i)$，每列上 1 的个数则为该列所对应的节点的入度 $d^-(v_i)$。

(5)无向图中，每行或每列上 1 的个数则为该节点的度 $d(v_i)$。

2. 权值矩阵

设 G 为具有 n 个节点的简单有权图，其权值矩阵为 $W(G)=[w_{ij}]_{n\times n}$，其中，

$$w_{ij}=\begin{cases} p_{ij}, & v_i\text{与（到）}v_j\text{有边}，p_{ij}\text{为权值} \\ \infty, & v_i\text{与（到）}v_j\text{无边} \\ 0, & i=j \end{cases}$$

无向简单图的权值矩阵是对称的，对角线元素全为零。有向简单图的权值矩阵不一定对称，但对角线元素也全为零。

例 4.3　求图 4-11 中两个图的权值矩阵。

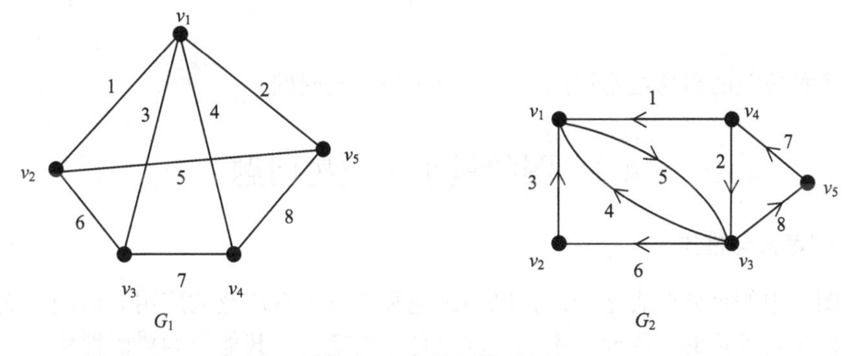

图 4-11　权值矩阵示例

解

$$W(G_1)=\begin{array}{c} \\ v_1 \\ v_2 \\ v_3 \\ v_4 \\ v_5 \end{array}\begin{array}{c} \begin{matrix} v_1 & v_2 & v_3 & v_4 & v_5 \end{matrix} \\ \begin{bmatrix} 0 & 1 & 3 & 4 & 2 \\ 1 & 0 & 6 & \infty & 5 \\ 3 & 6 & 0 & 7 & \infty \\ 4 & \infty & 7 & 0 & 8 \\ 2 & 5 & \infty & 8 & 0 \end{bmatrix} \end{array}，\quad W(G_2)=\begin{array}{c} \\ v_1 \\ v_2 \\ v_3 \\ v_4 \\ v_5 \end{array}\begin{array}{c} \begin{matrix} v_1 & v_2 & v_3 & v_4 & v_5 \end{matrix} \\ \begin{bmatrix} 0 & \infty & 5 & \infty & \infty \\ 3 & 0 & \infty & \infty & \infty \\ 4 & 6 & 0 & \infty & 8 \\ 1 & \infty & 2 & 0 & \infty \\ \infty & \infty & \infty & 7 & 0 \end{bmatrix} \end{array}。$$

4.2.4　独立集与覆盖

若图 G 的节点集 V 的子集 S 中的任何节点之间都不相邻，则称 S 为图 G 的独立集。节点个数最多的独立集称为最大独立集。图 G 的最大独立集中节点的个数称为图 G 的独立数。

例如，在图 4-12 所示的图中，集合 $\{v_2,v_4\}$、$\{v_2,v_6\}$、$\{v_2,v_4,v_6\}$ 均为独立集，集合 $\{v_2,v_4,v_6\}$ 是最大独立集。

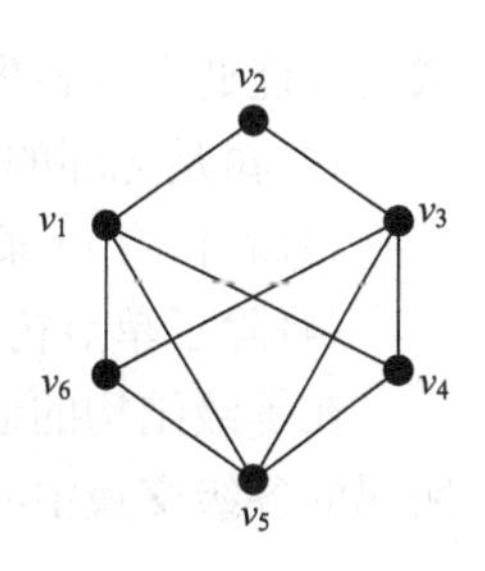

图 4-12　独立集示例

若一个图 G 的每条边都至少有一个端点在它的节点集 V 的某个子集 K 之内，则称 K 为图 G 的覆盖。图 G 中含节点最少的覆盖称为图 G 的最小覆盖。图 G 的最小覆盖中节点的个数称为图 G 的

覆盖数。独立集与覆盖之间有密切的关系。

定理 4.1 设$S \subseteq V(G)$，S是G的独立集当且仅当$\bar{S} = V(G) - S$是G的一个覆盖。

证明 根据独立集的定义，S是独立集当且仅当没有G中的边的两个端点在S中。换句话说，S是独立集当且仅当G的每一条边至少有一个端点在$\bar{S}$中。

推论 对于p阶图G，设独立数为α_0，覆盖数为β_0，则有

$$\alpha_0 + \beta_0 = p$$

证明 设图G的最大独立集和最小覆盖分别为S^*和K^*，那么有$|S^*| = \alpha_0$和$|K^*| = \beta_0$。根据定理 4.1，$\overline{S^*} = V - S^*$和$\overline{K^*} = V - K^*$是独立集，于是有$|\overline{S^*}| = |V - S^*| = p - \alpha_0 \geqslant \beta_0$和$|\overline{K^*}| = |V - K^*| = p - \beta_0 \leqslant \alpha_0$。

于是，必然有下式成立：

$$\alpha_0 + \beta_0 = p$$

证毕。

独立集和覆盖的概念经常可用于网络资源的分配问题。

4.3 图的最小生成树问题

4.3.1 树的定义与性质

树是图论中的重要概念之一，在网络理论和工程中有广泛的应用。树的定义有很多种，但它们都是等价的，因此，本书中取一种作为定义，其他作为树的性质。

任何两节点间有且只有一条径的图称为树，树中的边称为树枝(Branch)。若树枝的两个节点都至少与两条边关联，则称该树枝为树干；若树枝的一个节点仅与此边关联，则称该树枝为树尖，并称该节点为树叶。若指定树中的一个点为根，则称该树为有根树。

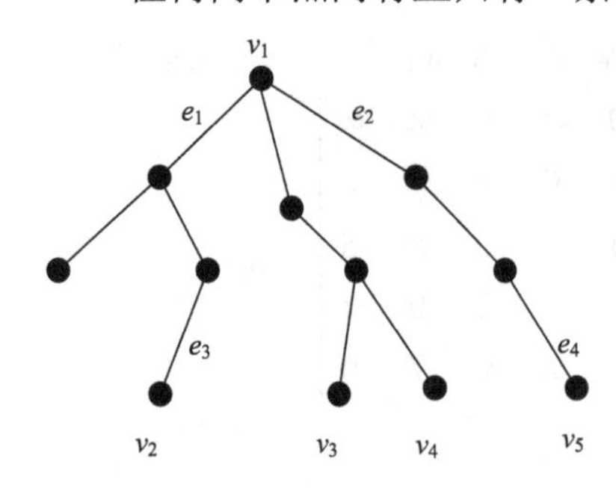

图 4-13 树的例子

例 4.4 图 4-13 所示为一棵树，v_1为树根，e_1、e_2等为树干，e_3、e_4等为树尖，v_2、v_3、v_4、v_5为树叶。

树具有以下 4 个重要性质。

(1) 树是最小连通图，即去掉树中的任何一条边就成为非连通图，丧失了连通性。

(2) 树是无环的连通图，但增加一条边便可以得到一个环。

(3) 若树有m条边及n个节点，则有$m = n - 1$，即有n个节点的树共有$n - 1$个树枝。

(4) 除了单点树外，任何一棵树中至少有两片树叶。

在等级结构的通信网络中，如电话网和互联网，一级交换中心或者骨干路由器与其所属的各级交换中心或路由器之间的连接关系用树可以很好地进行描述。

4.3.2　图的生成树及其求法

1. 图的生成树

设 G 是一个连通图，T 是 G 的一个子图且是一棵树，若 T 包含 G 的所有节点，则称 T 是 G 的一棵生成树，也称支撑树。

(1) 只有连通图才有生成树；反之，有生成树的图必为连通图。

(2) 连通图至少有一棵生成树。

(3) 若连通图 G 本身不是树，则 G 的生成树不止一个。

2. 生成树的求法

求取连通图 G 的生成树有许多算法，下面介绍两种常用的求法：破圈法和避圈法。

(1) 破圈法。拆除图中的所有回路并使其保持连通，就能得到 G 的一棵生成树。该算法由山东师范大学管梅谷于1975年提出。

(2) 避圈法。在有 n 个点的连通图 G 中任选一条边(及其节点)；选取第二条边、第三条边、…，使之不与已选的边形成回路；直到选取完 $n-1$ 条边且不出现回路，结束。

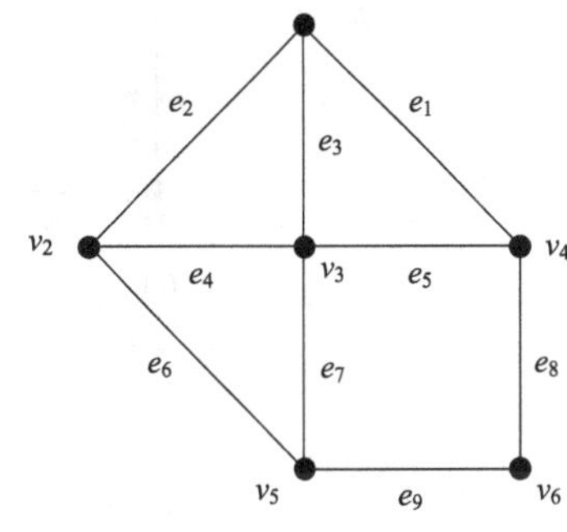

图4-14　生成树示例

例 4.5　分别用破圈法和避圈法求取图4-14的一棵树。

解　1) 破圈法

根据破圈法的描述，首先发现 (e_1,e_3,e_5) 构成回路，因此去除 e_1 得到图4-15(a)。然后又发现 (e_2,e_3,e_4) 构成回路，进而去除 e_3，得到图(b)。这样依次类推得到图(c)和(d)。在图(d)中再也找不到回路了，因此图(d)为图4-14的一棵生成树。

2) 避圈法

根据避圈法的描述，首先选取 e_3 边得到图4-16(a)，然后选取不与其形成回路的 e_4 得到图(b)，再选取与 e_3 和 e_4 都不形成回路的 e_7 得到图(c)，以此类推最终得到图(e)。在图(e)所示图的基础上再添加 e_1、e_2、e_5 或者 e_6 中的任一条边都会构成回路，因此，图(e)中所示图为原图的一棵树。

从上面例子的结果也可以看出，图的生成树不止一个。

3. 最小生成树算法

如果连通图 G 本身不是一棵树，则它的生成树就不止一棵。如果为图 G 加上权值，则各个生成树的树枝权值之和一般不相同，其中权值之和最小的那棵生成树为最小生成树。

最小生成树一般是在两种情况下提出的：一种是有约束条件下的最小生成树；另一种是无约束条件下的最小生成树。下面首先介绍求无约束条件下的最小生成树的两种常用算法：K算法和P算法，在此基础上再简要说明有约束条件下求取最小生成树的算法。

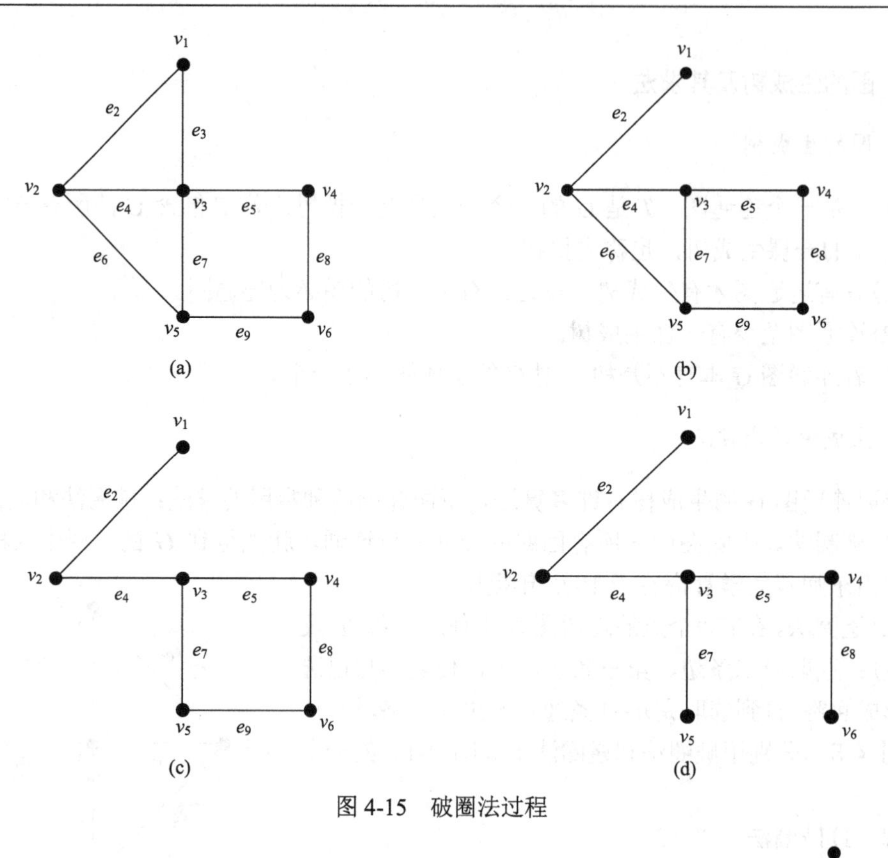

图 4-15　破圈法过程

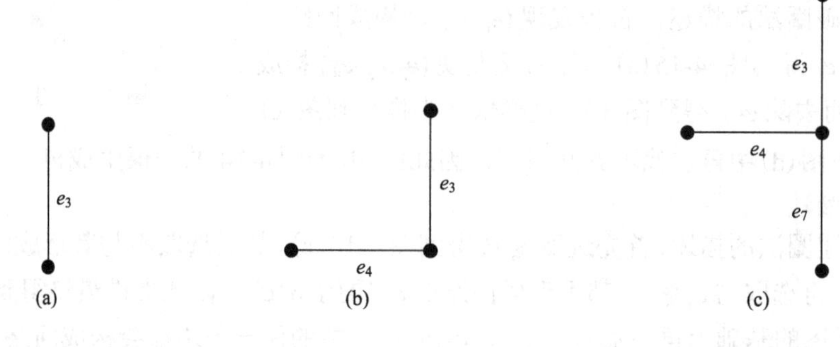

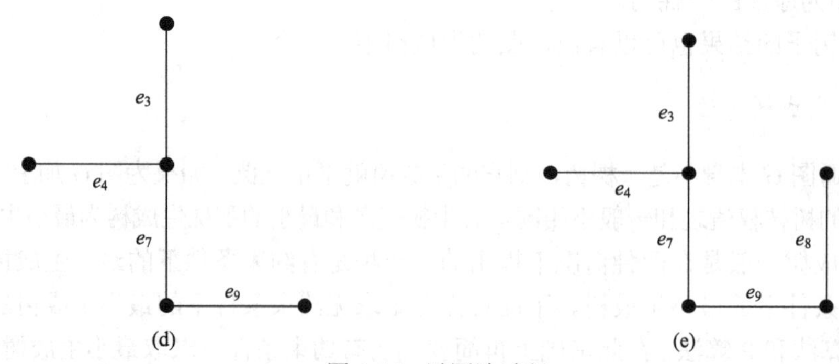

图 4-16　避圈法过程

1) 无约束条件的情况

(1) Kruskal 算法(简称 K 算法)。

K 算法是一种顺序取边的算法，该算法实际为避圈法的推广。用 K 算法求得的树是最短的，其具体步骤如下：

①将连通图 G 中的所有边按权值的非减顺序排列；

②选取权值最小的边为树枝，再按①的顺序依次选取不与已选树枝形成回路的边为树枝，若有几条这样的边权值相同，则任选其中一条；

③对于有 n 个点的图，直到 $n-1$ 条树枝选出，结束。

例 4.6　用 K 算法求图 4-17(a) 的最小生成树。

解　(1) 按照权值非减顺序排列的边的权值为 1～11。

(2) 选取权值最小的边，即 (v_1,v_2)，然后依次选取不与已选树枝形成回路的边中权值最小的边，即依次选取 (v_2,v_3)、(v_2,v_4)、(v_4,v_6) 和 (v_6,v_5)，形成图 4-17(b)。

(3) 该图中包含 6 个节点和 5 条树枝，算法结束。

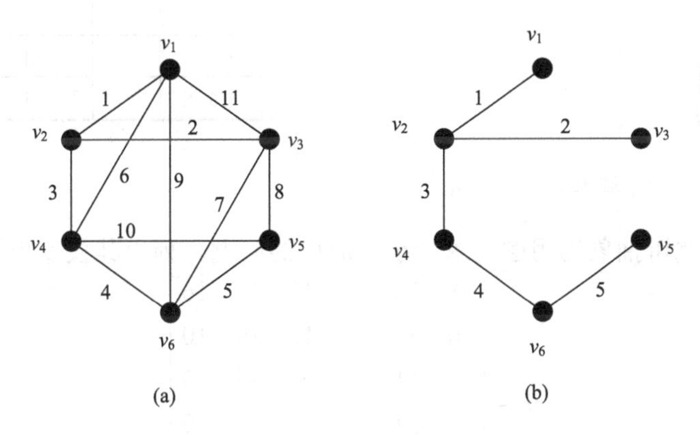

图 4-17　求最小生成树

K 算法的复杂度主要取决于把每条边排列成有序队列的复杂性，因此与网络中的边数有关。当原图中有 m 条边时，其复杂度为 $O(m\log_2 m)$，因而适合于稀疏图。

(2) Prim 算法(简称 P 算法)。

P 算法是一种顺序取节点的算法，它与 K 算法的区别是，前者以节点为目标，而后者以边为目标。P 算法的思路是任意选择一个节点 v_i，将它与 v_j 相连，同时使得 (v_i,v_j) 具有的权值最小。再从 v_i、v_j 以外的其他各点中选取一点 v_k 与 v_i 或 v_j 相连，同时使所连两点的边具有最小的权值，重复这一过程，直至将所有点相连，就可得到连接 n 个节点的最小生成树。

P 算法可以用权值矩阵来求解最小生成树，具体步骤如下：

① 写出图 G 的权值矩阵；

② 由点 v_1 开始，在行 1 中找出非零最小元素 w_{1j}；

③ 在行 1 和行 j 中，圈去列 1 和列 j 的元素，并在这两行余下的元素中找出最小元素，如 w_{jk} (若有两个均为最小元素，可任选一个)；

④ 在行 1、行 j 和行 k 中，圈去列 1、列 j 和列 k 的元素，并在这三行余下的元素中找出最小元素；

⑤ 直到矩阵中所有元素均被圈去，即找到图 G 的一棵最小生成树。

例 4.7　要建设连接如图 4-18 所示的六个城镇(用 C1～C6 表示)的线路网，任意两个城镇间的距离见表 4-1，假设线路费用与线路长度成正比，用 P 算法找出线路费用最小的网络结构图。

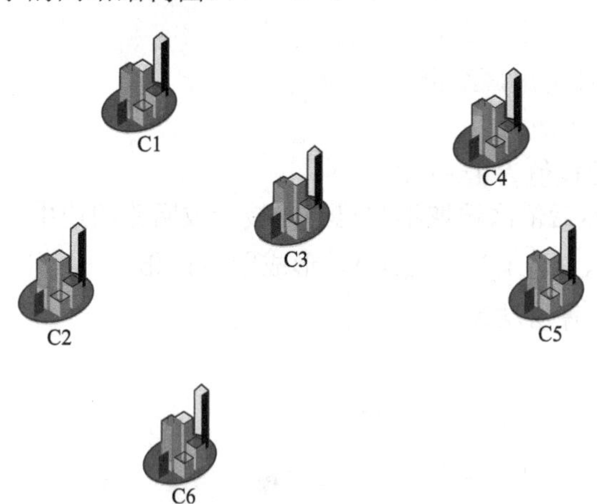

图 4-18　六个城镇分布示意图

表 4-1　任意两个城镇间的距离表

(单位：km)

城镇	C2	C3	C4	C5	C6
C1	10	7	11	14	16
C2		11	17	19	10
C3			9	11	13
C4				5	19
C5					10
C6					

解　这个问题可抽象为用图论求最小生成树的问题。列出其权值矩阵，如下：

$$W=\begin{bmatrix} 0 & 10 & 7 & 11 & 14 & 16 \\ 10 & 0 & 11 & 17 & 19 & 10 \\ 7 & 11 & 0 & 9 & 11 & 13 \\ 11 & 17 & 9 & 0 & 5 & 19 \\ 14 & 19 & 11 & 5 & 0 & 10 \\ 16 & 10 & 13 & 19 & 10 & 0 \end{bmatrix}$$

按照 P 算法，在第 1 行中找出最小元素 $w_{13}=7$，圈去第 1 行和第 3 行中第 1 列与第 3 列的元素，然后在这两行剩余的元素中找出最小元素 $w_{34}=9$，再圈去第 1、3、4 行中的第 1、3、4 列元素，从这三行中剩余的元素中找出最小元素 $w_{45}=5$，重复上述过程，依次找出 $w_{12}=10$，$w_{26}=10$，将这些最小元素对应的边和节点(本题中的六个城镇)全部画出就可以得到一棵最小生成树，如图 4-19 所示。所以，费用最小的网络总长为 L=5+7+9+10+10=41(km)。

P 算法的时间复杂度为 $O(n^2)$，与网络中的节点数 n 有关，而与边数无关，因此适合于稠密图。

2)有约束条件的情况

在设计通信网络的网络结构时，经常会提出一些特殊的要求，如某交换中心或某段线路上的业务量不能过大、任意两点间经过转接的次数不能过多等，这类问题可归结为求有约束条件的最小生成树的问题。

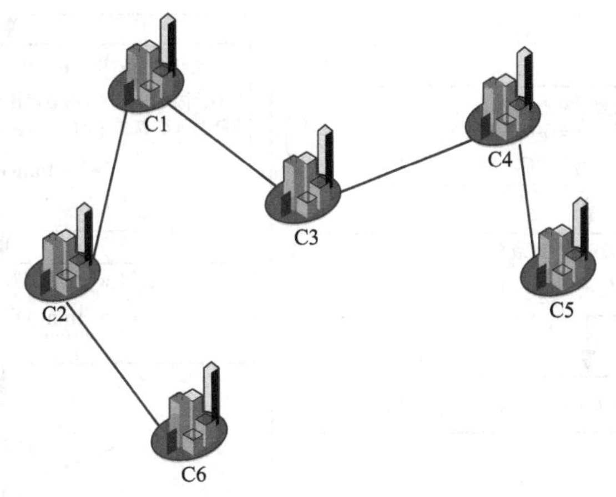

图 4-19　最小费用网络结构图

关于有约束条件的最小生成树的求法目前并没有一般的有效算法，而且约束条件不同，算法也将有区别。一种常用的解决有约束条件的生成树的算法即穷举法。

穷举法就是先把图中的所有生成树穷举出来，再按条件筛选，最后选出最符合条件的生成树。显然这是一种最直观的也是最繁杂的算法，虽然可以得到最佳解，但计算量往往很大。但是不同情况下，一般都会有比穷举法更好的算法。

4.4　图的最短路径问题和选择算法

在网络通信设计时，有一个重要问题就是：如何能够连接网络中的所有节点，并且所需要的路径最短(代价最小)？或者，在网络结构确定后，如何选择通信路由使得路由代价最小？这些问题就是路径选择或者优化的问题。考虑简单无向图，最优的路径就是最短的路径。本节介绍寻找两点间最短路径的经典算法。

4.4.1　Dijkstra 算法

Dijkstra(迪杰斯特拉)算法用于计算图中指定节点到其他各节点的最短路径，简称 D 算法。D 算法的基本原理如下(流程图如图 4-20 所示)。

(1) 已知图 $G=(V,E)$，将其节点集分为两组：置定节点集 G_p 和未置定节点集 $G\text{-}G_p$。其中 G_p 内的所有置定节点是指定节点 v_s 到这些节点的路径为最短(即已完成最短路径的计算)的节点。而 $G\text{-}G_p$ 内的节点是未置定节点，即 v_s 到未置定节点的距离是暂时的，随着算法的下一步将进行不断调整，使其成为最短径。

(2) 在调整各未置定节点的最短路径时，将 G_p 中的节点作为转接点，计算(v_s,v_j)的径长$(v_j \in G\text{-}G_p)$，若该次计算的径长小于上次的值，则更新径长，否则，径长不变。计算后取其中径长最短者，之后将 v_j 划归到 G_p 中。当$(G\text{-}G_p)$最终成为空集，同时 $G_p=G$ 时，即求得 v_s 到所有其他节点的最短路径。

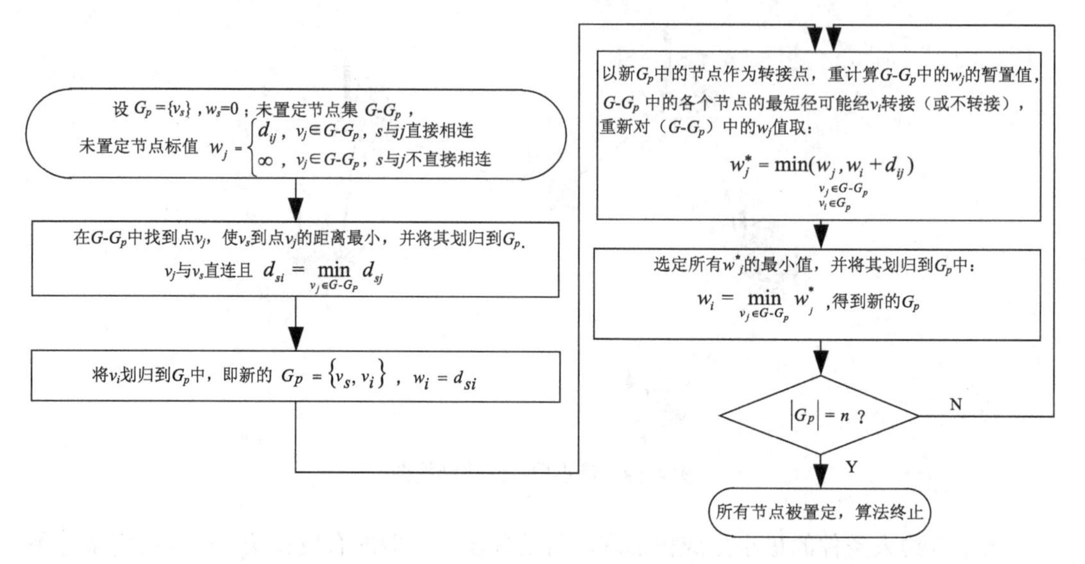

图 4-20　Dijkstra 算法(D 算法)流程图

(3) w_j 表示 v_s 与其他节点的距离。

(4) 在 G_p 中，w_i 表示上一次划分到 G_p 中的节点 v_i 到 v_s 的最短路径。

(5) 在 $G\text{-}G_p$ 中，w_i 表示从 v_s 到 v_j 仅经过 G_p 中的节点作为转接点所求得的该次的最短路径的长度。

(6) 如果 v_s 与 v_j 不直接相连，且无置定节点作为转接点，则令 $W_j=\infty$。

例 4.8　用 D 算法求图 4-21 中 v_1 到其他各节点的最短距离。

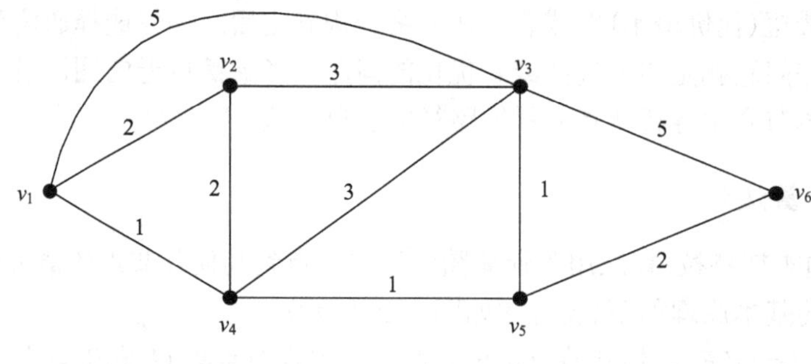

图 4-21　求最短距离

解　计算过程如表 4-2 所示。

表 4-2　D 算法求解过程

迭代次数	v_1	v_2	v_3	v_4	v_5	v_6	置定节点	w_i	G_p
0	0	2	5	1	∞	∞	v_1	$w_1=0$	$\{v_1\}$
1	4	2	5	<u>1</u>	∞	∞	v_4	$w_4=1$	$\{v_1,v_4\}$
2		<u>2</u>	4		2	∞	v_2	$w_2=2$	$\{v_1,v_4,v_2\}$

续表

迭代次数	v_1	v_2	v_3	v_4	v_5	v_6	置定节点	w_i	G_p
3			4		2	∞	v_5	$w_5=2$	$\{v_1,v_4,v_2,v_5\}$
4			$\underline{3}$			4	v_3	$w_3=3$	$\{v_1,v_4,v_2,v_5,v_3\}$
5						4	v_6	$w_6=4$	$\{v_1,v_4,v_2,v_5,v_3,v_6\}$

在此过程中可以将 v_1 到其他各节点的最短路径和径长列入表 4-3，由此可画出 v_1 到其他各节点的最短路径如图 4-22 所示。

表 4-3　D 算法求解结果

节点	v_1	v_2	v_3	v_4	v_5	v_6
最短路径	$\{v_1\}$	$\{v_1,v_2\}$	$\{v_1,v_4,v_5,v_3\}$	$\{v_1,v_4\}$	$\{v_1,v_4,v_5\}$	$\{v_1,v_4,v_5,v_6\}$
径长	0	2	3	1	2	4

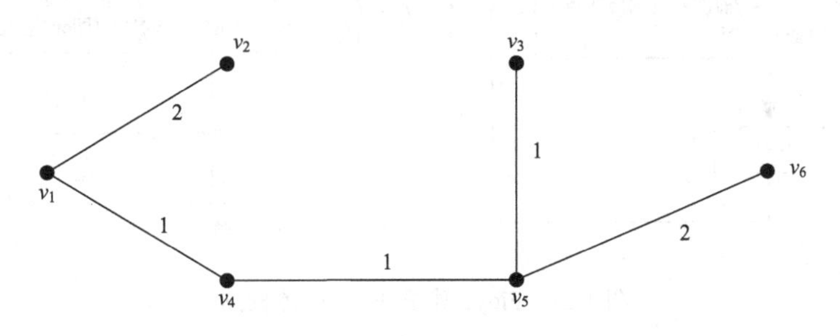

图 4-22　v_1 到其他各节点的最短路径

D 算法的复杂度分析：

在第 k 步时，要做 $n-k$ 次加法，再做 $n-k$ 次比较可更新各节点的暂置值，然后做 $n-k-1$ 次比较求最小值。因此，共有 $3(n-k)-1$ 次运算，则总运算量越为

$$\sum_{k=1}^{n}3(n-k)-n=\frac{n}{2}(3n-5)$$

所以其复杂度为 n^2 量级，即 $O(n^2)$。

4.4.2　Floyd 算法

在某些情况下，要求找出图内所有两点之间的最短路径。一种方法是依次选择每个点作为指定点，分别用 D 算法做 n 次计算；第二种方法就是采用 Floyd 算法(简称 F 算法)。在 F 算法中使用距离矩阵和路由矩阵，它们的定义如下。

(1) 距离矩阵是一个 $n\times n$ 矩阵，以图 G 的 n 个节点为行和列，记为 $W=[w_{ij}]_{n\times n}$，w_{ij} 表示图 G 中 v_i 和 v_j 两点之间的路径长度。

(2) 路由矩阵是一个 $n \times n$ 矩阵，以图 G 的 n 个节点为行和列，记为 $R=[r_{ij}]_{n\times n}$，其中 r_{ij} 表示 v_i 至 v_j 经过的转接点(中间节点)。

F 算法的思路是首先写出初始的 W 阵和 R 阵，接着按顺序依次将节点集中的各个节点作为中间节点，计算此点距其他各点的径长，每次计算后都以求得的与上次相比较小的径长去更新前一次较大的径长，若后求得的径长比上次的径长大或相等，则不变。以此不断更新和，直至 W 中的数值收敛。F 算法的流程图如图 4-23 所示。

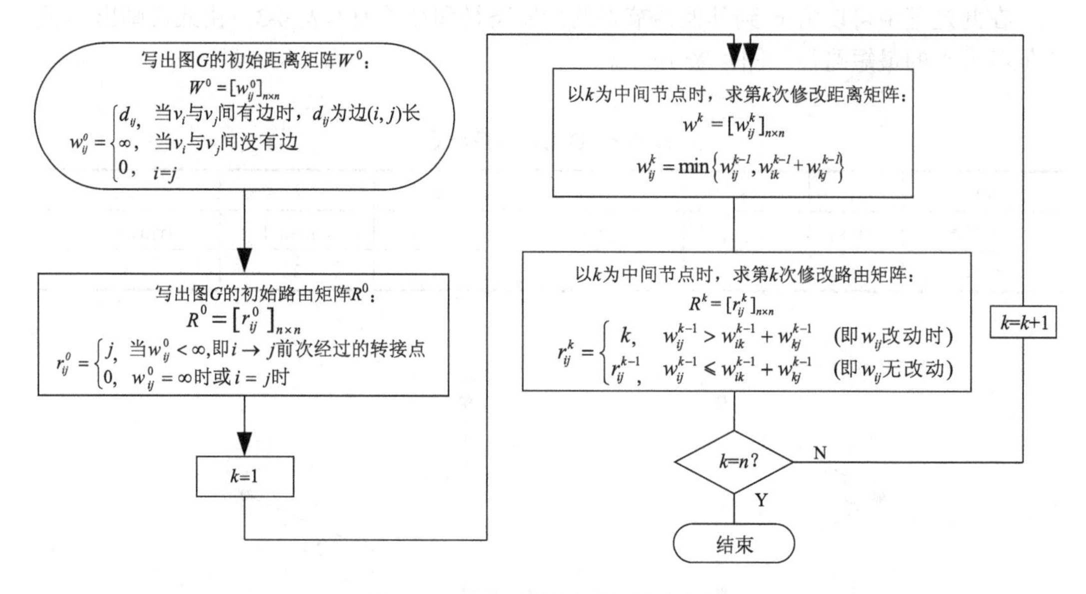

图 4-23　Floyd 算法(F 算法)流程图

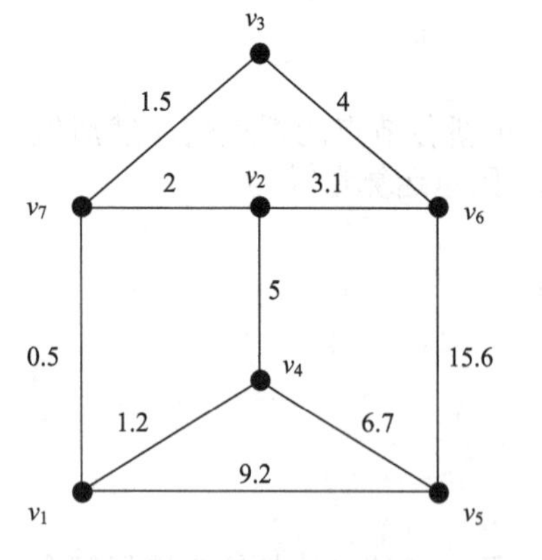

图 4-24　用 F 算法求最短路径

例 4.9　用 F 算法求图 4-24 中任意点之间的最短路径。

解　(1) 初始化距离矩阵 W^0 和路由矩阵 R^0。

$$
W^0=\begin{array}{c} \\ v_1 \\ v_2 \\ v_3 \\ v_4 \\ v_5 \\ v_6 \\ v_7 \end{array}
\begin{array}{c} \begin{array}{ccccccc} v_1 & v_2 & v_3 & v_4 & v_5 & v_6 & v_7 \end{array} \\
\begin{bmatrix}
0 & \infty & \infty & 1.2 & 9.2 & \infty & 0.5 \\
\infty & 0 & \infty & 5 & \infty & 3.1 & 2 \\
\infty & \infty & 0 & \infty & \infty & 4 & 1.5 \\
1.2 & 5 & \infty & 0 & 6.7 & \infty & \infty \\
9.2 & \infty & \infty & 6.7 & 0 & 15.6 & \infty \\
\infty & 3.1 & 4 & \infty & 15.6 & 0 & \infty \\
0.5 & 2 & 1.5 & \infty & \infty & \infty & 0
\end{bmatrix} \end{array}
$$

$$R^0 = \begin{array}{c} \\ v_1 \\ v_2 \\ v_3 \\ v_4 \\ v_5 \\ v_6 \\ v_7 \end{array} \begin{array}{c} \begin{array}{ccccccc} v_1 & v_2 & v_3 & v_4 & v_5 & v_6 & v_7 \end{array} \\ \begin{bmatrix} 0 & 0 & 0 & 4 & 5 & 0 & 7 \\ 0 & 0 & 0 & 4 & 0 & 6 & 7 \\ 0 & 0 & 0 & 0 & 0 & 6 & 7 \\ 1 & 2 & 0 & 0 & 5 & 0 & 0 \\ 1 & 0 & 0 & 4 & 0 & 6 & 0 \\ 0 & 2 & 3 & 0 & 5 & 0 & 0 \\ 1 & 2 & 3 & 0 & 0 & 0 & 0 \end{bmatrix} \end{array}$$

(2) k=1，以 v_1 为中间节点修改 W 阵和 R 阵。

$$W^1 = \begin{bmatrix} 0 & \infty & \infty & 1.2 & 9.2 & \infty & 0.5 \\ \infty & 0 & \infty & 5 & \infty & 3.1 & 2 \\ \infty & \infty & 0 & \infty & \infty & 4 & 1.5 \\ 1.2 & 5 & \infty & 0 & 6.7 & \infty & 1.7 \\ 9.2 & \infty & \infty & 6.7 & 0 & 15.6 & 9.7 \\ \infty & 3.1 & 4 & \infty & 15.6 & 0 & \infty \\ 0.5 & 2 & 1.5 & 1.7 & 9.7 & \infty & 0 \end{bmatrix}, \quad R^1 = \begin{bmatrix} 0 & 0 & 0 & 4 & 5 & 0 & 7 \\ 0 & 0 & 0 & 4 & 0 & 6 & 7 \\ 0 & 0 & 0 & 0 & 0 & 6 & 7 \\ 1 & 2 & 0 & 0 & 5 & 0 & 1 \\ 1 & 0 & 0 & 4 & 0 & 6 & 1 \\ 0 & 2 & 3 & 0 & 5 & 0 & 0 \\ 1 & 2 & 3 & 1 & 1 & 0 & 0 \end{bmatrix}$$

(3) 分别以 v_2、v_3、v_4、v_5、v_6 和 v_7 为中间节点修改 W 阵和 R 阵，最终得到

$$W^7 = \begin{bmatrix} 0 & 2.5 & 2 & 1.2 & 7.9 & 5.6 & 0.5 \\ 2.5 & 0 & 3.5 & 3.7 & 10.4 & 3.1 & 2 \\ 2 & 3.5 & 0 & 3.2 & 10.4 & 3.1 & 1.5 \\ 1.2 & 3.7 & 3.2 & 0 & 6.7 & 6.8 & 1.7 \\ 7.9 & 10.4 & 9.9 & 6.7 & 0 & 13.5 & 8.4 \\ 5.6 & 3.1 & 4 & 6.8 & 13.5 & 0 & 5.1 \\ 0.5 & 2 & 1.5 & 1.7 & 8.4 & 5.1 & 0 \end{bmatrix}, \quad R^7 = \begin{bmatrix} 0 & 7 & 7 & 4 & 4 & 7 & 7 \\ 7 & 0 & 7 & 7 & 7 & 6 & 7 \\ 7 & 7 & 0 & 7 & 7 & 6 & 7 \\ 1 & 7 & 7 & 0 & 5 & 7 & 1 \\ 4 & 7 & 7 & 4 & 0 & 7 & 4 \\ 7 & 2 & 3 & 7 & 7 & 0 & 2 \\ 1 & 2 & 3 & 1 & 4 & 2 & 0 \end{bmatrix}$$

从 W^7 和 R^7 可以找到任何节点间最短径的径长和路由。

F 算法的复杂度分析：在 F 算法中，进行第 k 步时，先做 n^2 加法，再做 n^2 比较，共有 n 步，计算量约为 $2n^3$。因此该算法复杂度为 n^3 量级，即 $O(n^3)$。

4.4.3　第 K 条最短路径选择问题

最短路径通常是信息传输的首选路由，如果该路由上有业务量溢出(拥塞)或发生故障，就要寻找迂回路由。迂回路由应依次选择次最短路径、第三条最短路径等，这就是研究第 K 条最短路径要解决的问题。

如图 4-25 所示，从源节点 S 到目的节点 D 有多条路径，例如：

P_1：$S \to v_1 \to v_3 \to v_2 \to D$

P_2：$S \to v_3 \to D$

P_3：$S \to v_4 \to D$

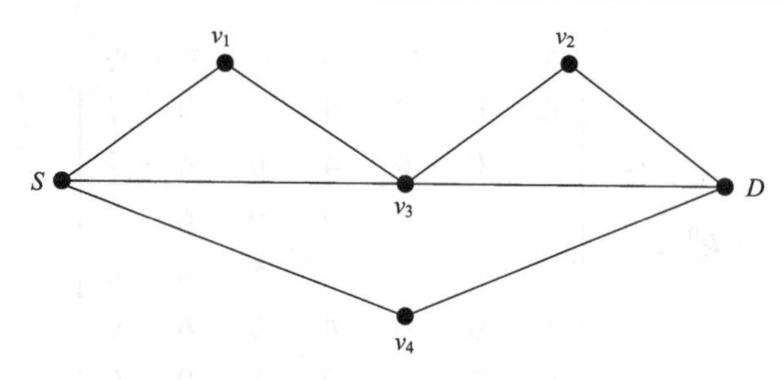

图 4-25　S 到 D 有多条路径

该问题可分为两类：一类是两点之间边分离的第 K 条最短路径；另一类是两点之间点分离的第 K 条最短路径。其中，边分离路径是指无公共边但有公共点的路径，如上例中 P_1 和 P_2；点分离路径是指除了起点和终点外无公共点的路径，如上例中 P_1 和 P_3、P_2 和 P_3。

(1) 第一类(边分离)的求法是将最短路径中的所有边去掉，用 D 算法在剩下的图中求出次最短路径，再依照此方法求出第三条最短路径，等等。

(2) 第二类(点分离)的求法是将最短路径中的所有节点去掉，在剩下的图中求出次最短路径，同样依照此方法求出其他最短路径。当剩下的图中两点间不存在路径时，结束。

4.5　图论在网络流量分析中的应用

4.5.1　网络链路竞争分析

给定网络中的各个节点，一个网络可以被映射成一个竞争图，该竞争图可以直观地反映网络中的干扰情况。在本节介绍利用竞争图来分析网络中节点间干扰情况的方法。

1. 竞争图的构建

将一个已知拓扑的无线网络映射成竞争图的过程可以分为以下三个步骤。

(1) 已知网络的拓扑，首先用直线连接网络中的相邻节点，从而画出网络内节点的相邻关系图。这里的相邻节点定义如下：当一个节点 A 位于另一个节点 B 的载波监听范围内时，节点 A 即为节点 B 的相邻节点。

(2) 在相邻关系图中用箭头标出活动链路及其发送方向。这里的活动链路是指正在进行业务传送的一个发送-接收对之间的链路。

(3) 根据相邻关系图和活动链路，再通过下面的顺序构建起竞争图：①用一个顶点来表示一条活动链路；②如果两个活动链路的发送节点是相邻的，即它们之间存在竞争关系，则用一条直线将它们连接起来；③在没有直线连接的活动链路间，如果一个活动链路的发送节点跟另一个活动链路的接收节点之间存在竞争，则说明存在隐藏节点。用带箭头的直线连接这两条链路，箭头指向后者，即被干扰的链路。

图 4-26 充分说明了将已知网络拓扑映射成竞争图的整个过程。

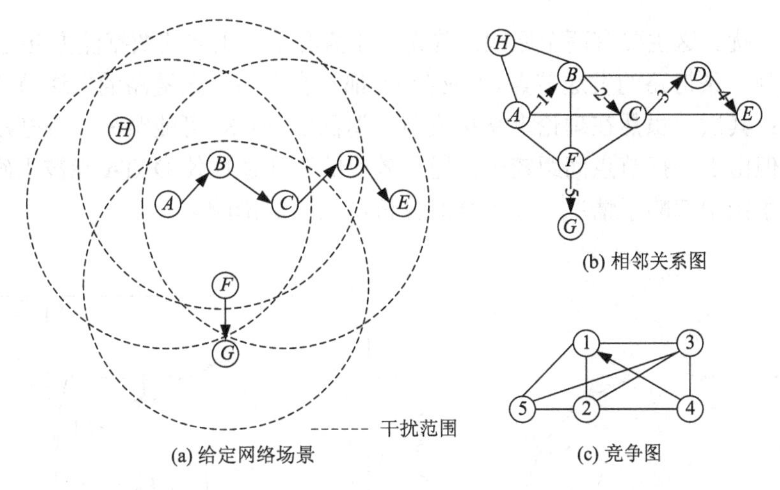

图 4-26　构建无线网络竞争图举例

在竞争图中，如果两个链路之间有直线或者带箭头的直线相连，则称这两个链路为竞争链路。可以看出，竞争链路既反映了链路间的相互竞争，也反映了由隐藏节点引起的竞争。由于隐藏节点引起的竞争跟一般链路竞争的影响不同，设定不同的权值来区分它们：一般链路的竞争(即没有箭头和箭头向外的直线)权值为 1.0；由隐藏节点引起的竞争(即带向内箭头的直线)权值为 1.1。引入概念“秩”来表示某一链路 i 所经受的竞争程度，记为 Rank(i)。

$$\text{Rank}(i)=\sum_{j\in v(i)} r_{j,i}$$

式中，$v(i)$ 是链路 i 的竞争链路的集合；$r_{j,i}$ 是链路 j 对链路 i 的竞争权值。最终秩的计算结果格式将为 $x.y$，其中 x 是与其竞争的链路数；y 是其中的隐藏节点数。一个竞争图 G 中最大的链路的秩称为此竞争图的秩，记为 Rank(G)。例如，在图 4-26 中，有

$$\begin{cases}\text{Rank}(1)=4.1\\ \text{Rank}(2)=\text{Rank}(3)=4.0\\ \text{Rank}(4)=\text{Rank}(5)=3.0\end{cases}$$

这样该竞争图(记为 g)的秩为

$$\text{Rank}(g)=4.1$$

可以注意到，在竞争图的构建过程中忽略了两个活动链路的接收节点间存在竞争的情况。该情况如图 4-27(a)所示(Rcs 代表载波监听距离)，图中链路 $A\to B$ 和 $D\to C$ 同时在进行业务传送，记 A 和 B、C 和 D 间的链路分别为链路 1、链路 2。下面通过仿真分别分析在该情况下(记为情况Ⅰ)和两条链路分别反向传输的情况下(记为情况Ⅱ)，链路 1 跟链路 2 的相互干扰。仿真采用基本的 802.11 协议设置，链路 1 跟链路 2 上的业务均以链路所能达到的最大吞吐量 1.6Mbit/s 发送数据。链路 1 上的业务持续了仿真的全过程(0～60s)，而链路 2 上的业务只出现在 20～40s 时间段。

仿真结果如图 4-27(b)所示，它表明：相对于情况Ⅱ，情况Ⅰ下的这两条链路间基

本不会产生干扰。这主要有两个原因：首先，在情况Ⅰ下主要的数据流方向是 A 到 B 和 D 到 C，任何一条链路的发送节点(A 或者 D)都不会对另一条链路的发送节点或接收节点产生干扰；其次，虽然在理论上从接收节点返回的 ACK 可能跟另一条链路的 DATA 发生碰撞，但由于干扰节点间距较远，捕获效应的存在往往使 DATA 能被正确接收。由此可见，竞争图中忽略了情况Ⅰ并不会对分析结果造成影响。

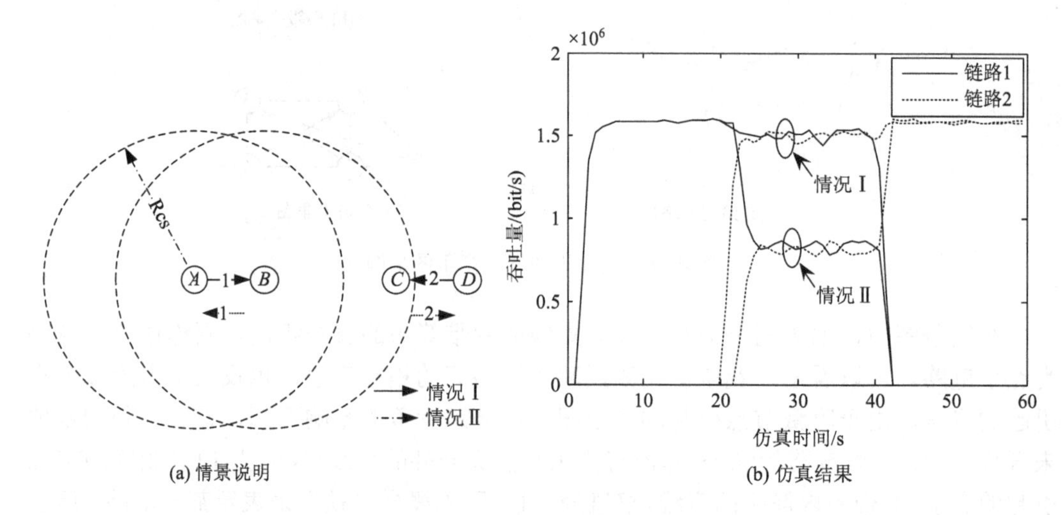

图 4-27　竞争图中忽略的一种情况

2. 竞争图分析的优点

相对于基于单个节点的竞争分析，这样一个基于链路的竞争图具有以下优点。

1) 可以消除非活动节点的影响

由前面的分析可以看出，竞争图在构建过程中没有考虑网络中的非活动节点，这样不仅可以简化分析，还可以使网络内的活动节点充分地利用网络资源。举例说明，如图 4-28(a)所示，$B \rightarrow A$ 的业务正在全力进行，占用了其周围的全部带宽。在 C 发起向 D 的业务之前，为了不影响周围已经存在的业务，它需要先检查可用带宽情况。在传统的方法中，可用带宽都是根据载波监听范围内所有节点的信道利用情况来决定的。由于 E 可以感受到 $B \rightarrow A$ 的发送，它感知的可用带宽情况将为 0。同时，由于 E 位于 C 的感知范围内，因此 C 在计算可用带宽时会将 E 感知的信息考虑在内，这将导致 C 误以为没有可用带宽。但事实上，$C \rightarrow D$ 的业务和 $B \rightarrow A$ 的业务并不会相互影响。这种情况可以正确地从竞争图中反映出来，如图 4-28(b)所示：竞争图消除了非活动节点，链路 1 和链路 2 间不存在竞争。

2) 有助于定位瓶颈链路

获取瓶颈链路在多跳路径中的位置是网络性能分析的一个重要内容，它有助于网络控制策略的实施。利用竞争图中链路秩的大小，将有助于定位多跳路径中的瓶颈链路。因为链路的秩越大，表示该链路受到的竞争越严重，所以在其他条件相同的情况下，秩最大的链路最有可能成为多跳路径的瓶颈链路。

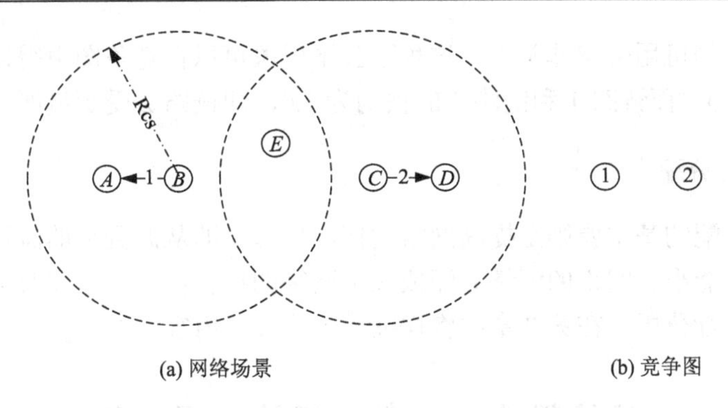

图 4-28　竞争图可以消除非活动节点的影响

3) 有利于分析一些不公平问题

人们往往会认为网络中位置邻近的节点或者链路会有相似的行为，但事实并非如此。无线网络中经常会存在一些不公平的现象，而且这些现象也只有在数据链路层才能够得到准确分析，下面给出两个典型的例子。

(1) 第一个典型不公平现象。在图 4-29 所示的例子中，如果链路 1 和链路 2 上的饱和业务同时进行，则链路 1 上的业务将受到很大的影响而导致其吞吐量显著下降；相反地，链路 2 上的业务却不会受到明显影响。这一现象是大家最为熟知的一种不公平问题。造成这个问题的原因是：节点 C 是节点 A 的隐藏节点，从而导致节点 A 和节点 C 发送的分组会在节点 B 处经历碰撞。通过竞争图可以清楚地看到链路 1 和链路 2 的秩分别为 1.1 与 1.0，即存在对链路 1 的隐藏节点，所以链路 1 受链路 2 的影响要大于链路 2 受链路 1 的影响，从而导致不公平现象的出现。

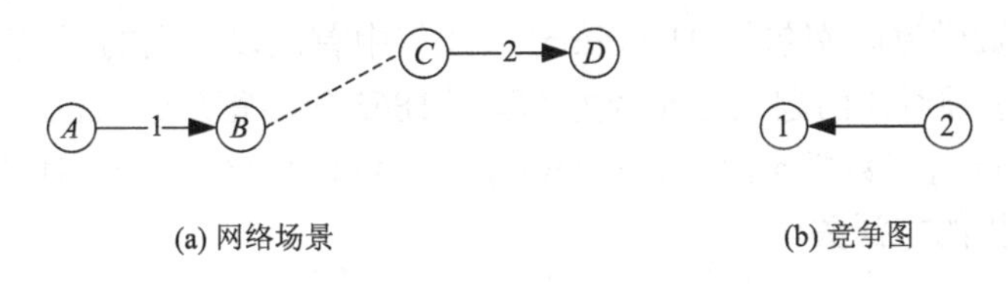

图 4-29　第一个典型不公平现象

(2) 第二个典型不公平现象。如图 4-30 所示，并列运行的三条链路，发送节点采用相同的发送速率，中间的链路将获得最小的吞吐量，该不公平现象称为中间链路问题。这个问题的引起不是因为隐藏节点，而是由于中间的链路 (链路 2) 很难获得发送机会，

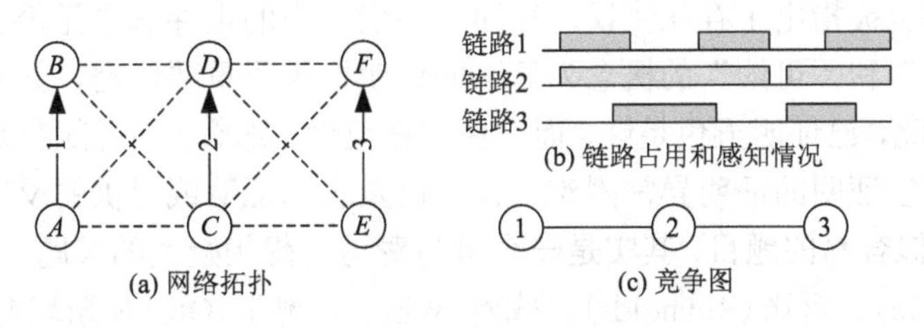

图 4-30　第二个典型不公平现象

从而导致链路 2 的可用带宽非常少。这种不公平现象可以在竞争图中得以清楚地反映：链路 2 的秩为 2.0，而链路 1 和链路 3 的秩均为 1.0，即链路 2 受到最严重的竞争干扰。

4.5.2 网络流量分配

网络流量分配的基本原则是提高网络的使用效率，即从源到宿的流量尽可能大，并且传输代价尽可能小。网络的流量分配依赖于网络的拓扑结构、边和节点的容量，因此可以基于图论进行分析，在第 7 章中将详细学习这部分内容。

扩展阅读：四色定理的证明历程

四色定理又称四色猜想、四色问题，被认为是世界近代三大数学难题之一。在平面地图绘制时，常将地图上不同的区块用不同的颜色来表示。一般情况下，最少只需要四种颜色，就可以实现任意两个相邻区域颜色的区分，人们将其称为四色定理。

1. 四色猜想的提出

1852 年，费兰西斯·古色利(Francis Guthrie)在参与地图着色工作时，发现了一个从未引起人们注意但却很有趣的现象，那就是每幅地图都可以只用四种颜色着色。费兰西斯·古色利和正在伦敦大学读大学的弟弟费雷德里克·古色利(Frederick Guthrie)决定从数学的角度对其进行证明，他们展开了大量推导工作，但一直没有取得任何进展。于是费雷德里克·吉色利请教他的老师德·摩尔根(Augustus De Morgan)教授，摩尔根教授证明了至少需要四种颜色，但却未能证明只需要四种颜色就足够。后来，摩尔根教授写信给了爱尔兰数学家哈密尔顿(Hamilton)，在信中首次以书面的形式对该问题进行了描述，然而哈密尔顿对该问题也无能为力。直到 1865 年哈密尔顿去世，该问题也没有解决。1872 年，英国著名数学家凯莱(Cayley)正式向伦敦数学会提出四色猜想的问题，从此引起世界数学界的广泛关注。

2. 四色定理的证明历程

从 1878 开始的两年间，数学家肯佩(Kempe)和泰特(Tait)分别提交了证明四色猜想的论文，宣布证明了四色定理，当时数学界都认为四色猜想就此解决了。然而，11 年后，牛津大学的学生希伍德(Heawood)通过精确计算指出了肯佩证明中的一个严重漏洞。不久，泰特的证明也被指出了存在错误。然而，他们工作的也并非毫无价值，其中，肯佩所提出的“构形”和“可约”的概念为后来的证明提供了重要依据，其方法可证明较弱的五色定理。至此，已证明五色足够，而三色存在反例。那么，四种颜色是否就足够呢？

人们发现四色证明的证明异常困难，许多已发表的证明或提供的反例，都被证实是错误的，这个看似容易的题目，其实是一个可与费马猜想相媲美的难题。1922～1972 年，富兰克林(Franklin)、雷诺(Reynolds)、威恩(Winn)、奥尔(Ore)和斯坦普尔(Stemple)展开了相关的研究。然而，终究没有实现完整的证明。

数字计算机的出现，为四色定理的证明带来了曙光。1950 年，德国数学家希许

(Heesch)认识到了处理庞大的构形集的能力可能是问题解决的关键，并首次提出借助强大的计算装置才有可能解决该问题。同时，希许还提出了电荷法，这正是用计算机方法证明四色问题的关键所在。

1976 年 6 月，在美国伊利诺伊大学的两台不同的电子计算机上，哈肯(Haken)与阿佩尔(Appel)两位科学家运行了所设计的算法，共耗时 1200h，执行 100 亿个判断，完成了四色定理的证明，该事件轰动了整个世界。但是数学界对此并不放心，于是哈肯和阿佩尔又进行了全面系统的检查，发现并纠正了一些小错误，并于 1989 年发表修正后的论文。

然而，这还是没有消除数学界的疑虑，仍有一些数学家试图通过人工推导来证明，但是没有成功。他们的贡献在于将使用的可约化构形数目大幅减少到 633 种，从而简化了证明和复核过程。在数字计算机的帮助下，进一步将四色猜想确定为定理。

3. 四色定理的意义

四色定理的证明历程也是一部重要的数学发展史，充分展示了数学的魅力。通过对四色定理的探索与证明，进一步开拓了图论、拓扑学等重要的数学分支，并形成了广泛的应用，对于物理、生物化学、计算机和通信网络等众多领域的问题的解决发挥着重要的作用。

习　题

4-1　判断习题 4-1 图是否是欧拉图。

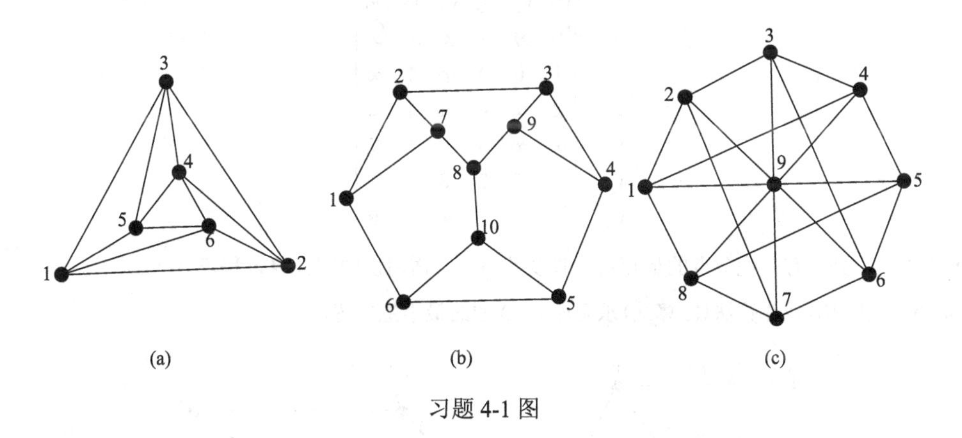

习题 4-1 图

4-2　画三个图，顶点的度分别如下。

(1) 2、2、2、2、2。

(2) 2、3、4、5、6。

(3) 3、3、4、5、5、6。

4-3　试证明完全图是 $n-1$ 正则图。

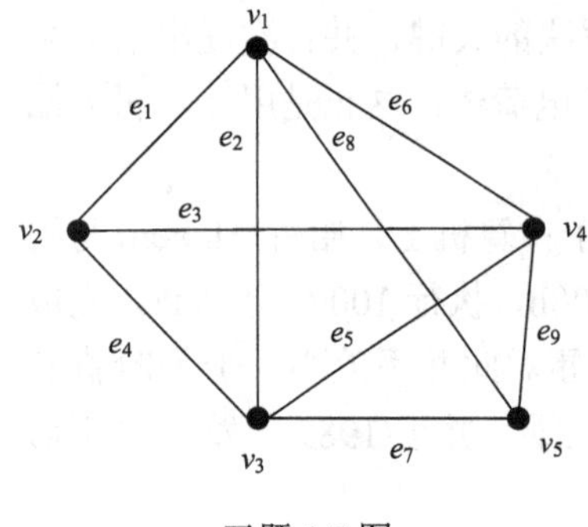

习题 4-7 图

4-4　画出一个连通无根的有向图。

4-5　证明：图 G 的任一生成树和任一割集至少有一条公共边。

4-6　证明：在 n 阶图连通图中，①至少有 $n-1$ 条边；②如果边数大于 $n-1$，至少有一个圈；③如果恰好有 $n-1$ 条边，则至少有一个顶点的度为奇数。

4-7　请用破圈法求画出习题 4-7 图的生成树(注意：需要画出步骤)。

4-8　写出习题 4-8 图的完全关联矩阵。

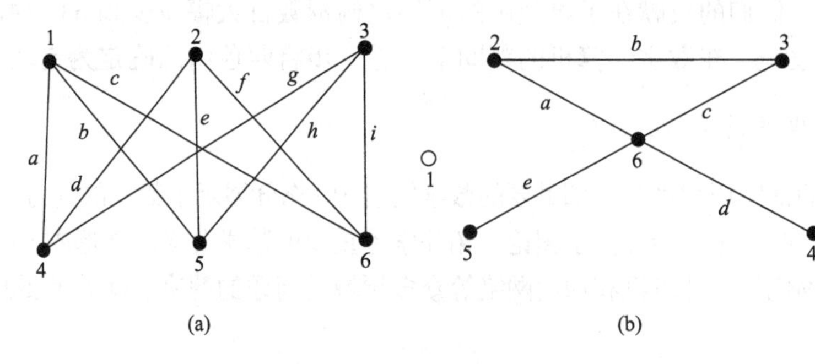

习题 4-8 图

4-9　有一个由 6 个节点组成的图，其有向距离矩阵为

$$
\begin{array}{c} \\ v_1 \\ v_2 \\ v_3 \\ v_4 \\ v_5 \\ v_6 \end{array}
\begin{array}{c}
\begin{array}{cccccc} v_1 & v_2 & v_3 & v_4 & v_5 & v_6 \end{array} \\
\begin{bmatrix}
0 & 9 & 1 & 3 & \infty & \infty \\
1 & 0 & 4 & \infty & 7 & \infty \\
2 & \infty & 0 & \infty & 1 & \infty \\
\infty & \infty & 5 & 0 & 2 & 7 \\
\infty & 6 & 2 & 8 & 0 & 5 \\
7 & \infty & 2 & \infty & 2 & 0
\end{bmatrix}
\end{array}
$$

用 D 算法求 v_1 到所有其他节点的最短路径长及其路由，需写出中间计算过程表。

4-10　试用 Kruskal 算法(K 算法)求习题 4-10 图的最小生成树。

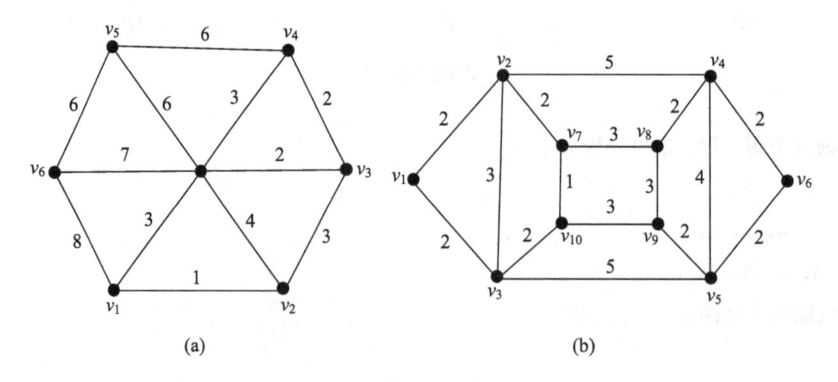

习题 4-10 图

4-11　由 6 个节点组成的无向图 G，如习题 4-11 图所示。

(1) 写出图 G 的邻接矩阵 $C(G)$。

(2) 用 K 算法求解并画出图 G 的最小生成树。

(3) 用 P 算法求解并画出图 G 的最小生成树(要求画出简要的选择树枝过程)。

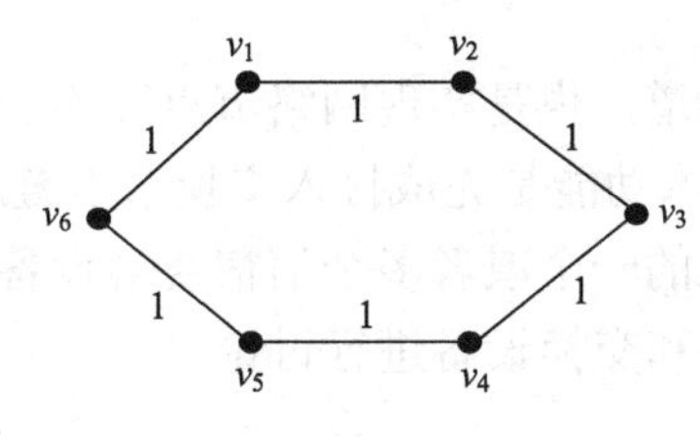

习题 4-11 图

第 5 章　通信网络中的传输与交换

传输链路是信号的传输通道，也是实现网络节点互连的传输媒介。交换设备是构成通信网络的核心要素，它的基本功能是完成接入交换节点链路的汇集、转接接续和分配，实现信源终端设备和它所要求的一个或者多个信宿终端设备之间的路由连接。本章主要从通信网络的角度对传输链路和交换设备进行讨论。

5.1　传 输 链 路

狭义的传输链路是指承载信号的传输媒介，如承载光信号的光纤或者承载电信号的电缆。广义的传输链路除传输媒介以外，还包括能够将信息变换为适合在传输媒介上传送的光电信号的发送、接收及变换设备。本节将从传输媒介、传输复用方式和物理层传输的差错控制三个方面介绍广义的传输链路。

5.1.1　传输媒介

传输媒介是承载信号的物理载体，可分为有线和无线两大类。有线通信需要利用金属导线或者光纤等有形的导向媒介传递光电信号，无线通信则是利用电磁波在非导向媒介(自由空间)中传递信息。常见的传输媒介形式如下。

1. 双绞线

双绞线又称平衡电缆、对称电缆，是由两根或者多根具有绝缘保护层的金属导线绞合而成的传输电缆。通过把两根绝缘的导线按一定的密度互相绞在一起，不仅可以抵御来自外界的电磁波干扰，还可以抵消自身辐射的电磁波，达到降低多对绞线之间相互干扰的效果。双绞线的一个扭绞周期长度称为节距，节距越小(扭线越密)，抗干扰能力越强。双绞线的幅频特性是低通型，串音随频率升高而增加。

根据有无屏蔽层，双绞线分为屏蔽双绞线(Shielded Twisted Pair，STP)和非屏蔽双绞线(Unshielded Twisted Pair，UTP)。屏蔽双绞线在双绞线和外层保护封套之间有一个金属屏蔽层，减少信号辐射泄漏和外部电磁干扰，因此屏蔽双绞线比同类非屏蔽双绞线具有更高的传输速率。双绞线主要用于以太网和电话线中，如用于百兆位以太网和千兆位以太网的五类线(CAT5)与超五类线(CAT5e)。

2. 同轴电缆

同轴电缆的结构由内到外分为四层：中心铜线(单股的实心线或者多股绞合线)、绝缘材料隔离层、金属网状屏蔽层和外层保护封套。同轴电缆的名称源于中心铜线和网状屏蔽层在几何结构上共用同一轴心。电信号连接中心铜线，网状屏蔽层接地，电磁场封闭在内外导体之间传输，所以辐射损耗小并且受外界干扰小。广泛使用的同轴电缆包括：50Ω 的基带同轴电缆，用于传输数字信号，如以太网；75Ω 的宽带同轴电缆，用于传输模拟信号，如有线和无线电视的视频传输、连接无线电收发信机和天线的馈线电缆等。

同轴电缆和屏蔽双绞线都属于屏蔽电缆，它们的区别在于：屏蔽双绞线对线芯和屏蔽层的几何结构没有严格要求，只能用于传输低频信号；而同轴电缆属于均匀传输线，可用于传输射频信号，其中心铜线和网状屏蔽层之间的距离要严格保持一致，如果距离变化，则会改变阻抗特性，使得内部的电磁波被反射回信号源，造成可接收的信号功率的降低。

3. 光纤

光纤的结构由内到外分为三层：高折射率的纤芯、低折射率的包层和防护用的涂覆层。光纤以特定波长的光波作为载频来传输信号，工作原理是当入射光射到纤芯与包层界面的角度大于产生全反射的临界角时，光将全部反射回纤芯中向前传送。根据光纤所支持的模式数量的不同：在给定工作波长上能够支持多种传输路径或横向模式的光纤称为多模光纤，只能支持一种传输路径的光纤称为单模光纤。二者的主要区别是多模光纤的纤芯直径更大，使用的载波波长更长，带宽距离乘积更小。多模光纤的纤芯直径为 50～100μm，载波波长为 850nm 或 1300nm，使用低成本的发光二极管或者垂直腔面发射激光器作为光源，传输速率为 100Mbit/s～10Gbit/s，传输距离为 2～5km，主要用于建筑内或者园区内的短距离传输。单模光纤的纤芯直径为 8～10.5μm，载波波长为 1.3～1.6μm，只能使用激光器作为光源，传输速率为 10Gbit/s 以上，传输距离为 20～120km，主要用于长距离、大容量的传输。

与其他承载电信号的双绞线或同轴电缆相比，光纤的突出优点如下。

(1) 频带宽。尽管由于光纤对不同频率的光有不同的损耗，但是在最低损耗区的频带宽度也可达 30000GHz。

(2) 抗电磁干扰能力强。光纤不是导体，完全不受电磁信号的干扰。

(3) 衰减损耗低。光纤的衰减损耗可低至 0.2dB/km，而最好的同轴电缆在传输 800MHz 信号时每公里的损耗都在 40dB 以上。

(4) 原材料丰富、重量轻、成本低、保密性好等。

4. 自由空间

无线通信将需要传送的信息调制到电磁波上经自由空间传递。自由空间是指电磁波从发射机到接收机之间穿过的无限大的、不受限制的非导向传输媒介，主要是大地及外围空间的大气层、电离层和大气中的水凝物(如雨滴、雪、冰等)。自由空间对电磁波传输的影响主要如下。

(1) 传播损耗，指电磁波传输过程中能量的损耗。第一方面原因是云、雾、雨等小水滴对电磁波的热吸收及水分子、氧分子对电磁波的谐振吸收；第二方面原因是云、雾、雨等小水滴对电磁波的散射，频率在 11GHz 以上的电磁波受降雨影响而引起的衰减尤为严重；第三方面原因是电磁波绕过球形地面或障碍物的绕射。

(2) 衰落现象，指信号强度随时间的随机起伏。一方面原因是由大气中随机分布的氧、水汽等气象因素对电磁波的吸收引起的吸收型衰落；另一方面原因是由收发两点间存在若干条随机的传播路径引起的多径干涉型衰落。

(3) 传输失真，包括振幅失真和相位失真。一方面原因是由不同频率的电磁波在介质中的传播速度有差别引起的色散效应；另一方面原因是由收发两点间存在多条不同长度的路径引起的多径传输效应。

(4) 传播方向的变化，指电磁波到达接收天线处的入射角随机起伏。因为自由空间的复杂多样，所以，电磁波在空间中的传输有多种不同方式：在不同介质的分界处会发生折射、反射；在介质中的不均匀体内发生散射；遇到球形地面和障碍物会发生绕射。

电磁波在自由空间中的传播方式分为视距传播、天波传播、地波传播和不均匀介质传播。根据电磁波频率或者波长的差异总结如下。

长波 (3～30kHz) 主要沿地球表面进行传播 (又称地波)，也可在地面与电离层之间形成的波导中传播，传播距离可达几千公里甚至上万公里。长波能穿透海水和土壤，因此多用于海上、水下、地下的通信与导航业务。

中波 (30～3MHz) 在白天主要依靠地面传播，夜间可由电离层反射传播。中波通信主要用于广播和导航业务。

短波 (3～30MHz) 主要靠电离层反射的天波传播，可经电离层一次或几次反射，传播距离可达几千公里甚至上万公里。短波适用于应急通信、抗灾通信和远距离越洋通信。

超短波 (30～300MHz) 对电离层的穿透力强，主要以直线视距方式传播，比短波的天波传播方式稳定性高，受季节和昼夜变化的影响小。由于频带较宽，超短波广泛应用于传送电视、调频广播、雷达、导航、移动通信等业务。

微波 (300MHz～300GHz) 主要以直线视距传播，但受地形、地物以及雨雪雾影响大。其传播性能稳定，传输带宽更宽，地面传播距离一般在几十公里。微波能穿透电离层，对空传播距离可达数万公里。微波主要用于干线或支线无线通信、移动通信和卫星通信。

5.1.2　传输复用

一般情况下，传输媒介的容量都远大于单一信号源的容量需求。例如，一路双绞线或同轴电缆的容量能够达到 Gbit/s 量级，一路单模光纤的容量可达 100Tbit/s 量级，但是一路电话的容量需求仅为 64Kbit/s，一路高清电视的容量需求也只有几十 Mbit/s。因此，需要使用传输复用技术，将多路模拟或者数字信号合并成一路信号在共享的传输媒介上传输，以提高传输媒介的利用率。如图 5-1 所示，传输复用技术在发送端使用复用设备将传输媒介提供的通信信道划分为多路逻辑信道，每路逻辑信道承载一路信号，接收端使用解复用设备再从逻辑信道中提取并恢复出各路信号。

常见的传输复用方式包括频分复用、时分复用、空分复用。

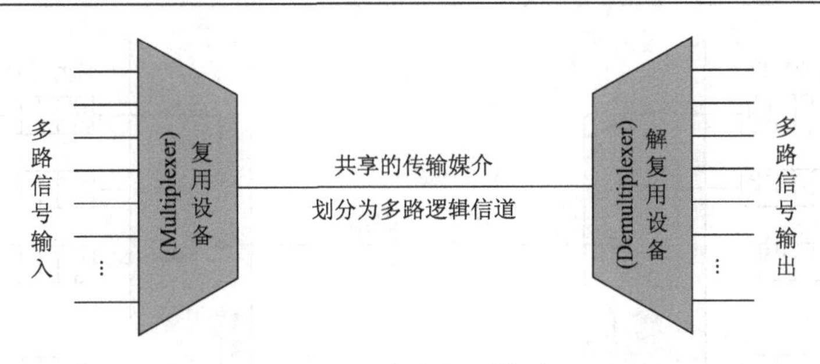

图 5-1　多路复用模型

1. 频分复用

频分复用(Frequency Division Multiplexing，FDM)是将多路信号调制到非重叠的不同载波频率上并在共享的信道中进行传输的方式，在接收端使用不同中心频率的带通滤波器恢复出各路信号。频分复用的各路信号是在时间上重叠，而在频谱上不重叠的信号。为保证各路子信道所传输的信号互不干扰，需要在各子信道之间设置保护频带。频分复用适合传输模拟信号，常称为载波系统，传统的无线电广播、模拟电视、有线电视、移动通信及卫星通信都采用频分复用方式。例如，无线电广播是将所有的电台承载在不同的频率上同时在空中传播。

波分复用(Wavelength Division Multiplexing，WDM)是光通信领域的频分复用，该方式将多路信号调制到不同波长的光波上并在同一条光纤中传输。WDM 可以在不增加光纤数量的条件下大幅度增加网络容量。例如，当前的密集波分复用方式可以承载总计 160 路信号，每路信号速率 10Gbit/s，则总速率可达 1.6Tbit/s。

2. 时分复用

时分复用(Time Division Multiplexing，TDM)是将共享的传输媒介的使用权在时域上划分为周期循环的时间段(称为时帧)，每个时帧又进一步细划分为多个不重叠的更小的时间段(称为时隙)，各路信号分别占用不同的时隙轮流进行传输。时分复用的实现模型如图 5-2 所示，各数据源的数据首先缓存入各自的源缓冲队列，复用设备使用同步开关依次扫描各缓冲队列组成的复合数据包流在共享传输媒介上传输，接收端的解复用设备再将不同时隙上的数据包存至不同的目的缓冲队列。由图可知，传输媒介提供的传输速率必须大于等于各路信号的数据速率之和，才能保证各源缓冲队列不溢出，即满足各路数据传输需求。时分复用的各路信号是在频率上重叠，而在时间上不重叠的信号，不需要保护频带。时分复用要求收发设备必须保持时隙同步，这样才能正确地区分各路信号，并且所有的信号需要被多次缓存，因此主要应用于数字信号传输。

根据时隙分配使用的方式不同，时分复用可分为同步时分复用(Synchronous Time Division Multiplexing，STDM)和异步时分复用(Asynchronous Time Division Multiplexing，ATDM)两种方式。

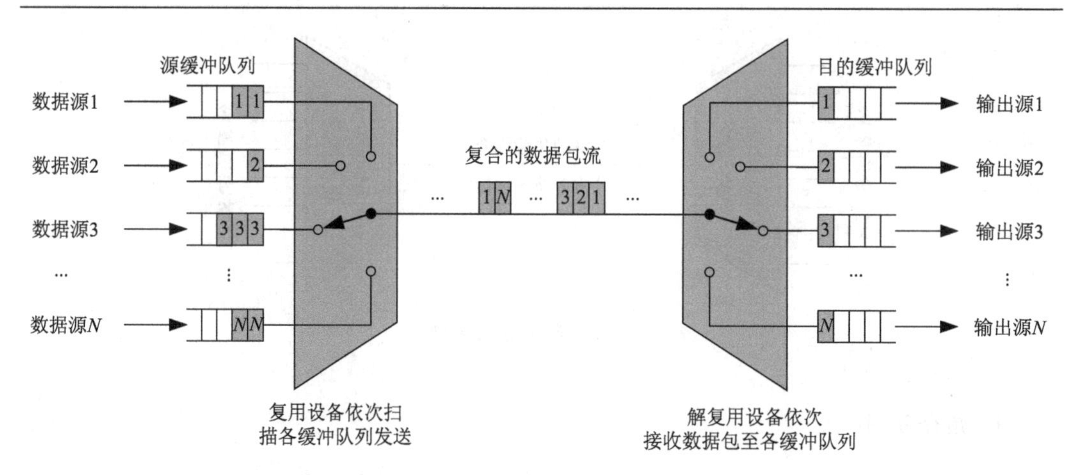

图 5-2　时分复用实现模型

STDM 采用固定帧长的结构，各帧中的时隙按照位置顺序编号，不同帧中编号相同的时隙合为一个子信道并分给一路信号，即 STDM 采用固定分配时隙的方式，每一路信号占用一个周期性重复出现的时隙。STDM 需要同步信号进行时隙定位，根据时隙在帧中的相对位置来识别时隙号(即信道号)，该类信道也称为位置化信道。STDM 对传递的信号不做任何处理，解复用设备仅根据时隙号即可将传输媒介中的各段数据流存入正确的目标缓冲队列。STDM 每个子信道的速率是恒定的，适合于恒定速率业务的传送。若承载可变速率的业务，STDM 的信道利用率会降低。因为如果某一路信号没有数据需要传输，则其分配的时隙会空闲而不能被其他路信号占用。使用 STDM 的系统包括 T1/E1 和高次群使用的准同步数字体系(Plesiochronous Digial Hierarchy，PDH)、光网络中的同步数字体系(Synchronous Digial Hierarchy，SDH)、基于传统电路交换网的综合业务数字网(Integrated Services Digital Network，ISDN)等。

ATDM 是根据各路信号的业务需求分配时隙，也称为统计时分复用。ATDM 中各帧内相同位置的时隙并不会固定分配给某一路信号，所以不能根据时隙号来区分各路信号。为了解复用设备能正确地区分各路信号，ATDM 中每个时隙传输的数据包需要携带地址信息，地址信息表明了本时隙的数据包将进入哪一路信号的目的缓冲队列。该类信道称为标志化信道。ATDM 需要对传递的信号进行处理，解复用设备需要解析每个时隙内的地址信息才能将传输媒介中的各段数据流存入正确的目标缓冲队列。在 ATDM 的每个时隙内需要同时携带数据信息和地址信息，而 STDM 的每个时隙只携带数据信息，所以 ATDM 相对于 STDM 在每个时隙里存在额外的控制开销。但是只要任何一路信号有数据需要发送，ATDM 就不会有空闲时隙，因此 ATDM 在可变速率业务应用中的信道利用率要高于 STDM。使用 ATDM 的系统包括包交换网中的 X.25 和帧中继、计算机网络中的 UDP 和 TCP 协议等。

图 5-3 举例说明了 STDM 与 ATDM 两种时分复用方式在四路输入信号业务产生速率不同的情况下时隙分配和传输链路承载的业务内容。由图可知，STDM 存在空闲时隙，而 ATDM 没有空闲时隙。但是 ATDM 的每个时隙内需要传输额外的地址信息，所以带来额外的控制开销。

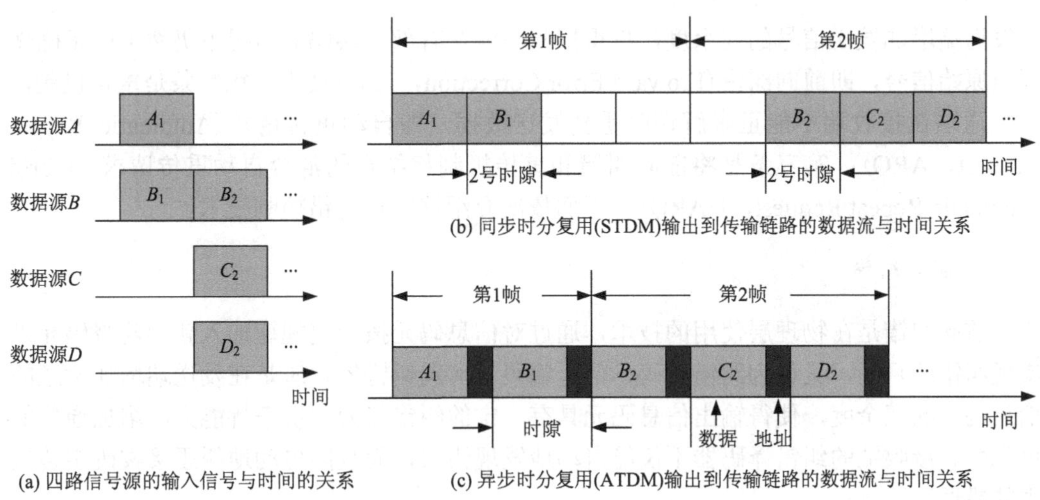

图 5-3　STDM 与 ATDM 的时隙分配结果比较

3. 其他复用方式

除上述常用的频分复用和时分复用方式以外，凡是可以在多路信号之间形成正交关系、支持解复用设备正确解出各路原始信号的技术都可以用来复用传输媒介，如空分复用、极化复用、轨道角动量复用、码分复用等。

空分复用是在相同时域、相同频域、不同空域传递多路信号。对于有线通信而言，空分复用是利用同一根电缆中的多对电缆或多条光纤来传输多路信号，例如，五类线就包含四对双绞线。对于无线通信而言，空分复用是通过多个天线单元形成相控阵天线，利用多路无线信道之间的差异性通过信号处理来实现多路信号同时传输。例如，IEEE 802.11n 协议采用多天线技术，理论上使用 n 个天线的接入点可以同时服务 n 个用户。

极化复用是利用电磁波的不同极化方式来区分多路正交子信道，如水平极化与垂直极化。在无线电通信与光通信中都可采用极化复用方式。

轨道角动量复用是利用电磁波的轨道角动量(Orbital Angular Momentum，OAM)信息将传输媒介划分为多个信道，不同的 OAM 作为区分各正交子信道的特征。OAM 是依赖于电磁场的空间分布的特征量，具有无穷模态且不同模态相互正交。轨道角动量复用目前尚处于实验室研究阶段。

码分复用是将多路信号使用相互正交的扩频码扩频之后，占用相同的频带和相同的时间进行传输。扩频有跳频和直接序列扩频两种方式，扩频之后信号占用的频谱远宽于原始信号的频谱。最常用的正交扩频码是 Walsh 编码。全球定位系统和地面移动通信的 CDMA-2000、W-CDMA 系统都采用了码分复用方式。

5.1.3 差错控制

因为传输链路上存在损耗、衰落、噪声以及干扰，信源发出的数字信号在接收端可能无法正确地恢复。为了确保接收端能接收到正确的数据，有三条解决途径：第一条是在发送端增加发送信号的冗余度，使得接收端能在有部分误码的情况下仍然可以正确恢复出原始信号，即前向纠错(Froward Error Correction，FEC)技术；第二条是重传机制，即发送端在接收端不能正确解调时重新发送数据，即自动重传请求(Automatic Repeat Request，ARQ)；第三条是将前向纠错和重传机制相结合的混合自动重传请求(Hybrid Automatic Repeat Request，HARQ)。下面依次介绍这三种差错控制技术。

1. 前向纠错

前向纠错是在物理层使用的技术，通过对信息码元按一定规律加入新的监督码元以实现纠错的目的，又称为纠错编码、信道编码。前向纠错的本质是在发送端增加发送的信息码元的冗余度，使得输出信息码元具有一定的纠错能力和抗干扰能力，增加通信的可靠性。接收端的纠错译码器不仅能自动地发现错误，而且能自动地纠正接收码字传输中的错误。

按照对信息元处理方法的不同，纠错编码分为分组码和卷积码两大类。根据监督码元与信息码元之间的关系，纠错编码分为线性码与非线性码。若监督码元与信息码元之间的关系是线性关系，则称为线性码；否则称为非线性码。按照纠正错误的类型，纠错编码可分为纠正随机错误的码、纠正突发错误的码，以及既能纠正随机错误又能纠正突发错误的码。按照每个码元取值来分，纠错编码可分为二进制码与多进制码。按照对每个信息元保护能力是否相等，纠错编码可分为等保护纠错编码与不等保护纠错编码。

前向纠错主要应用在重传的开销大(如卫星通信和深空通信)或者不能重传(如数据存储、单向通信链路)的场景，或者是一对多的多播或广播通信。例如，CD/DVD 等数据存储中使用了 Reed-Solomon 编码，NAND 闪存中使用了汉明码，3G 中使用了 Turbo 码，卫星数字视频广播标准中使用了低密度奇偶校验码，等等。前向纠错的优点是译码实时性好，控制电路简单；缺点是译码设备比较复杂，并且需要以最坏的信道条件来设计纠错编码，导致编码效率低。

2. 自动重传请求

ARQ 是在数据链路层或传输层使用的技术，通过重传来保证数据的正确传输，即当一次传输失败时就要求发送端重传数据分组。具体工作过程：发送端对信息码元按一定的规律加入新的监督码元以实现检错的目的(能检错但不能纠错，如奇偶校验码、循环冗余校验码)，接收端依据检错编码判断收到的数据包是否有误，然后反馈确认消息；发送端在收到接收端反馈的否定确认消息之后，或者在超时之后还没有收到肯定确认消息，则认为数据包发送错误，发送端重新发送数据包。

ARQ 需要有一条反馈信道，供接收端将确认消息反馈到发送端。确认消息用于指示接收端是否正确接收到发送端传输的数据包，分为肯定确认(Acknowledgements，ACK)和否定确认(Negative Acknowledgements，NACK)两种，分别表示接收端收到的数据包正确和错误。超时的时间取决于往返时延，需大于接收端数据包的处理时间，加上确认消息传输时间，再加上两倍的单向信号传播时间(即假设接收端正确接收并反馈了 ACK 条件下，从发送端发完数据包开始到发送端正确收到反馈的 ACK 为止的时间)。超时时间的意义在于：如果发送端在超时时间内收到 ACK，则代表数据包正确传输，否则表明数据包或者确认消息出现错误。

ARQ 要求收发两端都能够判断数据包是否包含错误，因此数据包需要使用检错编码供接收端辨别是否存在误码。因为在相同冗余度的编码下，检错编码的检错能力比纠错编码的纠错能力要高很多，所以在相同冗余度的条件下，ARQ 比前向纠错的纠错能力强。

根据重传规则的不同，ARQ 方案可以细分为三种方式：停等 ARQ、后退 N 步 ARQ 和选择重发 ARQ。

1) 停等 ARQ

顾名思义，停等 ARQ 要求发送端每发送一个数据包就暂停下来等待接收端的确认消息，只有收到 ACK 之后才能发下一个数据包。图 5-4 分别描述了 ARQ 协议运行正确或者出错的四种情况，带箭头的虚线代表的数据包传递的方向。

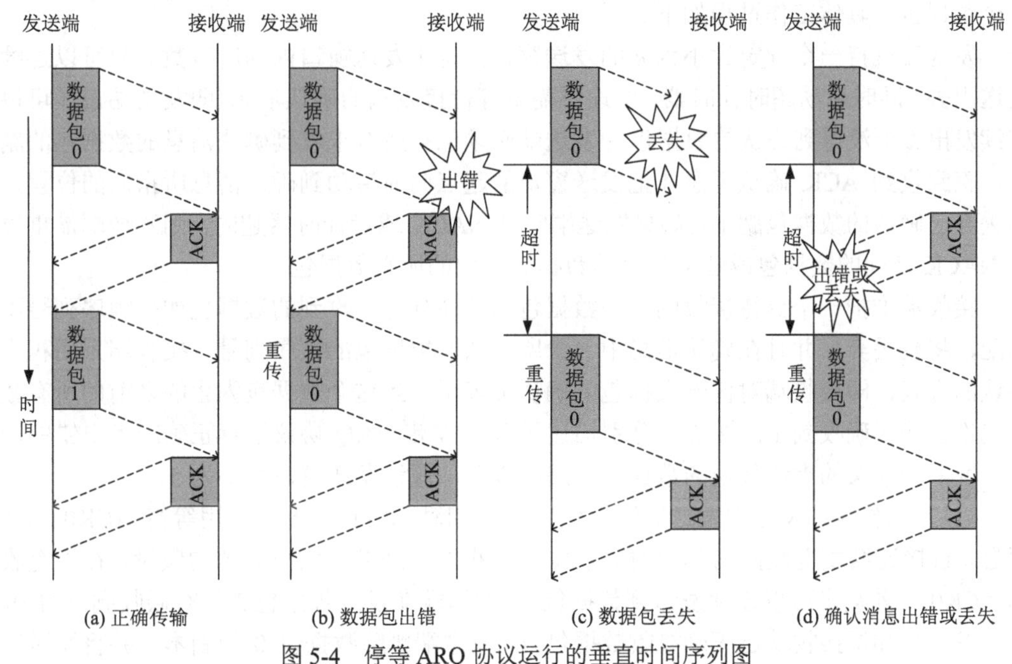

图 5-4　停等 ARQ 协议运行的垂直时间序列图

(1) 正确传输：发送端发出数据包 0 并启动超时计时器，接收端正确接收到数据包 0 之后返回 ACK 确认消息；发送端正确接收到 ACK 确认消息，此时发送端知道接收端已正确接收数据包 0，发送端继续发送新的数据包 1，进入下一轮停等 ARQ。

(2) 数据包出错：发送端发出数据包 0 并启动超时计时器，接收端对数据包 0 检错，发现错误之后反馈 NACK 确认消息；发送端正确收到 NACK 确认消息，此时发送端知道接收端收到的数据包 0 有误，发送端重新发送数据包 0，进入下一轮停等 ARQ。

(3) 数据包丢失：发送端发出数据包 0 并启动超时计时器，接收端没有收到数据包 0，因此也不会反馈任何消息；发送端在等待超时时间之后还没有收到预期的 ACK，此时发送端认为数据包 0 发送失败，发送端重新发送数据包 0，进入下一轮停等 ARQ。

(4) 确认消息出错或丢失：发送端发出数据包 0 并启动超时计时器，接收端正确接收到数据包 0 之后返回 ACK 确认消息；但是因为 ACK 出错或者丢失的原因，发送端没能正确收到 ACK 确认消息，发送端在等待超时时限之后还没有收到预期的 ACK，此时发送端认为数据包 0 发送失败，发送端重新发送数据包 0，进入下一轮停等 ARQ。注意，这种情况下接收端可能会重复收到两个正确的数据包 0，接收端需要根据重发标志识别出这种情况，然后丢弃第二个正确收到的数据包 0。

停等 ARQ 协议中的收发双方在同一时间内仅对一个数据包进行操作，因此信令开销小，接收缓存容量要求低，实现简单。但是发送端在等待确认消息的过程中不发送数据包，导致信道利用率不高。尤其是当信道传输时延大于数据包传输时间时，信道的利用率很低。此时可以采用下面的两种方式。

2) 后退 N 步 ARQ

对于后退 N 步 ARQ 协议，发送端在没有收到 ACK 确认消息的情况下也可连续发送多个数据包。具体工作过程如下。

发送端维持一个固定大小为 k 的发送窗口，位于发送窗口内的所有数据包可以连续发送出去，同时启动超时计时器，中途不需要等待接收端的确认消息(即发送端最多可以连续发出 k 个没得到确认的数据包)；发送端必须保存所有未收到确认消息的数据包的副本，直到收到 ACK 确认消息才把发送窗口的起点向前滑动到确认消息所指向的位置，并丢弃已确认的数据包副本；如果发送端收到 NACK 或者计时器超时，则发送端需重发从 NACK 指向的数据包或者从超时的数据包开始的所有数据包。

接收端维护一个等待接收的下个数据包的帧序列号，收到的数据包如果帧序列号不匹配，将被丢弃，并且在确认消息中包含所确认的数据包的帧序列号。接收端采用积累确认的方式，即接收端对任一数据包的确认都表示：到这个数据包为止的之前的所有数据包都已经正确收到了。图 5-5 分别描述了后退 N 步 ARQ 协议运行正确或者出错的四种情况，带箭头的虚线代表的数据包传递的方向，假设发送窗口大小为 5。

(1) 正确传输：发送端发送完数据包 0 之后启动超时计时器，不用等待 ACK0 确认消息，直接连续发送数据包 1、数据包 2、…。根据发送窗口大小为 5 的假设，在没有收到 ACK0 之前最多可以连续发送到数据包 4。发送端在发送数据包 2 的时候收到 ACK0，此时发送端知道接收端已正确接收数据包 0，发送端删除数据包 0 的副本，并将发送窗口的起点移至数据包 1，即可以连续发送到数据包 5。后继收到 ACK1、ACK2 之后根据此规则移动发送窗口。

(2) 数据包出错：发送端发出数据包及收到 ACK0 的处理过程与 (1) 相同，接收端对数据包 1 检错发现错误之后反馈 NACK1 确认消息，丢弃后继收到的数据包 2 和数据包 3。发送端正确收到 NACK1 之后重发数据包 1 及以后的所有数据包(即图 5-5(b) 中的数据包 2 和数据包 3)。即使此时数据包 2 和数据包 3 被正确接收，也需要重发，因为发送端无法获得这两个数据包是否被正确接收的消息。

(3) 数据包丢失：发送端发出数据包及收到 ACK0 的处理过程与 (1) 相同。假设数据包 1 在传输过程完全丢失，接收端没有收到数据包 1，因此也不会反馈任何消息。发送端在等待超时时间之后还没有收到预期的 ACK1，此时发送端认为数据包 1 发送失败，发送端重新发送数据包 1 及之后的所有数据包，包括数据包 2、数据包 3 和数据包 4。

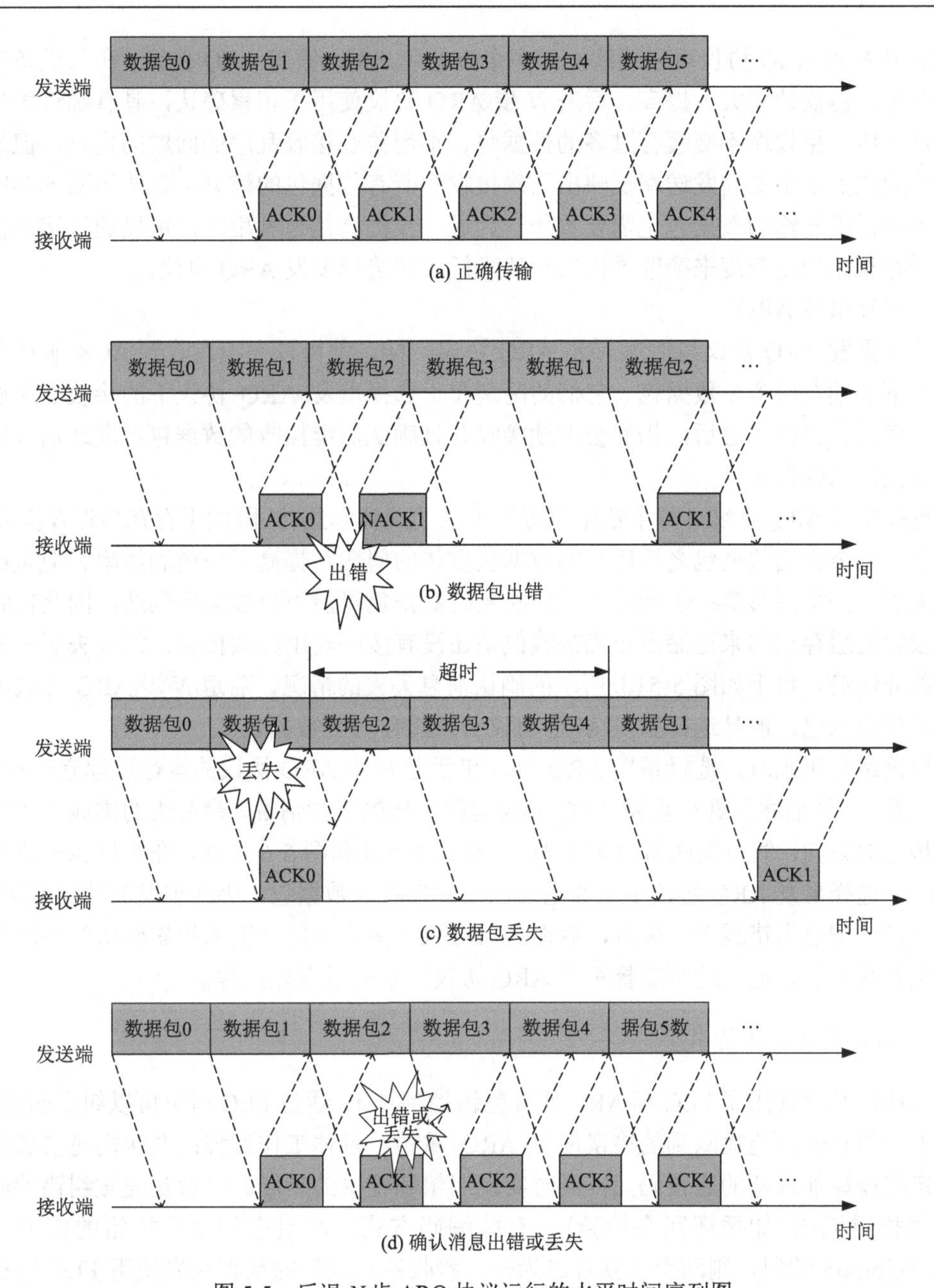

图 5-5　后退 N 步 ARQ 协议运行的水平时间序列图

(4) 确认消息出错或丢失：发送端发出数据包及收到 ACK0 的处理过程与(1)相同。因为确认消息 ACK1 出错或者丢失的原因，发送端没能正确收到 ACK1 确认消息。但是在数据包 1 超时之前，发送端收到了接收端对数据包 2 的确认消息 ACK2。因为后退 N 步 ARQ 协议采用的是积累确认的方式，发送端收到 ACK2 表示数据包 2 及之前的所有数据包(包括数据包 1)都已经正确收到了，因此发送端可以删除数据包 1 和数据包 2 的副本，并将发送窗口的起点移至数据包 3。

后退 N 步 ARQ 协议可以连续发送多个数据包，相比停等 ARQ 协议，在信道条件好的情况下，协议效率大大提高。后退 N 步 ARQ 协议使用了积累确认，具有确认丢失也不一定重传、接收端不必缓存过多的数据包、不用关心接收乱序的问题的优点。但是积累确认的缺点是不能向发送端反映出正确接收的所有数据包的信息，导致如图 5-5 所示的例子中正确传输的数据包也需要重传。为进一步提高信道利用率，可以通过增加接收端的缓存和处理复杂度来换取重传次数的降低，即选择重发 ARQ 协议。

3) 选择重发 ARQ

选择重发 ARQ 协议与后退 N 步 ARQ 协议一样，都可以在没有收到 ACK 确认消息的情况下连续发送多个数据包。它们的区别在于选择重发 ARQ 协议下的接收端在遇到错误或者丢失数据包之后，仍然会继续接收并且确认后继接收的数据包，发送端只用重传出现差错的数据包。

选择重发ARQ协议对每个数据包进行独立的确认和重传，因此不存在后退 N 步 ARQ 协议中需要将出错数据包之后所有的数据包重传的问题，提高了信道利用率。但是由此也带来了一些负面影响：①接收端正确收到的数据包可能不再按顺序到达，因此接收端需要较大的缓存空间来存储已正确接收但是还没有按序输出的数据包；②失去了积累确认的部分优势，对于如图 5-5(d) 所示的确认消息丢失的情况，后退 N 步 ARQ 协议不用重传对应数据包，但是选择重发 ARQ 协议必须重传对应数据包。

协议运行正确时，选择重发 ARQ 协议和后退 N 步 ARQ 协议的运行过程完全相同。因此，图 5-6 只描述了选择重发 ARQ 协议运行出错的三种情况，带箭头的虚线代表的数据包传递的方向，假设发送窗口大小为 5。对比图 5-5 和图 5-6 可知，在数据包出错或者丢失时，选择重发 ARQ 协议不需要重传已正确接收的数据包，因此重发的数据包更少；但是在确认消息出错或者丢失时，后退 N 步 ARQ 协议可能会因为积累确认的原因而不需要重发数据包，但是此时选择重发 ARQ 协议一定会重发数据包。

3. 混合自动重传请求

HARQ 结合使用了 FEC 和 ARQ 两种差错控制技术，通过 FEC 纠正可以纠正的错误，对于不能纠正但是能检测到的错误使用 ARQ 重传。具体工作过程：发送端对信息码元按一定的规律加入新的监督码元，同时实现纠错和检错的功能。一般是先做纠错编码，然后做检错编码(如循环冗余检验)。有些编码方式同时具有纠错和检错的能力，如 Reed_Solomon 编码，则两个步骤合二为一。接收端对收到的数据包先使用 FEC 进行纠错，如果信道条件比较好，则 FEC 可以纠正所有错误，接收端能获得正确的数据包并反馈 ACK 确认消息，发送端收到 ACK 之后传输下一个数据包；如果信道条件差，则 FEC 不能纠正所有错误，接收端通过检错编码发现数据包还有残留错误，则反馈 NACK，发送端根据 ARQ 进行重传，接收端将重传的数据和先前接收到的数据进行合并再解码。

根据重传内容和合并解调方式的不同，HARQ 可分为以下三种类型。

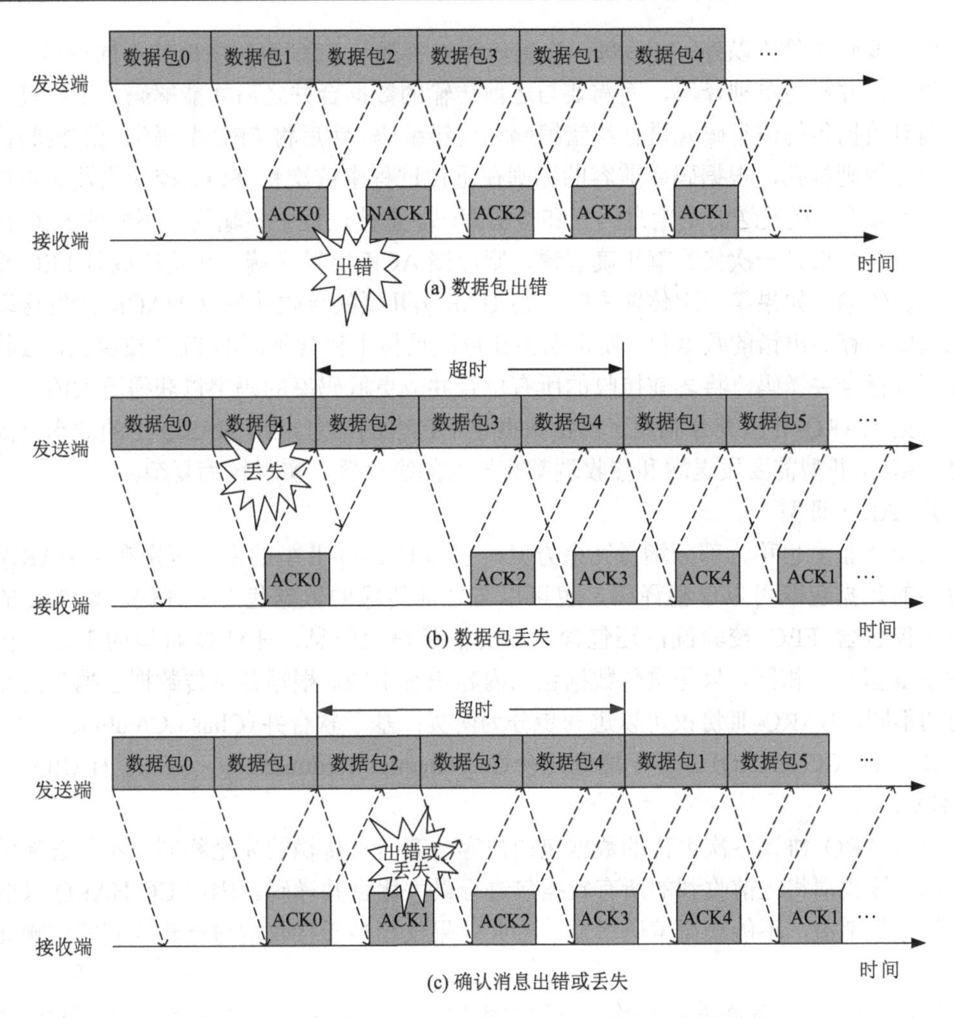

图 5-6　选择重发 ARQ 协议运行的水平时间序列图

1) HARQ-Ⅰ型

HARQ-Ⅰ型即传统 HARQ 方案，它仅仅在 ARQ 的基础上增加纠错编码以提高每次传输正确解调的概率，并不会对多次重传的数据包进行合并解码。工作过程：发送端对数据包的信息码元进行纠错编码和检错编码。接收端对收到的数据包进行纠错译码和检错编码校验，如果检错编码校验发现错误，则丢弃该出错分组，同时向发送端反馈 NACK 请求重传。发送端收到 NACK 或者超时之后都会重新发送完全相同的数据包，重复上述过程。一般系统会设置重传次数的上限，防止信道条件恶劣导致的不断重发进而带来的信道资源浪费。如果达到最大重传次数时接收端仍然不能正确译码，则丢弃该数据包，不再重传。HARQ-Ⅰ型方案简单地丢弃出错的数据包，因此没有充分利用错误数据包中包含的有用信息，所以 HARQ-Ⅰ的效率比较低。但是其在发送端和接收端都不需要大的缓存器，因此实现简单，适用于硬件资源受限且信道条件好情况。

2) HARQ-Ⅱ型

HARQ-Ⅱ型也称为完全增量冗余方案，除了第一次传输的内容包含数据包的信息码元与检错编码校验位以外，之后每一次重传的内容都是 FEC 编码生成的不同校验位。因此重传数据并不能单独译码，而需要与之前传输的数据合并之后才能解码。工作过程：发送端对数据包的信息码元进行纠错编码和检错编码，然后将 FEC 编码生成的校验位按照一定的规则打孔，根据码率兼容的原则在重传过程中依次将 FEC 校验位发送给接收端。发送端第一次发送的是信息码元和检错编码，重传过程中传输的是不同的 FEC 校验位。接收端如果第一次接收就正确解调，则反馈 ACK 给发送端，传输完成且 FEC 校验位不用被传输。如果第一次传输失败，则 HARQ-Ⅱ型的接收端反馈 NACK 给发送端以请求重传并存储出错的数据包。发送端会在每次重传中包含不同的 FEC 校验位，接收端每次都进行合并译码，将之前接收的所有位合并成更低码率的码字以获得更大的编码增益。可见 HARQ-Ⅱ型充分利用了出错数据包中包含的信息，比 HARQ-Ⅰ的效率更高。但是 HARQ-Ⅱ型需要发送端和接收端都有较大的缓存器，实现较为复杂。

3) HARQ-Ⅲ型

HARQ-Ⅲ型也称为部分增量冗余方案，它与 HARQ-Ⅱ型的主要区别在于 HARQ-Ⅲ型重传的数据包既可以单独译码，也可以与之前传输的数据包合并译码，即重传的数据包不仅包含 FEC 校验位，还包含原始的信息码元信息。HARQ-Ⅲ型的工作过程与 HARQ-Ⅱ型基本相同，只是重传数据包的内容稍有不同。根据各重传数据包携带的冗余信息的不同，HARQ-Ⅲ协议可以进一步分为两类：基于软合并(Chase Combine，CC)的 HARQ 协议(CC-HARQ)、基于增量冗余(Incremental Redundancy，IR)的 HARQ 协议(IR-HARQ)。

CC-HARQ 协议各次重传的数据包的内容与第一次传输的完全相同，不包含新的冗余信息。接收端将之前收到的所有数据包进行最大比合并译码。因此 CC-HARQ 只能获得时间分集增益，不能获得编码增益，合并效果仅相当于接收端每一轮收到的信噪比的累加。

IR-HARQ 协议各次重传的数据包的内容与第一次传输的不相同，包含相同的信息码元和不同的冗余比特。发送端各次重传的冗余比特经过精心设计后具有互补性，所以 IR-HARQ 将之前收到的所有数据包合并之后，将获得更低码率的码字，可以获得更大的编码增益。IR-HARQ 可以同时获得时间分集增益和编码增益，协议效率最高。但是由于其每次重传都需要使用不同的删除矩阵对编码比特进行打孔，IR-HARQ 协议的实现复杂度要高于 CC-HARQ 协议。

5.2 交换技术

为实现通信网络中任意两个终端设备之间的点对点通信，最直接的方法是采用如图 5-7(a)所示的全互连网络结构。该结构在任意两个终端设备之间都有一对传输链路，即拥有 n 个终端设备的网络将包含 $n(n-1)/2$ 对传输链路。在终端设备总数量大的情况下，对传输链路的投资过大，而且每个终端设备需要的端口数量过大。同时每条链路专用于一对终端设备间的通信，导致每条链路的利用率都很低。

为了减少传输链路的数量需求、提高链路的利用率并合理地实现大量终端设备之间的信息传输，现代通信网络结构采用如图 5-7(b)所示的交换网结构。该结构的核心是使用了交换设备：每个终端设备通过一对专用链路连接到交换设备上；交换设备之间一般采用网状结构互连，互连链路通常采用 FDM 或者 TDM 技术以提高链路利用率。终端设备到交换设备之间的传输链路称为用户线，也叫作用户环路或者本地环路；交换设备之间的传输链路称为中继线。任意两个终端设备之间都可以通过交换设备和中继线完成信息传输。由图 5-7 可知，交换网所需的传输链路远少于全互连网络。而且交换网中的终端设备只需要一个端口，只连接一条用户线。交换网的扩容、控制与管理都更加容易。

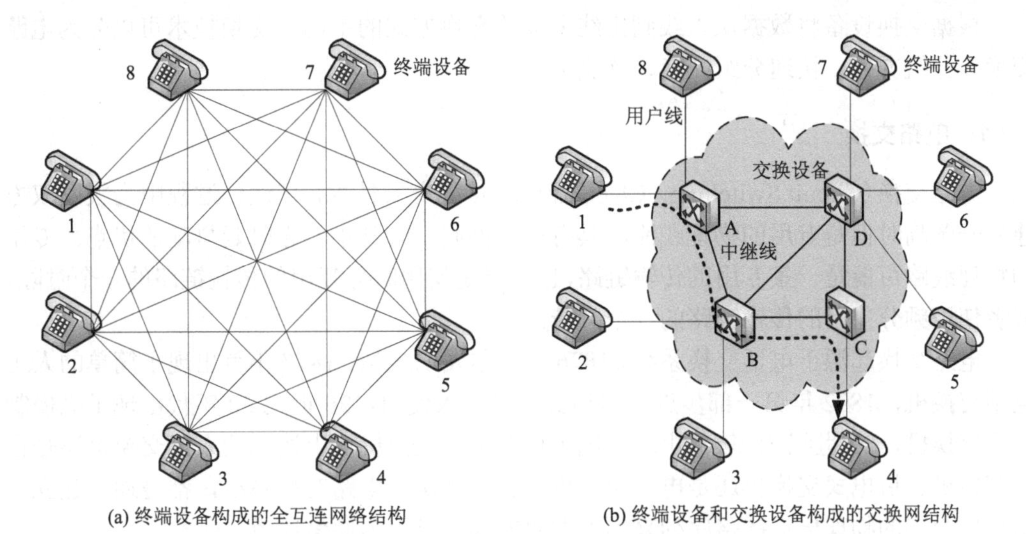

图 5-7　全互连网络与交换网的通信网络结构对比

交换设备的基本功能结构如图 5-8 所示，主要包括交换模块、用户接口、中继接口、控制模块和信令模块。

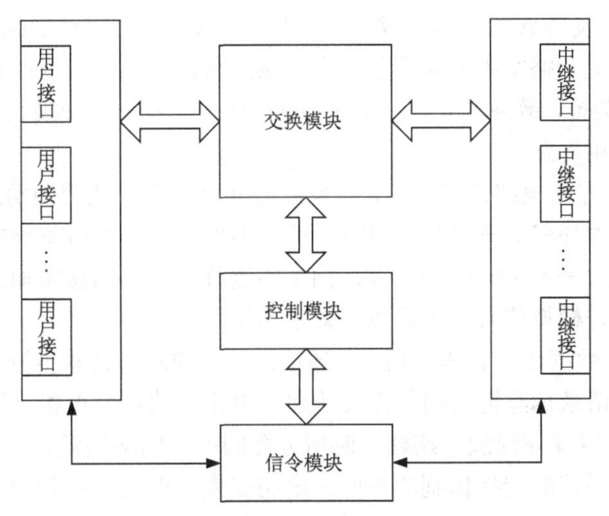

图 5-8　交换设备的基本功能结构

交换模块的基本功能是实现任意入线到出线的数据交换，其拥有大量的端口连接各接口电路，并拥有大量的交换通路供任一入线到出线建立连接。用户接口是用户线与交换模块间的接口电路，基本功能是监视终端设备的呼入呼出信号，并将信号送到控制系统以反映终端设备的工作状态。中继接口是中继线与交换模块间的接口电路，基本功能是监视交换设备间的信号收发，并向控制系统反映工作状态。控制模块实现路由信息的更新维护、话务统计、维护管理和计费等。信令模块实现呼叫控制和连接的建立、监视以及释放。

根据交换设备将数据从入线到出线采取的交换方式的不同，交换技术可以分为电路交换、分组交换、快速分组交换、软交换等。

5.2.1　电路交换

电路交换(Circuit Switching，CS)是面向连接的交换技术，在通信过程中为收发双方建立一条临时但是专用的物理线路，具有可靠性高、时延小、无时延抖动的优点。专用的物理线路可能是一条专用的传输链路，也可能是使用时分复用的传输链路的一个时隙，或者使用频分复用的传输链路的一个频带。

电路交换起源于电话交换系统。1876 年贝尔发明电话，1877 年就出现了简单的人工电话交换机，1892 年第一部步进制电话交换机投入使用，20 世纪 20 年代出现了纵横制电话交换机，20 世纪 60 年代出现了电子自动电话交换机。上述无论人工交换机还是自动交换机、机电式交换机还是电子交换机，它们都属于电路交换系统，都是通过建立一条首尾相连的物理传输链路序列来为收发双方提供专用的通信通道。

基于电路交换的通信过程包括三个阶段：电路建立、消息传输和电路释放。下面以图 5-7(b)里终端设备 1 向终端设备 4 发起呼叫的过程为例加以解释。

(1)电路建立。在通信开始之前，首先需要建立一条专用的端到端电路，该电路一直维持到通话结束。例如，图 5-7(b)里终端设备 1 会先向交换设备 A 发送请求，请求连接到终端设备 4。交换设备 A 综合考虑路由、费用等信息以选择到达交换设备 B 的中继线，在这条中继线上分配一路空闲的复用子信道，然后将请求连接到终端设备 4 的信息传给交换设备 B。依次类推，最终建立起终端设备 1→交换设备 A→交换设备 B→交换设备 C→终端设备 4 的专用电路。

(2)消息传输。专用电路建立之后，收发双方就可以进行透明的消息传输，交换设备不对所传输的消息做任何处理(包括差错控制)。例如，图 5-7(b)里终端设备 1 与终端设备 4 之间将经电路 1→A→B→C→4 及反向电路进行双向的消息传输。依据网络性质，所传输的消息可以是模拟信号，也可以是数字信号。

(3)电路释放。数据传输完毕之后，经通信的一方或双方请求拆除此电路连接，该通信链路被释放。该请求拆除链路信号需要传递到电路上的每个设备，如图 5-7(b)里的交换设备 A、B、C，以保证释放电路建立时所分配的所有网络资源。

根据交换设备采用的转接体制的不同，电路交换可以进一步分为两类：空分交换和时分交换。

1. 空分交换

空分交换是指入线根据空间位置选择出线并建立连接的交换方式。例如，早期采用人工交换的电话交换系统，接线员将塞绳的一端连接入线塞孔，然后根据主叫要求将塞绳的另一端连接被叫的出线塞孔。步进制电话交换机和纵横制电话交换机则通过电磁机械或者继电器推动金属连接点完成空间连接，同样是根据空间不同位置交叉点的闭合实现入线到不同出线的连接。此外，程控模拟交换机乃至宽带交换机都可以利用空分交换原理实现交换的要求。

单级空分交换可以归纳为图 5-9 所示的交换矩阵，N 条入线经过 $N\times K$ 交换矩阵连接到 K 条出线。交换网就相当于这个 $N\times K$ 交换矩阵，交叉点处由人工、机电开关或者电子开关实现任意输入与输出之间的连通。每条入线都能连接到所有出线，并且能同时给所有入线分配出线的交换机称为无阻塞交换机。图 5-9(a)所示的 $N\times N$ 交换矩阵对应的交换网是无阻塞的。图 5-9(b)所示的 $N\times K$ 交换矩阵在 $K\geqslant N$ 时对应的交换网是无阻塞的，当 $K<N$ 时交换网会阻塞。

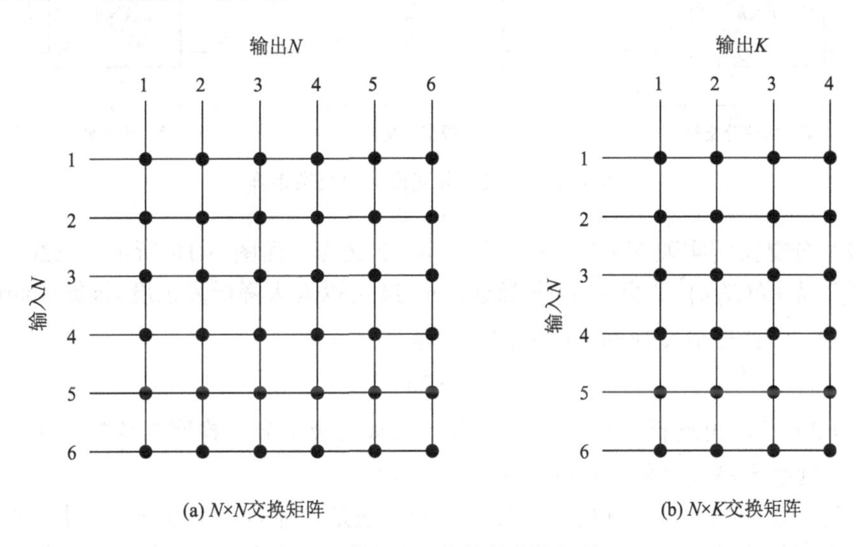

(a) $N\times N$交换矩阵　　(b) $N\times K$交换矩阵

图 5-9　单级空分交换的交换矩阵

空分交换网的复杂度由所需要的交叉点数量来衡量，因为每一个交叉点需要使用一个机电或者电子开关。当入线和出线的数量很多时，空分交换网的复杂度将急剧增大。为了降低复杂度，同时保持不阻塞，通常采用多级交换模式。

图 5-10 给出了通过三级空分交换网来实现 $N\times N$ 交换的例子。图 5-10 中每个标有 $x\times y$ 的矩形框代表如图 5-9(b)所示的包含 x 条输入、y 条输出的交换矩阵，矩形框左上角的标号#i 表示该交换矩阵在本级交换中的序号。由图可知，三级空分交换网的第一级包含 N/n 个 $n\times k$ 的交换矩阵，第二级包含 k 个 $(N/n)\times(N/n)$ 的交换矩阵，第三级包含 N/n 个 $k\times n$ 的交换矩阵。N 条入线先均分为 N/n 组，每组 n 条入线分别连接到第一级的各个 $n\times k$ 的交换矩阵输入端；第一级的每个 $n\times k$ 的交换矩阵有 k 条出线，分别连接到第

二级的 k 个不同 $(N/n)\times(N/n)$ 的交换矩阵的输入端；第二级的每个 $(N/n)\times(N/n)$ 的交换矩阵有 N/n 条出线，分别连接到第三级的 N/n 个不同 $k\times n$ 的交换矩阵的输入端。如此构成的三级空分交换网可以连通任一入线到任一出线。

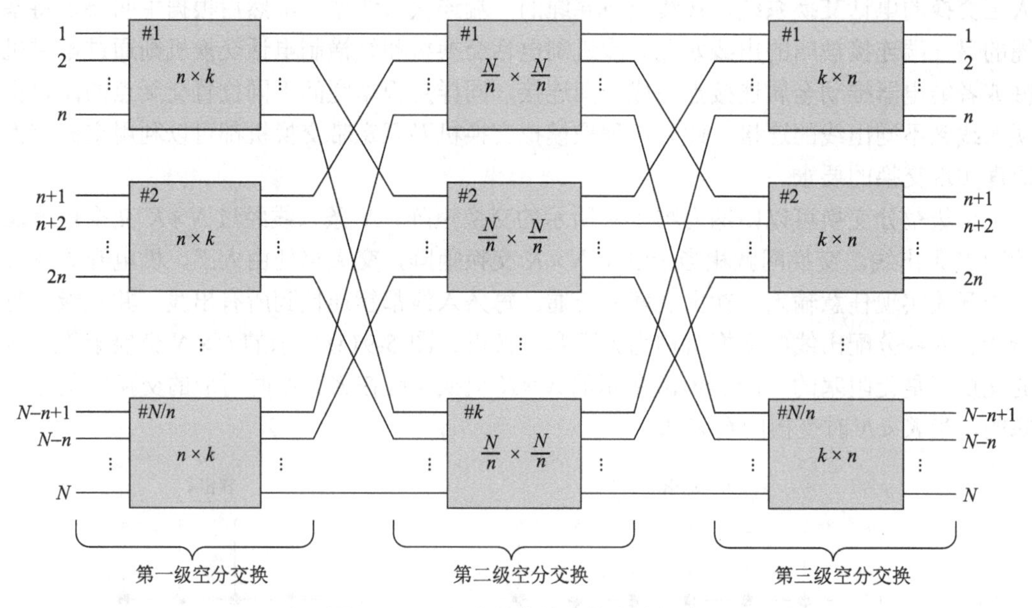

图 5-10　三级空分交换网的交换矩阵

单级空分交换网实现 $N\times N$ 交换需要个 N^2 交叉点，而图 5-10 所示的三级空分交换网只需要 $2Nk+k(N/n)^2$ 个交叉点。适当选择 n 与 k 可以大大降低复杂度。根据 Charles Clos 无阻塞条件，三级空分交换网无阻塞的条件是

$$k \geqslant 2n-1 \tag{5.1}$$

取 $k=2n-1$，再选择最佳的 n，可得无阻塞三级空分交换网需要的交叉点数约为 $4\sqrt{2}N^{3/2}$，远小于单级空分交换网的交叉点数 N^2。

为了进一步降低空分交换的复杂度，一种方法是增加多级空分交换的串联级数。例如，将三级空分交换网的第二级中的每个 $(N/n)\times(N/n)$ 的交换矩阵进一步扩展为三级空分交换，则总体就变成了五级空分交换，可以进一步减少交叉点数。另一种方法是以允许一定概率的阻塞为代价降低复杂度。现代大型交换机一般都设计为在阻塞概率很小的方式下运行，称为准无阻塞交换机。

2. 时分交换

时分交换是一种应用于同步时分复用传输链路的交换方式。时分交换使用的时隙交换器(Time Slot Interchanger，TSI)只包含一个物理输入链路接口和一个物理输出链路接口，输入和输出链路使用时分复用技术划分为周期循环的时隙，每个周期内时隙号相同的时隙组成一个子信道。时分交换就是通过时隙交换网完成数据的时隙搬移，从而实现入线子信道和出线子信道之间的数据交换。

图 5-11 给出了时隙交换器的工作原理，TSI 的核心部件是随机存储器(Random Access Memory，RAM)，通过写入和读出 RAM 的顺序不同来实现时隙位置的交换。假设入线时分复用后输入 TSI 的每个周期有 N 个时隙，经输入端口将每个时隙内的数据顺序写入 RAM 的 N 个存储单元中；从 TSI 输出到出线时分复用的每个周期有 K 个时隙，经输出端口根据交换要求按特定顺序从 RAM 中读出送到出线。这样就改变了时隙的顺序，实现了时隙交换。当然输入按交换要求的顺序写入数据，然后顺序输出数据也能达到同样的交换目的。因为 TSI 需要对交换的数据先存后取，所以时分交换会引入一定的时延。

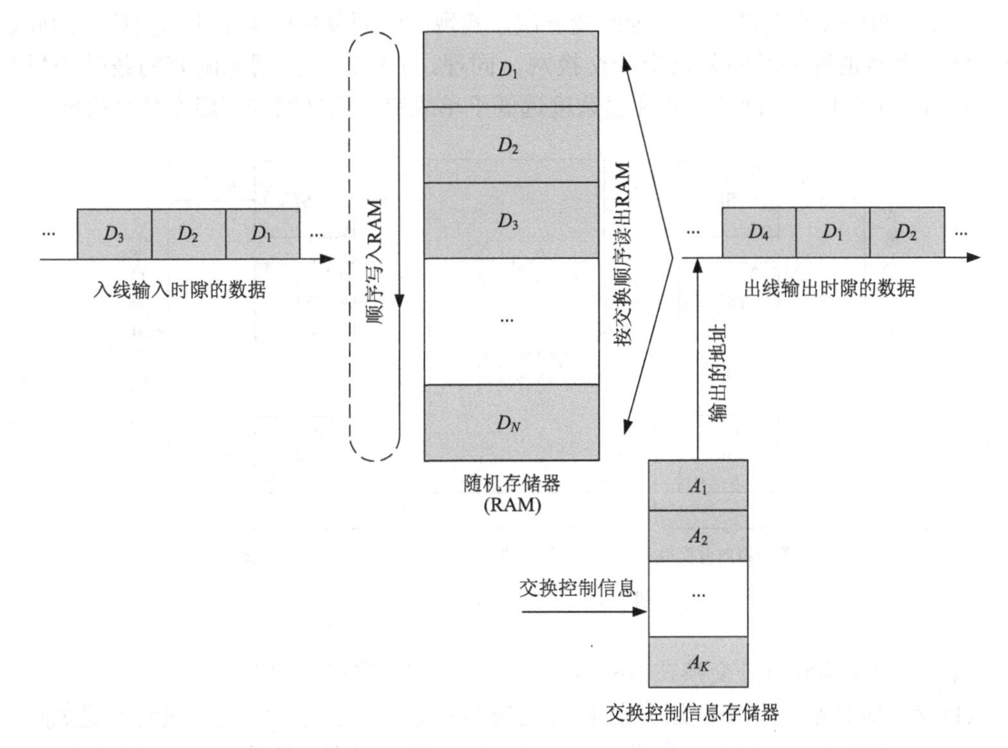

图 5-11　时隙交换器的工作原理

进行时分交换的信号首先需要抽样，每个时隙中传输的是一路信号的一个脉冲抽样产生的模拟信号或者二进制编码信号。例如，典型的 PCM 语音信道，音频信号的抽样频率为 8kHz，所以 TDM 的周期长度为 125μs，即每路语音信号每间隔 125μs 产生一个脉冲抽样信号。

单级 TSI 所能容纳的信道数最大值取决于读写 RAM 所需的时间，以及采用的 RAM 器件类型。假设一个 TDM 的周期长度为 T，读写一个抽样信号到 RAM 所需的时间为 t。如果 TSI 采用单端口 RAM，即 RAM 的读和写不能在一个时隙内同时进行(每个信道需要占用两个时隙分别对应读和写)，则 TSI 支持的信道数上限为 $T/(2t)$。如果 TSI 采用双端口 RAM，则 RAM 可以在一个时隙内同时实现读和写，则 TSI 支持的信道数上限为 T/t。但是使用双端口 RAM 的 TSI 需要避免同时读和写相同的 RAM 地址，这可以通过控制软件来完成。

由于 RAM 读和写时间限制了单级 TSI 所能交换的信道数，为了提高交换器的容量，可以采用多级交换模式。例如，图 5-12 所示的支持 N 个信道（时隙）的三级 T-S-T 交换网。T-S-T 交换网的第一级为 N/n 个 $n \times k$ 的时隙交换器，第二级为一个 $(N/n) \times (N/n)$ 的空分交换器，第三级为 N/n 个 $k \times n$ 的时隙交换器，三级交换器串联组成 $N \times N$ 的交换网。对比图 5-10 的三级空分（T-T-T）交换网和图 5-12 的 T-S-T 交换网可知：T-T-T 交换网的第二级包含 k 个 $(N/n) \times (N/n)$ 的交换矩阵，而 T-S-T 交换网的第二级只包含 1 个 $(N/n) \times (N/n)$ 的交换矩阵。二者可实现相同的交换功能，这是因为 T-S-T 交换网的第二级空分交换矩阵在 TSI 一帧的 k 个时隙里独立地改变 k 次，实现了时间复接的 k 个不同交换，因此这种空分交换网也称为时间复接空分交换网。同理，T-S-T 交换网无阻塞的条件仍然是 $k \geqslant 2n-1$。T-S-T 交换网的结构和复杂度远低于单级空分交换网与三级空分交换网。

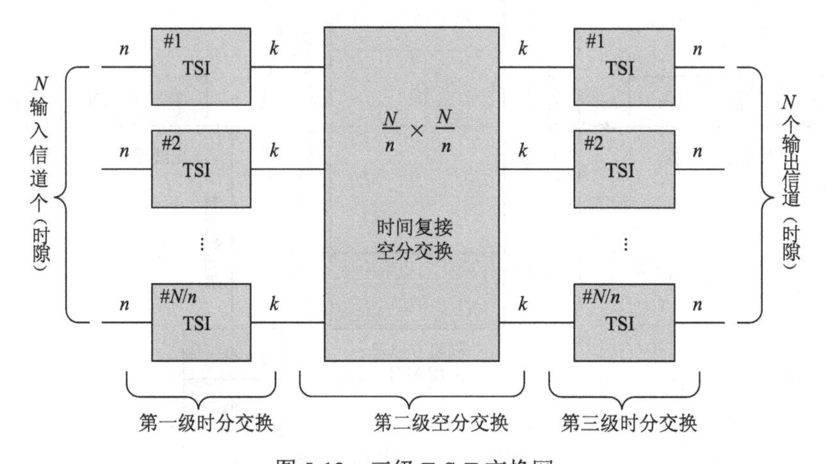

图 5-12　三级 T-S-T 交换网

包括空分交换和时分交换在内的电路交换技术的主要优点如下。

(1) 交换时延小，适用于实时通信。空分交换在建立连接之后，从入线到出线之间由电路直连，所以交换时延几乎为零；时分交换因为需要对交换的数据先存后取，所以存在一个很小而且固定的时延。

(2) 用户数据不需要附加控制信息，交换机处理开销小。因为电路交换对交换的数据进行“透明”转发，所以在建立传输链路之后没有额外的交换控制开销。

(3) 对所交换数据的格式和编码类型没有限制，只要通信双方类型一致即可。

(4) 硬件实现简单。电路交换在 OSI 模型的物理层完成交换，不需要使用网络协议，软件实现复杂度低。

电路交换的主要缺点如下。

(1) 信道利用率低。电路交换的通信双方在通信过程中独占信道，即使占用期间无数据传输也不能给其他用户使用，因此信道利用率低。

(2) 建立交换的接续控制开销大。在电路交换的三个阶段中，虽然在消息传输时没有额外的交换控制开销，但电路建立和电路释放占用的时间较长。

(3) 不同类型的终端之间不能通信。因为电路交换采用“透明”转发，没有速率、码型和协议的变换，所以要求通信双方在传输速率、信息格式、编码类型、同步方式和通信协议各方面都完全一致才能进行通信。

综上所述，电路交换适用于业务稳定、连续占用信道的语音等类型的业务，不适用于突发性强、不连续占用信道的数据业务。电路交换技术的典型应用包括公共电话交换网(Public Swtich Telephone Network，PSTN)、综合业务数字网和蜂窝网络通信系统中的电路交换数据业务等。

5.2.2　分组交换

分组交换(Packet Switching，PS)也称为包交换，是一种以分组为基本传输单位，使用存储-转发机制实现数据交换的通信方式。分组交换中的分组数据以异步时分复用的方式占用传输链路，即每个分组只在传输过程中占用传输链路，因此不存在电路交换中同步时分复用可能带来的传输链路空闲，所以分组交换的传输链路利用率高。

分组的帧结构包括帧头和净荷两部分：帧头包含地址及其他控制信息，交换网根据帧头中的地址信息将分组转发到目的终端；净荷是通信双方需要传输的数据信息，每个分组包含一段合适长度的用户通信数据。

存储-转发是分组交换的本质，交换过程中交换机首先将入线端口输入的分组暂时缓存到存储器，然后根据分组帧头中的地址信息将该分组在出线端口上排队。根据出线的忙闲程度和排队规则，将分组在合适的时机传输到出线上以完成转发。本质上而言，邮政通信和电报通信也是基于存储转发的思想。所不同的是，分组交换的最小信息单位是分组，而电报通信的最小信息单位是电报。分组交换通过将长的报文信息划分成多个短的分组可以缩短交换时延。

分组交换的数据传输过程中包括如下三步。

(1) 分组打包：数据源终端进行分组打包，将原始的长报文信息打包成多个短的带地址信息的分组，即首先将要发送的整个报文信息按照具体交换协议的规则划分成多个长度固定或者长度可变的较短数据块，然后在每个数据块的前面加上包含交换控制信息的帧头构成分组。分组在不同的具体协议中也称为报文或者信元等。通过将较长的报文划分为多个较短的分组，每个分组的传输时间较短，所以能降低交换时延，同时较短的分组还可以降低每次传输的误包率。但是又因为每个分组都必须携带的帧头会带来额外的固定开销，所以每个分组包含的数据块净荷也不能太短。

(2) 分组的存储转发：端到端传输链路上(位于源终端和目的终端之间)的所有的交换设备完成分组的存储转发，即每个交换设备先从上一跳交换设备(或者源终端设备)接收分组并缓存到存储器，然后根据分组携带的交换信息按照具体交换协议规则选择最佳路由或者固定路由转发给下一跳交换设备(或者目的终端设备)。为保证数据传输的正确性，存储转发过程中还包含差错控制机制，即根据具体协议的要求，逐跳或者端到端地进行差错检测及重发策略，要求上一跳或者源终端设备重发出错的分组。

(3) 数据重组：目的终端设备进行数据重组，即将收到的属于同一个报文的多个分组按照分组顺序重新组合并恢复出原来完整的报文信息。对于不同分组独立选择路由的交换方式，不能保证所有分组按照发送的顺序到达目的终端设备，因此需要对收到的分组进行重新排序，然后提取净荷组装成原始的报文并提交给上层应用。

根据交换过程中存储转发选择路由方式的不同，分组交换分为两种模式：无连接的数据报(Datagram)分组交换和基于连接的虚电路(Virtural Circuit)分组交换。

1. 数据报分组交换

使用数据报分组交换的端到端传输不需要链路建立和链路拆除阶段，直接进入消息传输阶段，因此称为是无连接的。数据报的每个分组都必须包含独立并且完备的交换控制信息(包括源地址和目的地址等)，使得交换网在不依赖于任何之前的信息交换的前提下，可以仅依据该控制信息将各分组独立地路由到目的终端设备。交换设备根据地址信息为每个分组独立地选择最佳路由，因此同一报文的多个分组可能会经过不同的交换路径到达目的终端。不同路径上的传输时延和误码率的不同可能造成同一报文的不同分组到达目的终端时出现乱序、重复与丢失的现象，因此目的终端需要重排序等数据重组工作。

数据报分组交换没有链路建立和链路拆除阶段，因此传输突发性的短报文效率较高。因为每个分组需要独立路由，带来的优点是对于网络故障也有更强的适应能力；缺点是每个分组附加的帧头控制信息多，使得分组额外开销增大并且交换设备的处理复杂度更高。

基于无连接的数据报分组交换的典型协议包括互联网协议(Internet Protocol，IP)、用户数据报协议(User Datagram Protocol，UDP)等。

IP 数据报格式如图 5-13 所示，帧头部分包括 20 字节的固定字段和可变长度部分。其中 32bit 的源 IP 地址和 32bit 的目的 IP 地址用于路由选择，13bit 的片偏移用于目的终端的数据重组。

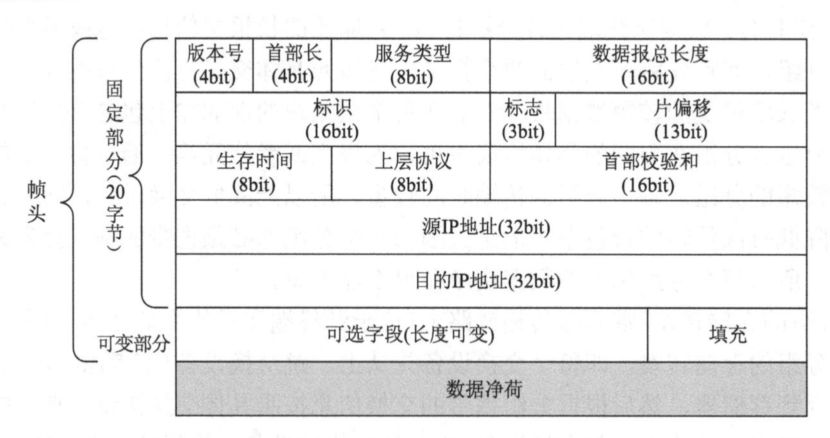

图 5-13　IP 数据报格式

2. 虚电路分组交换

虚电路是基于连接的分组交换技术，即在数据传输之前首先需要在源终端和目的终端之间建立一条逻辑连接电路。所有的分组沿着这条固定的电路传输，就像电路交换中的电路一样，因此这样一条逻辑连接电路称为虚电路。

虚电路分组交换的具体工作过程：①逻辑连接电路建立阶段，源终端和目的终端根据完整的地址信息在源终端、目的终端以及交换网中确定一条逻辑连接电路，即虚电路。每条虚电路用一个短的虚电路标识符表示，虚电路上沿路所有的交换设备登记该虚电路标识符以及路由信息。②数据传输阶段，整个报文的所有分组都沿着事前建立的虚电路传输，即不需要再为每个分组单独选择路由。每个分组不需要携带完整的地址信息，仅需要携带虚电路标识符，因此分组的额外控制开销小。交换设备只需要根据虚电路标识符查找路由以表完成转发，因此处理简单、转发速度快。同一报文的所有分组沿相同路径到达目的终端，因此不会发生分组乱序，目的终端收集分组后无须重新排序。为保证分组无差错、无丢失、不重复地可靠传输，虚电路分组交换还包含逐跳的或者端到端的差错控制机制。③虚电路拆除阶段，当所有数据发送完毕之后拆除虚电路，交换设备清除该虚电路标识符以及路由信息条目。

根据逻辑连接持续时间的不同，虚电路可以分为交换虚电路(Switched Virtual Circuit，SVC)和永久虚电路(Permanent Virtual Circuit，PVC)。SVC 是终端之间按需动态建立的临时性连接，在数据传输之前建立并且传输结束之后立即拆除连接。PVC 是终端之间的永久性连接，是由服务商预先配置提供的专线服务，在数据传输时不需要再经历连接建立和连接拆除阶段。

虚电路分组交换和电路交换都是基于连接的交换技术，都包含建立连接的额外开销，能够保证分组按序传输。但是电路交换中的每条连接独占传输链路，能够提供传输容量和时延的保证。而虚电路并不独占传输链路，而是采用统计复用的方式和共享相同交换设备的其他虚电路共享传输链路。因此虚电路的传输容量和时延不能保证，受到以下因素的影响：共享相同交换设备的其他虚电路所承载的业务强度、本虚电路承载的分组长度和业务速率。

使用虚电路分组交换的典型协议包括传输控制协议(Transmission Control Protocol，TCP)、流控制传输协议(Stream Control Transmission Protocol，SCTP)、X.25、帧中继(Frame Relay，FR)、异步传输方式(Asynchronous Transfer Mode，ATM)、通用分组无线服务(General Packet Radio Service，GPRS)、多协议标签交换(Multi-Protocol Label Switching，MPLS)。以 X.25 为例，它是最早的面向连接的分组交换技术之一，主要应用于早期速率低、误码率高的电话传输线路。X.25 协议是通过专用电路和公用数据网络连接的数据终端设备(Data Terminal Equipment，DTE)与数据通信设备(Data Communication Equipment，DCE)之间的接口协议，它定义了物理层、数据链路层和分组层协议，分别对应 OSI 七层模型的下三层。X.25 协议的数据链路层采用了完全的差错控制，包括帧定位、差错检验和确认消息，不仅浪费了带宽，还增加了分组传输时延；X.25 协议的分组层完成交换功能。随着物理传输链路可靠性的提升，数据链路层的差错控制逐渐弱化，X.25 逐渐被帧中继以及 ATM 技术取代。

分组交换相对于电路交换的主要优点如下。

(1)传输链路利用率高。与电路交换独占传输链路的方式不同，分组交换的传输链路是由多路分组数据采用统计时分复用的方式共享使用的。每个分组只在传输过程中占用传输链路，减少了链路空闲的概率，因此传输链路的利用率高。

(2)不同类型的终端之间可以通信。分组交换设备以分组为单位的存储-转发机制使得交换网能够进行速率、码型、同步方式和协议的变换，所以不同传输速率、不同信息格式、不同编码类型、不同同步方式和不同通信协议的终端之间都可以通过分组交换网进行通信。

(3)不会拒绝新的交换请求。电路交换中的每一路交换都需要独占一路传输链路和交换设备资源，因此所支持的总交换数是有限的，当通信量过大时，电路交换网将拒绝新的交换请求。而由于分组交换网采用统计时分复用方式占用传输链路，交换设备基于存储-转发机制，因此分组始终可以被接收，只是在通信量大时，交换时延会增加。

(4)能够使用优先级。分组交换基于存储-转发机制，交换设备中所有待转发的分组会排队存储转发。因此可以设置带优先级的排队规则，让高优先级的分组优先被转发，使得高优先级的分组交换时延降低。

(5)可靠性高。分组交换可以进行逐跳或者端到端的差错控制，能够保证无差错的传输。而且使用数据报分组交换时，分组还可以自动避开出故障的路由，进一步提高了交换的可靠性。而在电路交换网中是没有差错控制的。

分组交换相对于电路交换的主要缺点如下。

(1)数据传输过程中的控制开销大。电路交换中一旦电路建立，整个消息传输过程中传输的就是纯数据，没有额外的控制开销。然而在分组交换中，每个分组都需要包含源地址和目的地址(或者虚电路标识符)以及其他控制信息作为帧头，这些信息降低了可用来承载用户数据的有效通信容量。

(2)交换时延大。电路交换的时延很小：空分电路交换只有电路的传播时延，几乎为零；时分电路交换只产生固定的时隙搬移的时延，每个时隙只用于存储一个采样信号，所以时延也非常小。而分组交换需要将整个分组先存储，然后根据帧头信息转发，所以交换时延包括三部分：①接收整个分组的输入时延；②分组在出线端口的排队时延；③节点处理帧头信息的处理时延。因此分组交换带来的时延较大。

(3)时延抖动大。电路交换中一旦建立电路，时延是固定的，不会产生变化。而分组交换中每个分组的时延受三个因素影响：①分组的长度；②分组所经过的交换路径；③分组经过每个交换节点时所经历的排队时延。对于每个分组而言，上述三个因素可能都不同，因此总的时延抖动有可能还很大。

(4)交换处理复杂。电路交换中一旦建立电路，交换机就几乎不需要进行处理了。而分组交换还需要解析每个分组的帧头来选择每个分组的下一跳路由，因此要求分组交换设备具有较高的处理能力。

综上所述，分组交换适用于突发性强、不连续占用信道、对时延不敏感、要求误码率低的数据业务。分组交换技术主要应用于计算机网络等数字通信网络，如因特网和局域网等。

5.2.3　快速分组交换

为了进一步提高传统分组交换网的交换能力，一方面需要提高物理链路的传输能力，另一方面还需要加快交换设备的交换处理速度。在传输链路方面，早期电话网的误码率约为 10^{-4}～10^{-5} 量级，而现如今光纤网的误码率已降低到 10^{-9} 量级以下。传输链路在误码率性能和信道容量两方面都获得了极大的提高。利用传输链路性能的提升，交换协议可以简化协议交换过程以提高交换速度，因此发展出了帧中继和异步传输方式两种快速分组交换技术。

1. 帧中继

帧中继是在数字光纤传输链路代替了原有的模拟电话传输链路之后，由 X.25 发展起来的基于连接的分组交换技术。因为 X.25 协议基于早期误码率高的电话传输链路，而帧中继的物理层采用了几乎无差错的光纤链路，因此帧中继简化了 X.25 协议中逐段的差错控制和流量控制，以实现快速交换。

图 5-14 给出了 X.25 和帧中继的网络协议栈结构对比。由图 5-14(b) 可知，帧中继的交换设备只包含物理层和部分数据链路层协议。帧中继将完全差错控制功能放在源终端

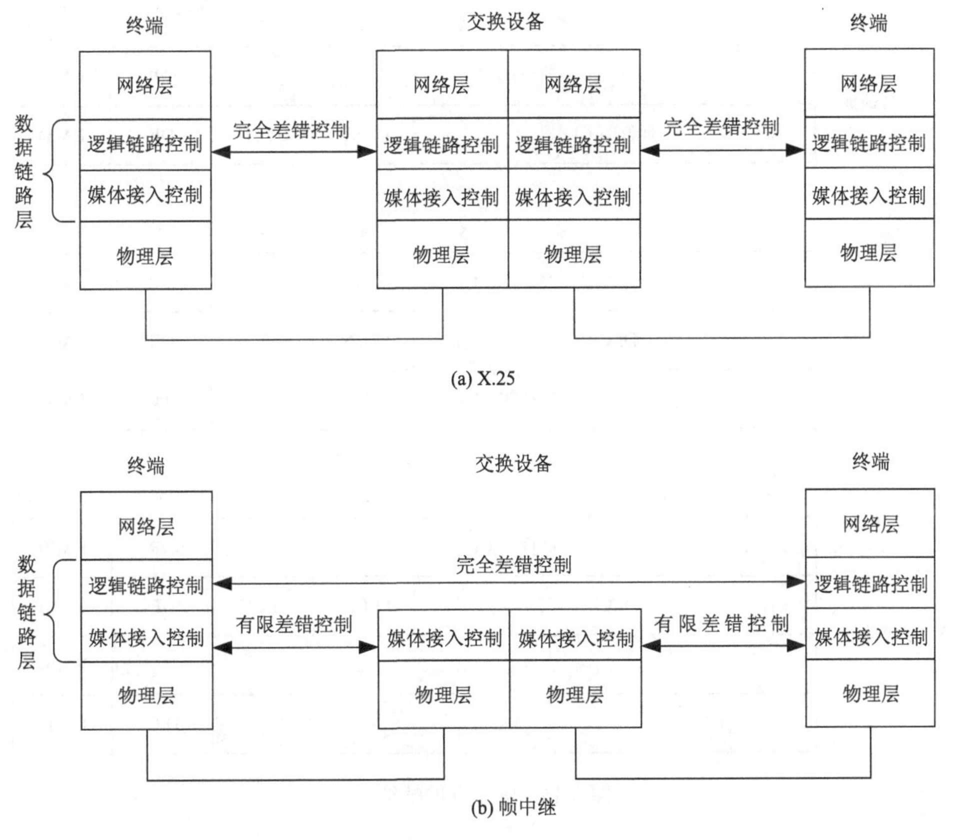

图 5-14　X.25 和帧中继网络协议栈结构对比

和目的终端设备中完成，交换设备只进行简单的检错并丢弃出错帧以实现有限的差错控制，在交换网内不进行逐段的确认与出错重传。而 X.25 需要通过逻辑链路控制子层的平衡型链路接入规程(Link Access Procedure Balanced，LAPB)实现逐段的完全差错控制。同时，X.25 协议的分组在网络层实现交换，而帧中继的分组在数据链路层实现交换。综合上述两个因素可知，帧中继相较于 X.25 简化了处理过程，加快了交换速度。

1986 年，AT&T 首先在其关于 ISDN 的技术规范中提出了帧中继业务。制定帧中继标准的国际组织主要有 ITU-T、ANSI 和帧中继论坛。标准 ITU-T Q.922 的附件 A.2 中给出了帧中继的帧结构，如图 5-15 所示，包含四个字段：标志字段 F、地址字段 A、信息字段 I 和帧校验字段 FCS。

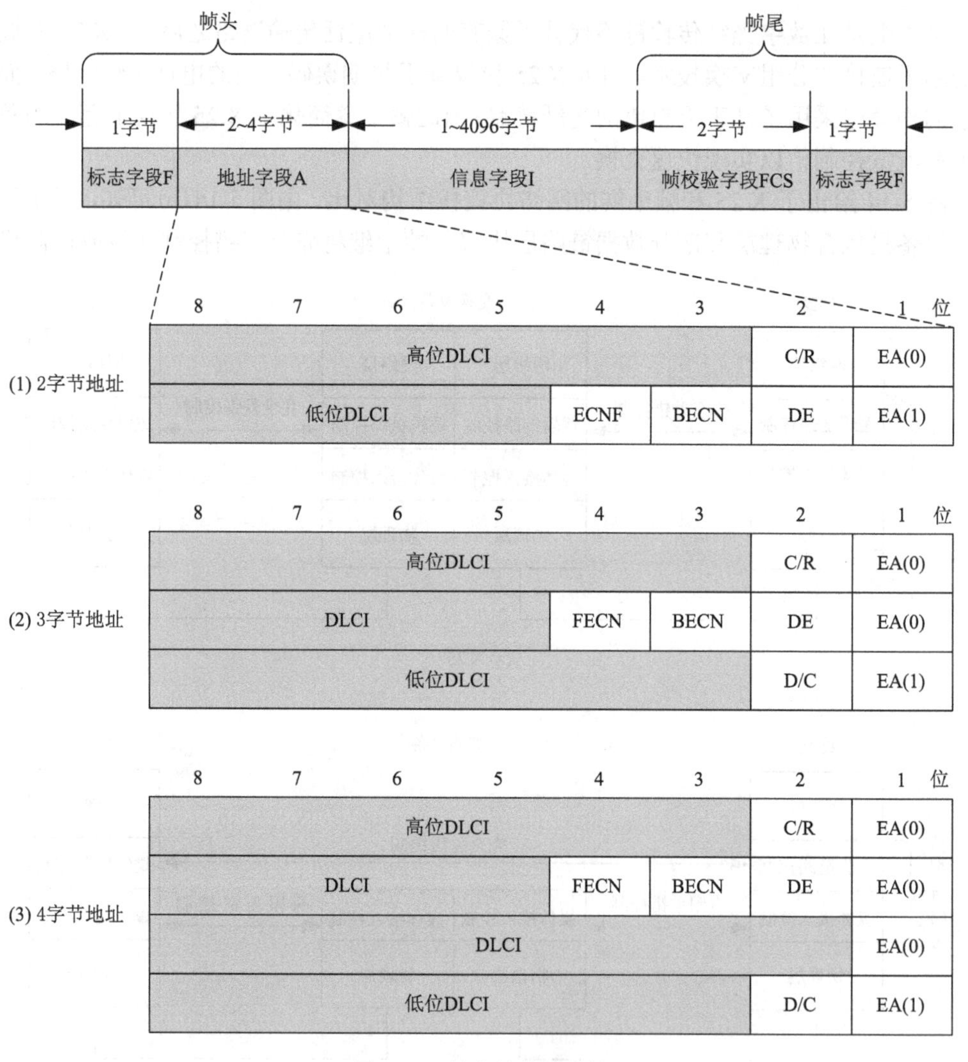

图 5-15　帧中继的帧结构

(1)标志字段 F。它是一个特殊的比特组 01111110，它的作用是标志一帧的开始和结束，用于实现帧的定位。

(2)地址字段 A。它用于标识同一物理通道内的不同逻辑链路，以及做拥塞控制。它的默认长度是 2 字节，可以扩展到 3 字节或者 4 字节。图 5-15 中，三种不同长度的地址字段 A 所包含的信息字段如下。

①DLCI。数据链路连接标识符(Data Link Connection Identifier，DLCI)，用于标识同一物理通道内的不同逻辑链路，实现多个用户逻辑数据流的复用与交换。DLCI 仅具有本地意义，数据包在虚电路上每经过一个交换机，DLCI 都会发生改变。

②C/R。命令响应指示(Command/Response，C/R)，帧中继不使用。

③EA。地址扩展(Address Field Extension，EA)，EA=0 表示地址字段还没有结束，EA=1 表示地址字段结束。

④FECN。前向显式拥塞通告(Forward Explicit Congestion Notification，FECN)，FECN=1 表示该帧传送的方向上发生了拥塞，反之，FECN=0 表示无拥塞。

⑤BECN。后向显式拥塞通告(Backward Explicit Congestion Notification，BECN)，BECN=1 表示该帧传送的反方向上发生了拥塞，反之，BECN=0 表示无拥塞。

⑥DE。丢弃允许(Discard Eligibility，DE)，DE=1 表示当拥塞发生时该帧可以被丢弃，反之，DE=0 表示不允许被丢弃。

⑦D/C。DLCI/DL-Control 控制指示比特，D/C=0 表示最后一个字节的高 6 位为 DLCI 值，D/C=1 表示最后一个字节的高 6 位为 DL-CORE 的控制信息。

(3)信息字段 I。它包含的是用户数据，长度以字节为单位在 1～4096 变化。为了保证信息字段中不出现与帧标志字段 F 相同的比特结构，发送端需要对开始标志和结束标志之间的内容进行插值，在连续五个 1 后插入一个 0，接收端对收到的帧进行相反处理。

(4)帧校验字段 FCS。它是一个 16 比特的 CRC 序列，只检错不纠错。

帧中继可提供永久虚电路(PVC)和交换虚电路(SVC)两种交换方式，其中以 PVC 方式为主。PVC 的建立是通过本地管理接口(Local Management Interface，LMI)协议或者人工设置实现的。帧中继采用专用的逻辑信道来传输控制信令，将控制信道与用户数据信道分开。例如，ANSI T1-617 和 ITU-T Q.933 使用 DLCI=0 的 PVC 传送 LMI 消息报文，CISCO 使用 DLCI=1023 的 PVC 传送 LMI 消息报文。帧中继网在用户-网络接口之间建立起虚电路连接，实现信道统计复用和虚电路转接。用户只有在发送数据时才占用虚电路的带宽，无数据传输时虚电路保持连接，但是不占用带宽资源。

帧中继的虚电路数据转发原理如图 5-16 所示。帧中继交换机在 PVC 的电路预定或 SVC 的呼叫建立阶段，通过在端到端路径上的各个交换机中添加由输入和输出的端口号与 DLCI 组成的路由转接表项来建立虚电路。例如，图 5-16 中虚线所示的路径上三个交换机 A、B、C 的路由表中灰色背景的表项。DLCI=101 的数据包首先从交换机 A 的 14 号端口进入，查找交换机 A 的路由表后知道需要从 13 号端口转发，同时 DLCI 需变为 102。因此在交换机 A 中需要把图 5-15 所示的帧结构中的 DLCI 从 101 替换为 102，因为帧头内容发生了改变导致还需要重新计算帧尾的 FCS 字段。同理，数据包经过交换机 B 和 C 的时候需要把 DLCI 分别替换为 103 和 104 并更新 FCS，最终从指定的帧中继网的用户-网络接口输出。因为 DLCI 是一种短小并且定长的标签，所以方便使用硬件实现高速转发。

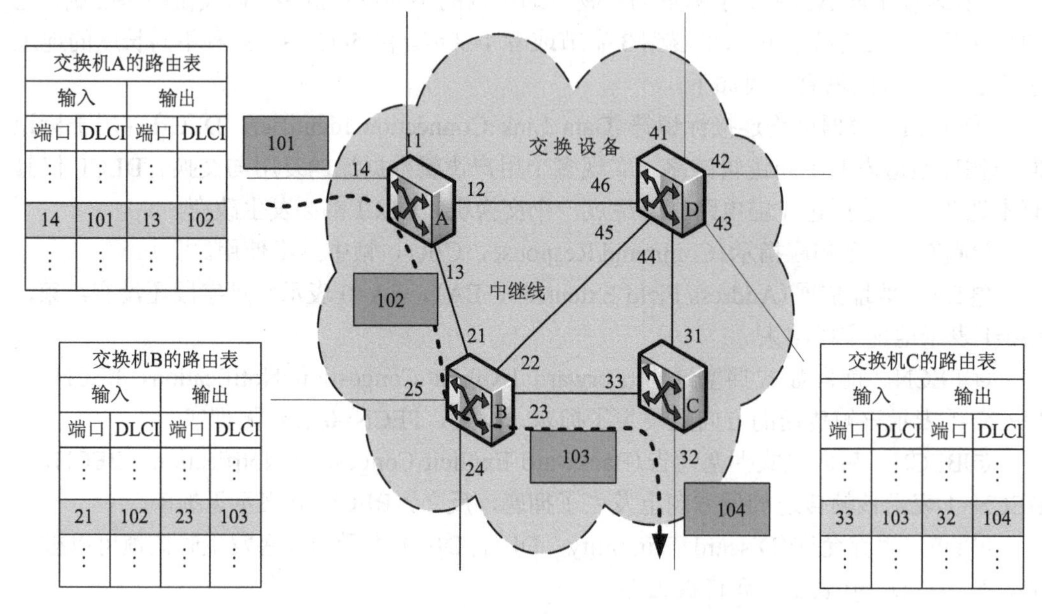

图 5-16　帧中继的虚电路数据转发原理

帧中继只规定了数据链路层和物理层的协议规范，与其他高层协议相互独立。因为其带宽利用率高、交换时延低的优点，帧中继主要应用于局域网间的互联，尤其是局域网通过广域网进行的互联。

2. ATM

异步传输方式(ATM)也是基于光纤链路的交换技术，它对 X.25 做了进一步的简化：一方面是简化差错控制和流量控制，如图 5-17 所示，ATM 交换设备不做任何差错控制，差错控制完全放在端到端设备中完成；另一方面是固定数据包的长度，ATM 网络中传输的基本信息单位称为信元，ITU-T 规定信元长度固定为 53 字节。固定长度的帧结构便于

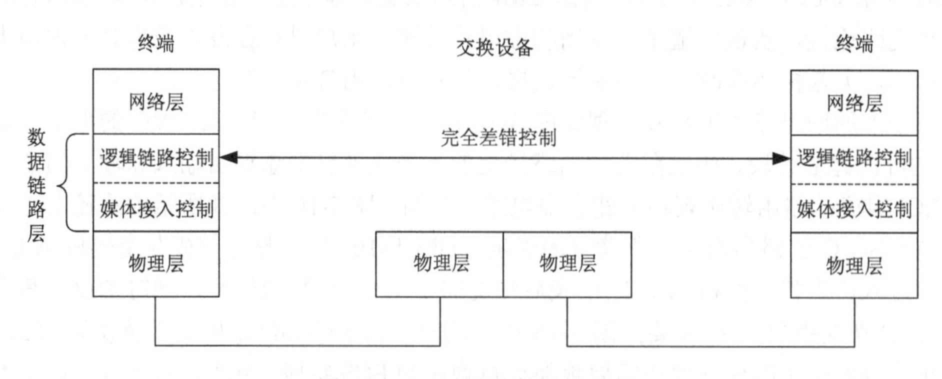

图 5-17　ATM 网络协议栈功能

用硬件实现高速转发，并且降低了交换处理时延。ATM 的命名源于 ATM 信元并不会周期性地在时域上占用传输链路，而是根据业务需求动态地占用信道，并根据信元头部中的信道标识来进行交换。

ITU-T 在 I.361 建议中规定 ATM 信元前 5 字节为信头，后 48 字节为信息域。如图 5-18 所示，ATM 信元包含两种信元结构，分别应用于用户-网络侧接口(User-Network Interface，UNI)和网络节点接口(Network-Node Interface，NNI)。

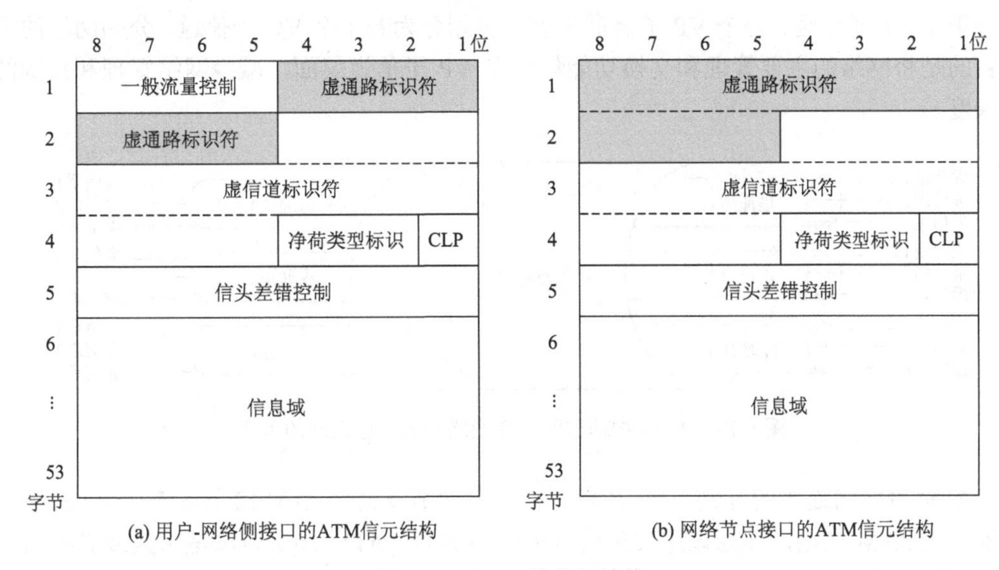

(a) 用户-网络侧接口的ATM信元结构　(b) 网络节点接口的ATM信元结构

图 5-18　ATM 的信元结构

(1) 一般流量控制(General Flow Control，GFC)字段，占 4 位，仅包含于 UNI 的 ATM 信元结构。ITU-T 在 I.150 建议中定义了 GFC 的具体功能，GFC 用于控制 UNI 上多个用户共享缓存器、接口线路等资源时的总业务量，消除网络中常见的短期过载现象。

(2) 虚通路标识符(Virtual Path Identifier，VPI)字段，UNI 的 VPI 占 8 位，NNI 的 VPI 占 12 位，用于 ATM 网络中的虚通路路由选择。

(3) 虚信道标识符(Virtual Channel Identifier，VCI)字段，占 16 位，用于 ATM 网络中的虚信道路由选择。

(4) 净荷类型标识(Payload Type Indication，PTI)字段，占 3 位，用于标识帧体 48 字节信息域的信息类型。最高位为 0 表示信息域为用户数据，最高位为 1 表示管理数据。

(5) 信元丢失优先级(Cell Loss Priority，CLP)字段，占 1 位，用于标识信元丢弃的优先级，队列满时优先丢弃 CLP=1 的信元。

(6) 信头差错控制(Head Error Control，HEC)字段，占 8 位，用于信头差错控制与信元定界。HEC 字段除了对信头提供保护，防止 VPI 和 VCI 出错带来的干扰以外，还用于信元同步，即搜索并保持信元第一个比特的正确起始位置。因为 ATM 信元没有帧中继那样用于帧定位的特殊标志字段，ITU-T 的 I.432 建议规定利用 HEC 字段来定界，如果连续多个逐信元的 HEC 检验正确，则认为实现了同步，找到了正确的 ATM 信元起始位置。

ATM 网络中的物理链路上不管有无用户的业务信息，都存在首尾相连、连续地传递的信元流。来自不同用户的信元汇集到 ATM 交换机出线的缓冲器内排队，信元依次复用到物理链路上输出。当队列中为空，即没有用户业务信息时，物理链路上输出空闲信元；如果新的信元到达缓冲器时队列已满，则丢弃后到的信元。

根据图 5-18 的 ATM 信元结构可知，ATM 网络的逻辑连接采用了虚通道(Virtual Path，VP)和虚信道(Virtual Channel，VC)两级信道复用。如图 5-19 所示，物理链路首先划分为若干个 VP 子信道，每个 VP 子信道又进一步划分为若干个 VC 子信道。分为两级的主要目的是将网络的主要管理和交换功能集中在 VP 子信道层面，减少网络管理和控制的复杂度。

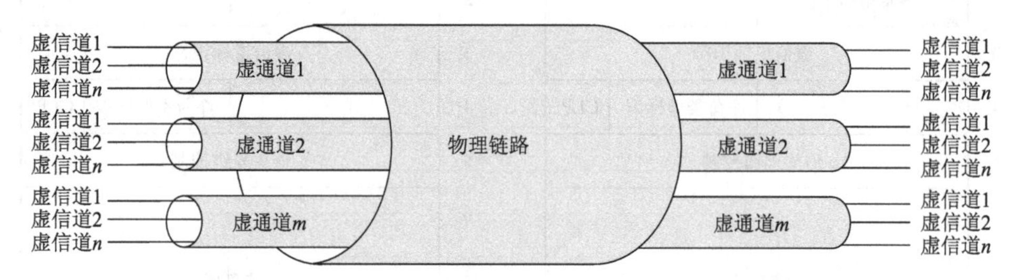

图 5-19　ATM 物理链路、虚通路和虚信道之间的关系

ATM 以面向连接的方式工作，在数据传输之前需要使用 ATM 信令系统基于 VPI/VCI 标签建立 ATM 连接，并为该连接预先分配网络资源。ATM 连接可以是永久或者半永久的，也可以按需临时建立。

ATM 网络中的信元交换分为 VP 交换和 VC 交换两种。在 ATM 转接局之间一般只进行 VP 交换，它将一条 VP 上所有的 VC 链路全部转送到另一条 VP 上，所以对应信元中的 VPI 值改变，VCI 值不变。在 ATM 端局的信元一般需要 VC 交换，即信元的 VPI 值和 VCI 值都要发生改变。

图 5-20 演示了用户 A 和用户 B 之间经过两个端局、一个转接局进行通信的过程：用户 A 的数据经过 ATM 终端设备转换成 VPI=23，VCI=54 的 UNI 信元；经传输到达 ATM 端局交换机 A 的端口 11，按照预先建立的虚电路转接表可知该信元需进行 VC 交换，标签替换为 VPI=44，VCI=92，变成 NNI 信元从交换机 A 的端口 13 输出；经传输到达 ATM 转接局交换机 B 的端口 21，经 VP 交换将标签替换为 VPI=31，VCI=92 的 NNI 信元从交换机 B 的端口 23 输出；经传输到达 ATM 端局交换机 C 的端口 33，经 VC 交换将标签替换为 VPI=11，VCI=36 的 UNI 信元从交换机 C 的端口 32 输出；最后经 ATM 终端设备转换成用户数据后交付给用户 B。

ATM 是一种与通信业务无关的高速宽带交换技术，能够同时支持语音、数据和多媒体等不同类型的实时与非实时业务。ATM 交换技术融合了电路交换和分组交换的优点，具有能支持不同速率的业务交换、吞吐量大、交换时延和时延抖动小以及能够提供点到多点或广播式通信的优点。但是 ATM 力求包揽一切的设计目标也使其存在技术复杂、价格昂贵的缺点，并且短小定长的帧结构使得信元首部的开销比例过大。

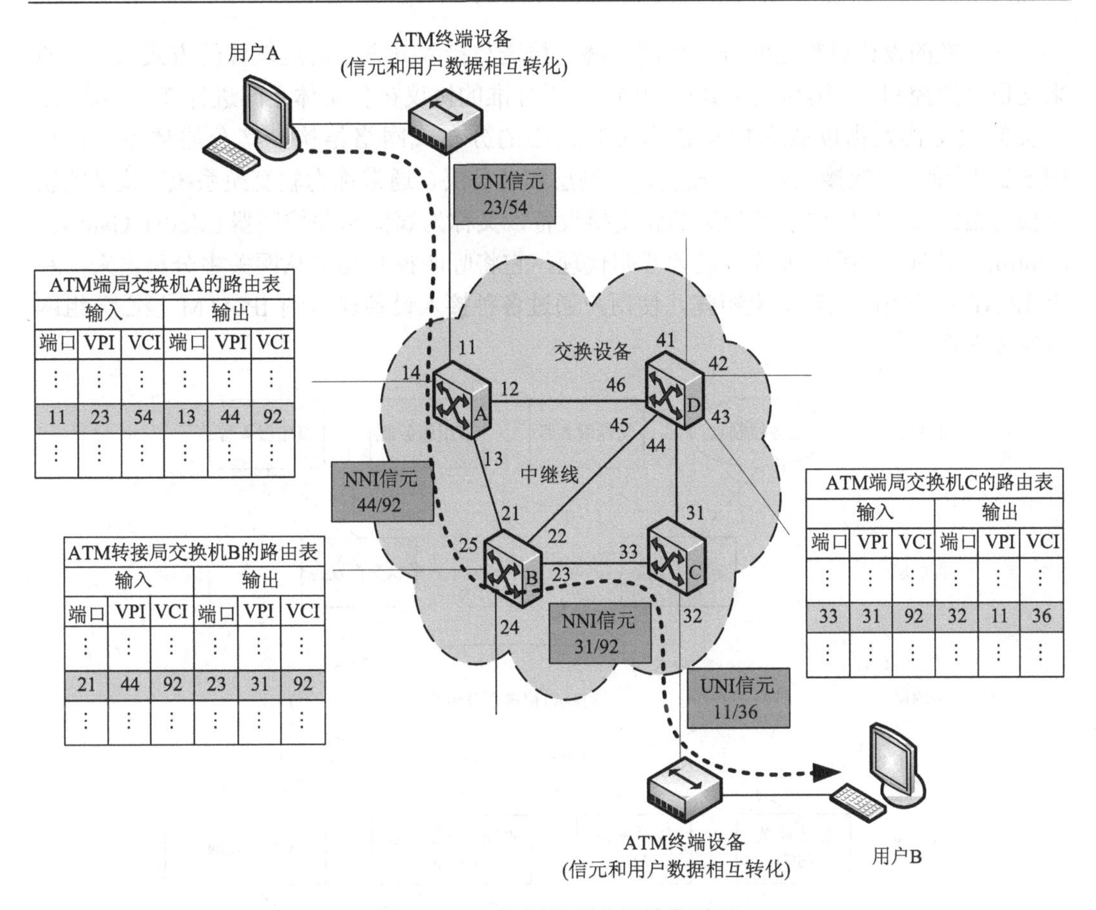

ATM端局交换机A的路由表

输入			输出		
端口	VPI	VCI	端口	VPI	VCI
⋮	⋮	⋮	⋮	⋮	⋮
11	23	54	13	44	92
⋮	⋮	⋮	⋮	⋮	⋮

ATM转接局交换机B的路由表

输入			输出		
端口	VPI	VCI	端口	VPI	VCI
⋮	⋮	⋮	⋮	⋮	⋮
21	44	92	23	31	92
⋮	⋮	⋮	⋮	⋮	⋮

ATM端局交换机C的路由表

输入			输出		
端口	VPI	VCI	端口	VPI	VCI
⋮	⋮	⋮	⋮	⋮	⋮
33	31	92	32	11	36
⋮	⋮	⋮	⋮	⋮	⋮

图 5-20　ATM 网络的数据转发原理

5.2.4　软交换

1997 年美国朗讯科技公司的贝尔实验室首先提出了软交换的概念，初衷是将基于电路交换的传统公共电话交换网和基于分组交换的 IP/ATM 数据网络融合。根据国际软交换论坛的定义，软交换是基于分组网利用程控软件提供呼叫控制功能与媒体处理相分离的设备和系统。我国《软交换设备总体技术要求》中对软交换设备的定义是：“软交换设备(Softswitch)：是电路交换网向分组网演进的核心设备，也是下一代电信网络的重要设备之一，它独立于底层承载协议，主要完成呼叫控制、媒体网关接入控制、资源分配、协议处理、路由、认证、计费等主要功能，并可以向用户提供现有电路交换机所能提供的业务以及多样化的第三方业务”。

简单而言，软交换就是实现传统程控交换机的呼叫控制功能的实体。呼叫控制负责呼叫的建立、维持和清除功能。传统的呼叫控制功能是和业务处理紧密耦合的，并且不同类型的业务所需的呼叫控制功能不同，例如，PSTN 使用 7 号信令协议，而 IP 网络使用 SIP 协议。为了实现软交换与业务无关，这就要求软交换提供的呼叫控制功能是支持各种业务的基本的、综合的呼叫控制。

软交换的设计思想是业务与控制分离、传送与接入分离，通过软件的方式来完成原来交换机的控制、接续和业务处理功能，并以标准的协议在各实体之间进行连接和通信。广义的软交换是指以软交换设备为控制核心的分布式网络结构，其分层体系结构如图 5-21 所示，包括接入层、传输层、控制层和业务层，通常称为软交换系统。狭义的软交换特指图 5-21 中位于控制层的软交换设备，又称为媒体网关控制器(Media Gateway Control，MGC)、呼叫服务器或者呼叫代理，它将呼叫控制功能从网关中分离出来，利用 IP/ATM 分组网代替交换矩阵，使用户通过各种接入设备连接到 IP/ATM 核心分组网以完成交换。

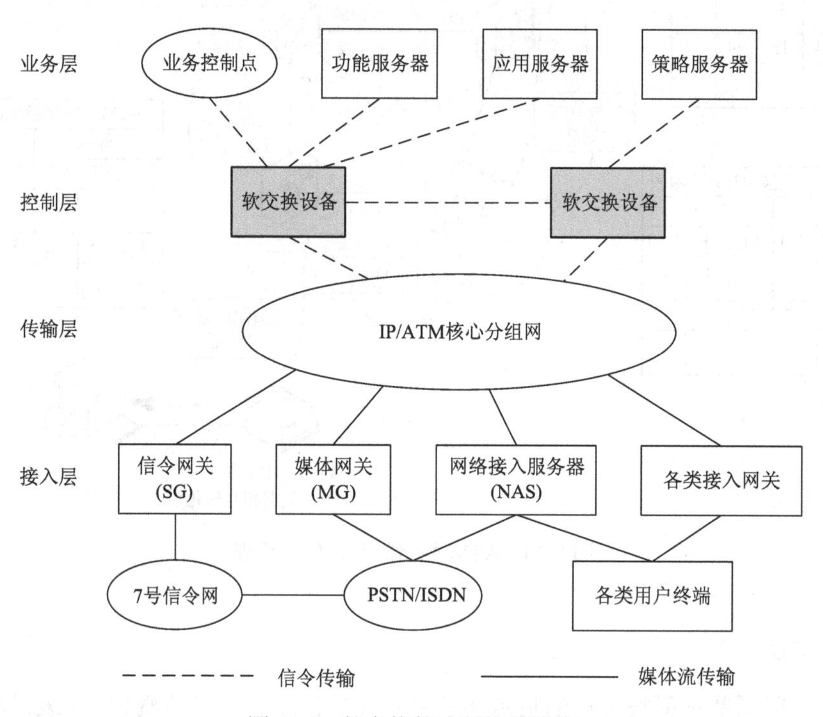

图 5-21　软交换的分层体系结构

软交换网自底向上各层及各层主要构件的功能如下。

1) 接入层

接入层的主要功能是提供各种用户终端、用户驻地网和传统通信网络接入到核心网的网关，利用各种接入设备实现不同用户的接入及不同信息格式的转换。其功能类似于传统程控交换机中的用户模块或中继模块。主要构件包括信令网关(Signaling Gateway，SG)、媒体网关(Media Gateway，MG)、网络接入服务器(Network Access Server，NAS)等。

网关的作用是完成两个异构网络之间的媒体信息和信令信息的相互转换，使一个网络的信息能够在另一个网络中传输。信令网关位于 7 号信令网和 IP 网的边缘，完成 7 号信令消息和 IP 网信令消息的互通，主要对信令消息进行中继、翻译或终接处理。信令网关的一端通过 IP 协议和媒体网关控制器通信，另一端通过 7 号信令和 PSTN 通信。

媒体网关位于 PSTN/ISDN 和 IP/ATM 分组网的边缘，完成电路交换网的承载通道和分组网的媒体流之间的媒体格式的转换，将各种用户或网络综合接入核心网。媒体网关的一端连接 PSTN 电路，另一端作为路由器连接到 IP/ATM 分组网。媒体网关包括 IP 中继媒体网关、ATM 中继媒体网关和综合接入媒体网关。位于接入层的媒体网关本身不具有智能，要靠位于控制层的软交换设备的控制才能实现完整的功能，目前的控制协议主要有 MGCP、H.248 和 MEGACO。

网络接入服务器位于 PSTN/ISDN 与 IP 网的接口处，是现有网络的拨号接入服务器。网络接入服务器是远程访问接入设备，用于将拨号用户接入 IP 网，完成远程接入、实现拨号虚拟专用网、构建企业内部网等应用。

2) 传输层

传输层用于传送软交换网承载的所有业务和媒体，将各种媒体通过宽带传输通道路由至目的地，目前主要指 ATM 分组网和 IP 分组网。传输层与接入层之间传递的是媒体流，接入层的网关将各种不同种类的业务媒体转换成统一的格式(如 IP 分组或者 ATM 信元)之后在传输层的核心分组网实现传送。

3) 控制层

控制层是软交换网的交换控制核心，控制底层网络元素端到端连接的建立和对业务流的处理，该层的设备就称为软交换设备或媒体网关控制器。软交换设备通过标准协议与其他网络构件通信：软交换设备之间互通采用与承载无关的呼叫控制协议(Bearer Independent Call Control protocol，BICC)和会话起始协议(Session Initiation Protocol，SIP)；软交换设备与媒体网关互通采用媒体网关控制协议(Media Gateway Control Protocol，MGCP)、H.248 和 MEGACO；软交换设备与信令网关互通采用信令传送协议(Signaling Transport，SIGTRAN)；软交换设备与智能终端互通采用 H.323 或 SIP 协议。

软交换设备的主要功能如下。

(1) 呼叫控制功能。软交换设备负责呼叫连接的建立、维持和释放，包括呼叫处理、连接控制、智能呼叫触发检出和资源管理等。只有信令信息经过软交换设备，用户之间传递的业务和媒体流并不经过软交换设备。

(2) 协议适配功能。软交换设备支持丰富的协议类型，通过标准协议与媒体网关、信令网关、应用服务器和其他软交换设备等网络构件之间互通。

(3) 业务接口提供功能。软交换设备向业务层提供开放的标准接口，不仅能提供现有电路交换机提供的所有业务，也能与现有智能网配合提供现有智能网提供的业务，还能通过开放的接口与第三方合作提供多种增值业务。

(4) 互联互通功能。以软交换设备为核心的软交换网必须能与现有网络互联互通，如与现有 PSTN/ISDN 电路交换网互通、与现有 7 号信令网的互通、与现有智能网的互通、与采用 H.323 协议的 IP 电话网互通等。

(5) 计费、网关、操作维护等功能。软交换设备需要进行计费和信息采集并将其送往计费中心，提供业务统计和设备运行状态分析，以及支持对简单网络的管理协议进行配置和管理。

4) 业务层

业务层提供终端用户增值业务的网络管理功能，负责在呼叫建立的基础上提供各种各样的增值业务，控制相应的网络管理和服务。业务层由业务控制点和一系列业务应用服务器组成，其中，服务器包括应用服务器、功能服务器、策略服务器等。应用服务器利用软交换设备提供的标准应用编程接口来完成业务创建和维护。功能服务器提供业务的验证、鉴权和计费服务功能。策略服务器实现资源接入和使用规则的管理功能。

扩展阅读：中国首台大型数字程控交换机 HJD04

20 世纪 80 年代，为满足国内经济日益复苏带来的旺盛通信需求，各省纷纷自主引入国外程控交换技术来发展电话网，最终形成了“七国八制”的局面。“七国八制”是指当时来自七个国家的八种制式的交换技术，包括日本的日本电气股份有限公司和富士通株式会社、美国的朗讯科技公司、加拿大的北方电讯公司、瑞典的爱立信公司、德国的西门子股份公司、比利时的 BTM 公司和法国的阿尔卡特公司。

有跨国公司曾断言“20 世纪中国人搞不出大型数字程控交换机”，大型数字程控交换机技术一时成了当时中国的“卡脖子”技术。1991 年，我国首台大容量数字程控交换机——HJD04 机成功问世。HJD04 机的主要指标与“七国八制”相比具有明显的优势和更高的性价比，特别是在程控交换机的标志性指标——忙时处理能力方面，以近 3 倍的优势打破了德国西门子股份公司创造的世界纪录并保持了 4 年之久。

到 1999 年年底，HJD04 机累积网上运行总量达到 2000 万线，占局用交换机总量的 14%，一举成为国产程控交换机的主力机型。HJD04 机从根本上扭转了我国电信网建设受制于人的被动态势，让西方国家对我国实施的大型程控交换机禁运制裁行动彻底破产，同时也带动了大唐电信科技股份有限公司、中兴通讯股份有限公司和华为技术有限公司等一批国内通信企业的兴起，为后来中国通信产业的崛起创造了条件。时至今日的 5G 时代，以华为技术有限公司为代表的中国高科技企业已经位于领跑的位置。中国的通信事业从 1G 空白、2G 跟随、3G 突破、4G 并跑到如今的 5G 领跑，这是中国自主创新的典范。

HJD04 大型数字程控交换机的系统结构如图 5-22 所示。HJD04 大型数字程控交换机全系统包含 32 个交换模块，每个交换模块具有 2000 个用户端口、840 个中继端口，系

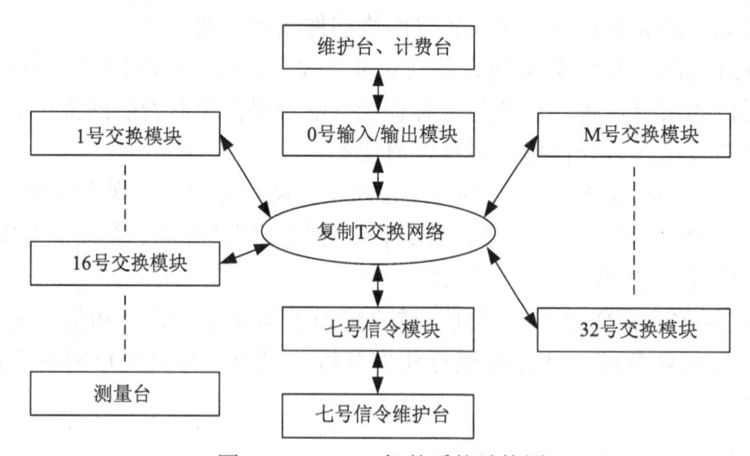

图 5-22　HJD04 机的系统结构图

统容量达 16 万等效线，处理能力可达 200 万忙时试呼次数。HJD04 机采用逐级分布式结构和全分散控制方式，全系统分为业务台平面、输入/输出平面、交换处理平面、功能处理平面和协处理平面。数字交换网采用复制 T 交换网络，结构简单，控制灵活。各模块间采用交换网内固定时隙的点对点通信方式。软件系统采用模块化设计，支持系统的分布式结构。

习　题

5-1　导向媒介主要有哪几种？分别用于什么场景？

5-2　三路独立信源的最高频率分别为 1kHz、2kHz 和 3kHz，如果每路信号的抽样频率均为 8kHZ ，采用时分复用的方式进行传输，每路信号均采用 8 位二进制编码。

(1) 帧长为多少？每帧多少时隙？

(2) 计算信息速率。

(3) 计算理论最小带宽。

5-3　请简要说明什么是虚电路方式和数据报方式，并比较它们的优缺点。

5-4　参照习题 5-4 图，若要在输出线 1、2、3、4、5、6、7 和 8 上分别输出来自输入线 3、5、2、4、3、5、6 和 1 的信元信息，请填写相关内容。

5-5　参照习题 5-4 图，若要实现输入线 1 对输出线 2、3 和 4 的点对多点连接，以及输入线 2、3、4、5 和 6 分别对输出线 8、5、7、1 和 6 的点对点连接，请填写相关内容。

5-6　在 ATM 系统中，什么是虚通路？什么是虚信道？它们之间存在着什么样的关系？指出VPI和VCI的标识符在 ATM 信元中的位置(最好画图描述)。

5-7　为一个交换网定义下列参数：

N——两个给定的端系统之间的跳数；

L——报文长度，单位是 bit；

B——在所有链路上的数据速率，单位是 bit/s；

P——固定的分组大小，单位是 bit；

H——每个分组中的额外开销(首部)，单位是 bit ；

S——呼叫建立时间(电路交换或虚电路)，单位是 s；

T——连接释放时间(电路交换或虚电路)，单位是 s；

D——每一跳的传播时延，单位是 s。

(1) 对于 $N=4$，$L=3200$，$B=4800$，$P=1024$，$H=16$，$S=T=0.2$，$D=0.001$，计算电路交换、虚电路分组交换和数据报分组交换的端到端时延。假设不存在确认消息，且忽略节点处理时间。

(2) 对于 (1) 中的三种交换方式，推导时延的一般表达式；每次对两种方式进行比较，找出其时延相等的条件。

5-8　关于 ATM 的一项关键设计是使用固定长度的信元，还是可变长度的信元。从效率的角度来考虑这项决策，可以把传输效率定义为

$$N=\frac{\text{信息的8位组数量}}{\text{信息的8位组数量}+\text{开销的8位组数量}}$$

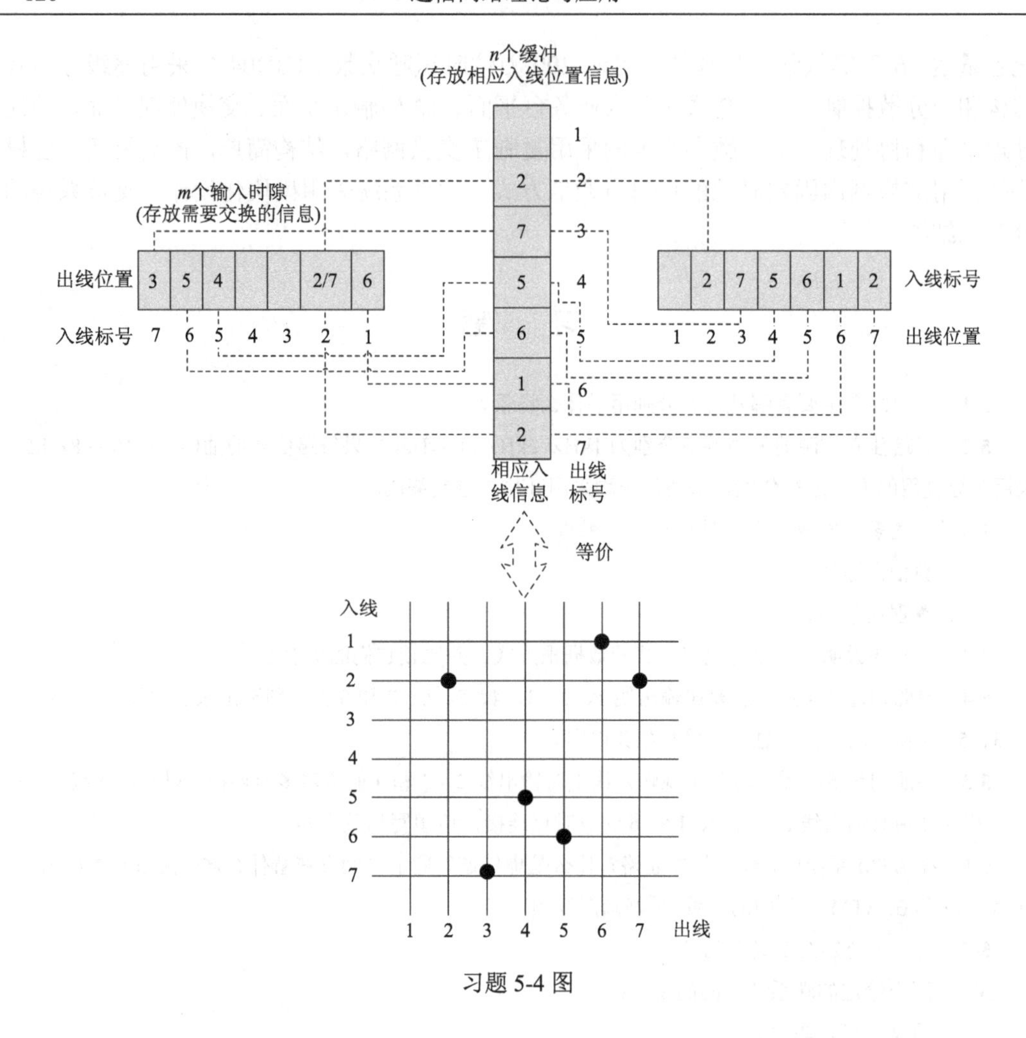

习题 5-4 图

(1) 考虑使用固定长度的分组。在这种情况下，额外开销由首部 8 位组组成。定义变量如下：

L ——信元的数据字段长度，单位为 8 位组；

H ——信元的首部长度，单位为 8 位组；

X ——作为一个报文传输的信息的 8 位组数量。

推导 N 的表达式。提示：表达式中需要使用到[•]运算符，其中，[Y]是大于或等于 Y 的最小整数。

(2) 如果信元具有可变的长度，那么额外开销由首部决定，再加上为信元定界的标志或首部中附加的长度字段。令 Hv = 为了使用变长信元而需要的附加开销 8 位组。用 X、H 和 Hv 推导 N 的表达式。

(3) 令 $L=48$，$H=5$，Hv = 2。分别为固定长度和可变长度的信元画出 N 与报文长度的关系曲线，并对得到的结果加以说明。

(4) 令 $L=32$，$H=8$。求当报文长度为 92 字节时，使用可变长度的信元而 N 可达到 95%的 Hv 的值。

5-9　假设一颗米粒长 2.5mm 并起到一个无线电天线的作用，即它的长度是波长的一半，请问所接收的信号属于什么类型的电磁波？属于哪一种传播方式？

5-10　两个相邻节点（A 和 B）使用了 3bit 序号的滑动窗口协议。对于 ARQ 机制，后退 N 步使用的窗口大小为 4。假设 A 发送而 B 接收，分别指出在下列几个连续事件时该窗口的位置。

(1) A 发送任何数据包之前。

(2) A 发送数据包 0、1、2 且 B 对 0、1 已确认后。

(3) A 发送数据包 3、4 和 5 且 B 确认了 4，而 A 接收到 ACK。

(4) A 发送数据包 7、8 和 9 且 B 确认了 9，而 A 未接收到 ACK。

5-11　判断以下命题的对错，并给出错误命题的正确说法及理由。

(1) 长途电话网中的长途交换节点一般要分为几级，形成逐级汇接的交换网。

(2) 统计时分复用给用户分配资源时采用固定分配方式，因此线路的利用率较低。

(3) 虚电路方式也有类似电路交换的电路建立、消息传输、电路释放 3 个过程。

(4) 虚电路建立时间实质上是呼叫请求分组的传输时延。

(5) 传统电话网只提供语音业务，均采用分组交换技术。

5-12　判断以下命题的对错，并给出错误命题的正确说法及理由。

(1) 光纤系统只能用于传输数字信号。

(2) 光频分复用与波分复用都是利用不同的光载波传输信息的。

(3) 与同轴电缆比较，光纤光缆的敷设安装更方便。

(4) 与双绞线比较，同轴电缆的抗干扰能力更强。

(5) 光纤的典型结构是多层同轴圆柱体，自内向外为包层、纤芯和涂覆层。

5-13　X.25 的链路层和分组层都设有流量控制，两者有何区别？仅在链路层设置流量控制行不行？

5-14　试比较帧中继和 X.25 在技术特征、业务特征和网络性能方面的异同。

5-15　请简要说明软交换网的系统结构，并指出哪一部分是软交换网的交换控制核心。

5-16　假设在 T-S-T 网络中，有 16 条输入线，16 条输出线，每条线上有 256 个时隙。若每条入线的话务量为 Y，即占用概率为 Y，则空闲概率为 $1-Y$。求解交换网中呼叫发生阻塞的概率。

5-17　在连续 ARQ 协议中，设编号用 3bit，而发送窗口 $W_T=8$。试找出一种情况，使得在此情况下协议不能正确工作。

5-18　在一个 ATM 网络的源端点和宿端点之间有三个 ATM 交换机，现在要建立一条虚通路，问一共需要发送多少个报文？

5-19　设发送一个分组需要 T 秒（数据或确认），传输的差错可忽略不计，主机和节点交换机之间的数据传输时延也可忽略不计。试求：分组交付给目的主机的速率最快为多少？

5-20　光纤可用于总线型拓扑结构的网络吗？同轴电缆可用于星型拓扑结构的网络吗？

第6章　多 址 接 入

多址接入是多个用户使用同一个公共物理信道实现相互通信的信道接入规则。从信号层面而言，多址接入使得参与竞争公共物理信道的多个用户信号在某个信号维度正交，即通过该维度的信号处理能将各个用户的信号互不干扰地解调出来。例如，常见的频分多址(Frequency Division Multiple Access，FDMA)将不同用户的信号在频域上相互正交；时分多址(Time Division Multiple Access，TDMA)将不同用户的信号在时域上相互正交；码分多址(Code Division Multiple Access，CDMA)将不同用户的信号在码域正交。

从协议层面而言，多址接入工作在OSI参考模型的数据链路层，其目的是高效地控制和利用物理层提供的正交子信道。多址接入的信道接入规则需要保证在任意时刻、任意频率、任意码域等信号维度上各用户信号不冲突，因此不仅可以采取如FDMA/TDMA/CDMA的静态分配方案，还可以根据用户业务变化采取动态的信道分配方案来提升信道利用率。

6.1　静态分配方案

静态分配方案就是如图6-1所示的FDMA/TDMA/CDMA等类型，首先将信道在某个信号维度上划分为正交子信道，然后将每个子信道固定分给某个用户专用，并且信道分配在一次通信过程中保持不变。静态分配方案下，无论用户是否有业务需要传输，该用户都独享该子信道的使用权，而该子信道不能再分配给其他用户使用。因此静态分配适用于业务量特征稳定的传输系统，不适合业务量变化剧烈的突发性业务传输。下面依次介绍常用的几种静态分配方案。

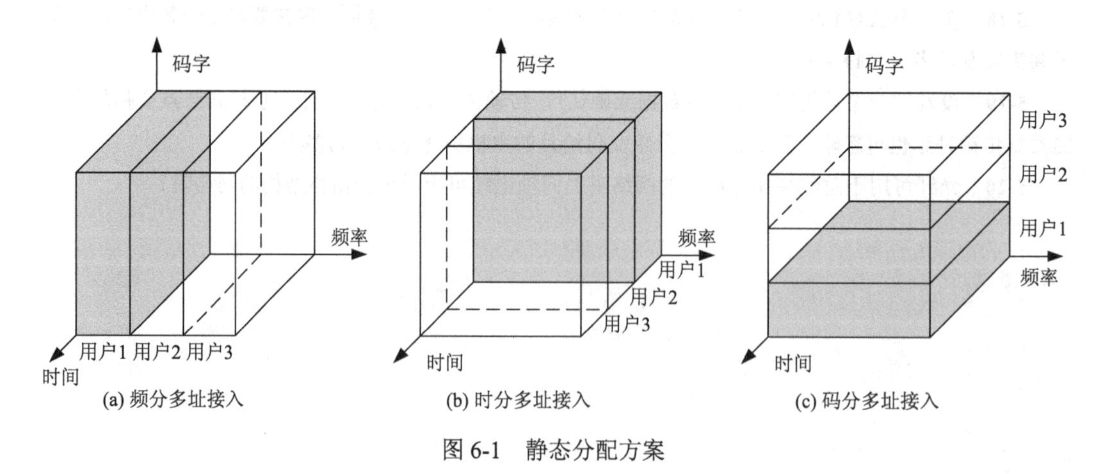

图6-1　静态分配方案

6.1.1 频分多址接入

如图 6-1(a)所示，频分多址(FDMA)将信道的可用频段划分为多个更窄的互不重叠的频带，每个频带作为一个子信道并且只被一个用户专用。各用户发送时分别将信号调制到 FDMA 各子信道对应的不同载波频率上，接收用户使用不同频段的带通滤波器即可将各用户的信号区分开。因为不同用户的收发信机之间存在频偏，并且因为收发信机相对移动带来的多普勒频移以及物理信道的非线性失真会改变信号频率特征，所以相邻的 FDMA 子信道之间需要预留一定的保护频带以防止各路信号之间的相互干扰。保护频带需要占用一定的可用频段，因此 FDMA 的频带利用率比较低。FDMA 技术复杂度低，完全采用 FDMA 的系统主要是早期的模拟系统，如第一代蜂窝电话系统 AMPS、无线电广播、卫星通信、光纤通信等应用。

除 FDMA 以外，波分多址(Wavelength Division Multiple Access，WDMA)和正交频分多址(Orthogonal Frequency Divesion Multiple Access，OFDMA)也都是在频域区分多用户信号的技术。WDMA 就是光网络中的频分多址，在总线或者星形网络上，各用户占用不同波长的光(对应不同频率或者不同颜色的光波)在光纤上相互通信。OFDMA 是在正交频分复用(OFDM)技术将频带划分成正交的子载波集合的基础上，将不同的子载波分配给不同的用户来实现频域的多址接入。OFDM 里每个子载波的频谱零点和其他子载波的工作频点相重叠，因此虽然各子载波之间部分重叠，但是理想同步情况下子载波间没有干扰，所以 OFDMA 的频谱效率远高于 FDMA。但是 OFDMA 存在着对频偏和相位噪声敏感、实现复杂度高等代价。

6.1.2 时分多址接入

如图 6-1(b)所示，时分多址(TDMA)将信道的使用权在时域划分为互不重叠的时隙，然后以某种规则使不同用户占用不同时隙传输。静态分配的 TDMA 是将时隙顺序编号构成周期重复的帧结构，每一帧内相同编号的时隙组成一路逻辑信道供一个用户专用。因为不同用户无法实现绝对的时钟同步，而且不同发信机到同一个接收机的传播时延不同，所以相邻的 TDMA 时隙之间需要预留一定的保护时间以防止相邻两个时隙的信号之间的互相干扰。除了 IS-95 以外的大部分第二代数字蜂窝电话系统都是基于 TDMA 和 FDMA 的混合方式，如 GSM 等。

TDMA 的每个用户占用整个频带轮流接入信道，收发转换过程通过时间上的切换完成，接收不同用户信号也只需选择接收时间，不需要改变滤波器频率。因此 TDMA 的信道分配方案灵活，除了静态分配方案以外还可以根据用户业务分布动态地分配，6.2 节即将介绍的动态分配方案都是在时域的统计多址接入。

6.1.3 码分多址接入

如图 6-1(c)所示，码分多址(CDMA)通过扩频编码将信道划分为多个依靠信号的不同波形来相互区分的子信道，每个互为正交的扩频码字对应一路子信道供一个用户独立使用。典型的扩频码字有 m 序列、Gold 码序列、M 序列、Bent 序列、Walsh 序列等。

CDMA 系统要求扩频码字满足互相关和自相关尽可能小，并且可用码字数目大。但是实际使用的 CDMA 扩频码字难以满足上述要求，扩频码字的互相关不为零会带来多用户干扰，干扰信号能量与其他信号功率，以及工作用户数成正比。因为强信号对弱信号的干扰明显，从而产生远近效应，所以 CDMA 需要使用功率控制算法来保证不同距离用户的接收信号功率基本一致。

CDMA 技术具有抗干扰性好、抗多径衰落性能好、保密性高、频谱利用率高等优点，广泛应用于各类通信系统中，如第二代数字蜂窝电话系统的 IS-95、第三代数字蜂窝电话系统 CDMA2000 和 WCDMA、全球定位系统 GPS 等。

在静态分配方案下，每个用户都独享某一个子信道的使用权。这种多址接入方式实现简单，并且控制开销几乎为零，非常适用于数据量恒定并且一直占用信道的应用场景，如无线电调频广播。但是对于不连续占用信道的突发性业务类型，当用户没有数据发送时，因为子信道不能再分配给其他用户，子信道只能空闲而带来信道资源的浪费。为了提高突发性业务应用的多址接入资源利用率，需要使用动态分配方案，即各用户仅在需要传输业务时占用信道，尽量避免发生信道空闲带来的资源浪费。

6.2 动态分配方案

突发性业务的传输起始时间和业务量大小一般具有不可预知性，例如，个人使用移动终端无线上网时，需要传输数据的时间和数据量随时都在变化。因此突发性业务不占用信道的时间是无法预知的，所以不能通过静态的、预先分配的方式在用户没有业务传输时让出信道使用权来提高信道利用率。动态分配方案是根据各用户实时的业务传输需求，采用显式的控制信息交互或者多址协议的传输规则将信道分配给有业务传输需求的用户使用。动态分配方案消除或减少了信道空闲带来的信道资源浪费，但是控制信息和多址协议规则都会带来额外的信道开销。动态分配方案设计的重点就是设计合理的控制信息或者协议规则，以降低其带来的额外信道开销和业务传输时延。

根据将信道无冲突分配到各用户的原理不同，动态分配方案可以分为随机分配多址接入方式、调度多址接入方式和混合多址接入方式三类。随机分配多址接入方式是一种竞争访问信道的技术，利用业务的随机性以及内部随机数的随机性来分配信道使用权；调度多址接入方式是显式地控制信息的交换，以协商的方式来分配信道使用权；混合多址接入方式是结合使用随机分配多址接入和调度多址接入方式以及静态分配方案的一种混合信道分配方式。

6.2.1 随机分配多址接入

随机分配多址接入不需要中心控制器，是完全依靠分布式控制的多址接入方式，所有需要传输业务的用户独立根据多址接入规则选择合适的时刻将信息广播到公共物理信道。如果在整个信息传输期间只有一个用户占用信道，则该用户的数据传输成功；如果传输期间的任意时段有两个或者两个以上用户同时占用信道，则认为信道上发生了冲突，所有用户的数据传输都失败，然后各用户根据协议规则独立选择一个随机的时间退避之后再重新发送，直到数据成功传输或者重传次数过多而放弃。

根据用户接入信道过程中是否利用信道忙闲信息，随机分配多址接入可以分为ALOHA系统和载波监听系统两类。ALOHA系统不使用信道忙闲信息，即用户仅根据业务到达时间和多址接入规则来选择发送时间。ALOHA 系统又可以细分为纯ALOHA(Pure ALOHA，P-ALOHA)和时隙ALOHA(Slot ALOHA，S-ALOHA)两类。载波监听系统需要使用当前信道的忙闲信息，即用户需要综合考虑业务到达时间、多址接入规则和当前信道是否被占用三个因素来选择发送时间。载波监听系统又可以细分为CSMA、CSMA/CD、CSMA/CA等。

在传输时延非常小的场景下(如无线局域网)，载波监听系统的性能优于ALOHA系统。但是对于传播时延大的场景(如卫星通信的传输时延比单个数据包的传输时间还长)，发送端监听到的信道忙闲不能反映真实的信道忙闲，载波监听系统的性能劣于ALOHA系统。下面依次介绍各种动态分配方案的工作原理和性能分析。

1. 纯ALOHA

纯ALOHA(P-ALOHA)的信道接入规则如图6-2所示，任意用户在有数据需要发送时，立即将数据打包成长度固定的数据包发送到公共物理信道上。如果数据包在传输过程中没有发生冲突，则传输成功；反之则由冲突导致传输失败，发生冲突的用户各自独立退避一个随机的时间之后再重发数据包，直到成功。

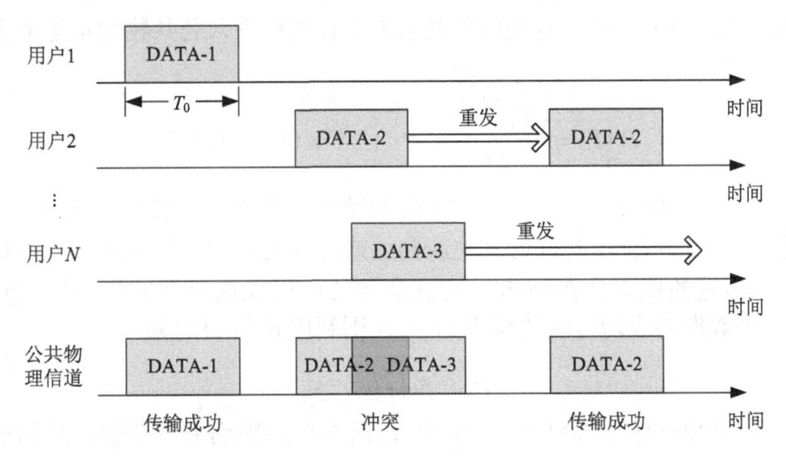

图6-2 纯ALOHA的信道接入规则

图6-2中的数据包DATA-1在整个传输过程独占信道，所以传输成功。数据包DATA-2在传输到一半时遇到数据包 DATA-3 接入信道，所以数据包 DATA-2 的尾部和数据包DATA-3的头部发生碰撞，导致2个数据包都不能被正确接收，2个数据包都需要独立退避一个随机的时间长度之后再重发。重发的整个传输过程独占信道，所以重传成功。

P-ALOHA 能化解信道上的冲突，完成多用户的多址接入主要基于两个因素：利用不同业务到达的随机性和独立性解决部分冲突，再利用随机退避的随机性和独立性解决余下部分冲突。下面对一个数据包在信道上传输成功与失败的情况做具体分析。

假设 P-ALOHA 每个数据包的传输时间长度为 T_0，如图 6-3 所示，某个用户在 t 时刻传输了一个数据包 DATA-1 到公共物理信道。根据 P-ALOHA 的多址接入规则，只有满足 DATA-1 的整个传输过程中仅此一个用户独占信道的条件，DATA-1 数据包才能成功发送。该条件等价于在 $(t-T_0, t+T_0)$ 没有任何其他新到达或者重发的数据包接入公共物理信道。因为在 $(t-T_0, t]$ 接入信道的其他数据包的包尾会和 DATA-1 的包头冲突，而在 $[t, t+T_0)$ 接入信道的其他数据包的包头会和 DATA-1 的包尾冲突，两者都会导致 DATA-1 的传输失败。称 $(t-T_0, t]$ 和 $[t, t+T_0)$ 分别为 DATA-1 的包头易碰撞期和包尾易碰撞期。下面基于易碰撞期，在理想假设模型下来定量分析 P-ALOHA 的吞吐量性能。

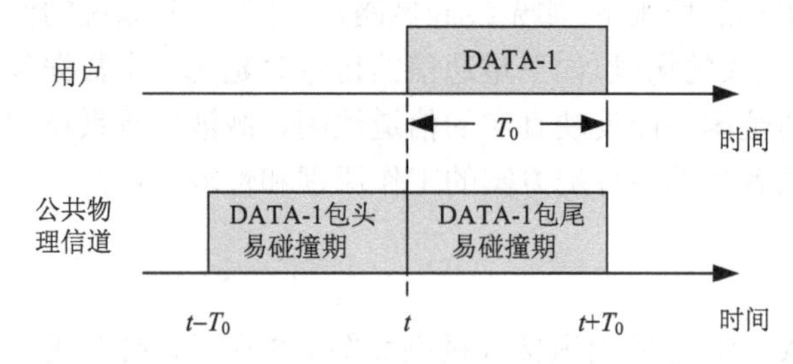

图 6-3　纯 ALOHA 多址接入的易碰撞期

假设公共物理信道上所有用户总的数据包到达率（包括新到达数据包和重传数据包）为 a/T_0 的泊松流，即公共物理信道上每秒传输 a/T_0 个数据包并且各数据包的起始时间相互独立，则在长度为 T 的任意时间段内共有 k 个数据包进入公共物理信道的概率为

$$P_k(T) = \frac{\left(\dfrac{a}{T_0}\cdot T\right)^k}{k!}\mathrm{e}^{-\frac{a}{T_0}\cdot T}, \quad T>0;\ k=0,1,2,\cdots \tag{6.1}$$

根据图 6-3 的分析可知，对于任意 t 时刻送入公共物理信道的数据包而言，成功传输的条件是在 $(t-T_0, t+T_0)$ 没有任何其他新到达或者重发的数据包接入公共物理信道，即该数据包成功传输的概率是在 $(t-T_0, t+T_0)$ 总计 $2T_0$ 时长内没有其他数据包到达。定义 P-ALOHA 一个数据包成功传输的概率为 p_p，则利用式(6.1)可知

$$p_p = P_0(2T_0) = \mathrm{e}^{-2a} \tag{6.2}$$

定义在一个数据包的传输时间长度 T_0 内所有用户平均需要传输的总的数据包数目为平均业务量，根据前面参数为 a/T_0 的泊松流假设，其平均业务量为 a。定义 P-ALOHA 在一个周期 T_0 内成功发送的数据包数目为平均通过量 $\overline{a}_p$，根据成功传输概率公式(6.2)可计算得 P-ALOHA 平均通过量为

$$\overline{a}_p = a\cdot p_p = a\mathrm{e}^{-2a} \tag{6.3}$$

依据式(6.3)可知 P-ALOHA 的最大通过量在 a=0.5 时获得：

$$\overline{a}_{p-\max} = 0.5\mathrm{e}^{-1} \approx 0.184 \tag{6.4}$$

其物理意义是：在平均业务量为 0.5 时（即平均每两个周期有一个数据包需要传输），P-ALOHA 的平均通过量达到最大的 18.4%，即 P-ALOHA 系统的最佳工作状态是在

18.4%的时间内成功传输，剩余31.6%的时间内发生碰撞，50%的时间内信道空闲。每个数据包成功传输的平均时延不仅与周期 T_0 和平均业务量 a 有关，还与端到端传播时延以及随机退避时长的选取规则有关，这里不再分析。

上述分析结果是在以下几个理想假设条件下的结果：①将新到达数据包和重传数据包总的数据流建模为服从泊松分布。事实上重传数据包是在前一次发送失败之后，等待一个随机时间再进行的重传，因此重传的时间起点与前一次传输的时间起点有关(即有记忆性)，将其建模为无记忆的泊松分布不够准确。②冲突重传机制使得重传数据包流构成一个正反馈系统，因此瞬时业务到达速率与冲突状态有关，将总业务建模为到达速率恒定的业务流并不准确。③上述分析是在总用户数为无穷大条件下的结论，否则通过式(6.2)分析可以得到，在 $2T_0$ 时长内没有其他数据包到达的概率与全体用户在 $2T_0$ 时长内没有数据包到达的概率不同。

2. 时隙 ALOHA

为提高P-ALOHA的传输效率，需要减少信道上的冲突以提高数据包成功传输的概率。由图6-3可知，P-ALOHA的易碰撞期分为包头易碰撞期和包尾易碰撞期两部分。时隙ALOHA(S-ALOHA)的改进策略就是通过信道时隙化，让图6-3中包尾易碰撞期到达的数据包不再和DATA-1碰撞。

S-ALOHA的信道接入规则如图6-4所示：首先将公共物理信道的使用权在时域上划分为以 T_0 为周期循环的时隙，每个时隙的长度刚好传输一个数据包，并且规定数据包传输的起始时刻必须与时隙起点对齐。任意用户在有数据需要发送时，需要等到下一个时隙的起点才能将数据打包成长度为 T_0 的数据包发送到公共物理信道上。如果该时隙只有这一个数据包传输过程，则传输成功；反之则由冲突导致传输失败，发生冲突的用户各自独立退避一个随机的时隙数之后再重发数据包，直到成功。

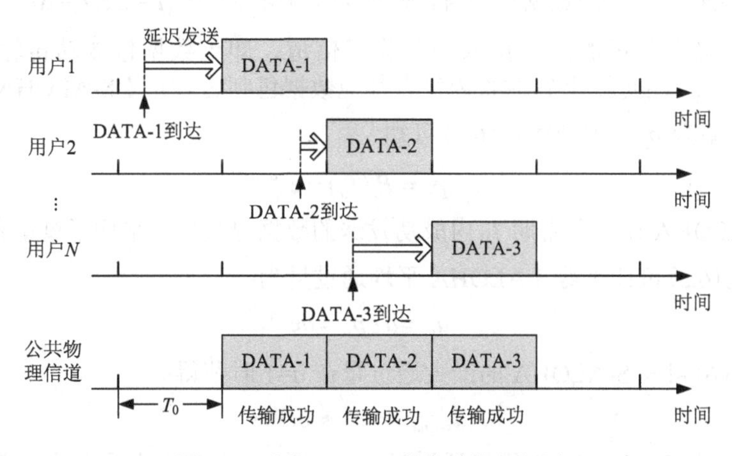

图6-4　时隙ALOHA的信道接入规则

如图 6-4 所示，三个数据包到达的相对时间与图 6-2 中 P-ALOHA 的一致。但是根据 S-ALOHA 的接入规则，三个数据包分别延迟不同的时间之后实现了彼此无冲突的信道接入，避免了 P-ALOHA 中 DATA-2 与 DATA-3 的冲突。

S-ALOHA 的性能优于 P-ALOHA 是因为 S-ALOHA 将易碰撞期缩短了一半。P-ALOHA 协议的易碰撞期仅与数据包到达时间及数据包长 T_0 有关，于 t 时刻到达的数据包的易碰撞期是 $(t-T_0, t+T_0)$。而由图 6-5 可知，S-ALOHA 的易碰撞期就是数据包到达时刻所在的整个时隙。因此 S-ALOHA 协议的易碰撞期不仅与数据包到达时间 t 以及数据包长 T_0 有关，还和 t 与公共物理信道时隙划分起点的相对位置有关。假设数据包到达时间 t 与紧临的前一个时隙起点时间差为 $\Delta t(0 \leqslant \Delta t < T_0)$，则该数据包的易碰撞期是 $(t-\Delta t, t-\Delta t+T_0)$。因为 $(t-\Delta t, t-\Delta t+T_0) \in (t-T_0, t+T_0)$，即 S-ALOHA 的易碰撞期是 P-ALOHA 的易碰撞期子集，由此可以得出结论：对于运行 P-ALOHA 中不发生冲突的业务分布，运行 S-ALOHA 一定不会发生冲突；而运行 P-ALOHA 中发生冲突的业务分布，运行 S-ALOHA 仍然可能不发生冲突。

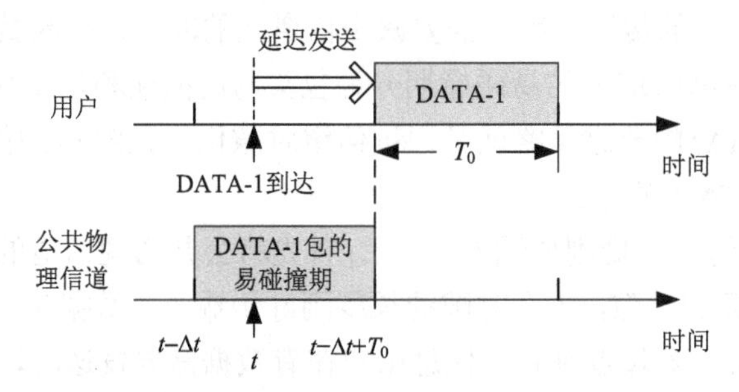

图 6-5　时隙 ALOHA 多址接入的易碰撞期

采用与 S-ALOHA 分析中相同的假设，公共物理信道上所有用户总的数据包到达率(包括新到达数据包和重传数据包)为 a/T_0 的泊松流。根据图 6-5 的分析可知，对于任意 t 时刻送入公共物理信道的数据包而言，成功传输的条件是在 $(t-\Delta t, t-\Delta t+T_0)$ 没有任何其他新到达或者重发的数据包接入公共物理信道，即该数据包成功传输的概率是在 $(t-\Delta t, t-\Delta t+T_0)$ 期间总计 T_0 时长内没有其他数据包到达。定义 S-ALOHA 一个数据包成功传输的概率为 p_s，则利用式(6.1)可知

$$p_s = P_0(T_0) = \mathrm{e}^{-a} \tag{6.5}$$

定义 S-ALOHA 在一个周期 T_0 内成功发送的数据包数目为平均通过量 $\overline{a}_s$，根据成功传输概率公式(6.5)可计算得 S-ALOHA 平均通过量为

$$\overline{a}_s = a \cdot p_s = a\mathrm{e}^{-a} \tag{6.6}$$

依据式(6.6)可知 S-ALOHA 的最大通过量在 a=1 时获得：

$$\overline{a}_{s-\max} = \mathrm{e}^{-1} \approx 0.368 \tag{6.7}$$

S-ALOHA 与 P-ALOHA 的平均通过量（分别为 $\overline{a}_s$ 和 $\overline{a}_p$）与平均业务量 a（平均业务量本质上反应的是网络负载情况）关系的性能曲线如图 6-6 所示。由图可知，当平均

业务量a比较小时，因为冲突概率比较低，所以新增加的业务成功传输的概率大于冲突失败的概率，平均通过量会随a增加而增加；当平均业务量a比较大时，因为冲突概率比较大，所以新增加的业务自身冲突概率大并干扰到已有业务的传输，平均通过量随a增加而减少。

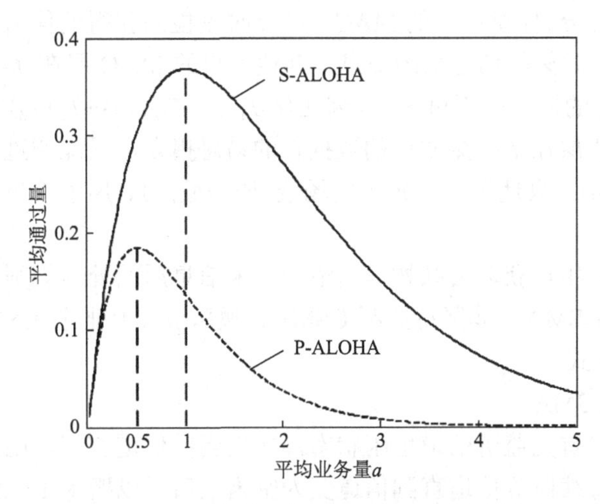

图 6-6　ALOHA 系统的平均通过量与业务量的关系曲线

S-ALOHA 获得性能提升的一个代价是实现复杂度的提升，全网所有用户需要实现时钟同步，而且该时钟同步是要求每个用户的时钟加上该用户到接收站点的传播时延之后同步。因此对于传输范围小的网络，在时隙中增加一定的保护时间后可以实现全网的任意两两通信。而对于卫星等传输范围大的网络，因为各用户到不同接收站点的传播时延相差太大，要实现全网任意两两通信设置的保护时间开销太大。所以在传输范围大的场景下 S-ALOHA 时钟固定同步到一个站点上(如卫星)，只做该站点与其他站点的点对多点通信。S-ALOHA 的另一个代价是所有数据包的发送为对齐到公共时隙需要延迟发送，所以首次接入信道的时延大于 P-ALOHA。同时，S-ALOHA 与 P-ALOHA 的冲突模式也有所区别。S-ALOHA 协议下一旦发生冲突，则每个数据包都完全重叠，而 P-ALOHA 的冲突一般是部分重叠。但是对于以数据包为单位的传输而言，部分重叠和完全重叠一样都会造成接收失败。

3. CSMA

为进一步减少信道上的冲突来提高随机分配多址接入方式的传输效率，载波监听多址(Carrier Sense Multiple Access，CSMA)机制将当前信道的忙闲信息纳入发送时机的选择。CSMA 采取“先听后说”的机制，使用监听减小发送的盲目性，即需要传输的用户首先对公共物理信道上是否为忙(即是否有业务正在传输)进行监听，如果信道忙，则延迟发送；如果信道空闲，则以一定规则接入信道。

“当前时刻”的信道忙闲信息对于 CSMA 协议的性能至关重要，而发送时延、传播时延和检测时延三个因素的存在使得 CSMA 只能获得“过时”的信道忙闲信息。发送时延是用户在 MAC 层启动传输到信号进入物理信道所需的时间(设为 T_1)，包括物理层发送信号处理时延和射频电路时延两部分。传播时延是信号在物理信道上从发送端传播到接收端所需的时间(设为 T_2)，取决于传输距离和信号传播速度两个因素。检测时延是从信道变为忙到 MAC 层知道信道忙所需的时间(设为 T_3)，包括射频电路时延和物理层接收信号处理时延两部分。任意用户的 MAC 层在 t 时刻检测获得的信道忙闲信息，从 MAC 层而言是 $t-T_1-T_2-T_3$ 时刻的信道忙闲信息，其他用户的 MAC 层在 $(t-T_1-T_2-T_3, t]$ 内启动的数据传输对 t 时刻的检测是不可见的。因此 $(t-T_1-T_2-T_3, t+T_1+T_2+T_3)$ 可以认为是 CSMA 协议下用户的 MAC 层在 t 时刻发送的数据包的易碰撞期，只能通过协议设计来进一步降低冲突。所以 CSMA 只适用于时延小的场景(如局域网)，用于卫星通信等大时延的场景下性能将很差。

根据需要传输的用户获取公共物理信道的忙闲信息后的处理规则不同，CSMA 可以细分为 1-坚持监听 CSMA、非坚持监听 CSMA、概率 p 坚持监听 CSMA、CSMA/CD、CSMA/CA 等多种方式。

1) 1-坚持监听 CSMA

需要传输的用户首先监听信道忙闲状态，如果当前信道空闲，则立即发送数据；如果当前信道忙，则持续监听信道直到信道变为空闲之后再以概率 1 立即发送数据。如果出现碰撞导致发送失败，则用户等待一段随机长度的时间之后再次监听信道，然后根据上述规则再次尝试接入信道。

因为信道由忙变空闲之后，所有待发送的用户都以概率 1 发送数据，一旦在信道为忙期间有两个或以上的用户等待发送时，必然引起冲突。所以 1-坚持监听 CSMA 是比较激进的传输策略，碰撞概率高于其他 CSMA 方式。

2) 非坚持监听 CSMA

需要传输的用户首先监听信道忙闲状态，如果当前信道空闲，则立即发送数据；如果当前信道忙，则停止监听并等待一段随机长度的时间之后再次监听信道，然后根据监听结果重复上述过程。非坚持监听 CSMA 不会在信道由忙变空闲之后马上接入信道，因此能减少冲突，提升吞吐量。但是非坚持监听 CSMA 比 1-坚持监听 CSMA 的初次接入时延大。

3) 概率 p 坚持监听 CSMA

需要传输的用户首先监听信道忙闲状态，如果当前信道空闲，则立即发送数据；如果当前信道忙，则持续监听信道直到信道变为空闲之后再以概率 p 立即发送数据，以概率 $1-p$ 等待时间长度 τ 之后重新监听信道。时长 τ 等于 $T_1+T_2+T_3$，即如果其他用户在由忙变空闲时发送数据，则本用户能在重新监听信道时发现信道为忙。重新监听信道为空闲，则继续以概率 p 立即发送数据，以概率 $1-p$ 等待时间长度 τ 之后重新监听信道，依次类推。选择合适的概率 p 是提升吞吐量性能的关键，其受到业务量和传播时延等多个因素的影响。

4. CSMA/CD

带冲突检测的载波监听多址(Carrier Sense Multiple Access with Collision Detection,

CSMA/CD）以 1-坚持监听 CSMA 方式为基础，增加了对冲突的检测和处理。CSMA/CD 只要监听到信道空闲就发送数据，同时采取“边说边听”的机制，即在发送的同时持续检测信道上是否发生冲突。冲突检测的方法有两种：一种方法是发送的同时进行接收，将接收的数据与发送的数据逐比特对比，若不一致，则认为发生冲突；另一种方法是发送的同时监测接收信号的电压值，如果电压值超过某一门限，则认为发生冲突。一旦用户检测到冲突，则该用户首先立刻停止发送数据，避免信道继续被无效地占用。然后该用户向信道上发送一段简短的阻塞信号，目的是保证所有其他站点都知道已经发生了冲突并停止发送数据。最后该用户等待一段随机长度的时间之后以 CSMA/CD 的方式再次尝试发送。

CSMA/CD 缩短了冲突之后的信道无效占用时间，因此与上述三种 CSMA 方式在发生碰撞之后不做任何处理的方法相比大大提高了信道利用率。CSMA/CD 要求用户同时进行发送和接收操作，所以只适用于全双工系统，如局域网等有线网络。在无线全双工技术成熟之前，CSMA/CD 方式尚无法应用于无线网络。以太网和 IEEE 802.3 协议在链路层采用的都是 CSMA/CD。

5. CSMA/CA

对于不能全双工通信以及由传播范围限制导致不能可靠检测冲突的通信系统，无法使用 CSMA/CD 来缩短冲突时间，只能依靠其他的概率来降低冲突概率。带冲突避免的载波监听多址（Carrier Sense Multiple Access with Collision Avoidance，CSMA/CA）通过载波监听和信道预约的方式来减少冲突。CSMA/CA 规定需要传输的用户首先监听信道忙闲状态：如果当前信道空闲，则立即发送数据或者预约报文；如果信道忙，则启动随机退避，然后信道由忙变为空闲并且退避结束之后再发送数据或者预约报文。

在无线信道中使用 CSMA/CA 时，无线传输受传播能量、信道衰落和接收灵敏度等因素的影响限制了每个用户的通信距离，使得一个用户发送的信号不一定能被网络中的每一个用户监听到。由此可能产生隐藏终端问题，即发送端无法准确获得接收端的信道忙闲状态，此时需要使用信道预约来缓解这个问题。信道预约使用请求发送/允许发送（Request to Send/Clear to Send，RTS/CTS）握手协议，即在数据包传输之前由发送端发送 RTS 控制帧，接收端正确收到 RTS 之后回复 CTS 控制帧，在 RTS 和 CTS 报文的网络分配矢量（Network Allocation Vector，NAV）域包含了紧接着的数据包和确认包传输所需的总时间信息，如图 6-7 所示。处于本次传输干扰范围内的其他邻居节点（如图 6-7（a）的用户 C 和 D）正确收到 RTS 或 CTS 后，将 NAV 值设置到各自内部定时器并开始倒数计时，在 NAV 倒数至零之前都认为信道为忙，不能接入信道，这就是虚拟载波监听功能。因为 RTS/CTS 需要占用信道资源，所以一般只对数据包长超过一定门限的数据包使用，短数据包则直接发送。

如果发送端在发出数据包之后的限定时间内收到正确的确认包，则传输成功；如果没有在规定时间内收到确认包，则传输失败，发送端设置一个随机退避计时器，在信道空闲状态下退避计时到零后再次尝试重发数据包。如果重传次数超过设定门限还没有传输成功，则丢弃数据包，不再重传。常用的随机退避算法主要有均匀随机数退避法、二进制指数退避法、线性增量退避法和顺序退避。IEEE 802.11 的分布式协调功能(Distributed Coordination Function，DCF)就是使用二进制指数退避算法的 CSMA/CA 协议。

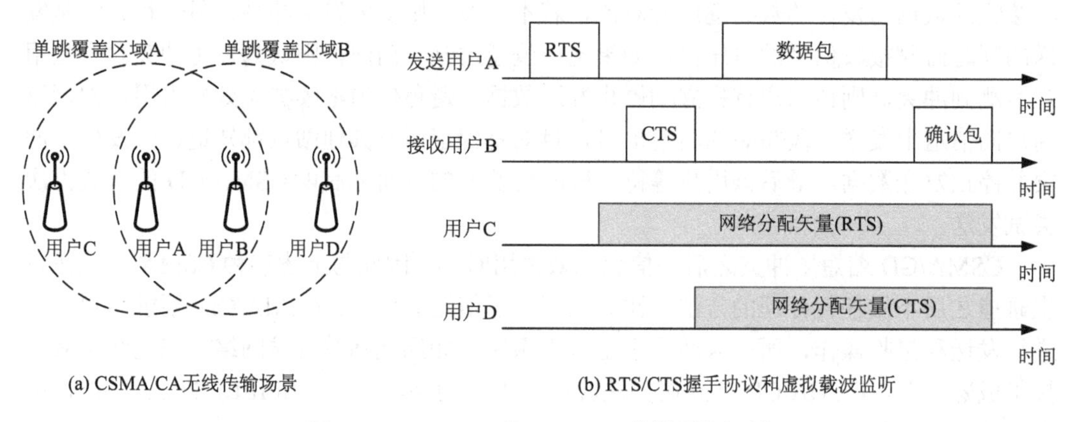

(a) CSMA/CA无线传输场景　　(b) RTS/CTS握手协议和虚拟载波监听

图 6-7　CSMA/CA 的 RTS/CTS 信道预约机制

6.2.2　调度多址接入

调度多址接入是以显式或者隐式的调度方法将公共物理信道的使用权分配给有业务传输需求的用户。在控制中心或者控制协议的统一调度之下，调度多址接入的信道使用权是确定并且唯一分配的，所以信道上不会产生碰撞，并且各用户的信道接入时间和接入时延都是确定的。然而对于 6.2.1 节的随机多址接入，其主要靠随机性来化解信道上的冲突，因此各用户的信道接入时间、接入时延以及数据包能否正确传输都是随机的、不可预测的。同时，随机分配多址接入在业务负载重时的吞吐量和时延性能都急剧恶化，而调度多址接入的控制开销基本恒定，所以在业务负载越重，吞吐量性能越优。调度多址接入也不同于静态分配方案，它除控制开销以外只将信道分配给有传输需求的用户使用，所以避免发生没有业务传输的用户占用信道而带来的资源浪费。因此调度多址接入适用于业务负载较重、业务量动态变化，同时有严格服务质量要求的应用场景中。

根据信道控制主体的不同，调度多址接入可以分为集中式按需分配和分布式按需分配两类。集中式按需分配方案中由一个中心控制单元通过显式的信令交互来分配信道使用权。分布式按需分配是由所有用户共同遵守的一套分布式运行的协议规则来分配信道使用权。

1. 集中式按需分配

使用集中式按需分配的网络的全体用户按功能可以划分为两类：一个作为中心控制单元的主用户和其他子用户。主用户和所有子用户之间通过有线或者无线信道可以一跳直达。主用户依次向子用户发送询问消息，征询各子用户是否有数据需要传输，子用户只有在收到主用户对自己的询问之后才能使用信道，这种方式也称为轮询(Polling)。集中式按需分配的通信模式一直是主用户和不同子用户之间的“一问一答”，不会出现两个用户同时竞争信道的情况，因此不会发生冲突。主用户轮询子用户的顺序和次数会影响各用户的吞吐量与时延性能。如果主用户每个轮询周期里顺序轮询每个子用户各一次，反复循环，则各用户具有相同的吞吐量和时延；如果在每个轮询周期里给部分子用户多次轮询，则这些用户具有更高的吞吐量和更小的时延。

IEEE 802.11 协议的点协调功能(Point Coordination Function，PCF)工作在无竞争周期时采用的就是基于轮询的集中式按需分配，接入点依次轮询各站点进行受控的数据传输。接入点可能发送的帧有四种类型：Data+CF-Poll、Data+CF-Ack+CF-Poll、CF-Poll 和 CF-Ack+CF-Poll，它们分别是轮询命令加上不同的捎带数据或者确认消息。站点会回复四种类型的帧：Data、Data+CF-Ack、Null Function 和 CF-Ack，它们分别是针对接入点不同类型的轮询帧反馈的数据和其他控制信息。

集中式按需分配能消除信道冲突和信道空闲，但是其代价是轮询交换带来的控制开销。一方面是轮询传输需要占用信道资源，降低了吞吐量；另一方面是顺序轮询增大了每个用户的信道接入时延。当业务负载轻时(如只有一个用户需要传输)，轮询方式仍然需要将所有用户征询一遍才能给有需求的用户一次传输机会，吞吐量和时延性能较差。轮询方式只适用于往返传播时延小、子用户数量不多、业务负载较重的应用中。

为适应子用户数量多、业务负载轻的网络场景，轮询的一种改进策略是探寻(Probing)。探寻的基本过程是主用户不再每次只征询一个子用户，而是每次征询一组用户，这一组中所有需要传输的子用户都发肯定响应给主用户。主用户将包含传输需求用户的组分割成多个更小的互补子集，再次逐个子集征询，寻找包含传输需求用户的子集，依次类推。不断重复分割和征询的过程直到最终确定单个有传输需求的子用户，然后该子用户传输数据。探寻的工作过程类似于一个从树根到树叶的搜索过程。

一种简单的分组规则是利用二进制编码的地址，具有相同前缀的子用户分为一组(或子集)，组地址就是该公共前缀。例如，图 6-8 中子用户 U2 和子用户 U3 的地址分别为 10 和 11，公共前缀(组地址)就是 1。公共前缀长度可变，长度越短，包含的用户越多。假设如图 6-8 所示包含四个子用户的网络中只有 U2 有数据需要发送，探寻的工作过程是：第一步征询所有站是否需要发送，得到肯定响应；第二步征询子用户 U0 和 U1(或者 U2 和 U3)是否需要发送，得到否定(或者肯定)响应；第三步征询 U2(或者 U3)是否需要发送，得到肯定(或者否定)响应，此时即确定了有传输需求的子用户是 U2。

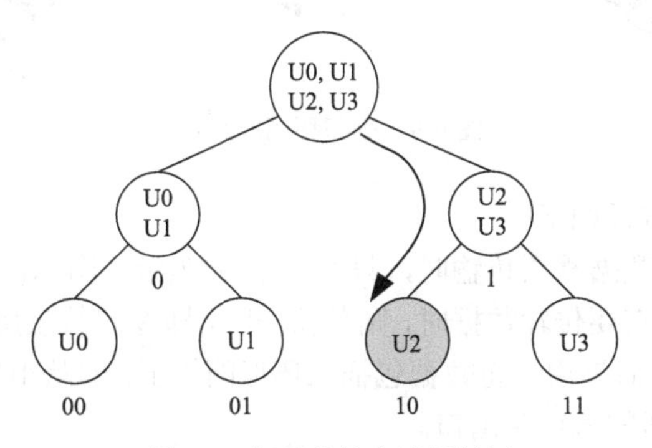

图 6-8 探寻的搜索过程举例

根据上述的搜索规则可知，对于总计 2^n 个子用户的网络，假设只有一个用户需要传输，探寻需要 $n+1$ 次交互，而轮询需要 2^n 次交互。可见对于轻负载的情况，探寻比轮询的效率高。但是对于重负载的情况下，探寻的效率比轮询的效率低。例如，对于 2^n 个子用户全部需要传输的场景，探寻需要搜索树结构上的每一个节点，因此需要 $2^{n+1}-1$ 次交互，当然轮询仍然只需要 2^n 次交互。折中的方法是在负载重的时候直接从靠近树叶的较低层级开始搜索，相当于探寻和轮询的折中。

2. *分布式按需分配*

使用分布式按需分配的网络中所有用户的地位对等，依靠分布式运行的协议规则来分配信道使用权。典型实例包括使用 IEEE 802.5 协议的令牌环网和使用 IEEE802.4 协议的令牌总线网，二者都是利用称为令牌(Token)的 3 字节短报文在网络中循环传输来无冲突地分配公共物理信道的使用权。

令牌环网的结构如图 6-9 所示，所有用户使用转发器首尾相连，形成传输方向固定的环形网络。每个用户的转发器有一个入口和一个出口，转发器不停地监视从前一个用户输出到入口的比特流：如果比特流的目的地址是本用户，则将信息上传给本用户，然后修改帧状态控制位，经出口转发给后一个用户；如果目的地址不是本用户，则转发器逐比特地复制输出，经出口转发给后一个用户。

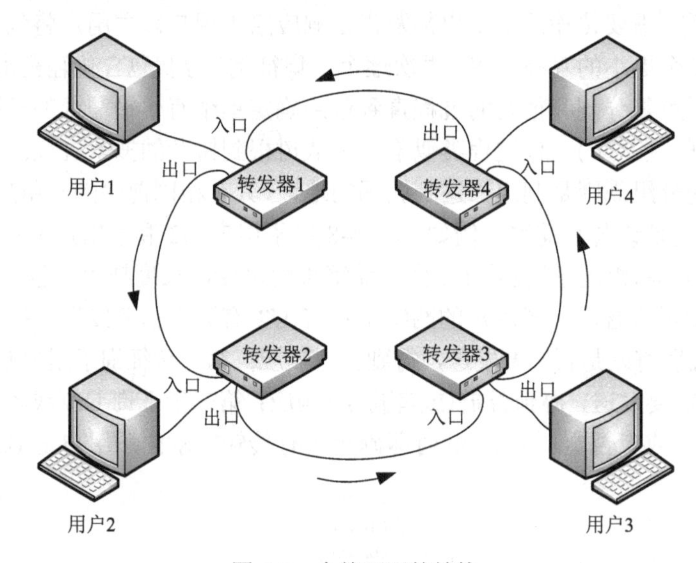

图 6-9　令牌环网的结构

令牌环网的工作过程如下。

(1) 当网络中没有数据需要传输时，只有一个令牌沿环形网络在各用户之间传递。

(2) 当某一个用户需要传输数据时，则截获令牌，即令牌从该用户的转发器入口进之后不再从出口输出。然后该用户将数据包插入环形网络上，即从出口输出到后一个用户，同时断开该用户转发器的入口和出口。

(3) 按照环排列的顺序，其他各用户依次检测该数据包的目的地址是否与本站地址相同。目的用户识别出地址匹配成功并且有足够的缓存空间时，则复制接收该数据包，同时在将数据包转发给下一个用户前修改数据包的状态信息字节，表明目的站正确接收，且复制此数据包。

(4)数据包继续沿环返回发送用户的入口，发送用户对数据包检查之后可知道数据是否被正确接收。如果正确接收，则在数据包最后一比特返回后，发送用户重新释放一个令牌到环形网络，同时连接本用户转发器的入口和出口，返回第(1)步。

令牌环网在逻辑上等价于一个按照环排列顺序的轮询系统。因为每个转发器将入口比特流整形后再经出口转发出去只有几比特的延迟，所以令牌环网轮询和传输效率高。网络中只有一个令牌，保证了不会有多个用户同时争用公共物理信道，故不会出现冲突。但是令牌的维护管理比较复杂，需要解决令牌丢失、多令牌现象等问题。令牌总线网与令牌环网类似，只是在物理上采用总线结构连接所有用户，在逻辑上仍然采用虚拟的环形网络结构运行令牌。令牌环技术过去主要应用于局域网，现在已被以太网技术所取代。

6.2.3　混合多址接入

随机分配多址接入方式是通过随机性来化解信道上的冲突，在业务负载重的场景下存在着冲突概率高、吞吐量低、传输时延大的缺陷；调度多址接入方式通过显式或者隐式控制的方法分配信道使用权，在业务负载轻的场景下存在控制开销的比例大、信道利用率低的缺陷。静态分配方案虽然没有冲突，也没有额外的控制开销，但是当被分配信道的用户暂时没有业务时，子信道只能空闲，从而带来信道资源的浪费。混合多址接入方式就结合了上述各种方式的优点：利用了随机多址接入方式的响应迅速的同时又尽可能降低冲突带来的影响；利用了静态分配方案正常传输时的高信道利用率的同时又尽可能回收空闲的信道。混合多址接入方式一般都是基于预约机制，在网络节点之间通过显式或者隐式地交换预约控制信息来分配信道使用权，然后以静态分配的方式来维持已建立的信道使用权。常见的策略是以时隙 ALOHA 方式来预约信道，然后以 TDMA 方式来维持信道使用权。

信道预约方式可以分为显式预约和隐式预约两种。显式预约是固定或者动态地划出一部分信道资源专用于传输预约控制信息，预约完成之后的数据传输部分不会发生碰撞。隐式预约不划分信道资源用于信道预约，全部信道资源都传输数据，信道预约是通过数据传输过程中的碰撞和碰撞化解过程来实现的。这种隐式的信道预约方式带来的控制开销就是由碰撞带来的无效信道占用。下面分别介绍这两种信道预约动态接入的工作原理。

1. 显式预约动态接入

显式预约动态接入方式的公共物理信道在时域可划分为两部分：竞争申请部分和无竞争数据传输部分。各用户在竞争申请的时间段内以随机分配多址接入方式竞争公共物理信道使用权，竞争成功的用户在无竞争数据传输的时间段内以统计复用 TDMA 的方式传输数据。使用显式预约动态接入的典型实例是时隙 ALOHA 型显式预约动态接入，简称预约 ALOHA 协议。

使用预约 ALOHA 协议的网络中包含两类节点：一个控制中心和其他普通用户。控制中心负责收集用户的预约申请，然后分配信道使用权；普通用户负责发出预约申请，然后根据控制中心的分配结果传输数据报文。如图 6-10 所示，预约 ALOHA 协议将公共物理信道在时域上划分为以 TDMA 方式循环的帧结构，每帧包含 n+1 个时隙，每个时隙的长度可以传输一个完整的固定长度的数据报文。根据网络中是否有数据业务需要传输，预约 ALOHA 协议有两种工作状态：预约竞争状态和预约发送状态，分别使用不同的帧结构。

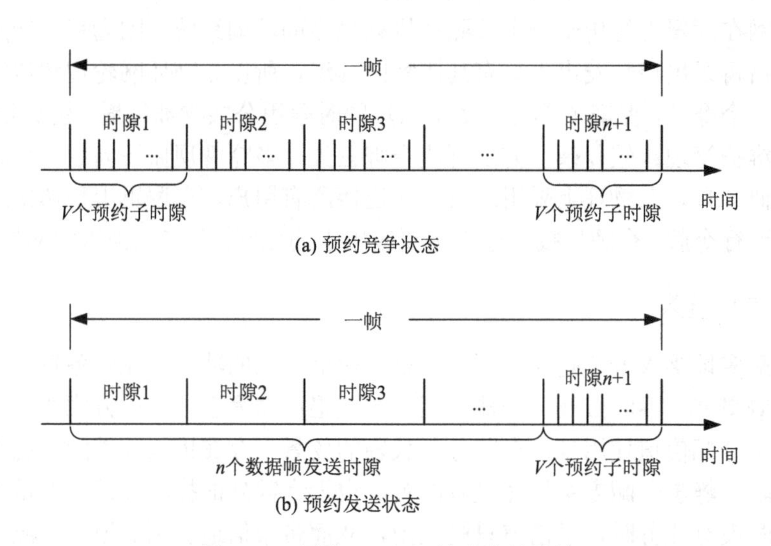

图 6-10　预约 ALOHA 协议的帧结构

预约竞争状态下网络中没有业务传输，所有用户都工作在竞争申请状态，所有信道资源都用于预约申请与确认。预约竞争状态下的帧结构如图 6-10(a)所示：全部 n+1 个时隙的每一个都再划分为 V 个预约子时隙，每个子时隙的长度可以传输一个简短的预约申请报文。有数据传输需求的用户依据时隙 ALOHA 协议在各子时隙竞争传输预约申请报文。当控制中心接收到正确的预约申请报文之后根据各用户的需求分配各时隙使用权，并将结果广播到所有用户，同时网络进入预约发送状态。

预约发送状态下的帧结构如图 6-10(b)所示：全部 n+1 个时隙的前 n 个时隙用于传输数据包，以统计复用 TDMA 的方式供各用户按照控制中心的时隙分配方案传输数据；最后的第 n+1 个时隙还是再划分为 V 个预约子时隙，用于有新业务传输需求的用户依据时隙 ALOHA 协议发送预约申请报文，控制中心再根据预约申请报文修改下一帧的数据包发送时隙的分配方案。当网络中没有数据业务需要传输时，网络回到预约竞争状态，如此循环往复地工作。

预约 ALOHA 协议采用时隙 ALOHA 协议来实现信道的分配，因为预约申请报文长度短，所以竞争造成冲突的代价小，信道预约效率高且响应迅速。发送数据分组采用统计复用 TDMA，用户独占申请到的时隙，没有竞争冲突，所以在业务负载重的场景下吞吐量高。

2. 隐式预约动态接入

隐式预约动态接入方式也是基于时隙 ALOHA 协议和 TDMA。但是它的时隙结构没有图 6-10 中专用于信道预约的控制子信道，所有的时隙都用于数据包传输，通过时隙上的竞争碰撞和碰撞化解来完成信道资源分配。因此使用隐式预约动态接入的网络只包含地位平等的普通用户，不需要额外的控制中心，通过分布式运行的协议规则来分配信道资源。根据碰撞化解规则的不同，隐式预约动态接入可以划分为时隙 ALOHA 型隐式预约动态接入和 TDMA 型隐式预约动态接入两类。

1) 时隙 ALOHA 型隐式预约动态接入

时隙 ALOHA 型隐式预约动态接入在时域上将公共物理信道划分为以 TDMA 方式循环的帧结构，每帧包含 n 个时隙，每个时隙的长度可以传输一个完整的固定长度的数据报文。时隙数 n 与总用户数无关，并且时隙和用户之间没有任何预置的对应关系。所有新到业务的用户按照时隙 ALOHA 协议规则可以选择任意一个时隙尝试传输数据报文，如果传输成功，则用户对该时隙预约成功(该时隙称为这个用户临时的“私有”时隙)，可以在后继帧里连续占用该时隙直到数据报文传输结束，即以 TDMA 方式维持已建立的时隙预约关系。如果已经占用时隙的用户需要更大的吞吐量，还可以继续竞争使用其他空闲时隙，竞争成功的用户增加新的“私有”时隙，即可以在后继帧里连续占用新预约的时隙，该用户可以在一帧中同时占用多个“私有”时隙。

一旦某个时隙中发生分组碰撞，则说明有两个或者更多个用户竞争同一个时隙。时隙 ALOHA 型隐式预约动态接入规定所有参与竞争的用户都要暂时退避，在紧邻的下一帧中不能参与这个时隙的竞争，各自独立采用随机退避之后再竞争信道。根据前面的规则可知，时隙 ALOHA 型隐式预约动态接入可能发生的碰撞包括以下 2 种。

(1) 一个或多个新到业务的用户抢占已预约成功的用户的“私有”时隙。

(2) 一个或多个新到业务的用户与一个或多个已预约成功的用户竞争空闲时隙。

时隙 ALOHA 型隐式预约动态接入协议比时隙 ALOHA 协议的信道利用率高，因为它通过 TDMA 方式维持已建立的时隙预约关系的方法避免了发生大量的冲突。在时隙 ALOHA 协议规则下，这些在各自“私有”时隙内无冲突传输的数据包是需要继续竞争接入时隙的，相当于时隙 ALOHA 协议在上面的碰撞的基础上多了一种：一个或多个已预约成功的用户竞争“私有”时隙，二者这种碰撞的概率比较大，尤其是在业务负载比较重的情况下。

2) TDMA 型隐式预约动态接入

TDMA 型隐式预约动态接入和时隙 ALOHA 型隐式预约动态接入的主要区别在于提升了碰撞化解的效率：ALOHA 型规定所有参与竞争的用户都需要随机退避，在紧邻的下一帧内不能占用该时隙；而 TDMA 型则力争在发生碰撞之后，在紧邻的下一帧内让一个用户继续占用该时隙，其他用户随机退避。具体规则如下。

TDMA 型隐式预约动态接入在时域上将公共物理信道划分为以 TDMA 方式循环的帧结构，每帧包含 n 个时隙，每个时隙的长度可以传输一个完整的固定长度的数据报文。时隙数 n 必须等于或者大于总用户数，并且每个时隙固定地预先分配给某个用户，即每个用户以TDMA方式拥有一个或多个“私有”的时隙。所有新到业务的用户按照TDMA规则首先占用自己的“私有”时隙，当用户需要更大的吞吐量时可以竞争使用其他处于空闲的时隙，竞争成功的用户可以在后继帧里连续占用这个时隙，直到数据报文传输结束或者发生碰撞。一旦某个时隙中发生分组碰撞，碰撞化解规则是：该时隙的拥有者不退避，在下一帧的这个时隙上重发数据报文；不是该时隙拥有者的所有其他用户随机退避，在下一帧内不能再争用这个时隙，但是可以继续争用其他空闲时隙。

根据前面的规则可知，TDMA型隐式预约动态接入可能发生的碰撞包括以下2种。

(1)多个非时隙拥有者争用同一个空闲时隙而发生碰撞。

(2)时隙拥有者与非时隙拥有者的碰撞。根据碰撞时前一帧内该时隙是否有数据报文传输，这类碰撞还可以进一步细分为两类：一类是前一帧内该时隙已被非时隙拥有者占用；另一类是前一帧内该时隙空闲，非时隙拥有者将其作为空闲时隙来争用时，与时隙拥有者发生碰撞。

TDMA型隐式预约动态接入比时隙ALOHA型隐式预约动态接入的信道利用率高，因为TDMA型产生碰撞的概率低、化解碰撞的效率高。因为TDMA型规定首先占用自己的“私有”时隙，与时隙ALOHA型规定的任意选择时隙相比减少了无序性，降低了碰撞概率。而且在发生碰撞之后，TDMA型能够保证在一帧内化解碰撞(不会出现连续两帧在同一时隙冲突)，并且下一帧里冲突时隙能够被有效利用。不会出现连续冲突的原因是：参与冲突的非时隙拥有者保证不会在下一帧内来争用该时隙，而其他没有参与冲突的非时隙拥有者因为前一帧不是空闲的，所以也不会参与争用该时隙。因此只有时隙拥有者会在下一帧的这个时隙里重发数据报文，既保证了不连续冲突，还保证了下一帧里该时隙能被有效利用。而时隙ALOHA型规定所有竞争参与者都需要退避，同时其他新用户可以自由竞争该时隙。在下一帧里该时隙可能空闲，可能多个新用户碰撞，也可能刚好一个新用户成功争用，所以时隙ALOHA型化解碰撞的效率比TDMA型低。

但是TDMA型要求总时隙数n必须等于或者大于总用户数，且需要预先配置时隙和用户之间的对应关系，因此不适用于用户数变化的网络。而时隙ALOHA型隐式预约动态接入不需要知道用户数，适用于用户数变化的网络。

6.3　非正交多址接入

多址接入技术是蜂窝网络通信的核心技术：第一代移动通信系统采用频分多址接入，第二代移动通信系统采用时分多址接入，第三代移动通信系统采用码分多址接入，第四代移动通信系统采用正交频分多址接入。这四代蜂窝系统的多址接入方式和本章前面介绍的技术都属于正交多址接入(Orthogonal Multiple Access，OMA)。OMA资源分配的目标是将时/频/码域资源正交地分配给每个用户，使得成功接入的用户能独占一个正交资源块而不受其他用户的干扰。但是OMA的正交约束限制了每个蜂窝小区能承载的用户数和吞吐量，为应对移动互联网和物联网发展带来的高系统容量、高频谱效率和海量连接等巨大的需求挑战，第五代移动通信系统将非正交多址接入(Non-Orthogonal Multiple Access，NOMA)作为应对上述挑战的关键技术。

NOMA将多个用户的信号叠加到同一个通信资源域上发送，以此来提高频谱效率和系统容量。因此付出的代价是引入了多址干扰，这需要在接收端通过复杂的信号处理技术来予以消除，以实现多个用户数据的分离。当前学术界和工业界提出了多种NOMA方案，主要包括NTT DoCoMo公司提出的功率域非正交多址接入(Power Domain Non-Orthogonal Multiple Access，PD-NOMA)、华为技术有限公司提出的稀疏码多址接入(Sparse Code Multiple Access，SCMA)、中兴通讯股份有限公司提出的多用户共享多址接入(Multi-User Shared Access，MUSA)、大唐电信科技股份有限公司提出的图样分割多址接入(Pattern Division Multiple Access，PDMA)、Intel公司提出的低码率扩频(Low Code Rate Spreading，LCRS)非正交多址接入、高通公司提出的资源扩展多址接入(Resource Spread Multiple Access，RSMA)、LG集团提出的非正交编码多址接入(Non-orthogonal Coded Multiple Access，NCMA)等。根据多个用户信号重叠利用的资源域的不同，可以将NOMA技术分为功率域NOMA和码域NOMA。功率域NOMA是将不同用户的信道叠加在同一时/频/码域资源上，根据用户信道条件的差异性给不同用户分配不同的功率：信道条件好的用户多分配功率，反之信道条件差的用户少分配功率，在接收端使用串行干扰消除(Successive Interference Cancellation，SIC)算法以实现信号的正确解调。码域NOMA是给不同用户分配不同的码字，以牺牲一定带宽为代价获得扩码增益，在码域上区分不同用户。下面分别介绍几种典型的NOMA技术。

1. MUSA

MUSA是中兴通讯股份有限公司提出的基于复数域多元码序列的码域NOMA技术方案。MUSA原理框图如图6-11所示，首先每个用户选择一个低互相关的复数域多元码序列对要发射的调制符号进行扩展，然后不同用户扩展后的符号就可以在相同的时/频域资源里发送。接收机收到混叠的用户数据后，首先利用ZF检测或者MMSE检测等线性检测算法得到用户的初始估计数据，然后采用SIC技术对叠加的用户信号进行干扰消除以恢复出各个用户的原始数据。

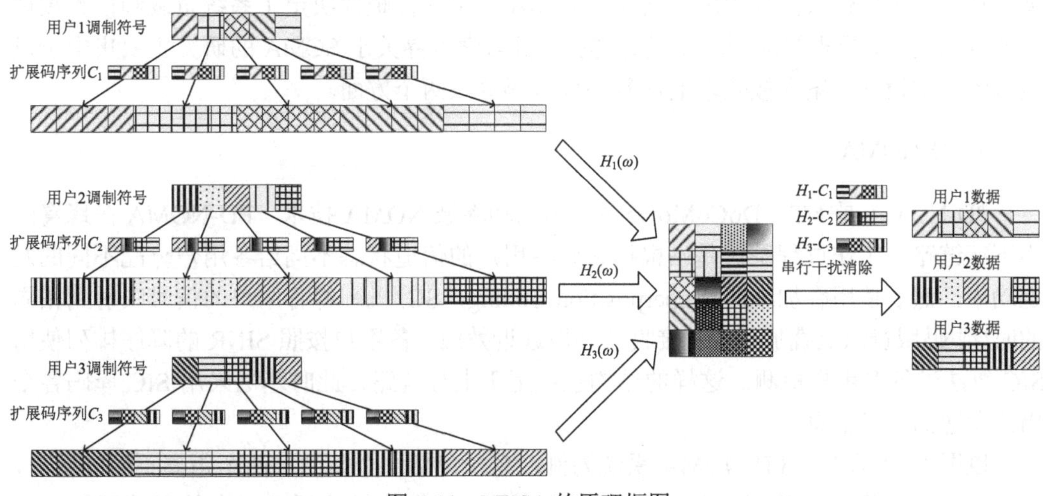

图6-11 MUSA的原理框图

MUSA 技术和传统 CDMA 技术的不同之处在于：CDMA 使用很长的彼此具有严格正交性的 PN 序列对符号做扩展，目的是提升系统的抗干扰能力；而 MUSA 使用短的复数域多元码序列对符号做扩展，扩展码序列的长度 N 小于同时接入的用户数 K，目的是降低 SIC 计算复杂度以及提升系统过载性能。MUSA 使用的短扩展码序列不能保证正交性，因此会导致接收端存在多用户的多址干扰，所以需要额外的干扰消除技术来进行多用户检测。扩展码序列的选择和接收端多用户检测算法是影响 MUSA 性能的关键因素，现有研究主要针对用户如何选择扩展码序列以减少碰撞、如何降低干扰消除的时延和计算复杂度等问题。

2. SCMA

SCMA 是华为技术有限公司提出的基于稀疏多维复数域码本映射的码域 NOMA 技术。SCMA 技术的思想来源于 R.Hoshyar 等提出的低密度签名 CDMA(Low-density Signature CDMA，LDS-CDMA)，LDS-CDMA 的主要原理是发送端对用户数据符号采用非正交的稀疏码扩频序列进行扩频，接收端采用基于消息传递算法(Message Passing Algorithm，MPA)的多用户检测算法进行译码。

2013 年华为技术有限公司的 Hosein Nikopour 等将 LDS 技术中的正交幅度调制映射器和 LDS 扩频器级联为码本选择器进行联合优化，提出了面向 5G 的 SCMA 技术。SCMA 系统的工作原理是：SCMA 为每个用户设计专有码本，发送端各用户根据码本将输入比特直接映射成稀疏多维复数域码字，然后在相同的时频资源里叠加传输；在接收端由于各用户在码域上非正交，即同一个子信道上可能叠加传输多个用户的码字信息，因此需要采用 MPA 等多用户检测算法进行多用户信号的分离。MPA 的基本思想是基于发送端码字的稀疏性，将联合最大似然概率的判决准则转化为多个边缘函数的乘积，通过在用户和子信道间迭代地传递外部信息进行求解。

与 LDS-CDMA 相比，SCMA 将调制和扩频两个模块联合设计，可以从星座图和扩频因子两个方面全局优化来获得更高编码增益的码字，码本设计的调制模块引入了高维调制技术，可以带来额外的成形增益。SCMA 码字的稀疏性决定了系统负载和接收端译码的复杂度，需要根据应用场景进行选择。目前学术界关于 SCMA 的研究主要集中于发送端的码本设计方案和接收端的低复杂度译码算法两个方面。

3. PD-NOMA

PD-NOMA 是 NTT DoCoMo 公司提出的功率域 NOMA 技术。PD-NOMA 在蜂窝网络下行链路的工作过程是：基站根据它到各用户的信道状态不同给各用户分配不同的发送功率，然后使用叠加编码(Superposition Coding，SC)机制将各用户的信号映射到相同的时/频/码域资源上叠加传输；接收端利用远近效应，各用户按照 SINR 的降序排列使用 SIC 算法进行多用户检测。这样的结构也适用于上行链路，此时基站采用 SIC 译码各个用户发送的上行信息。

以图 6-12 的下行 PD-NOMA 系统为例，系统包括一个基站和两个距离不同的用户，其中一个为信道传播损耗小的近端用户 1，另一个为信道传播损耗大的远端用户 2。

PD-NOMA 系统中基站给远端用户 2 分配较大的功率，给近端用户 1 分配较小的功率，两个用户的信号叠加发送。在接收端，具有较好信道条件的近端用户 1 在解码过程中先解码出远端用户 2 的信号，然后采用 SIC 算法从叠加信号中减去用户 2 的信号，再解码出自己的信号；而信道条件较差的远端用户 2 直接将近端用户 1 的信号作为干扰对自己的信号进行解码。

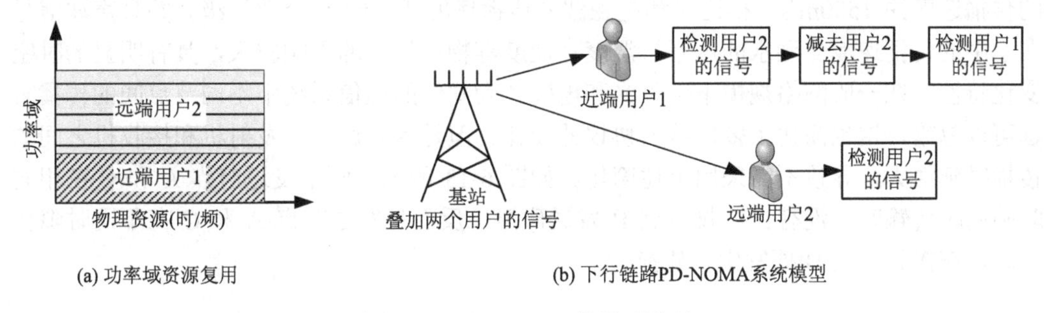

(a) 功率域资源复用　(b) 下行链路PD-NOMA系统模型

图 6-12　PD-NOMA 的原理模型

4. PDMA

PDMA 是大唐电信科技股份有限公司提出的一种非正交特征图样的多址接入技术。在发送端，多个用户的信号进行功率域、空域和码域的单独或者联合编码，在相同的时/频域资源里叠加传输；接收端采用串行干扰消除接收算法进行多用户检测，恢复出各用户的数据。

不同于 MUSA 和 SCMA 在码域对多个用户数据叠加，以及 PD-NOMA 在功率域对多个用户数据叠加，PDMA 同时在功率域、空域和码域混合或者选择性使用。这使得 PDMA 技术具有更大的优化自由度，能更灵活地利用功率域、空域和码域提升系统容量。但是，多种类型资源的非正交复用也导致了 PDMA 系统接收机检测算法的高复杂度。

扩展阅读：水声通信的多址接入

水下无线通信技术在海洋环境监测与灾害预警、辅助航行、水下设备的命令和数据传送以及海洋军事领域具有广阔的应用前景。目前主要的水下无线通信方式有水下光通信、水下电磁通信和水声通信等。

光信号在水下的衰减很大，即使衰减最小的 450～530nm 波段(蓝绿光)在水中的衰减系数也达到 40dB/km。目前，水下无线光通信大多采用激光通信技术，适用于近距离高速数据传输，需要高精度瞄准与实时跟踪。电磁波在水下的衰减也很严重，只有频率范围在 3～30kHz 的甚低频和 30～300Hz 的超低频能够实现 10m 和 100m 的海水穿透能力，一般用于与潜艇间的通信。上述电磁波频段都需要很长的天线，例如，超低频通信系统的地基天线长达几十千米，拖拽天线长度也超过千米，发射功率达兆瓦级，因此难以在体积较小的水下节点上实现。而声波属于机械波，在水下具有良好的传播性能。当频率低于 10kHz 时，声波信号在水中的衰减系数小于 1dB/km，所以声波信号可以在较低频率上实现水下的远距离传输。例如，我国的载人深潜器“奋斗者”号已实现潜深10909m 时与母船之间的通信。

相较于光和电磁波通信信道，水声信道是一个时-空-频选择性变化的复杂信道，具有高延迟、低带宽、强多径、强干扰和多普勒效应严重等特点。尤其是声波信号在水中的传播速度约 1500m/s，相比光和电磁波的传播速度低了约 5 个数量级。并且声波信号在水中的传播速度受到水的压强、温度、盐度等物理特性的影响较大，具有明显的时空变化特性。在一般网络规模下，以光和电磁波为载体的通信系统中不同节点间的传播时延可以忽略，这也简化了多址接入协议的设计。但是水声通信中发射机和接收机之间的传播时延很大，导致不能采用上述简化。如图 6-13 所示，两个发送节点 A 和 C 在相同时隙同时传输时，没有在接收节点 B 发送碰撞，反而是发送节点 A 和 C 在不同时隙传输时，在接收节点 B 处发生了碰撞。

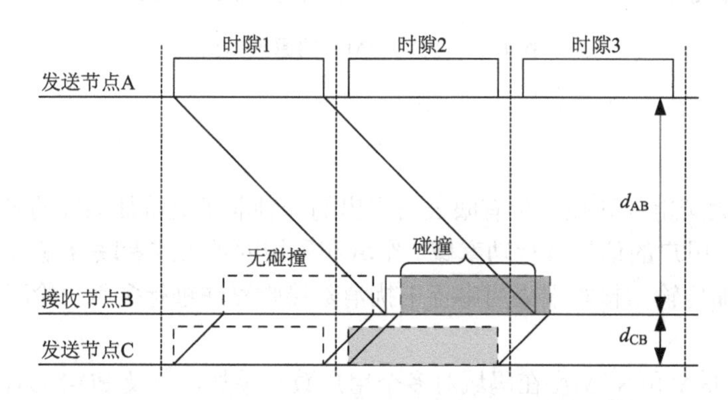

图 6-13　水声信道大传播时延带来的传输碰撞示例

根据水声通信节点获取信道方式的不同，水声通信多址接入可分为调度类多址接入和竞争类多址接入。

调度类多址接入针对水声信道大、传播时延的特点，基于 TDMA、FDMA 和 CDMA 采用静态或动态方式分配信道，例如 ST-MAC、CT-MAC、TFO-MAC 和 UW-MAC 等多址接入协议。这类协议基于“请求-批准”的信道预留机制或者发射机根据网络拓扑自己决策的调度机制，最终使每个节点无冲突的访问信道。调度类协议需要预先分配资源，新加入节点将引起资源的二次分配，因此这类协议的可扩展较差。

竞争类多址接入通过改变竞争窗口、时隙接入保护时间、帧间隔等协议配置以应对水声信道传播时延较大的影响，如 MACA 和 FAMA 等。MACA 要求节点需要传输数据时直接发送 RTS 帧，接收机收到 RTS 并且可以接收数据时反馈 CTS 帧，发射机收到 CTS 帧之后开始发送数据。FAMA 要求节点在需要传输数据时先侦听信道，只有信道空闲时才发送 RTS 帧，接收机收到 RTS 之后发送一个很长的 CTS 帧（持续时间等于收发往返传播时延加一个 RTS 帧传输时长）。竞争类多址接入能较好地克服网络拓扑变化带来的挑战，具有较好的可扩展性，在低负载应用中具有较好的吞吐量性能和较低的接入时延。但是竞争类多址接入无法避免冲突带来的重传问题，将带来一定程度的能量浪费。

简单地增大保护时间来避免碰撞的多址接入方式会显著降低信道利用率。因此，现有研究也有一些多址接入协议尝试利用大传播时延来满足更多发送同时进行，如并行握手和在等待时间内做其他传输等。

习 题

6-1 在通信网络设计中，选择多址接入方式的基本原则和依据有哪些？

6-2 试举例说明 FDMA、TDMA 及 CDMA 的应用及特点，指出三者中具有最高系统容量的是哪一种多址接入方式，并从物理概念上说明理由。

6-3 ALOHA 类型接入协议是否在任何应用场景下的性能都不如 CSMA 类型的接入协议？ 给出是或不是的理由并简述 ALOHA 类型接入协议及 CSMA 类型接入协议的接入原理及特点。

6-4 如何将动态预约机制应用于卫星系统？

6-5 若干个终端用纯 ALOHA 随机多址接入协议与远端主机通信。信道速率为 2400Kbit/s。每个终端平均每 2min 发送一个数据包，数据包长为 200bit，问终端数目最多允许为多少？若采用时隙 ALOHA 协议，结果又如何？若改变以下数据，分别重新计算上述问题：

(1) 数据包长变为 500bit；

(2) 终端每 3min 发送一个数据包；

(3) 信道速率改为 4800Kbit/s。

6-6 1000 个终端争用一条公用的时隙 ALOHA 信道。平均每个终端每小时发送帧 18 次，时隙长度为 125μs，试求网络负载 G。

6-7 码分多址(CDMA)为什么可以使所有用户在同样的时间使用同样的频带进行通信而不会相互干扰？这种复用方法有何缺点？

6-8 为什么在无线局域网中发送数据包后必须要对方发回确认包而以太网不需要？为什么在无线局域网中不能使用 CSMA/CD 协议而必须使用 CSMA/CA 协议？

6-9 令牌环网与令牌总线网属于哪种多址接入方式？与 CSMA/CD 相比，它们的主要特点是什么？

6-10 假设网络中共有 $2N$ 个子用户，有且仅有两个子用户有数据要发送，公共前缀长度取 1 比特，则使用轮询及探询的方法分别需要进行多少次交互？当 N 等于多少时，轮询和探询两种方式的交互次数最接近？

6-11 时隙 ALOHA 的时隙为 40ms。大量用户同时工作，使网络平均每秒发送 50 个数据包(包括重传的)。

(1) 计算第一次发送即成功的概率。

(2) 试计算正好冲突 k 次然后才发送成功的概率。

(3) 每个数据包平均要发送多少次？

第7章　流量控制和拥塞控制

网络在当今社会生活中起到越来越重要的作用，各种形态网络的部署规模呈现爆炸式的增长态势，应用也越来越广泛。为了满足流量发送需求和提升流量爆发情况下的用户服务质量，需要有效地解决好网络拥塞和数据冲突等问题。流量控制和拥塞控制正是解决这些问题的关键技术，二者既有关联，也有显著的区别。其中，流量控制作用于发送者，它用于控制发送者的发送速率从而使接收者来得及接收，防止分组丢失；拥塞控制作用于网络，它用于防止过多的数据注入网络中，避免出现网络负载过重的情况。

7.1　流 量 控 制

7.1.1　流量控制概述

流量在通信网络中是指通信量，在数据通信网中是指网络中的数据流或分组流的大小。流量控制是对网络上的两个节点之间的数据流量施加限制，使通信网络工作在吞吐量允许的范围内。它通常是通过限制发送的数据量，使发送速率适应接收端本身的承载能力，以免过载。流量控制的总目标是在交换网中有效地、动态地分配网络资源，这些资源包括信道、节点中的缓冲区及交换处理机等。流量控制包括路径两端的端到端流量控制与链路两端的点到点流量控制。在不断发展的互联网环境中，高速节点和低速节点并存，这就需要通过流量控制来减少或避免发生分组的丢失，即存储器的溢出，从而避免发生拥塞。

1. 流量控制的功能

具体来说，流量控制的主要功能如下。

(1)防止网络因过载而引起网络吞吐量下降和分组时延增加。

拥塞将会导致网络吞吐量的迅速下降和分组时延的迅速增加，严重影响网络性能。图 7-1 所示为吞吐量和分组时延与输入负载的关系。在理想情况下，网络吞吐量随着负载的增加而线性增加，直到达到网络的最大容量时，吞吐量将不再增大，成为一条直线。实际上，当网络负载比较小时，各节点分组的队列都很短，节点有足够的缓冲器接收新到达的分组，使得相邻节点中的分组输出也较快，网络吞吐量和负载之间基本保持了线性增长的关系。当网络负载增大到一定程度时，节点中的分组队列加长，造成时延迅速增加，并且有的缓存器已占满，节点将丢弃继续到达的分组，造成分组的重传增多，从而使吞吐量下降。因此，吞吐量曲线的增长速率随着输入负载的增加而逐渐减小。当负载增加到一定程度时，吞吐量下降为零，这种现象称为网络死锁(Deadlock)。此时分组的时延将无限增加。

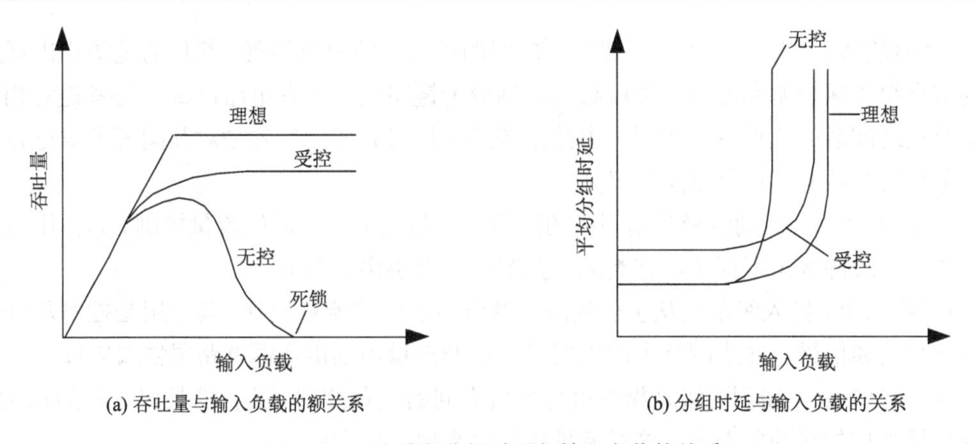

(a) 吞吐量与输入负载的额关系　(b) 分组时延与输入负载的关系

图 7-1　吞吐量和分组时延与输入负载的关系

如果有流量控制，吞吐量将始终随着输入负载的增加而增加，直至饱和，不再出现拥塞和死锁现象。从图 7-1 中可以看出，由于采用流量控制要增加一些系统开销，因此，其吞吐量将小于理想曲线的吞吐量，分组时延也将大于理想情况，这点在输入负载较轻时表现得尤其明显。可见，实现流量控制需要付出一定的代价。

(2) 避免网络死锁。

网络面临的一个严重的问题是死锁，实际上，它也可能在负载不重的情况下发生，这可能是由一组节点没有可用的缓冲器而无法转发分组引起的。死锁有直接死锁、间接死锁和装配死锁三种类型。

(3) 在相互竞争的各用户之间公平地分配资源。

由于网络用户竞争能力的不同(如优先级的引入)，竞争能力较强的用户可能长期占用网络资源，导致竞争能力较弱的用户始终无法获得资源来保障分组转发，造成资源分配的不公平性，而流量控制可以解决上述问题。

(4) 实现网络及用户之间的速率匹配。

分组网中，当两个要互传分组数据的终端速率不同时，低速终端来不及处理接收的数据，会导致数据的丢失，所以必须限制高速终端的分组流入速率。

2. 流量控制的层次

实现信息流量控制，可以在不同协议层次上分工进行控制，但主要在数据链路层、网络层和传输层进行。一般来说，流量控制可以分成以下几个层次来进行，图 7-2 所示为按级进行流量控制的划分方法。

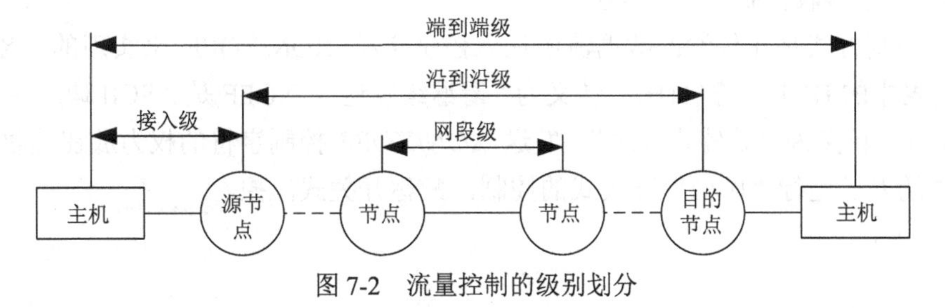

图 7-2　流量控制的级别划分

(1)网段级。网段级是对于相邻节点之间的点到点的流量控制。其目的是防止出现局部的节点缓冲区拥塞和死锁。网段级还可划分为链路段级和虚电路段级：前者是对相邻两个节点之间总的流量进行控制，由数据链路层协议完成；后者是对其间每条虚电路的流量分别进行控制，由分组层协议完成。

(2)沿到沿级。沿到沿级是指网络的源节点和目的节点之间的流量控制。其作用是防止目的节点缓冲区出现拥塞，这类流量控制由分组层协议完成。

(3)接入级。接入级是指从主机到网络源节点之间的流量控制。其作用是控制从外部进入网络的通信量，防止网络内产生拥塞，这类流量控制由数据链路层协议完成。

(4)端到端级。端到端级是指主机与主机之间的流量控制。其目的是保护目的端，防止用户级进程的缓冲器溢出，这类流量控制由高层协议完成。

7.1.2 流量控制方法

流量控制不仅在数据链路层上实现，在网络体系结构的高层上，如网络层、传输层上也有相应的流量控制机制。不同功能层的流量控制所控制的对象是不同的。数据链路层控制网络中相邻的节点之间的数据传输过程，网络层控制网络源节点和目的节点之间的数据传输过程，传输层控制网络中不同节点内发送进程和接收进程之间的数据传输过程。目前，通信节点间常用的流量控制方法有停止-等待方式和滑动窗口协议。

1. 停止-等待方式

停止-等待方式是一种最简单且最常用的流量控制方法，它又分为开关式流量控制和协议式流量控制。

1)开关式流量控制

开关式流量控制方法十分简单。当接收端有足够的缓冲空间，并已做好接收准备时，可以发送“开”命令，通知发送端开始发送数据；当接收端来不及处理接收的信息，并且接收缓冲区也被耗尽或将要耗尽时，则发送“关”命令，通知发送端停止发送数据。这种方法称为开关式流量控制，可以通过硬件或者软件控制方式实现。

硬件控制方式是利用通信接口的通信控制线来实现的。例如，在计算机的 RS-232 串行接口中，就包含了控制电路 RTS/CTS(请求发送/允许发送)、DTR/DSR(数据终端准备好/数据电路设备准备好)。当终端的 RTS=ON，表示“请求发送”时，如果响应 CTS=ON，表示“允许发送”，则终端可以发送数据；如果 CTS=OFF，则不能发送数据。控制电路 DTR/DSR 用于接收控制，其原理类似。

软件控制方式是在传输的数据流中加入控制字符 XON/XOFF 来实现的。XON 是 ASCII 码表中的 DC1 字符(11H)，转义为“请继续发送”；XOFF 是 ASCII 码表中的 DC3 字符(13H)，转义为“请停止发送”。发送 XON/XOFF 控制字符的权力放在接收端，它对发送端的发送施行“闸门”开关式的控制，故称开关式流控。

如图 7-3 所示，假设链路上传输的数据以字符为基本单元，接收端通过设置一个界面指针 PTR 对接收缓冲区中存放的数据字符量进行实时的监测。当数据处理速率低于接收速率，缓冲区使用量逐渐上升时，PTR 往上移动，达到预定的上限时立即向发送端发出 XOFF 字符，请求发送端暂停发送数据。随着接收缓冲区中的数据被处理，缓冲区使用量逐渐下降时，PTR 往下移动，达到预定的下限时立即向发送端发出 XON 字符，允许发送端继续发送数据。

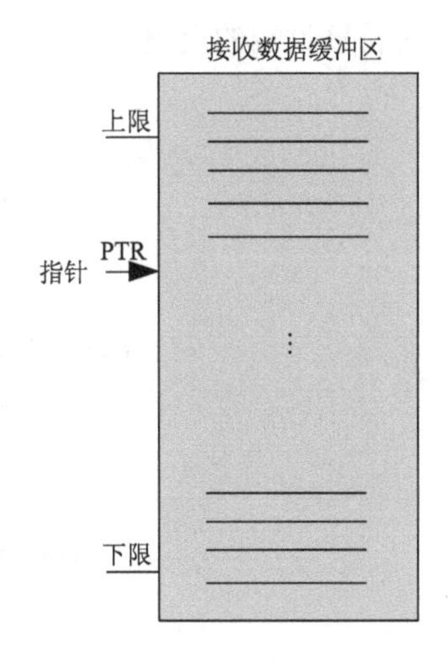

图 7-3　开关式链路控制原理

在发送端，发送数据的同时，应能够随时接收对方发来的控制信息。在收到 XOFF 字符后，立即停止发送数据，等待接收 XON 字符。一旦收到 XON，即可继续发送数据。这种流量控制方法对所传送的数据的编码格式有一定的限制，不允许在数据流中出现与 XON/XOFF 代码相同的字符，以免造成错误判断。

在一条链路上，通过采用这种开关式的流量控制，有效地避免了发生接收缓冲区的溢出和处理能力的过载。具体应用时，应根据实际的数据速率、传播距离、接收处理速度、缓冲区大小等因素，确定合适的下限和上限，以确保流量控制的有效性和可靠性。

另外还应注意，开关式流量控制方法要求两点之间有一条反向链路，用于传输反馈信息 XON 和 XOFF(硬件控制方式则需要额外的控制电路)。当然，反向链路的数据速率可以比正向链路的速率低得多。在多数情况下，采用全双工链路最为方便，以便配合等速率的双向数据传输。

2) 协议式流量控制

开关式流量控制简单，容易实现，但控制功能也少。在数据的传输过程中，还有许多其他的控制功能需要实现。设计合理的通信协议，能够有效、可靠地实现数据链路层的各项控制功能，包括流量控制和差错控制功能。

停止-等待协议是最简单的流量控制策略。它提供了对于网络传输的数据包的最简单的差错处理。从字面上理解，也就是说发送端发完一个数据包后，需要等待接收端的确认消息。如果收到对方的肯定确认(ACK)消息，则接着发送下一个数据包；如果收到否定确认(NACK)消息或在规定的时间内没有收到任何应答，则重发该数据包。它是简单而重要的数据链路层协议，在不可靠的物理链路上进行流量控制的同时也进行了差错控制，实现可靠的数据传输。

概括地说，停止-等待协议的传输基本流程如下，可用图 7-4 表示出来。

(1) 发送端发送一个数据包后，就停止发送动作，并启动超时计时器，等待接收端的反馈信息。

(2) 发送端收到肯定确认(ACK)消息，接收端接收正确，发送端可发送下一数据包。

(3) 如果发送端发送的数据包出错，接收端反馈 NACK 消息。

(4) 发送端收到否定确认(NACK)消息，重新发送出错的数据包，并启动超时计时器，等待接收端的反馈信息。

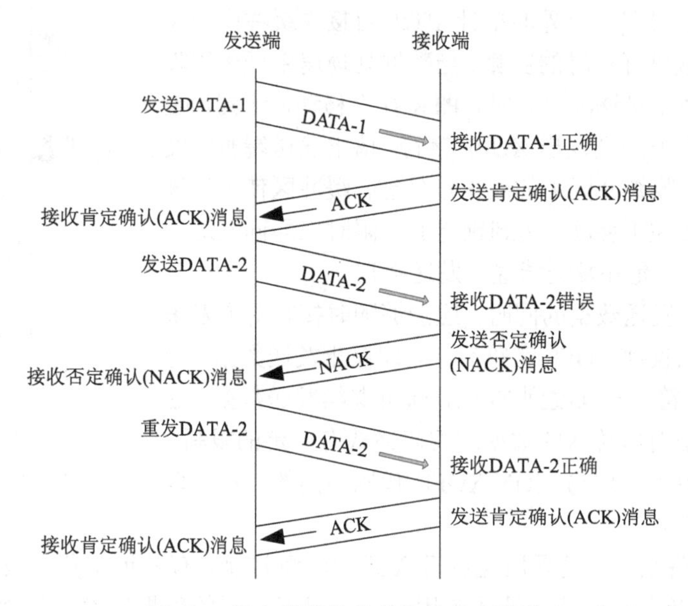

图 7-4　停止-等待协议的传输基本流程

若数据包在传输过程中丢失，接收端未接收到任何数据，工作流程如下。

(1) 发送端在发送数据包后即启动超时计时器，并设置重传时间 t_{out}。

(2) 在重传时间 t_{out} 内没有收到肯定确认消息，则认为数据包丢失，需重传该数据包。

(3) 重传次数达到一定的值，则说明数据包传输失败。

再回顾一下，数据包在链路上传输可能出现的情况有如下几种(具体请参考图 5-4)：①无差错理想情况下的正确传输；②传输出现差错，但数据包可以被识别并且检测出存在差错；③传输出现差错，并导致数据包不可识别而被丢弃；④接收端正确接收了数据包，但返回的确认包丢失。

使用以上的停止-等待协议可以避免帧的重复和丢失，实现了一定的差错控制功能；接收端通过控制发送 ACK 确认包的时间(不超过超时时间)，还可以进行流量控制。

2. 滑动窗口协议

导致停止-等待协议信道利用率低的原因是发送端每发送完一个数据包都需要等待收到接收端的确认消息后才可以继续发送下一个数据包，这期间传输信道都是空闲状态，信道的传输能力没有得到有效的利用。如果能允许发送端在等待确认消息的同时能够连续不断地继续发送数据包，而不必接收到确认消息后才可以发送下一个数据包，则可以提高传输效率，允许发送端在收到接收端的确认消息之前可以连续发送多个数据包的策略，就是滑动窗口协议。这种协议除了能提高效率以外，还应满足流量控制、差错控制等数据链路层的基本要求。

为了能够连续发送多个数据包，并能够区别它们，就像停止-等待协议一样，也需要对数据包进行编号，这样才能进行差错控制和流量控制。数据包的编号用若干比特来表示，既要能够正确地区分所传输的不同数据包，又要能够减少控制开销，提高传输效率。例如，在传播时延较小的链路上常设 $n=3$，编号空间为 0～7，共 8 个编号，发送完编号为 0～7 的数据包后，下一个数据包还从 0 开始编号。在传播时延比较大的链路上，如卫星链路，常使用 $n=7$ 的编码方案，编号空间为 0～127，共 128 个编号，以允许继续传输更多的数据包。

发送端在没有得到任何确认消息时，允许继续发送后续的数据包，但需要对允许连续发送数据包的数目加以限制。影响这一问题的因素有 2 个。一是如果已发送而未得到确认的数据包太多，一旦出现错的数据包，就要重发已经发出去的多个数据包，这样就会降低效率；如果只发送出错的数据包，那么接收端要设置大的缓冲区来保存收到的正确包，耗费资源。二是连续发送的数据包的数目大，编号占用的比特数就多，使数据包的额外开销增加。窗口概念就是限制连续发送数据包的数目的方法。

1) 发送窗口

发送窗口用来对发送端进行流量控制，发送窗口的大小可用 W_T 表示，它代表发送端未得到确认消息而允许连续发送的数据包的最大数目，发送窗口大小从 1 开始，可以增大到某一个预设的最大值。显然，停止-等待协议的发送窗口大小是 1。发送端每发送一个新数据包，都要先检查它的编号是否在发送窗口之内。如果发送窗口尺寸为 m，则初始时发送端可以连续发送 m 个数据包，这些帧都有可能因出错或丢失而需要重发，所以要设置 m 个发送缓冲区来存放这 m 个数据包的副本(假设一个缓冲区可以存放一个数据包的副本)。发送窗口的概念可用图形直观地来说明，如图 7-5 所示。

现在假设发送编号用 3 比特来编码，即发送编号可以有 8 个不同的编号，0～7，又假定发送窗口的大小 $W_T=5$。发送窗口的规则归纳如下。

(1) 发送窗口内的数据包是允许发送的数据包，而不考虑有没有收到确认消息。发送窗口右侧所有的数据包都是不允许发送的数据包，如图 7-5(a) 所示。

(2) 每发送完一个数据包，允许发送的数据包数就减 1，但发送窗口的位置不改变。图 7-5(b) 有 3 种不同的数据包：已经发送的 0 号数据包、允许发送的 1～4 号数据包，以及不允许发送的数据包(5 号数据包和以后的数据包)。

(3) 如果所允许发送的 5 个数据包都发送完了，但还没有收到任何确认消息，那么就不能再发送任何数据包了。图 7-5(c) 表示这种情况。这时，发送端就进入等待状态。

(4) 每收到对一个数据包的确认消息，发送窗口就向前(即向右方)滑动一个数据包的位置。图 7-5(d) 表示收到了对前 3 个数据包的确认消息，因此发送窗口可向右方滑动 3 个数据包的位置。在图 7-5(d) 中共有 4 种不同的数据包：已发送且已收到了确认消息的数据包、已发送但未收到确认消息的数据包、还允许发送的数据包，以及不允许发送的数据包(右边的 0 号数据包和以后的数据包)。注意：7 号数据包之后的编号 0 表示下一个 0 号数据包，滑动窗口协议必须能够区分前后两个不同的 0 号数据包。

2) 接收窗口

接收窗口的设置是为了控制接收端可以接收哪些数据包，不可以接收哪些包。接收窗口的大小可用 W_R 表示，它表示接收端最多允许接收的数据包数目，接收窗口的大小总是固定的，如图 7-6 所示。在接收端只有当收到的数据包的发送编号落入接收窗口内时，才允许将该数据包收下；若接收到的数据包的发送编号落在接收窗口之外，则一律将其丢弃。接收窗口的规则很简单，归纳如下。

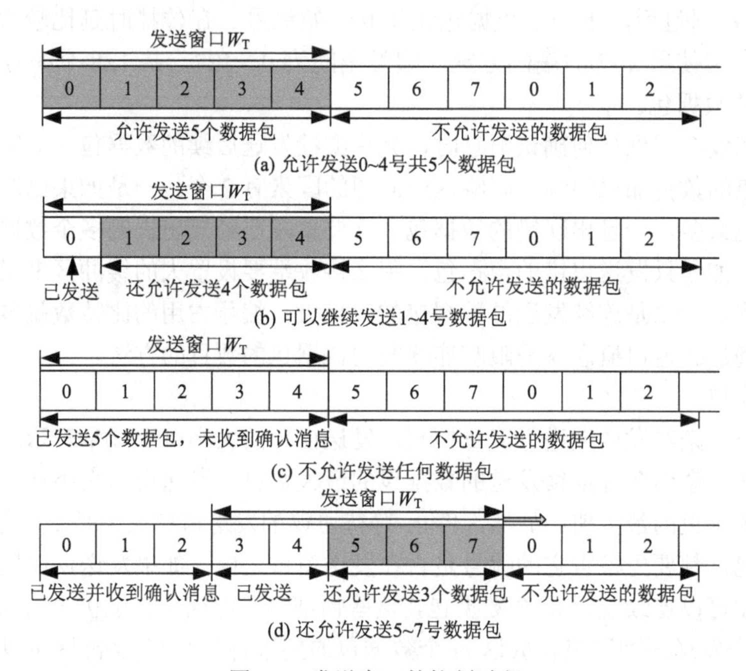

图 7-5　发送窗口的控制过程

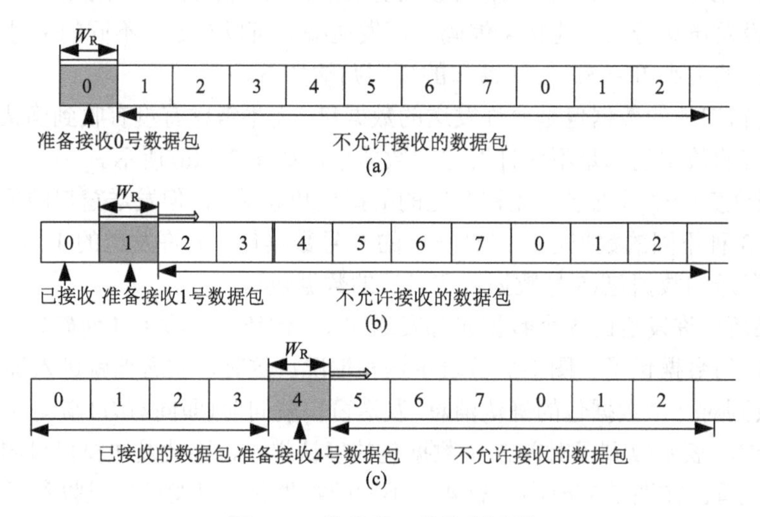

图 7-6　接收窗口的控制过程

(1) 只有当收到的数据包的发送编号与落在接收窗口里的发送编号一致时，才能接收该数据包。对于落在接收窗口之外的数据包，简单丢弃即可，不需做任何处理。

(2) 每收到一个编号正确的数据包，接收端向发送端返回一个确认包，同时使接收窗口向前滑动一个数据包的位置。

图 7-6 所示为接收窗口的控制过程示意图，假设这种协议的接收窗口大小 W_R=1。图

7-6(a)表示初始时接收窗口处于 0 号，只准备接收 0 号数据包；图 7-6(b)表示正确收到了 0 号数据包，并发出对 0 号数据包的确认包，然后将接收窗口顺时针滑动处于 1 号，准备接收 1 号数据包。若接下来收到了 0 号数据包，说明是重复数据包，要丢弃；若接下来收到了 2 号数据包，也丢弃，说明此时 1 号数据包已经丢失。当陆续收到 1～3 号数据包后，接收窗口的位置应如图 7-6(c)所示。

不难看出，只有在接收窗口向前滑动时(与此同时也发送了确认消息)，发送窗口才有可能向前滑动。发送端若没有收到该确认消息，发送窗口就不能滑动。当发送窗口和接收窗口的大小都等于 1 时，就是最初讨论的停止-等待协议。

3)最大窗口尺寸的确定

在滑动窗口流量控制过程中，窗口的大小必须进行合理的设置，既要能够发挥流量控制的作用，又要尽可能提高传输信道的利用率。发送端在没有得到任何确认消息时，允许继续发送后续的帧，但如果发送窗口太小，仍然会出现传输信道的浪费；如果发送窗口太大，又失去了流量控制的作用。理想情况是当刚刚发完发送窗口中允许发送的最后一个数据包时，就收到窗口中最先发送数据包的确认消息。这样发送窗口向前滑动，又可以继续发送，同时信道也几乎没有空闲浪费，利用率比较高。在实际通信应用中，往往情况比较复杂，只能尽量接近这种理想情况。

在实现流量控制和提高信道利用率的同时，数据包的编号应既能够正确地区分所传输的不同数据包，又能够减少控制开销。在传输时延较小的地面链路上，数据包传输的往返时延也比较小，即等待正常确认消息的时间也比较短，能够发送的数据包数也少一些，可以使用较少的编号。因此，在传输时延较小的地面链路上常采用 n=3 的“模 8”编码；在传播时延比较大的链路上，如卫星链路，对应的往返时延比较大。为了能够提高效率，在等待时间内发送比较多的数据包，而又不至于出现混淆，常使用 n=7 的“模 128”编码。

当数据包编号的编码长度确定后，序号空间就已经确定，则最大窗口尺寸如何确定？最大发送窗口和最大接收窗口的确定，在实现流量控制和提高效率的基础上，必须要能够保证协议的正确实现，不同滑动窗口机制的最大窗口尺寸也不同。

发送窗口尺寸不一定等于接收窗口尺寸，窗口大小在一些协议中是固定的，但在另一些协议中是可变的。窗口尺寸的选择与信道的数据速率和传输时延有关，还与所使用的编号比特数有关。窗口尺寸的大小应该既可以实现流量控制，又能够保持较高的链路利用率。

发送窗口内的各数据包在传输过程中有可能丢失或损坏，所以所发送的数据包需要在缓冲区中保存以备重传。如果缓冲区满，就停止接收网络层的分组，直到有空闲缓冲区。

在发送窗口大于 1 的滑动窗口协议中，如果传输中出现差错，协议会自动要求发送端重传出错的数据包，所以这种控制机制称为自动重传请求(ARQ)，通常又称为自动请求重传。根据出现差错后重传数据包的方法，ARQ 协议分为后退 N 步 ARQ 协议(又称连续 ARQ 协议)和选择重发 ARQ 协议，具体参见第 5 章。

7.2　网络最大流算法

最大流是指从源点到经过所有路径最终到达的宿点的所有流量和。网络最大流问题在科学和工程等领域应用广泛，许多线性规划的实际问题都可转化为网络最大流的模型来求解。随着交通、电力、物流等大规模发展以及计算机技术的广泛应用，人们对最大流问题的研究越来越深入，逐渐建立了较为完善的理论，提出了一系列的算法。

网络最大流问题是 1955 年首先由 Ford 和 Fulkerson 提出的。该问题的出现，以及之后很多相关的理论和算法的出现，密切了运筹学与图论，开辟了最大流应用的新篇章。网络最大流求解算法主要分为两大类：一类是通过路径推进流量的增广链算法，其中应用比较广泛的算法有 Ford-Fulkerson 算法、Dinic 算法和 Edmonds-Karp 算法；另一类是预流推进算法，最常用的有 Karzanov 的网络阻塞流算法，以及在 Karzanov 算法的基础上由 Goldberg 和 Tarjan（1986 年）不断改进的推进重标号的算法等。本节将给出几种典型的求解网络最大流的算法：Ford-Fulkerson 算法、最短增广路算法和预流推进算法。

7.2.1　最大流问题基本概念和定理

求解最大流的问题前，在第 4 章图论的基础上，必须对以下概念和定理有所了解。

1. 容量网络

设有向图 $G=(V,E)$ 是一个网络，G 中指定两个顶点：一个点称为源点，记为 v_s；另一个点称为宿点，记为 v_t，对于每一条弧 $(v_i,v_j)\in E$，都有一个对应的权值 $c(v_i,v_j)>0$，称为弧 (v_i,v_j) 的容量。一般把这样的有向网络 G 称为容量网络，有时简称网络。

把容量网络 G 中每一条弧 (v_i,v_j) 上的流量记作 $f(v_i,v_j)$。所有弧上的流量的集合 $f=\{f(v_i,v_j)\}$ 称为该网络 G 中的一个网络流。

2. 可行流

对于给定的网络 $G=(V,A,c)$ 和给定的流 $f_{ij}=f(v_i,v_j)$，若满足下列条件，则称 $f=\{f_{ij}\}$ 为一个可行流。

(1) 容量限制条件。对于每一条弧 (v_i,v_j)，有 $0\leqslant f_{ij}\leqslant c_{ij}$。

(2) 平衡条件。对于中间点，流出量=流入量，即对于每一个 $j(j\neq s,t)$，有 $\sum f_{ij}=\sum f_{ji}$；对于源点 v_s，有 $\sum\limits_{v_j\in N^+(v_s)} f_{sj}-\sum\limits_{v_j\in N^-(v_s)} f_{js}=v(f)$；对于宿点 v_t，有 $\sum\limits_{v_i\in N^+(v_t)} f_{ij}-\sum\limits_{v_i\in N^-(v_t)} f_{ji}=-v(f)$。

其中，$\sum f_{ij}=\sum f_{ji}$ 是中间点的储流量为 0，即每个中间点的流入量必须等于其流出量，二者必须平衡。

设 F 是可行流 f 从 v_s 到 v_t 的流量，则有

$$\sum_j f_{ij} - \sum_j f_{ji} = \begin{cases} F, & i = s \\ -F, & i = t \end{cases} \tag{7.1}$$

如果 $f = \{f_{ij} = 0 \mid (v_i, v_j) \in E\}$ 也是一个可行流，称 f 为零流，其流量 F=0。

3. 网络最大流

网络最大流就是在给定的网络 $G = (V, A, c)$ 中，既满足弧流量的平衡条件和限制条件，又具有最大流量的可行流，简称最大流。也就是求一个满足下面式子的最大可行流，使总的流量 F 达到最大值：

$$\max f \quad \text{s.t.} \begin{cases} \sum_j f_{ji} - \sum_j f_{ij} = \begin{cases} F, & i = s \\ 0, & i \neq s, t \\ -F, & i = t \end{cases} \\ 0 \leqslant f_{ij} \leqslant c_{ij}, \quad (v_i, v_j) \in E \end{cases} \tag{7.2}$$

4. 增广路

在容量网络 $G=(V, E)$ 中，设 $f=\{f_{ij}\}$ 是一可行流，u 是从 v_s 到 v_t 的一条链，若链 u 上各弧流量满足以下条件：

$$\begin{cases} f_{ij} < c_{ij}, & (v_i, v_j) \in u^+ \\ f_{ij} > 0, & (v_i, v_j) \in u^- \end{cases} \tag{7.3}$$

那么 u 就是 G 中关于可行流 f 的一条增广链，或者称为增广路。u^+ 是所有与 u 方向一致的弧，即正向弧；u^- 是所有与 u 方向相悖的弧，即反向弧。之所以称为“可增广”，是因为可改进路上弧的流量通过一定的规则修改，可以令整个流量放大。

5. 剩余网络、剩余容量

剩余网络是指给定网络和一个流，其对应还可以容纳的流组成的网络。具体来说，给定一个网络 $G=(V,E)$，其源点为 v_s，宿点为 v_t，f 为 G 中的一个可行流，对应顶点 v_i 到顶点 v_j 的流。在不超过 $c(v_i,v_j)$ 的条件下，从 v_i 到 v_j 之间可以压入的额外网络流量就是边 (v_i,v_j) 的剩余容量，定义如下：

$$r(v_i, v_j) = c(v_i, v_j) - f(v_i, v_j) \tag{7.4}$$

在网络中，从顶点 v_i 到顶点 v_j 流量的减少等价于顶点 v_j 到顶点 v_i 流量的增加，所以在边 (v_i, v_j) 上还存在一个反方向的剩余容量 $r(v_j, v_i) = f(v_i, v_j)$。

设 G 关于 f 的剩余网络记为 $G' = (V', E')$，其中 V' 和 V 相同，对于 G 中的任意边 (v_i, v_j)，如果 $f(v_j, v_i) < c(v_i, v_j)$，则在 G' 中存在一条边 $(v_i, v_j) \in E'$，并且容量为 $c'(v_i, v_j) = c(v_i, v_j) - f(v_i, v_j)$；若 $f(v_i, v_j) > 0$，则在 G' 中存在一条边 $(v_j, v_i) \in E'$，并且容量为 $c'(v_j, v_i) = f(v_i, v_j)$。从剩余网络的定义来看，原容量网络中的每条弧在剩余网络中都化为一条或者两条弧。在剩余网络中，从源点到宿点的任意一条简单路径都对应一条增广路，路径上每条弧容量的最小值即为能够一次增广的最大流量。

举个例子，图 7-7(b)所示为一个容量网络对应的剩余网络。

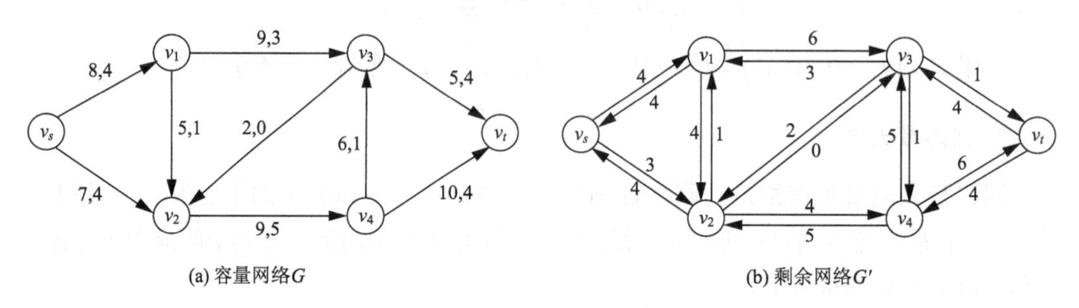

(a) 容量网络G　　(b) 剩余网络G'

图 7-7　容量网络及对应的剩余网络

6. 层次、分层剩余网络

在剩余网络 $G(f)$中，把从源点 v_s 到顶点 v_i 的最短路径长度(该长度仅仅是指路径上边的数目，与容量无关，可应用广度优先搜索(BFS)获得)称为顶点 v_i 的层次，记为 $h(v_i)$。源点 v_s 的层次为 0。将剩余网络中所有的顶点的层次标注出来的过程称为分层。例如，图 7-8 就是一个分层的过程。

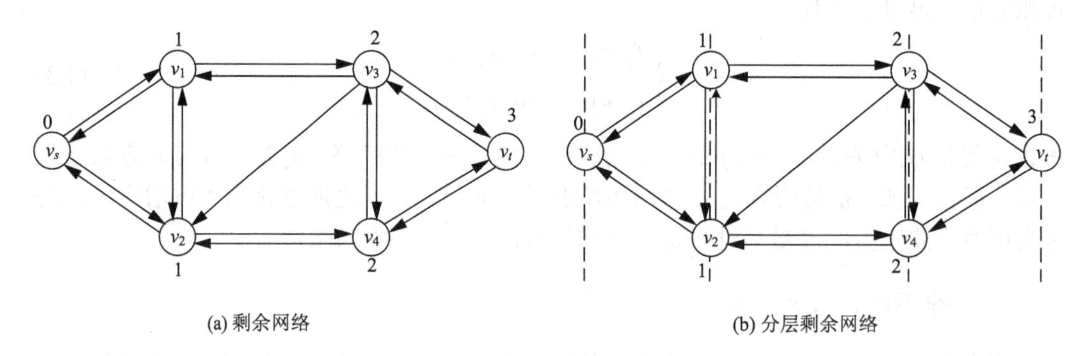

(a) 剩余网络　　(b) 分层剩余网络

图 7-8　网络的分层

对剩余网络 $G(f)$进行分层后，弧有以下三类可能的情况：

(1) 从第 i 层顶点指向第 $i+1$ 层顶点的弧；

(2) 从第 i 层顶点指向第 i 层顶点的弧；

(3) 从第 i 层顶点指向第 j 层顶点的弧($j<i$)。

注意：①在这里不存在从第 i 层顶点指向第 $i+j$ 层顶点的弧($j\geqslant2$)；②并不是所有的网络都能进行分层。

对剩余网络进行分层后，删去比宿点 v_t 层次更高的顶点和与宿点 v_t 同层的顶点(保留 v_t)，并删去这些顶点相关联的弧，再删去从某层顶点指向同层顶点和低层顶点的弧，所剩余的各条弧的容量与剩余网络中的容量相同，这样得到的网络就是剩余网络的子网络，称为分层剩余网络，又称层次网络。

根据层次网络定义，层次网络中任意的一条弧(v_i,v_j)若满足 $h(v_i)+1=h(v_j)$，这条弧也叫允许弧。直观地说，层次网络是建立在剩余网络基础之上的一张最短路径图。从源点开始，在层次网络中沿着边不管怎么走，到达一个宿点之后，经过的路径一定是宿点在剩余网络中的最短路径。

7. 割、最小割

设 $G=(V,E)$ 是只有一个源点 v_s 和一个宿点 v_t 的网络，V_1 是 V 的一个子集，$v_s\in V_1$，$v_t\in \overline{V_1}$。$(V_1,\overline{V_1})$ 表示起点在 V_1，终点在 $\overline{V_1}$ 的边的集合，把这些边的集合称为 N 的一个割，记作 K。注意，割是有方向的，割的方向为从源点到宿点的方向，割只包含前向边。

由割的定义可以看出，网络 N 的一个割是分离源点和宿点的边的集合。

例如，在图 7-9 中割 $K=\{(v_1,v_3),(v_2,v_4)\}$，把割 K 的全部边删去，自 v_s 到 v_t 将不存在任何有向链。

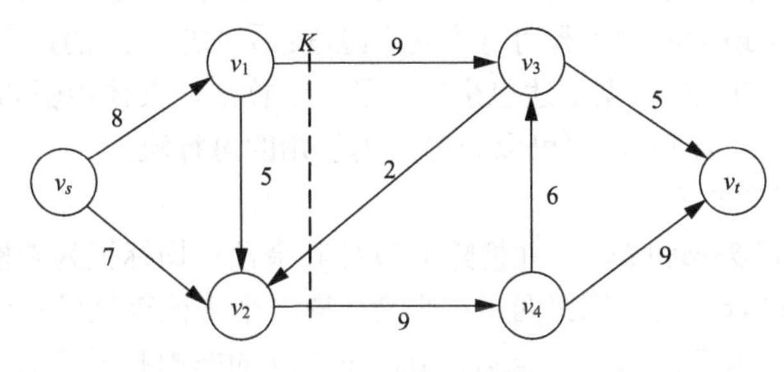

图 7-9　割的示意图

割中边的容量之和称为割 K 的容量，用 C（V_1, $\overline{V_1}$）或用 $C(K)$ 表示割 K 的容量，即

$$C(K)=\sum_{e\in K}C(e) \tag{7.5}$$

设 N 为一个网络，K 是 N 的一个割，若不存在 N 的割 K' 使 $C(K')<C(K)$，则称 K 是 N 的最小割，其容量记为 $C_{\min}(K)$，即对于任何网络 N，有 $f_{\max}\leqslant C_{\min}(K)$。

8. 增广路定理

设 f 是 G 中的可行流，则 f 是 G 的最大流的充要条件是 G 中不存在关于 f 的增广路。

定理 7.1　如果 G 中所有弧的容量都是正整数，那么 G 中存在一个最大可行整数流是最大流。

定理 7.2　G 中 f 增广路和 $G(f)$ 中 (v_s, v_t) 路径一一对应，且容量网络 G 中 f 增广路可进行增广的流量值 δ 等于剩余网络 $G(f)$ 中相对应的 (v_s, v_t) 路径的容量。

定理 7.3　设 f 是 G 的可行流，P 是容量网络 G 中的最短 f 增广路，f' 是沿 P 增广之后得到的可行流，那么容量网络 G 中最短 f' 增广路的长不会小于 P 的长度。

定理 7.4　对于 G，它的最大流的流量等于最小割的容量。

以下 4 个命题是等价的（设容量网络 $G=(V, E)$ 的一个可行流为 f）：

(1) 容量网络中不存在增广路；

(2) f 是容量网络 G 的最大流；

(3) 剩余网络 G' 中不存在从起点到终点的路径；

(4) $|f|$ 等于容量网络最小割的容量。

7.2.2　Ford-Fulkerson 算法

1. 算法思想和步骤

Ford-Fulkerson 算法依赖于三种重要思想：剩余网络、增广路和割。Ford-Fulkerson 算法是一种迭代的算法。传统的求最大流 f 的方法是：开始时，从含有 v_s 和 v_t 的网络 G 中选取任一 f_0 开始(f_0 是一个可行整数流)，在容量网络 G 中寻找增广路，然后针对这条增广路对 f_0 进行增广，得到流量值更大的可行流，反复进行这一过程，直到 G 中不存在增广路为止，根据最大流最小割定理，当不包含增广路时，f 是 G 中的一个最大流。

根据以上思想求最大流的步骤可分为两个过程：①求增广路的过程；②增广的过程。Ford 和 Fulkerson (1956 年) 根据上述思想提出了一个算法，具体步骤如下。

第一步：取一个可行整数流(可取 f=0) 作为初始的可行流。

第二步：求 f 的增广路。

首先在 v_s 旁标记 $\delta_s=\infty$ 和 $l_s=0$，并把除 v_s 以外其余顶点均标记为未检查。若所有已经标记的顶点都已经检查，则执行第四步；否则任取一个未检查且已标记的顶点 v_i，并且检查所有 v_i 的出弧和入弧。$\forall(v_i, v_j)\in A$，若 (v_i, v_j) 为 f 的非饱和弧且 v_j 没有标记，则给 v_j 标记为 $l_j=+i$ 和 $\delta_j=\min\{\delta_i, c_{ij}-f_{ij}\}$；$\forall(v_j, v_i)\in A$，若 (v_j, v_i) 为 f 的非饱和弧且 v_j 没有标号，则给 v_j 标记为 $l_j=-i$ 和 $\delta_j=\min\{\delta_i, f_{ji}\}$。当 v_i 所有的出弧和入弧都已经检查完后，标记 v_i 为已检查，此时如果 v_t 得到标号，那么已经找到一条 f 增广路，执行第三步；否则重复执行此步骤。

第三步：对 f 进行增广。

(1) 首先取 $v_j=v_t$。此时若 v_j 的前一顶点标记为 $l_j=0$，增广结束，即 v_j 为 v_s，取消容量网络 G 中所有顶点的标号，并且转第二步；否则转(2)。

(2) 如果 $l_j=+i$，令 $f_{ij}:=f_{ij}+\delta_t$，用 v_i 代替 v_j，转(1)；如果 $l_j=-i$，则令 $f_{ji}:=f_{ji}-\delta_t$，用 v_i 代替 v_j，转(1)。

第四步：此时得到的 f 是容量网络 G 中的最大流。

2. 算法实例

以图 7-10 为例，使用 Ford-Fulkerson 算法求解最大流。

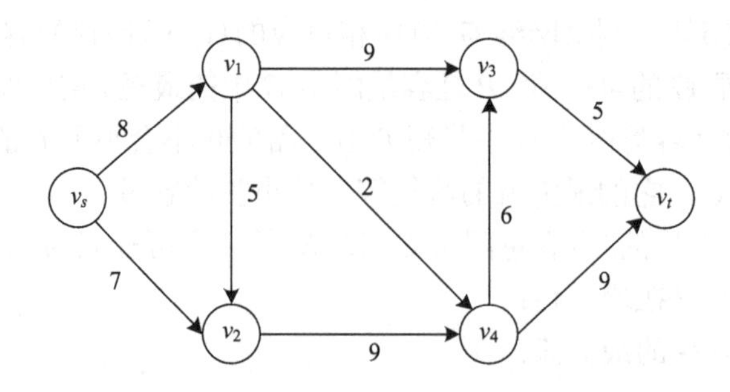

图 7-10　原始容量网络图

任取一可行流作为初始可行流，不妨取 f 为零流，

(1) 用 Ford-Fulkerson 算法对图 7-10 的顶点进行标号，如图 7-11(a) 所示，顶点旁的括弧中的数为 (l_i, δ_i)，此时找到一条增广链 v_s-v_1-v_3-v_t，对增广链进行增广，得到一个新的流，如图 7-11(b) 所示。

(2) 对图 7-11(b) 重复标号，得到图 7-11(c)，此时找到一条增广链 v_s-v_2-v_4-v_t，对增广链进行增广，得到一个新的流，如图 7-11(d) 所示。

(3) 对图 7-11(d) 重复标号，得到图 7-11(e)，此时找到一条增广链 v_s-v_1-v_2-v_4-v_t，对增广链进行增广，得到一个新的流，如图 7-11(f) 所示。

(4) 继续重复标号，已经找不到增广链，所以此时的流 f 为最大流，f_{max}=14。

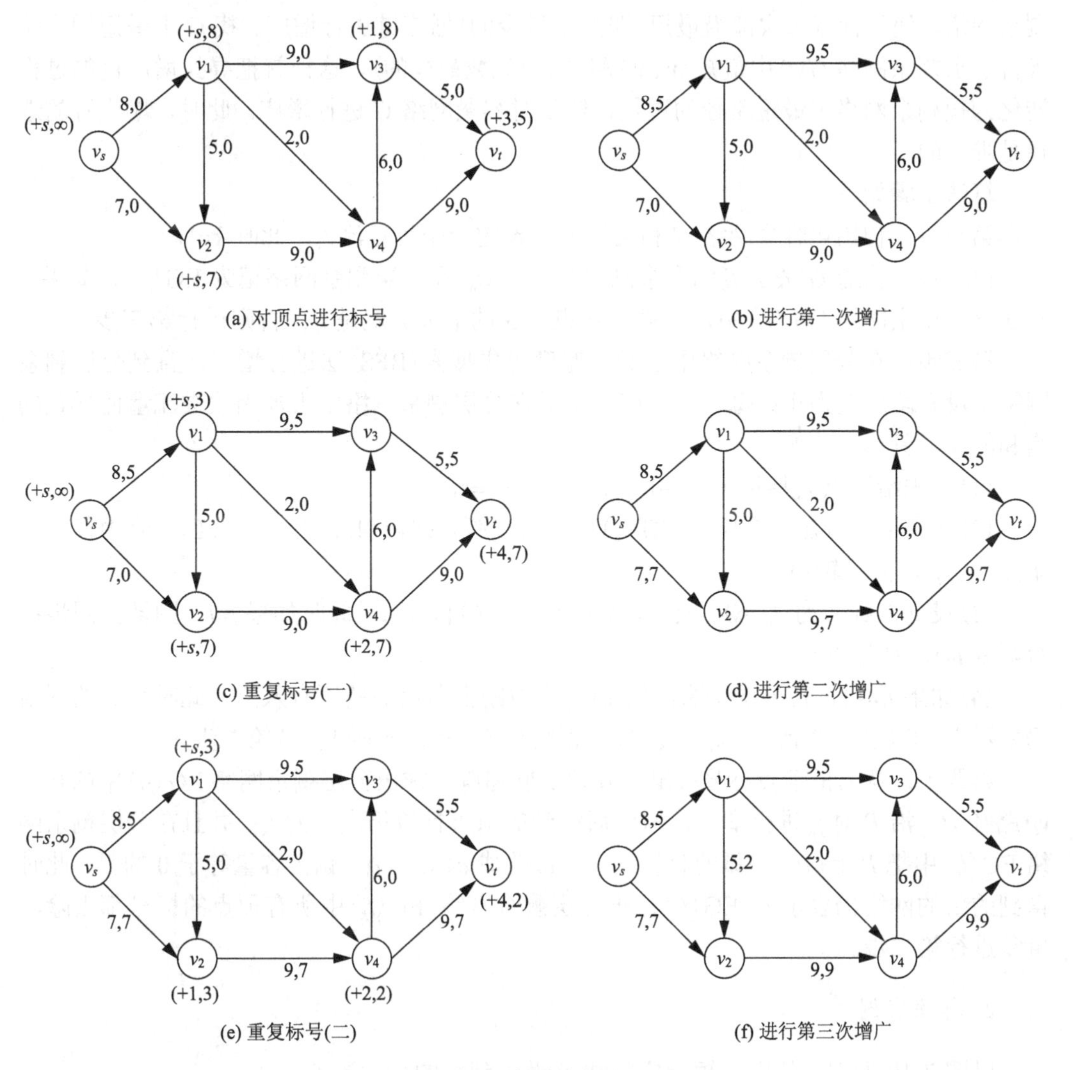

图 7-11　算法实例(一)

3. 算法复杂度

设 n 是网络 G 的顶点数，m 是网络 G 的弧数，且容量网络 G 中所有弧的容量均是整数，弧容量的最大值是 $c_{\max}$，Ford-Fulkerson 算法的复杂度是 $O(mnc_{\max})$。

7.2.3　最短增广路算法

最短增广路算法的基本思路是：每次在其层次网络中找一条含弧数最少的增广链进行增广，具体如下。

1. 算法思想和步骤

从容量网络 G 中任意一个可行整数流 f_1(可以是零流)开始，寻找增广链，其中引入剩余网络，使可行流每次都沿最短(即弧数最少的)增广链进行增广。找 G 中最短增广路等价于求剩余网络 $G(f)$ 中最短 (v_s, v_t) 路径(即弧数最少的)，这样就把寻找增广链的过程转化为找剩余网络中最短路径的过程，然后对容量网络 G 进行增广。此时，增广链的选择是唯一的。

算法步骤如下。

第一步：初始化容量网络 G 和网络流，设定一个可行流 f_1，此时 k=1。

第二步：构造 G 关于 f_k 的剩余网络记为 $G(f_k)$ 和分层剩余网络记为 EG(f_k)，如果 v_t 不在分层剩余网络 EG (f_k) 中，则算法结束，G 的最大流就是 f_k；否则进行第三步。

第三步：在分层剩余网络中不断用宽度优先搜索(BFS)法进行增广，直到分层剩余网络中没有增广链为止：每一次增广完毕后在分层剩余网络中去掉因改进流量而导致的饱和的弧，具体方法如下。

(1) 首先给顶点 v_s 标记为 l_s=−1 和 δ_s=∞，令 i=s。

(2) 如果 v_i 在分层剩余网络 EG(f_k) 中没有出弧，则转(4)；否则，在 EG(f_k) 中任取一条弧 (v_i, v_j)，并且转(3)。

(3) 设 v_i 的标号为 (l_i, δ_i)，令 δ_j= min{δ_i, c_{ij} (f_k)}，l_j=i；此时如果 j=t，则转第四步；否则令 i=j，且转(2)。

(4) 如果 l_i≠−1，在分层剩余网络 EG(f_k) 中删去顶点 v_i 的所有入弧，此时得到的网络仍表示为 EG(f_k)，并且令 i=l_i，转(2)；否则令 f_{k+1}=f_k，k:=k+1，转第二步。

第四步：从 v_t 的前点标号 l_t 出发开始反向追踪，求出分层剩余网络 EG(f_k) 中的 (v_s, v_t) 路径 P，沿 P 对 f_k 进行增广，增广后得到的新可行流仍表示为 f_k；并且在分层剩余网络 EG(f_k) 中把 P 上每一条弧的容量 c_{ij} (f_k) 都改成 c_{ij} $(f_k)-\delta_t$，删去容量等于 0 的弧，此时得到的新的网络仍表示为 EG(f_k)；把分层剩余网络 EG(f_k) 中所有顶点的标号都去除，重复进行第二步。

2. 算法实例

以图 7-10 为例，使用最短增广路法求解 v_s 到 v_t 的最大流 f。

(1) 取初始可行流 f_0=0，此时的 G (f_0) (关于 f_0 的剩余网络) 如图 7-12(a) 所示。构造

分层剩余网络 EG(f_0)，利用 BFS 方法进行增广，如图 7-12 (b) 所示。

(2) 在图 7-12 (b) 中找到 v_s 到 v_t 的可增广链：$P_1=v_sv_1v_3v_t$，其中$\delta_1=5$。沿 P_1 对 f_0 进行增广得到的可行流记为 f_1，如图 7-12 (c) 所示。

(3) 修改图 7-12 (b) 中的网络，得到图 7-12 (d)，在图 7-12 (d) 中找到 v_s 到 v_t 的可增广链：$P_2= v_sv_1v_4v_t$，其中$\delta_2=2$。沿 P_2 对 f_1 进行增广得到的可行流记为 f_2，如图 7-12 (e) 所示。

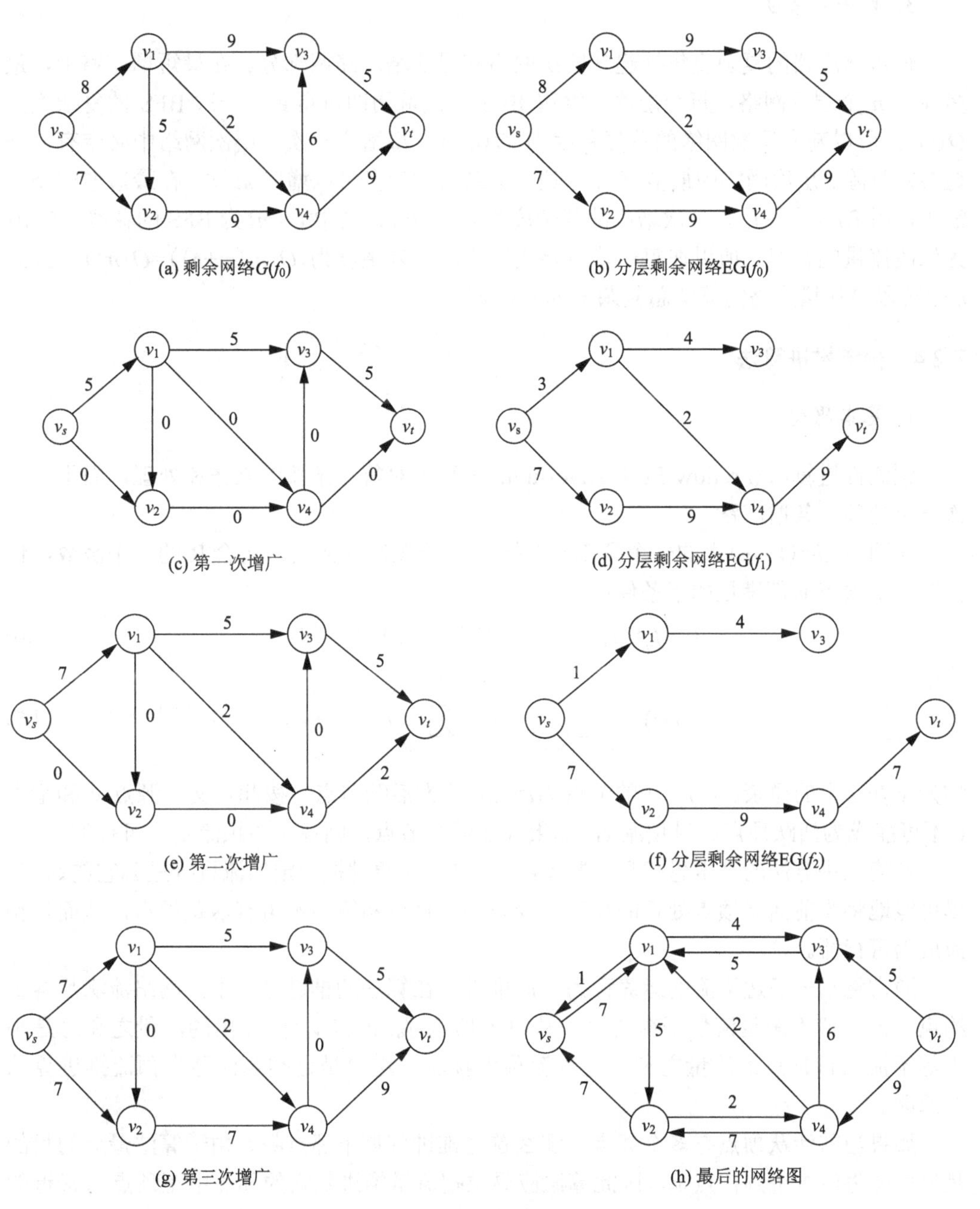

(a) 剩余网络 $G(f_0)$
(b) 分层剩余网络 EG(f_0)
(c) 第一次增广
(d) 分层剩余网络 EG(f_1)
(e) 第二次增广
(f) 分层剩余网络 EG(f_2)
(g) 第三次增广
(h) 最后的网络图

图 7-12　算法实例(二)

(4) 修改图 7-12 (d) 中的网络，得到图 7-12 (f)，在图 7-12 (f) 中找到 v_s 到 v_t 的可增广链：$P_3= v_s v_2 v_4 v_t$，其中 $\delta_3=7$。沿 P_3 对 f_2 进行增广得到的可行流仍记为 f_3，如图 7-12 (g) 所示。

(5) 修改图 7-12 (g) 中的网络，得到图 7-12 (h)，由图 7-12 (h) 可以看出不存在 v_s 到 v_t 的路径，此时 f_5 为最大流，流量值为 14，因此 $f_{max}=14$。

3. 算法复杂度

最短增广路的复杂度包括建立层次网络和寻找增广路两部分。在最短增广路中，最多建立 n 个层次网络，每个层次网络用 BFS 一次遍历即可得到。一次 BFS 的复杂度为 $O(m)$，所以建立层次网络的总复杂度为 $O(nm)$。每增广一次，层次网络中必定有一条边会被删除。层次网络中最多有 m 条边，所以认为最多可以增广 m 次。在最短增广路算法中，用 BFS 来增广，一次增广的复杂度为 $O(n+m)$，其中 $O(m)$ 为 BFS 的花费，$O(n)$ 为修改流量的花费。所以在每一阶段寻找增广路的复杂度为 $O(m(m+n))=O(m^2)$。因此 n 个阶段寻找增广路的算法总复杂度为 $O(nm^2)$。

7.2.4 预流推进算法

1. 基本思想

预流推进算法 (Preflow Push Algorithm) 关注于对每一条弧的操作和处理，而不必一次一定处理一条增广路。

流网络 $G=(V, E)$ 上的一个预流 x 是指从 N 的弧集 E 到实数集合 R 的一个函数，使得对每个顶点 v_i 都满足如下条件：

$$0 \leqslant f_{ij} \leqslant c_{ij}, \quad (\mathrm{v}_i, v_j) \in \mathrm{E}, \quad e(i) \geqslant 0, \quad i \neq s,t \tag{7.6}$$

式中，

$$e(i) = \sum_{j:(v_j,v_i)\in E} f_{ji} - \sum_{j:(v_i,v_j)\in E} f_{ij}, \quad \forall i \in V \tag{7.7}$$

称为 x 在 i 上的盈余。$e(i)>0$ 的节点 $i(i\neq s,t)$ 称为活跃节点。按此定义，源点 v_s 和宿点 v_t 不可能成为活跃顶点。对预流 x，如果存在活跃节点，则说明该预流是不可行的。

预流推进算法的基本思想是：选择活跃顶点，并通过把一定的流量推进到它的邻点，尽可能地将当前活跃顶点处正的存流减少为 0，直至网络中不再有活跃顶点，从而使预流成为可行流。

通常将沿一条边增流的运算称为一次推进。在算法的推进过程中，网络流满足容量约束，但一般不满足流量平衡约束。从每个顶点 (除 v_s 和 v_t 外) 流出的流量之和总是小于等于流入该顶点的流量之和。这种流称为预流，这也是这类算法称为预流推进算法的原因。

如果当前活跃顶点有多个邻点，那么首先推进到哪个邻点呢？由于算法最后的目的是尽可能将流推进到宿点 v_t，因此算法应寻求把流量推进到它的邻点中距顶点 v_t 最近的顶点。

预流推进算法中用到一个高度函数 h 来确定推流边。对于给定网络 $G=(V, E)$ 的一个流，其高度函数 h 是定义在 G 的顶点集 V 上的一个非负函数。该函数满足：

(1) 对于 G 的剩余网络中的每一条边 (v_i,v_j)，有 $h(v_i) \leqslant h(v_j)+1$；

(2) $h(v_t)=0$。

G 的剩余网络中满足 $h(v_i)=h(v_j)+1$ 的边 (v_i,v_j) 称为 G 的可推流边。

2. 算法步骤

第一步：构造初始预流。对于源点 v_s 的每条出边 (v_s,v_i)，令 $f(v_s,v_i)=c(v_s,v_i)$；对于其余边 (v_i,v_j)，令 $f(v_i,v_j)=0$。构造有效的高度函数 h。

第二步：如果剩余网络中不存在活跃顶点，则计算结束，已经得到最大流，否则转第三步。

第三步：在网络中选取活跃顶点 v。如果存在顶点的出边为可推流边，则选取一条这样的可推流边，并沿此边推流；否则令 $h(v)=\min\{h(w)+1\}$，(v, w) 是当前剩余网络中的边，并转第二步。

一般的预流推进算法的每次迭代是一次推进运算或者一次高度重新标号运算。如果推进的流量等于推流边上的残留容量，则称为饱和推进，否则称为非饱和推进。算法终止时，网络中不含有活跃顶点。此时只有顶点 v_s 和 v_t 的存流非零。此时的预流实际上已经是一个可行流。算法预处理阶段已经令 $h(v_s)=n$，而高度函数在计算过程中不会减少，因此算法在计算过程中可以保证网络中不存在增广路。根据增广路定理：算法终止时的可行流是一个最大流。一般的预流推进算法并未给出如何选择活跃顶点和可推流边，不同的选择策略导致不同的预流推进算法。在基于顶点的预流推进算法中，选定一个活跃顶点后，算法沿该活跃顶点的所有推流边进行推流运算，直至无可推流边或该顶点的存流变成 0 时为止。

3. 算法的复杂度

基于顶点的预流推进算法用一个广义队列存储当前活跃顶点集合。广义队列可以是通常的队列、栈、随机化队列、随机化栈或按各种优先级定义的优先队列。算法的效率与广义优先队列的选择密切相关。如果选用通常的队列，则在最坏情况下，预流推进算法求最大流所需的计算时间复杂度为 $O(mn^2)$，其中 m 和 n 分别为图 G 的边数和顶点数。如果以顶点高度值为优先级，选用优先队列实现预流推进算法，则这个算法就是最高顶点标号预流推进算法。近来已提出许多其他预流推进算法的实现策略，在最坏的情况下算法所需的计算时间复杂度已接近 $O(mn)$。

7.3　最佳流问题

流最重要的应用是尽可能多地传送物资或信息，这也就是已经研究过的最大流问题。然而实际生活中，最大配置方案肯定不止一种，一旦有了选择的余地，费用的因素就自然参与到决策中。

图 7-13 是一个最简单的例子：弧上标的两个数字中第一个是容量，第二个是费用。这里的费用是单位流量的花费，如 $f(v_s,v_1)=4$，所需花费为 3×4=12。

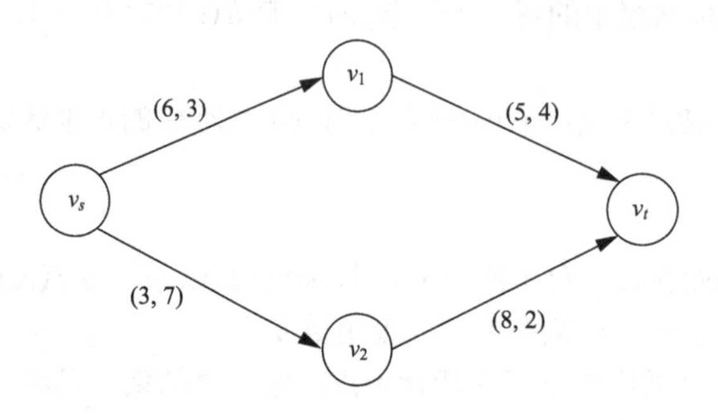

图 7-13　费用流问题

容易看出，图 7-13 的最大流(流量是 8)为：$f(v_s, v_1)=f(v_1, v_t)=5$，$f(v_s, v_2)=f(v_2, v_t)=3$。所以它的费用是：3×5+4×5+7×3+2×3 = 62。

最佳流问题是指在实际的通信网络中，不仅仅有每条链路的最大容量规定，还有费用的要求。最佳流问题即调整每条链路上的流量，不仅要求获得最大流量，同时还要求代价最低，以获得的总费用最小。设有带费用的网络 $G=(V, E, C, W)$，每条弧 (v_i, v_j) 对应两个非负整数 c_{ij}、a_{ij}，分别表示该弧的容量和费用。若流 f 满足以下条件，就称 f 是网络 G 的最小费用最大流，即最佳流。

(1) 流量 f 最大。

(2) 满足(1)的前提下，流的费用 $\mathrm{Cost}(f)=\sum_{(v_i,v_j)\in E} f_{ij}\cdot a_{ij}$ 最小。

下面介绍一种负价环算法，简称 N 算法。

某网络中的一组可行流在保持总流量不变的情况下，只要源点和宿点之间有两条以上的径，总有改变流量分配的可能性。这种改变常使总费用发生变化，问题是如何使总费用能够降低。图 7-14(a) 中 v_s 到 v_t 间有两条径，即 $v_s \to v_1 \to v_2 \to v_3 \to v_t$ 和 $v_s \to v_1 \to v_3 \to v_t$。每条边上的数字分别代表各边的容量 c_{ij} 和费用 a_{ij}。图 7-14(b) 是一组可行流，总流量 $F(v_s, v_t)=6$，总费用是 69。图 7-14(c) 给出了各边上流量改变的可能性及改变单位流量所需的费用。此图称为对于图 7-14(b) 中可行流而得的补图。以边 e_{12} 为例，它是非饱和边，流量尚可增加 $c_{12}-f_{12}=2$，所需单位费用为+2。另外，流量也可减少 $f_{12}=1$，不致破坏非负性，所需单位费用就是−2，减流就减少了费用。这两种可能改变的流量用补图中两条附有两个数字的有向边来表示，前面的数字代表可增流量值，后面的数字代表单位流量所需的费用。

补图上若存在一个有向环，环上各边的 a_{ij} 之和是负数，则称此环为负价环，沿负价环方向增流，并不破坏环上各节点的流量连续性，也不破坏各边的非负性和有限性，结果得到一个 F_{xy} 不变的可行流，其总费用将有所降低。图 7-14(c) 中的 (v_1, v_2, v_3, v_1) 环是一个负价环，取环中的容量最小值作为可增流量值，此时为 2；这负价环的单位流量费用是 2+1−6=−3。因为可增流量值为 2，所以可节省费用为−3×2=−6。把 F_{xy} 的费用从 69

降到 63。新的可行流如图 7-14(d)所示。

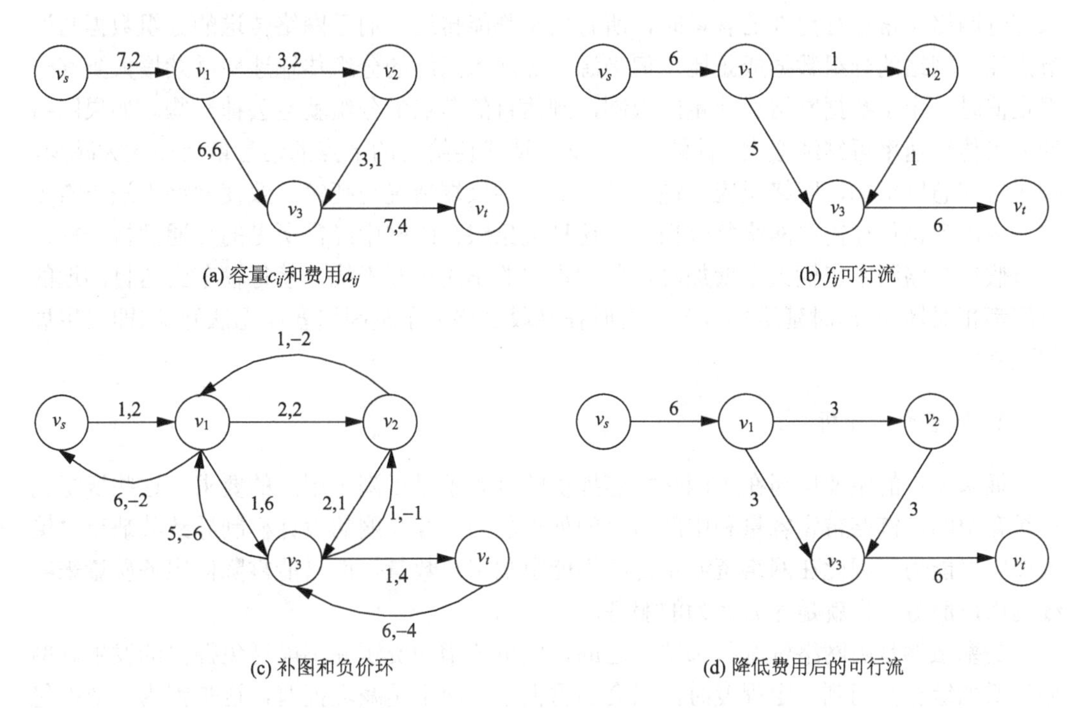

图 7-14　负价环求最佳流过程

由上述可见，降低任意一个可行流的总费用可归结为在该流的补图上寻找负价环。当一个可行流的补图上不存在负价环时，此流就是最佳流或最小费用流。若在补图上存在零价环，则在这个环上增流可得到总费用相同的不同可行流，也就是最佳流可以有几种，但总费用是一样的。

负价环法的步骤可归纳如下。

(1) 在图上找任一满足总流量 $F(v_s, v_t)$ 的可行流。

(2) 做补图。对于所有边 e_{ij}，若 $c_{ij}>f_{ij}$，做边 e'_{ij}，其容量为 $c'_{ij}=c_{ij}-f_{ij}$，费用为 a_{ij}；若 $f_{ij}>0$，再做 e'_{ji}，其容量为 $c'_{ij}=f_{ij}$，费用为$-a_{ij}$。

(3) 在补图上找负价环。若无负价环，算法终止。若有，沿着这个负价环 C 方向使各边增流，增流量为$\delta=\min c'_{ij}$

(4) 修改原图的边流量，得新的可行流，返回第(2)步。

7.4　拥塞控制原理

7.4.1　拥塞和拥塞原因分析

1. 拥塞基本概念

网络拥塞(Congestion)指的是在分组交换网中传送分组的数目太多时，由于存储转发节点的资源有限而造成网络传输性能下降的情况。当源节点注入网络的分组传输速率未超过网络正常运行允许的容量时，所有信息都能传送，而且网络传送的分组数据与源节点注入网络的分组数据成正比。但当源节点注入网络的分组传输速率继续增大到某一限定值时，由于数据网络吞吐量的限制，到达目的节点的分组就会丢掉一些。如果网络的分组传输速率再继续增大，性能变得更差，造成传给目的节点的信息量反而大大减少，响应时间急剧增加，网络反应迟钝。拥塞的一种极端情况是死锁，致使网络无法正常工作，退出死锁往往需要网络复位操作。这种现象跟公路网中经常所见的交通拥挤一样，当节假日公路网中车辆大量增加时，各种走向的车流相互干扰，使每辆车到达目的地的时间都相对增加(即时延增加)，甚至有时在某段公路上车辆因堵塞而无法开动(即发生局部死锁)。

2. 拥塞原因分析

拥塞发生的主要原因在于网络能够提供的资源不足以满足用户的要求，这些资源包括缓存空间、链路带宽容量和中间节点的处理能力。互联网的设计机制导致其缺乏“接入控制”能力，因此在网络资源不足时不能限制用户数量，而只能靠降低服务质量来继续为用户服务，也就是尽力而为的服务。

拥塞虽然是由网络资源的稀缺引起的，但单纯增加资源并不能避免拥塞的发生。例如，增加缓存空间到一定程度时，只会加重拥塞，而不是减轻拥塞，这是因为当数据包经过长时间排队完成转发时，它们很可能早已超时，从而引起源节点超时重发，而这些数据包还会继续传输到下一路由器，从而浪费网络资源，加重网络拥塞。事实上，缓存空间不足导致的丢包更多的是拥塞的“症状”而非原因。单纯地增加网络资源之所以不能解决拥塞问题，还因为拥塞本身是一个动态问题，它不可能只靠静态的方案来解决，而需要协议能够在网络出现拥塞时保护网络的正常运行。

产生拥塞的主要原因包含以下 4 个方面。

(1) 存储空间不足。当一个输出端口收到几个输入端口的报文时，接收的报文就会在这个端口的缓冲区中排队。如果输出端口没有足够的存储空间存储，在缓冲区占满时，报文就会被丢弃，对于突发的数据流更是如此。适当增加存储空间在某种程度上可以缓解拥塞，但是，如果过度增加存储空间，报文会因在缓冲区中排队时间过长而超时，源端会认为它已经被丢弃因而选择了重发，从而浪费了网络的资源，并且进一步加重了网络拥塞。

(2) 带宽容量不足。高速的数据流通过低速链路时也会产生拥塞。根据香农信息论，任何信道带宽最大值即信道容量为 $C = B\log_2(1+S/N)$，所以节点接收数据流的速率必须小于或等于信道容量，才有可能避免发生拥塞；否则，接收的报文在节点的缓冲区中排队，在缓冲区占满时，报文被丢弃，导致网络拥塞。因此，网络中的低速链路将成为带宽的瓶颈和拥塞产生的重要原因之一。

(3) CPU 处理速度慢。如果节点在执行缓存区中排队、选择路由时，CPU 处理速度跟不上链路速度，也会导致拥塞。

(4) 不合理的网络拓扑结构及路由选择。

7.4.2 拥塞控制基本原理

显然，拥塞现象的发生和通信网络内传送信息的总量有关，控制通信网络中信息总量是防拥塞的基础。拥塞控制是通过限制全网的总信息均衡地传送，使信息的流通不超过网络所能处理的速度，网络不致过载而采用的控制方法。

1. 拥塞控制的一般原理

拥塞控制的基本原理是寻找输入业务对网络资源的要求小于网络可用资源成立的条件。例如，增加网络的某些可用资源(如输入业务繁忙时增加一些链路、增大链路的带宽重构路由，使超载的业务量从其他路径分流)，减少一些用户对某些资源的需求(如拒绝接受新的连接建立请求，要求用户减轻其负载，这属于降低服务质量)。

拥塞控制是一个动态控制的问题。从控制论的角度分类，它可以分为两类：一类是开环控制；另一类是闭环控制。开环控制方法就是预先评估网络可能的拥塞因素，设计相关的控制算法，避免发生网络拥塞。当网络进入运行状态后，不再更新控制算法与参数。例如，当前多数路口的红绿灯间隔时间是依据各条道路的流量统计设定的，如果各条道路的流量不变，红绿灯可以发挥很好的交通流量控制功能。但实际情况是不同时段的道路流量不同，例如，某个方向上因红灯排队的车辆要比另一个方向多。因此，开环控制无法适应动态变化的网络业务需求。闭环控制建立在反馈控制的概念之上，其控制过程有以下 4 个部分。

(1) 监测网络，收集网络信息，发现拥塞的发生时刻、发生地及缘由。

(2) 将拥塞信息传送到拥塞控制的决策点。

(3) 决策点依据拥塞控制方案及拥塞信息，确定拥塞控制的参数，并将拥塞控制参数传送至执行拥塞控制的节点。

(4) 执行节点依据拥塞控制参数调整相关的操作，避免拥塞发生或纠正拥塞。有时拥塞监测点和决策点为同一节点，有时决策点和执行节点为同一节点。

有多种度量可用来监视子网的拥塞状态。其中主要的有因缺少缓冲区空间而丢失分组的比例、平均队列长度、超时和重发分组的数量、平均分组时延、分组时延的标准差等。这些度量数值上的增加意味着拥塞可能性的增加。

一般在监测到拥塞发生时，要将拥塞发生的信息(控制分组)传送到产生分组的信源。当然，这些额外的控制分组会在子网中传输，即恰好在子网拥塞时又增加了子网的负载。一种方法是在路由器转发的分组中保留 1 位或 1 个字段，用该位或字段的值表示网络的状态(拥塞或没有拥塞)。另一种方法是由一些主机或路由器周期性地发送控制分组，以询问网络是否发生拥塞。

此外，过于频繁地采取行动以缓和网络的拥塞也会使系统产生不稳定的振荡，但过于迟缓地采取行动又不具有任何实用的价值，因此，应采用某种折中的方法。

2. 拥塞控制与流量控制的区别与联系

流量控制与拥塞控制经常被混淆，实际上二者有着差别。流量控制只与发送者和接收者之间的点到点的业务量有关，是对一条通信路由上的通信量进行控制，属于“局部”问题；而拥塞控制使通信子网能够传送所有待发送的数据，解决网络的“全局”问题，涉及所有主机、路由器中的存储转发处理行为以及所有将导致削弱通信子网的其他因素。即使每条路由的流量控制有效，也并不能完全避免拥塞现象的发生，例如，当网络由于各路由信息量分布不均匀或由于某些故障而使通信网络出现瓶颈时，仍会引起拥塞。图 7-15 说明了两者的不同。

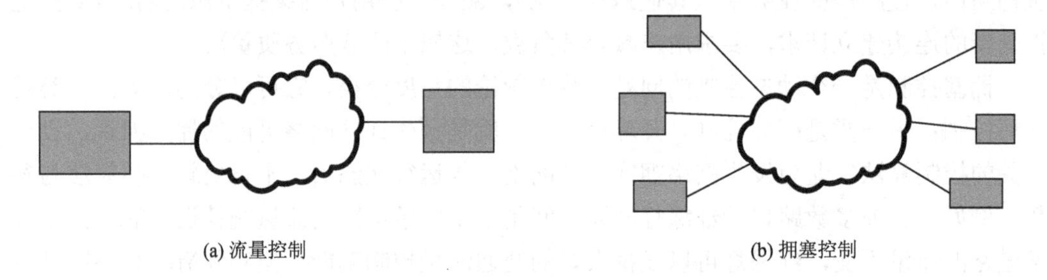

(a) 流量控制　(b) 拥塞控制

图 7-15　流量控制和拥塞控制

两者之间也有着联系，流量控制是防止网络拥塞的一种机制。各条路由上信息总流量小，则发生拥塞的概率低；反之，信息的总流量大，发生拥塞的概率就高，而流量控制限制了进入网络的信息总量，可以在一定程度上起到减缓拥塞的作用。因此，为了保证网络高效运行，除进行流量控制外，也要有防止拥塞的有效措施。

7.4.3　防拥塞策略

流量和拥塞控制可以出现在所有的协议层次上，不过主要还是在数据链路层、网络层和传输层。分段(逐流)流量控制(流控)是数据链路层的功能，称为节点到节点之间的流控；端到端流量控制主要在传输层，称为全局流控；拥塞控制则主要集中在网络层和传输层。影响拥塞控制的一些主要策略如表 7-1 所示。

表 7-1　影响拥塞控制的主要策略

协议层	策略	协议层	策略	协议层	策略
传输层	重传策略 乱序缓存策略 应答策略 流量控制策略 确定超时策略	网络层	子网内部的虚电路或数据报策略 分组排队和服务策略 分组丢弃策略 路由算法 分组生存管理	数据链路层	重传策略 乱序缓存策略 应答策略 流量控制策略

7.5　拥塞控制算法

7.5.1　拥塞控制一般方法

流量控制是对一条通信路由上的通信量进行控制，但它并不能完全避免拥塞的发生。也就是说，流量控制并不能替代拥塞控制。因此，在这里特别把拥塞控制方法提出来。常用的拥塞控制方法有缓冲区预分配法、分组丢弃法和定额控制法(许可证法)。

1) 缓冲区预分配法

缓冲区预分配法用于虚电路分组交换网中。在建立虚电路时，让呼叫请求分组途经的节点为虚电路预先分配一个或多个数据缓冲区。若某个节点缓冲器已被占满，则呼叫请求分组另择路由，或者返回一个“忙”信号给呼叫者。这样，通过途经的各节点为每条虚电路开设的永久性缓冲区(直到虚电路拆除)就总能有空间来接纳并转送经过的分组。此时的分组交换跟电路交换很相似。当节点收到一个分组并将它转发出去之后，该节点向发送节点返回一个确认消息。该确认消息一方面表示接收节点已正确收到分组；另一方面告诉发送节点，该节点已空出缓冲区以备接收下一个分组。上面是停止-等待协议下的情况，若节点之间的协议允许多个未处理的分组存在，则为了完全消除拥塞的可能性，每个节点要为每条虚电路保留等价于窗口大小数量的缓冲区。这种方法不管有没有通信量，都有可观的资源(线路容量或存储空间)被某个连接占有，因此网络资源的有效利用率不高。这种控制方法主要用于要求高带宽和低时延的场合，如传送数字化语音信息的虚电路。

2) 分组丢弃法

分组丢弃法不必预先保留缓冲区，当缓冲区占满时，将到来的分组丢弃。若通信子网提供的是数据报服务，则用分组丢弃法来防止拥塞发生。但若通信子网提供的是虚电路服务，则必须在某处保存被丢弃分组的备份，以便拥塞解决后能重新传送。有两种解决被丢弃分组重发的方法：一种是让发送被丢弃分组的节点超时，并重新发送分组直至分组被收到；另一种是让发送被丢弃分组的节点在尝试一定次数后放弃发送，并迫使数据源节点超时而重新开始发送。但是不加分辨地随意丢弃分组也不妥，因为一个包含确认消息的分组可以释放节点的缓冲区，若因节点无空余缓冲区来接收含确认消息的分组，这便使节点缓冲区失去了一次释放的机会。解决这个问题的方法可以是为每条输入链路永久地保留一块缓冲区，以用于接纳并检测所有进入的分组，对于捎带确认消息的分组，在利用了所捎带的确认消息释放缓冲区后，再将该分组丢弃或将该消息的分组保存在刚空出的缓冲区中。

3) 定额控制法(许可证法)

许可证法是种全局性的流量控制方法。其工作原理是：依据通信网络能力，保持网络内传送分组的总数不超过某个固定值，从而避免发生拥塞。因而在通信网络中形成固定数目的许可证(Permit)分组，在网络中随机地巡航流动。任何一个主机发送到通信子网上的分组要求在通信子网中传输，必须先获得一个许可证；当传送到目的节点时，这个分组又释放它用过的许可证给通信网络。这样网络内传送的分组总数不会超过许可证的总数，许可证总数动态变化而不会减少。如果主机把分组送入与它相邻的节点，该节点有许可证，分组就可拾取许可证而传送；如果没有许可证，则必须等到许可证的到来。由于等待许可证，传送的分组就产生了新的时延，这种时延称为网络进场时延。为了减少进场时延，每一个节点支持一个小容量的许可证池，一方面在许可证法范围内的分组可以立即传送，另一方面送还许可证分组在网上传送的数量，以提高通信网络带宽的利用率。

7.5.2　代表性拥塞控制算法

当网络中存在过多的分组时，网络的性能就会下降，这种现象称为拥塞。在最初的TCP协议中，只有流控(Flow Control)机制，接收端使用TCP报头的窗口将自己的接收能力通知给发送端，这样的机制只考虑接收端的接收能力，而不考虑网络的承受能力，不可避免地导致了早期的一些网络崩溃现象。随着Internet技术的发展，越来越多不同系统、不同速率的网络正在接入，Internet网络拥塞现象也越来越严重。因此，拥塞控制理论和算法研究成为Internet研究中的一个热点。

目前拥塞控制机制以基于窗口的端对端拥塞控制为主，因此，从拥塞控制使用的层次来看，可以分为链路算法和源算法；随着Internet规模和复杂性的不断增加，网络参与资源控制的源端拥塞控制机制、多播方式的拥塞控制机制也在不断地引入。

1. 点对点拥塞控制

1) TCP Tahoe和Reno

Tahoe是早期Internet广泛采用的拥塞控制算法，包括慢启动、拥塞避免和快速重传三个部分。此算法的基本思想是：源端通过线性增加速率来探测网络中的空闲容量，而当检测到拥塞时，则以指数递减它的速率。当一个连接开始建立时，窗口的大小确认为包的大小，源端每收到一个确认包，就将窗口加1，窗口的大小在每个回路响应时间(Round-trip Time，RTT)内加倍，此过程称为慢启动；当拥塞发生时，即检测到一个丢包，则将窗口大小减半，重传丢失的包，再将窗口大小重置为1，重新进入慢启动，避免拥塞阶段中不断调整窗口的大小，并保持在设置的门限上。Reno算法的基本思想和Tahoe相同，但是有了两个改进：一是允许源在快速重传/快速恢复(Fast Retransmit/Fast Recovery, FR/FR)阶段收到确认包时暂时将窗口大小加1；二是在FR/FR结束时将窗口大小设为初始阶段窗口大小的一半，直接进入拥塞避免阶段，这使得Reno在单个报文从数据窗口丢失的情况下性能很好，但是由于它在连续丢失时，源端会出现快速反应，引起窗口大小扰动，性能会大大下降。

Reno算法还有一些改进版本，但都是对参数进行相应的调整，基本思想还是用丢包作为衡量实际窗口大小与期望值差异的指标。相应的调整算法是加法增加乘法减少，丢包是二元信号智能指示实际值大于还是小于期望值，无法精确量化。因此不能按照距离目标的远近调整自己的逼近速率，在高速网络中收敛慢，带宽利用率低，而且丢包本身也是拥塞的信号，会引起网络性能振荡。

2) TCP Vegas

Vegas 算法是以提高源节点的数据传输能力为目的的，以源端数据包排队的时延为拥塞度量，使用了新的重传、避免拥塞和慢启动机制来增加 TCP 的吞吐量，并降低丢包率。

传输开始时，Vegas 在慢启动算法中加入了一个拥塞检测机制，允许窗口在 RTT 内指数增长，而在 RTT 之间保持固定，可以有效地比较预期速率和实际速率。若实际速率低于一个包的大小，则系统进入拥塞避免阶段，减少了慢启动在初始阶段的丢包；重传机制上，当收到第一个重复的确认包时，检测到超时并重发丢失的包，不必等待第三个重复的确认包的到达，使丢包检测更加及时；在拥塞避免机制上，引入了窗口估计，即窗口的大小以源端路径上缓存的包的数量作为参考值，设定一个上限和一个下限，窗口的大小是否变化，要根据比较的结果来确定，并设置发送速率是往返传播时延和排队时延的比率的常数倍。这样，路径上的拥塞越严重时，各个源端上包的排队时间越长，由此来控制网络的拥塞现象发生。这种算法的优点在于对带宽的分配更为公平，而且传输时延相对较小，不过，这种基于窗口大小严格控制的算法，在传输速率和缓冲存储上要付出更大的代价。

3) FastTCP

FastTCP 可分为估计部分、窗口控制、数据控制和脉冲控制四个部分。估计部分对每个发送的包计算一个多比特队列时延和一个 1 比特的丢失或未丢失指示，可作为其他三个部分的计算参数。窗口控制可决定发送数据包的数量。数据控制可决定哪些数据包将要被发送。脉冲控制可决定何时发送这些包。其中，窗口控制使用队列时延作为主要的拥塞测量，提供的拥塞信息更为详细，能够对链路容量的变化及时做出反应，有助于网络容量增加时保持其稳定，当网络是静态的时候，时延信息允许数据源保持一个稳定状态。FastTCP 算法具有相对较高的收敛速度、平稳性和公平性。然而，该算法主要基于端系统，无从得知网络的整体情况，所以其控制参数不易设定。

2. 链路算法

基于窗口的端对端拥塞控制对于 Internet 的稳定性起到了关键性的作用，由于 Internet 的规模不断扩大，仅在源端进行控制是不够的，因此网络必须参与资源控制，即由窗口算法形成的源算法调整发送速率，也即通过窗口大小来缓解该路径上出现的拥塞，而链路算法则是隐式或显式地更新拥塞信息度量信息，并将这些信息反馈给该链路的源端，在互联网中，源算法由 TCP 执行，在活动队列管理中增加了链路算法，不同协议用不同算法来自处理拥塞，应用得较成熟的算法有 FIFO、DropTail、RED 三种队列管理算法。FIFO 是传统的先进先出的队列管理算法，采用传统的先进先出规则来控制路由器内存中的分组，以此来决定包的传输，避免拥塞的出现。DropTail 指当一个数据包到达已满的缓冲区时，路由器丢掉该数据包，使用 ON/OFF 来生成反馈，反馈值只有 1 和 0。其最大的问题就是反馈的变化很大，容易造成系统振荡。RED(随机早期检测)是主动队列管理算法中最有名的一个，其基本思想是通过对网络拥塞情况的早期检测，按照一定的规则和一定的比例有选择地丢弃某些业务的分组，避免网络拥塞。

3. 多播拥塞控制算法

1）基于窗口的控制算法

在接收端或发送端通过调整拥塞窗口的大小来控制未应答的分量，基本思想和单播时所采用的相同，即没有拥塞时增加拥塞窗口，拥塞发生时减小拥塞窗口。随着组规模的增大，为每个接收端维护拥塞窗口导致拥塞控制任务变得非常复杂，从而影响协议的可扩展性；由于 TCP 在 Internet 单播中占了主要地位，所以多播拥塞控制还要考虑与 TCP 单播的带宽竞争问题。

2）基于速率的算法

该算法根据网络的拥塞动态调整发送速率，可以分为简单的加法增加乘法减少(AIMD)拥塞控制和基于模型的拥塞控制两种。前者较简单，但容易导致速率变化图形在短期内出现与 TCP 类似的锯齿形；后者的主要目的是在对拥塞有反应的前提下，保持平滑的速率变化。

扩展阅读：范·雅各布森与其热爱着的事业

范·雅各布森(Van Jacobson)是 TCP/IP 的流量控制算法(Jacobson 算法)的提出人，是 Internet 技术基础的 TCP/IP 协议栈的主要起草者，以其在提高 IP 网络性能提升和优化所做的工作而闻名。

1988～1989 年，范·雅各布森重新设计了 RFC 1144 中的 TCP/IP 头压缩协议，针对慢速连接大幅提高了性能，有效缓解了当时因特网的严重拥塞状况。此外，他还参与设计了一些广泛使用的网络诊断工具(Traceroute、Pathchar、Tcpdump)。除了撰写了数十篇具有开创性的互联网定义文档外，他还帮助领导了互联网多播主干网（MBone）和流行的互联网音频和视频会议工具(Vic、Vat、Wb)的开发，这些工具为当前的 Internet VoIP 和多媒体应用奠定了基础。

范·雅各布森于 1974～1998 年在劳伦斯伯克利国家实验室工作，担任实时控制组的研究科学家，后来成为网络研究组的组长。1998～2000 年，他担任 Cisco Systems 的首席科学家。2000 年，他成为 Packet Design 公司的首席科学家。他于 2006 年 8 月加入 PARC 担任研究员。

2006 年 1 月，在 Linux 开源论坛会议上，范·雅各布森提出了一个关于网络性能改进的想法，此后称为网络通道(Network Channels)。范·雅各布森在 2006 年 8 月的一次 Google 技术讲座中讨论了他关于命名数据网络(Named Data Networking，NDN）的想法，这是他在 PARC 工作的重点。NDN 将内容本身看作网络中的主导实体，颠覆了当前基于主机的网络架构，成为研究中具有代表性的网络架构。

由于他在通信网络领域做出的贡献，范·雅各布森于 2001 年获得 ACM SIGCOMM 终身成就奖，于 2002 年获得 IEEE Kobayashi 计算机和通信奖。他于 2006 年当选为美国国家工程院院士。2012 年 4 月，他入围第一批“互联网名人堂”(Internet Hall of Fame)的名单。

习　　题

7-1　流量控制的目的是什么？分哪几个层次？

7-2　试简述流量控制和拥塞控制的区别和联系。

7-3　拥塞控制的策略和评价标准有哪些？各有何特点？

7-4　常用的流量控制和拥塞控制方法有哪些？

7-5　什么是滑动窗口？简要说明其工作原理。

7-6　在停止-等待协议中，确认包是否需要编号？为什么？

7-7　解释为什么要从停止-等待协议发展到连续 ARQ 协议。

7-8　对于使用 3 比特的停止-等待协议、连续 ARQ 协议和选择重发 ARQ 协议，发送窗口和接收窗口的最大尺寸分别是多少？

7-9　考察如习题 7-9 图所示的网络 $G=(V, E, c, f)$，试用 Ford-Fulkerson 算法求出顶点 v_s 到 v_t 的最大流。图中各网络顶点间的边为有向边，箭头表示其方向(注：每条边附近的标号“m, n”中，m 表示该边的容量，n 表示该边目前正承担的流量)。

7-10　习题 7-10 图中网络的 v_s 和 v_t 间总流量 f_{st}=6，试对网络进行最佳流量分配。图中边旁有两个数字，前者为容量，后者为费用。

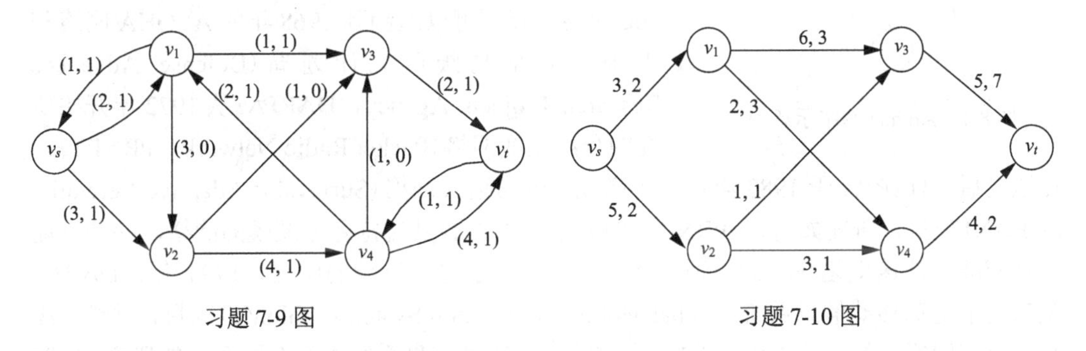

习题 7-9 图　　　　　　习题 7-10 图

7-11　思考：(1)对于多源多宿网络，即一个网络有多个源点和多个宿点，如何求网络的最大流？(2)当网络中部分节点的转接能力(或者节点容量)受限时，如何求网络的最大流？

第8章 自组织网络及其分析方法

日常所用的无线通信系统主要以蜂窝网络的形式出现，无线终端之间的连接需要借助于基站、数据中心、光纤骨干网链路等固定的基础设施。因此，构建蜂窝移动通信系统，往往需要花费大量的时间和较高的代价去建立这些基础设施。近年来，5G 技术快速发展，各国对 5G 基站、数据中心等新型基础设施的投资也日益增强。不过，在某些特殊的环境下，如灾区现场、军事行动等，由于基础设施被毁或者无法提供固定基础设施对移动通信进行支持，需要能够不依赖基础设施的灵活、快速组网和通信，无线自组织网络(自组网)技术可满足此需求。

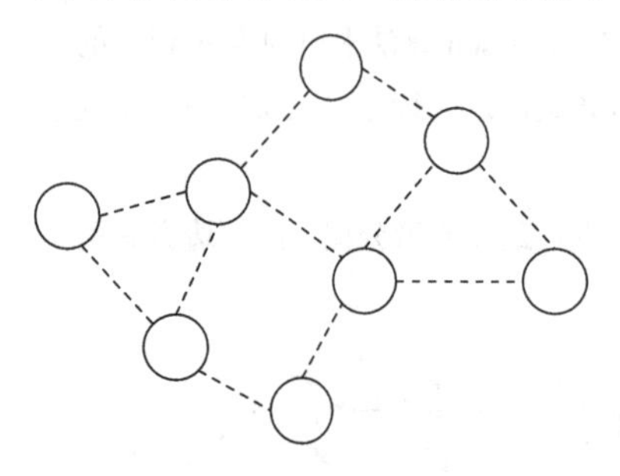

图 8-1 Ad hoc 网络示意图

无线自组织网络又称无线 Ad hoc 网络①，指的是由若干带有无线收发信机的节点构成的一个无中心的、多跳的、自组织的对等式通信网络，如图 8-1 所示(图中的圆圈表示能力相同的、对等的网络节点，连接两个节点的虚线表示这两者之间的无线链路)。Ad hoc 网络的起源可以追溯到 1968 年的 ALOHA 网络和美国国防部高级研究计划局(Defense Advanced Research Projects Agency，DARPA)从 1972 年开始研究的分组无线网络(Packet Radio Network，PRNET)。在这之后，DARPA 于 1983 年启动了高残存性自适应网络(Survivable Adaptive Network，SURAN)项目，研究如何将 PRNET 的成果加以扩展以支持更大规模的网络，并开发能够适应战场快速变化环境的自适应网络协议。为了进行持续的研究，1994 年，DARPA 又启动了全球移动信息系统(Global Mobile Information Systems，GloMo)项目，对能够满足军事应用需要的、可快速展开的、高抗毁性的移动信息系统进行全面深入的研究。1991 年成立的 IEEE 802.11 标准委员会采用了“Ad hoc 网络”一词来描述这种特殊的对等式无线移动网络。

由于 Ad hoc 网络的分布式及自组织特性提供了快速、灵活组网的可能，其多跳转发特性可以在不降低网络覆盖范围的条件下减少每个节点的发射范围，并且网络的鲁棒性、抗毁性满足了某些特定应用需求，因此 Ad hoc 网络早期主要应用在军事领域。到了 20 世纪 90 年代中期，Ad hoc 网络才逐渐扩展到民用领域，一个独立的 Ad hoc 网络也可以通过网关与互联网连接。随着技术的开放和深入，近年来更是引起了越来越多的关注。目前 Ad hoc 网络相关技术已广泛应用于无线局域网(Wireless Local Area Network，

---

① 本章中的无线自组织网络区别于 LTE 中的 Self-Organized Networks(简称 SON)的概念，后者仍是基于民用蜂窝网络的架构，主要思路是实现无线网络的一些自主功能，减少人工参与，降低运营成本，在本章的扩展阅读中会有进一步的解释。

WLAN)、无线个人区域网(Wireless Personal Area Network，WPAN)以及无线传感器网络(Wireless Sensor Network，WSN)等，也与商用蜂窝网络结合产生无线 Mesh 网络(Wireless Mesh Network，WMN)，如图 8-2 所示。可以预见，Ad hoc 网络将是未来实现“万物互联”的一种重要手段，其与基于基础设施的蜂窝网络的结合将加快人类实现智能化信息网络的进程。

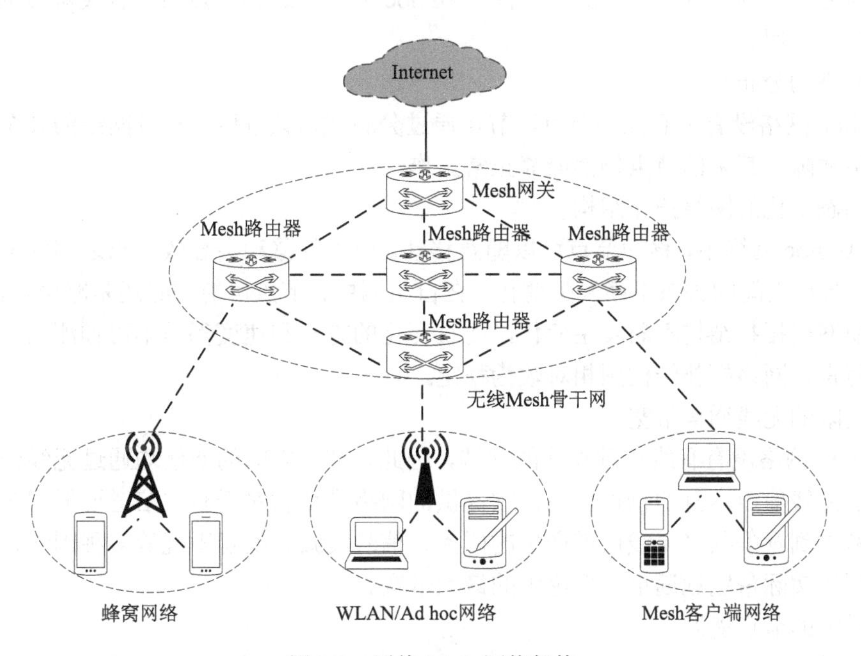

图 8-2　无线 Mesh 网络架构

本章将以 Ad hoc 网络为对象，利用前面所学的基础理论进行分析，将其作为网络分析的案例，使读者一方面能对 Ad hoc 网络本身有个较全面的认识，另一方面也能更好地了解应用基础理论进行网络分析的方法。

8.1　自组织网络特点及体系结构

与传统的移动通信系统相比，Ad hoc 网络中不存在任何固定的基础设施，仅由带有无线收发装置的通信终端(即节点)组成，共同承担网络构造和管理功能，这些节点除了完成传统网络节点所涉及的所有功能外，还起着路由器的信息转发作用，具有对无线网络资源的空间复用能力。整个通信网络的正常运行不依赖于任何特殊的节点，当一些节点离开或加入时均能够实现动态调整。从体系结构和工作方式来看，Ad hoc 网络的主要特点包括网络独立性、网络拓扑结构动态变化、带宽受限且易变、网络分布式自组织性操作、支持多跳通信等。

8.1.1 自组织网络特点

1) 网络的独立性

Ad hoc 网络相对于常规通信网络而言，最大的区别就是可以在任何时刻、任何地点不需要硬件基础网络设施的支持，快速构建起一个移动通信网络。它的建立不依赖于现有的网络通信设施，具有一定的独立性。Ad hoc 网络的这种特点很适合灾难救助、偏远地区通信等应用。

2) 网络的分布式

Ad hoc 网络没有中心控制节点，节点通过分布式协议互联。一旦网络的某个或某些节点发生故障，其余的节点仍然能够正常工作。

3) 动态变化的网络拓扑结构

在 Ad hoc 网络中，移动节点可以随意移动。节点的移动会导致节点之间的链路增加或消失，节点之间的关系不断发生变化。在自组网中，节点可能同时还是路由器，因此，移动会使网络拓扑结构不断发生变化，而且变化的方式和速度都是不可预测的。对于常规网络而言，网络拓扑结构则相对较为稳定。

4) 受限的无线通信带宽

Ad hoc 网络没有有线基础设施的支持，因此，节点之间的通信均通过无线传输来完成。由于无线信道本身的物理特性，它提供的网络带宽相对于有线信道要低得多。除此以外，考虑到竞争共享无线信道产生的碰撞、信号衰减、噪音干扰等多种因素，移动终端可得到的实际带宽远远小于理论中的最大带宽。

5) 受限的节点能源

在 Ad hoc 网络中，节点均是一些移动设备，如便携计算机、PDA(Personal Digital Assistant)、无人机或传感器节点。由于节点可能处在不停地移动状态下，节点的能源主要由电池提供，因此 Ad hoc 网络有能源有限的特点，相对于有线网络，它的生存时间一般比较短，多用于临时的通信需求。

8.1.2 自组织网络体系结构

参照第 1 章所讲的 OSI 参考模型，Ad hoc 网络的体系结构如图 8-3 所示。

在该体系结构中，物理层主要使用各种先进的调制解调技术、信号处理技术、功率控制技术和天线技术来完成无线信号的发送与接收。数据链路层主要完成控制无线信道的共享访问、流量控制等功能(主要通过 MAC 协议实现)，同时还要考虑到物理层所使用的信号处理技术、功率控制技术和天线技术对该层协议设计带来的影响，留下相应的控制接口。网络层中，IPv4、IPv6 或其他网络层协议提供网络层数据服务(目前关于 IP 的替代方案也是工业界和学术界的研究热点)，并通过路由协议使能网络内的单播、多播通信或者与其他网络的网间互联互通。另外，QoS 支持可提供有保证的服务质量，路由安全则提供对路由协议的安全保障。传输层仍然主要使用 UDP 和 TCP 两种协议，但是针对 Ad hoc 网络的无线运行环境，这两种协议需要进行相应的修改，尤其是 TCP 协议。上层应用协议则是指面向用户的各种服务。

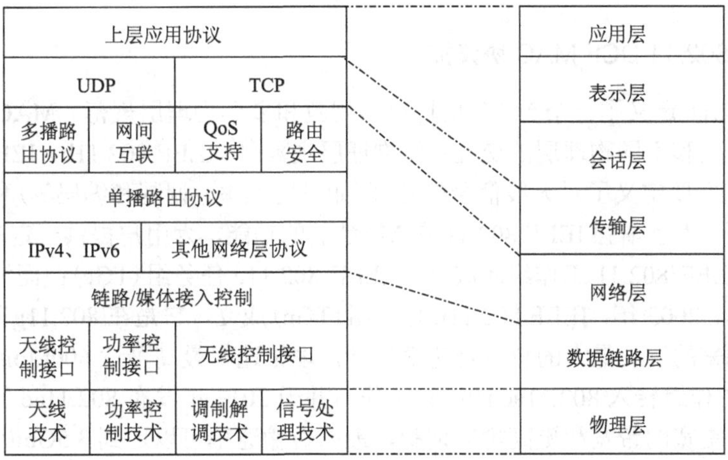

上层应用协议
UDP　TCP
多播路由协议　网间互联　QoS 支持　路由安全
单播路由协议
IPv4、IPv6　其他网络层协议
链路/媒体接入控制
天线控制接口　功率控制接口　无线控制接口
天线技术　功率控制技术　调制解调技术　信号处理技术

应用层
表示层
会话层
传输层
网络层
数据链路层
物理层

图 8-3　Ad hoc 网络体系结构图

8.2　自组织网络 MAC 协议

控制和协调节点对无线信道的使用是至关重要的一个环节，这正是介质访问控制(Medium Access Control，MAC)协议所要解决的主要问题。无线 MAC 协议通过制定一系列的接入规则，让网络中的所有节点有序并有效地共享无线信道，它还控制着对物理层的访问，为上层应用协议提供可靠的无线连接。无线 MAC 协议自从 20 世纪 70 年代以来便被广泛地研究。长期以来，设计无线 MAC 协议的主要目的是研究如何公平有效地利用信道，提高网络的吞吐量。近年来，新的无线 MAC 协议的设计还考虑了其他的因素，如能量的有效性、服务质量(QoS)保证、信道的时变特性和具备无线能量收集功能的网络节点等。

根据对无线信道共享方式的不同，无线 MAC 协议可以大致分为两类：基于集中控制的 MAC 协议和基于竞争的随机访问 MAC 协议。在基于集中控制的 MAC 协议中，控制中心为每个节点以时分、频分或者码分的方式固定地分配确定的信道，对于用户数目和通信业务量比较稳定的网络，这种方式可以提供可靠的服务质量，所以在以语音为主要业务的系统中得到了很好的应用。然而，在用户的数目变化较大、业务突发性较强的时候，这种方式的效率比较低，造成了很大的资源浪费。在基于竞争的随机访问 MAC 协议中，节点在发送数据前首先要竞争信道，然后随机地发送数据，如果恰好只有该节点发送，数据便可成功地发送；然而如果多个节点同时发送，将会产生碰撞，因此需要设计合理的访问规则来减少碰撞。基于竞争的随机访问 MAC 协议非常适合突发性较强的数据业务，可以分布式地运行，具有灵活方便的组网形式，成为目前各种无线数据通信网络 MAC 协议的主流。作为一种基于竞争的随机访问的无线局域网 MAC 协议，IEEE 802.11 DCF 以其简单灵活等特点已经被广泛接受并被迅速应用于无线 Ad hoc 网络以及其他的无线网络(如无线传感器网络等)中。

8.2.1　IEEE 802.11 DCF MAC 协议描述

IEEE 802.11 定义了一个 MAC 层协议的规范和多个物理层规范。MAC 协议处理对信道的访问以及和不同物理层的交互；而物理层规范(如 IEEE 802.11b、IEEE 802.11a 和 IEEE 802.11g)主要定义了对无线信号的处理(如发射频率、调制和编码等)和物理层的汇聚方式等方面。为了增强 IEEE 802.11 在 MAC 层的功能，为用户提供一定的 QoS 保证，在 2000 年，IEEE 802.11 工作组还成立了 IEEE 802.11e 任务组(TGe)；而为了给用户提供更高的速率，2003 年，IEEE 802.11n 任务组(TGn)成立，它是在 802.11g 和 802.11a 的基础上发展起来的，其最大的特点是速率提升，理论速率最高可达 600Mbit/s。2009 年，IEEE 802.11 工作组转入 802.11ac 的制订工作，并于 2013 年发布 802.11ac 的标准，通过多天线技术、更宽的带宽和更高阶的调制，最高传输速率可以达到 3.5Gbit/s。2019 年，Wi-Fi 联盟宣布 Wi-Fi 6 认证计划，并着手下一代 802.11ax 技术的标准制订，最高支持 1024-QAM 调制，理论最大传输速率进一步提升到 9.6Gbit/s。

在 IEEE 802.11 标准中，其 MAC 协议定义了两种不同的对信道的访问方式：点协调功能(Point Coordination Function，PCF)和分布式协调功能(Distributed Coordination Function，DCF)。PCF 提供了一种集中控制的访问方式，通过控制节点的仲裁提供一种时限保证的服务，PCF 是标准所定义的可选择的访问方式，实际的 IEEE 802.11 设备中很少实现。而 DCF 提供了一种基于竞争的访问方式，是需要强制性实现的访问方式，且被广泛地接受和应用，因此在本书中，只考虑 DCF 访问方式。为了方便起见，本书将 IEEE 802.11 DCF 直接称为 IEEE 802.11。

DCF 是 IEEE 802.11 MAC 协议的基本控制方法，其工作过程主要有以下两个特点：带冲突避免的载波监听多址(CSMA/CA)的接入机制和二进制指数避退机制。

1) CSMA/CA 的接入机制

IEEE 802.11 使用了碰撞避免的载波监听多址访问策略，它定义了两种访问模式：基本访问模式和 RTS/CTS 访问模式。

在基本访问模式下，数据的传输过程为：DATA—ACK，如图 8-4 所示。如果源节点要发送数据，首先对信道进行监听。如果信道连续空闲了一段特定的时间间隔 DIFS，源节点才可以发送 DATA(数据分组)。如果目的节点成功地收到 DATA，也要监听信道一段特定的时间间隔 SIFS，然后向源节点发送一个 ACK 确认消息。然而，如果信道忙，那么源节点需要等待信道变为空闲，并且再等待 DIFS 的时间，然后在一个特定的竞争

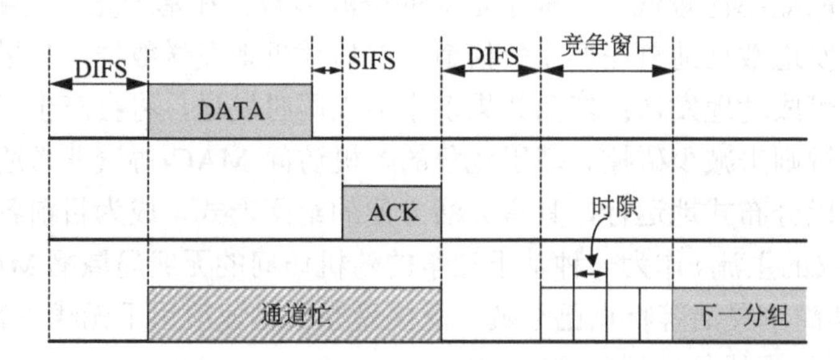

图 8-4　IEEE 802.11 DCF 的基本访问模式

窗口中随机地选择一段时间进行避退。如果避退期间信道仍然空闲，源节点就可以在避退时间结束后发送数据包了；如果在避退期间检测到信道忙，源节点将冻结避退定时器，等待下次信道空闲时继续避退。

隐藏节点问题是影响分布式无线网络的一个重要问题。如图 8-5 所示，如果一个节点 H 处于某一链路目的节点 D 的载波监听范围内，而处于源节点 S 的载波监听范围外，那么节点 H 相对于源节点 S 就称为隐藏节点。因为 H 不能感知到 S 的发送，所以当 S 向 D 的传送正在进行时，H 错误地认为可以向 A 发送数据了。S 和 H 同时发送的分组将会在 D 处引起碰撞，从而可能导致 D 无法正确接收来自 S 的分组。可见，隐藏节点将会引起吞吐量的下降。图 8-5 中，Rtx 和 Rcs 分别代表传输距离和载波监听距离。

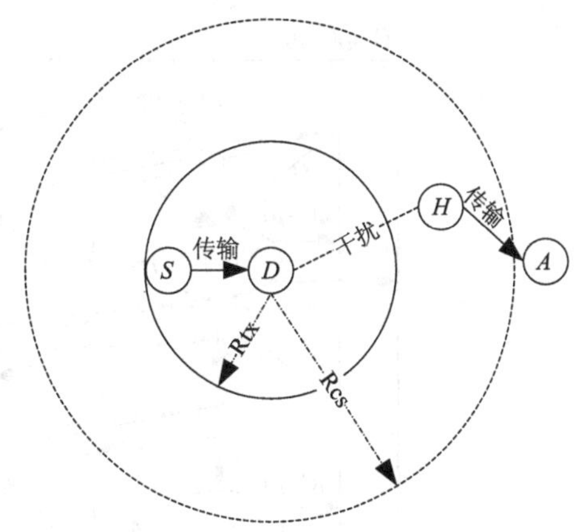

图 8-5　隐藏节点示意图

为了缓解隐藏节点问题，DCF 还定义了 RTS/CTS 访问模式。在发送数据前，首先发送一个比较短小的 RTS/CTS 握手信号，数据的传输过程为：RTS—CTS—DATA—ACK。其中 RTS/CTS 分组中包含了一个称为 NAV（网络分配矢量）的域，该域说明了接下来的数据包需要传输的时间。收到 RTS/CTS 的邻居节点更新自己的 NAV 值，由此判断自己在多长时间内不能发送数据，这种机制也称为虚拟载波监听。RTS/CTS 访问模式可以缓解隐藏节点问题，但并不能彻底消除该问题。事实上，在多跳无线网络中，隐藏节点仍然是一个重要问题。

2）二进制指数避退机制

为了缓解无线网络中的分组碰撞问题，DCF 使用了二进制指数避退机制：如果发送分组后，发送节点在一定的时间内没有收到 ACK，那么它假设分组发生了碰撞，将竞争窗口大小翻一倍，直至达到最大值 W_m，然后在竞争窗口中随机地选择一段时间进行避退。一旦数据发送成功，那么节点将竞争窗口大小复位，即设置为最小值 W_0。此外，每次数据发送成功，发送节点需要先进行随机避退，才能尝试下次发送。

8.2.2　IEEE 802.11 MAC 层协议模型

在了解了 CSMA/CA 的接入机制和二进制避退机制后，就可以基于第 2 章所讲的有限状态机的思想，建立比较完整的 MAC 协议模型了。针对 IEEE 802.11 协议，学者 Bianchi 在 2000 年建立了经典的分析模型，能够对完美信道下由饱和节点组成的单跳网络给出很准确的分析结果。近来，有不少文献分别对 Bianchi 的工作进行改进，使其适应更真实的信道环境和非饱和状态；或者进行扩展，使其能在多跳的情景下分析某一业务流的吞吐量。总结这些已有的工作并加以完善，本书分析中将考虑下列因素：网络非饱和、存在隐藏节点、存在信道传输错误和捕获效应。这样，改进后的 IEEE 802.11 协议马尔可夫模型如图 8-6 所示。

图 8-6 中状态 (i, j) 表示节点处于第 i 次退避，且此时刻退避窗口为 j，因而只有节点

处于状态 $(i, 0)$ 时才会尝试发送分组。

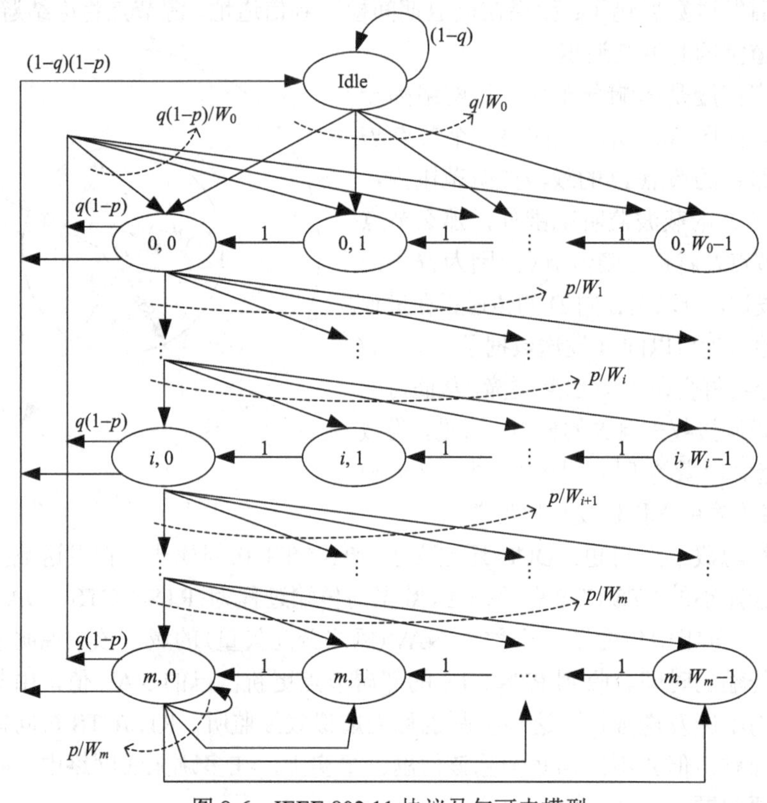

图 8-6　IEEE 802.11 协议马尔可夫模型

状态 Idle 表示节点处于发送队列为空(即没有数据要发送)的状态。它包括下面两种情况：①在节点发送结束后发送队列为空；②节点处于空闲状态且队列内没有数据发送，直到一个新的分组到来准备发送。

W_i 表示第 i 次避退可能选择的最大避退窗口，并且有 $W_i=2^iW_0(i=1,2,\cdots,m)$；$W_m$ 表示避退窗口大小的最大值。

p 表示分组发送失败的概率，而不仅仅是分组的碰撞概率。分组发送失败的起因可能是邻居节点或隐藏节点引起的碰撞(除去由于捕获效应而接收到的碰撞分组)或者信道传输错误。

q 表示在发送队列内至少存在一个待发送分组的概率。

利用该模型，可以进行网络平均吞吐量、平均时延等相关网络性能的分析，具体地在这方面有大量的专业文献可供参考。

8.3　自组织网络路由协议

目前，常规路由协议主要采用两种形式的路由思想，即距离向量算法(Distance Vector Algorithm，DVA)和链路状态算法(Link State Algorithm，LSA)，前者的核心思想是选择距离近的路由，而后者的核心思想是选择链路状态好的路由。但是，传统的路由选择通常都是假定网络拓扑结构是相对稳定的，而移动 Ad hoc 网络的拓扑结构是不断变化的。而且，与单跳的无线网络不同，Ad hoc 网络节点之间通过多跳转发机制进行数据交换，需要路由协议进行分组转发决策。无线信道变化的不规则性，以及节点的移动、加入、退出等也会引起网络拓扑结构的动态变化。路由协议就是在这种环境中，监控网络拓扑结构变化，交换路由信息，定位目的节点位置，产生、维护和选择路由，并根据选择的路由转发数据，提供网络的连通性，它是移动节点互相通信的基础，因此成为当前 Ad hoc 网络体系结构中的研究热点。

IETF 工作组已经提出了多种 Ad hoc 网络路由算法草案，但是没有任何一种路由算法能够很好或者是有效地适用于所有的应用环境，都只是在算法机制本身所提出的情况下达到一种局部最优。然而尽管这些算法有着许多的不同之处，但是其内在的功能却是一致的，即必须满足于 Ad hoc 网络动态拓扑、变化的无线连接等应用特点。目前 Ad hoc 网络环境下的路由协议根据不同的角度可以进行不同的分类。根据发现路由的策略可以将其分为表驱动路由协议(先验式)和按需路由协议(反应式)。另外，路由协议的设计思想与网络逻辑结构密切相关，根据网络结构又可以将其分为平面结构和分簇结构两种，如图 8-7 所示。

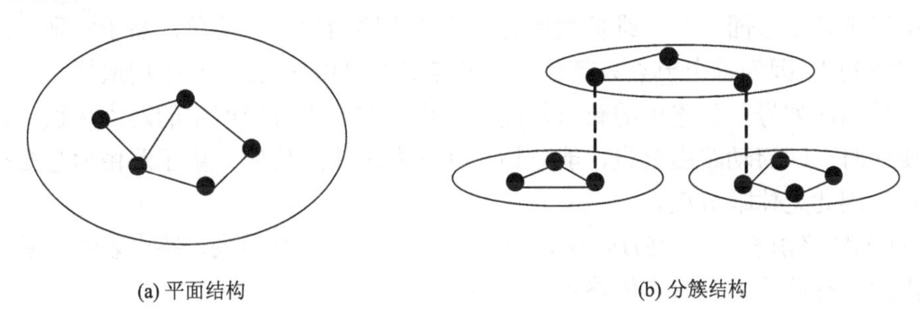

(a) 平面结构　　(b) 分簇结构

图 8-7　平面结构和分簇结构

因此，目前 Ad hoc 网络路由协议根据不同的角度可以进行分类，图 8-8 进行了简要的总结。下面将详细介绍各类有代表性的路由协议。

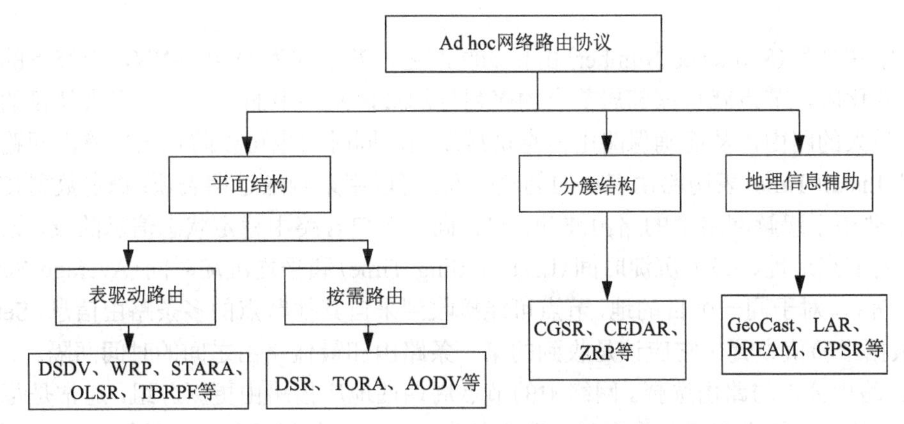

图 8-8　Ad hoc 网络路由协议分类

8.3.1　平面结构的路由协议

平面结构路由协议可以分为两类：表驱动路由协议和按需路由协议。前者是从传统的链路状态协议中衍生而来的；而后者则是 Ad hoc 网络中特有的一类路由机制，对大规模网络具有较好的可扩展性。

1. *表驱动路由*

表驱动(Table-driven)路由也称为先验式或主动式(Proactive)路由，其路由发现策略与传统路由协议类似，节点通过周期性地广播 HELLO 信标报文，交换彼此的路由表信息，主动发现路由并在本地维护一个全网的路由表。在自组织网络研究初期，主要思路即是修改固定网络的路由协议以适应 Ad hoc 网络的环境。先验式路由协议中，源节点已知多条通往目的节点的路由信息，关键是采用某种选择机制以确定一种最优的路由。DSDV 协议是有代表性的表驱动路由协议，其他的表驱动路由协议主要有 WRP、STARA 协议、优化链路状态路由协议(OLSR)和基于拓扑广播的反向路径转发协议(TBRPF)等。

1) DSDV 协议

DSDV 协议是在 DVA 基础上改进设计的，是最早的自组网路由协议之一。它的特点主要包括以下几个方面：节点维护到所有目的地的路由信息；简单，易于实现，而且需要的存储空间小(因为每个节点只需和邻居节点交换路由信息)；它采用最短路径优先的机制，并根据序列号区分路由的新旧程度，防止 DVA 中可能产生的路由环路；路由表有显著变化时立即启动路由公告，能对拓扑变化做出快速反应；由于路由信息必须周期性地更新，因此无休眠节点。

(1) DSDV 路由表。在 DSDV 中，每个节点保存 1 张路由表，路由表维护着本节点到网络内部所有可达目的节点的路由，其格式见表 8-1。

表 8-1　DSDV 路由表格式

域	目的节点	下一跳节点	度量(跳数)	序列号	建立时间	稳定数据
示例	*A*	*A*	0	*A*-550	001000	Ptr_A

其中序列号(Sequence Number)由目的端产生，其格式为 Dest_NNN，当节点的邻居节点有变化时，节点就将该邻居节点的序列号加 1，网络中的节点只保存去往目的节点序列号最大的路由，从而确保路由信息是最新的，同时它也可以防止出现路由回路；建立时间(Install Time)表明路由表项的创建时间，可以用来删除过期表项；稳定数据(Stable Data)主要用于缓解网络中的路由波动，它指向一个包含路由稳定状态信息的表，该表中包含目的节点地址、最近沉淀时间(Last Settling Time)和平均沉淀时间(Average Settling Time) 信息。对于同一个目的地，节点可能接收到来自其他节点的多条路由信息，Settling Time 根据经验值设置，它应该是收到的第一条路由和最佳路由之间的时间间隔。

(2) 路由公告与路由选择。网络中的节点周期性地广播路由更新分组，通常是每隔几秒一次，从而向每个邻居公告自己的路由信息，该信息包括目的节点地址、Metric(到目的节点的开销，一般为到目的节点的跳数）、目的节点序列号和其他信息（如硬件地址等）。其中设置序列号信息的规则如下：

①每次公告增加自己的目的节点序列号（只使用偶数值）；

②如果一个节点不再可达，则将该节点的序列号加 1（奇数序列号），并且设置 Metric 项为∞。

收到路由公告的节点将更新信息与自己的路由表比较，选择具有更大目的节点序列号的路由，从而保证始终使用来自目的节点的最新信息；当序列号相等时，选择具有更好 Metric 的路由。

(3) 路由更新。每个节点将有关新路由、链路断开或 Metric 变化的信息立即公告给邻居节点，从而启动路由更新过程。DSDV 使用两种更新路由分组的方式：完全更新和增量更新。当没有节点移动时使用完全更新方式，路由分组包括了路由表中的所有路由项信息；而在节点移动时使用增量更新，路由分组只包含了变化的链路信息。

(4) 对路由波动的处理。用图 8-9 所示例子来说明路由波动问题。从 *D* 发出的路由公告经过两条不同的路径（分别为 12 跳和 11 跳）到达节点 *A*。由于不同路径的传递时延不同，网络中的 *A* 节点先收到来自 *P* 的路由更新信息<*D*, 15, *D*-102>，这样 *A* 更新路由表中到 *D* 的表项并立即进行路由公告。但是，过了一段时间后，*A* 收到来自 *Q* 的路由更新信息<*D*, 14, *D*-102>，并发现此路由好于路由表中的记录的路由（路径跳数更短），因此 *A* 会更新路由表中到 *D* 的表项并立即进行路由公告。这样 *D* 或者任何一个节点的路由更新信息到达节点 *A* 时存在着时间差，就会导致不必要的路由公告。这种现象称为路由波动。

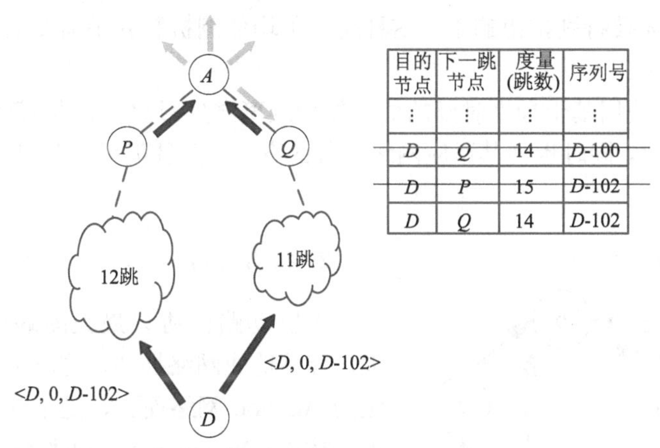

目的节点	下一跳节点	度量（跳数）	序列号
⋮	⋮	⋮	⋮
D	*Q*	14	*D*-100
D	*P*	15	*D*-102
D	*Q*	14	*D*-102

图 8-9　路由波动问题示例

为了缓解路由波动问题，DSDV 协议中采用了 Stable Data 表项，即它在一个单独的表中记录每条路由的最新的 (Last) 和平均的 (Average) Settling Time。这样，同样以图 8-9 为例，*A* 在包含新序列号的第一条路由到达时更新路由表，但是等待一段时间再广播该条路由，其等待时间为 2×Average Setting Time。通过这种简单的设置，可缓解大型网络的路由波动问题，从而避免进行不必要的公告，节约了带宽。

综上所述，DSDV 的主要优点是消除了路由环路，加快了收敛速度，同时有着较小的端到端时延；不足之处在于网络空闲时仍会消耗能量和网络带宽，另外，在节点移动速率较快的 Ad hoc 网络中，DSDV 协议所维护的本地路由表信息经常是无效的或不可用的，因此它非常不适用于拓扑快变化的移动自组网。

2) 其他协议

(1) WRP 协议。WRP (Wireless Routing Protocol) 协议也是采用最短路径优先的机制，但它是在路径发现算法(Path Finding Algorithm，PFA)基础上改进设计的。PFA 与 DVA 算法不同，它利用去往目的节点的路径长度，以及相应路径的倒数第二跳节点信息加速路由协议的收敛速度，这种方式可以进一步减少出现路由环路的次数，缩短算法的收敛时间。

(2) STARA 协议。STARA (System and Traffic Dependent Adaptive Routing Algorithm) 协议的路由度量采用了平均时延，而不是常用的路径跳数，也就是说 STARA 协议在进行分组路由时，考虑了无线链路的容量和排队时延等因素。每个节点 i 采用改进的端到端确认协议为每一对源和目的节点 (i,d) 计算平均延时 $D_{ik}^{d}(t)$，具体方法如式(8.1)所示。

$$D_{ik}^{d}(t)=\frac{1}{1-\lambda}\sum_{l=0}^{\infty}\lambda^{l}D_{ik}^{d}(t-l) \tag{8.1}$$

式中，遗忘因子 $\lambda\in[0,1]$，用于调整历史时延和当前时延的权重关系；$k\in N$，N 是节点 i 一跳可以到达的所有邻层节点的集合。

$$P_{ik}^{d}(t)=P_{ik}^{d}(t-1)+a(t)\cdot(D_{i}^{d}(t)-D_{ik}^{d}(t)) \tag{8.2}$$

根据式(8.2)，将经过的流量分配给不同的邻居节点，目的是使得所有可用的路径具有相同的时延。需要特别指出的是，这种路径平均估测机制并不需要双向信道和节点间的时钟同步的支持。

STARA 算法使用基于预期时延的估计作为距离测量，这种机制不仅使得算法适应网络拓扑结构的变化，同时也使其适应网络业务的变化，而且可用于单向的 Ad hoc 网络链路中。

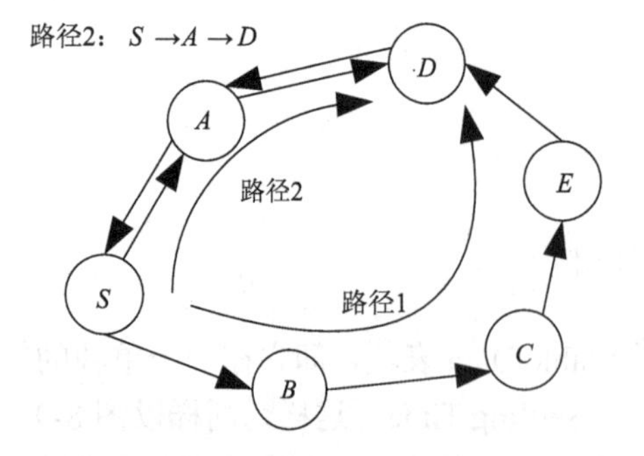

图 8-10　按需路由发现机制

2. 按需路由

表驱动路由协议最大的缺点是控制开销过大，容易造成网络拥塞，这对于信道资源非常紧张的 Ad hoc 网络而言，是十分不利的，因此提出了按需(On-demand)路由协议，也称为反应式(Reactive)路由。与表驱动路由相反，按需路由认为在动态变化的 Ad hoc 网络环境中，没有必要维护去往其他所有节点的路由。它仅在没有去往目的节点的路由时才按需地进行路由发现，因此拓扑结构和路由表内容是按需建立的。通常由路由发现和路由维护两个过程组成。当源节点发现没有去往目的节点的路由时，触发路由发现过程。这个过程类似固定网络中建立电路连接的协商过程。图 8-10 给出了一个按需路由发现机制的示例。源节点 S 在 Ad hoc 网络中广播路由请求分组，邻居节点 A 和 B 收到路由请求分组后，记录分组经过了该节点，然后继续转发，直到到达了目的节点 D。节点 D 将会收到来自两条不同路径的路由请求分组，每个路由请求分组中包含相应的路径信息。节点 D 根据一定的选择原则选取一条从源节点到目的节点的最优路径(在此例中路径 2 为最优)，并将该信息形成路由应答分组，作为对节点 S 路由请求的响应。源节点 S 根据收到的路由应答分组更新路由信息，从而获得去往目的节点 D 的路由。当拓扑结构发生变化时，通过路由维护过程删除失效路由，重新发起路由请求过程。路由维护通常依靠底层提供的链路失效检测机制进行触发。

典型的按需路由协议主要有 DSR、TORA、AODV 协议等，下面将进行简要介绍，由于 AODV 协议的代表性和广泛应用，重点放在 AODV 上。

1) DSR 协议

DSR 协议是最早采用按需路由思想的路由协议。它包括路由发现和路由维护两个过程，协议操作与上述过程基本一致。它采用了源路由机制进行分组转发，这种机制最初是IEEE 802.5 协议中用于网桥互连的多个令牌环网路由查找,DSR 协议借鉴了这种机制，并加入了按需查找的思想。DSR 协议的优点是中间节点不需维护去往目的节点的路由信息，而且可以避免产生路由环路；缺点是每个报文分组都携带了路由信息，造成协议开销较大，不适合网络直径大的 Ad hoc 网络，可扩展性不强。

2) TORA 协议

TORA (Temporally-Ordered Routing Algorithm) 协议是在有向无环图 (Directed Acyclic Graphic，DAG) 算法的基础上提出的一种按需路由协议。它分为路由发现、路由维护和路由请求三个过程。TORA 的路由发现与其他按需路由协议一样，首先在网络中扩散路由请求分组，但在路由应答时，采用了 DAG 算法，其主要思想是：将每个节点分配一个相对于源节点的“高度值”，其中目的节点的“高度值”最低，在此基础上，比较相邻节点之间的“高度值”，从而形成一条或多条有向路径，方向是从“高度值”大的节点指向小的节点。从图论的角度来看，所形成的路径即为一个根为目的节点的有向无环图。算法的具体实现是通过路由应答分组(在 TORA 协议中称为更新分组)发回到源节点的过程完成的。

TORA 协议的缺点主要有：一是协议的有效运行依赖于网络的高连通度所提供的多条备选路径；二是 TORA 协议需要依靠 IMEP (Internet MANET Encapsulation Protocol) 提供邻居节点信息和底层可靠有序传输等功能，卡内基梅隆大学 Monarch 小组的仿真研究结果表明 TORA 协议的开销比其他按需路由协议大的主要原因在于使用了 IMEP 协议；三是它也不支持单向信道。

3) AODV 协议

AODV (Ad hoc On-Demand Distance Vector) 协议是由诺基亚公司的 Charles E.Perkins 与加利福尼亚大学圣塔芭芭拉分校的 Elizabeth M.Belding-Royer 以及辛辛那提大学的 Samir R.Das 等提出的自组网路由协议，它是在 DSDV 基础上结合按需路由的机制改进后提出的。AODV 协议采用逐跳转发分组的方式，而不是源路由方式，因此，它在每个中间节点处隐式保存了路由请求和路由应答的结果，而 DSR 协议则是显式地将路由信息保存在分组报文中。此外，AODV 的另一个显著特点是它加入了多播路由协议扩展，并支持 QoS。它的缺点是不支持单向信道，因为它的路由应答是直接沿着路由请求的反方向发回到源节点的。

(1) AODV 协议的基本思想。

自组织按需距离向量路由协议(AODV)结合了 DSR 与 DSDV 路由算法，使用了 DSR 中基于广播的路由发现机制和路由维护机制，以及 DSDV 中的逐跳(Hop-by-hop)路由、目的节点序列号和路由维护阶段的周期性更新机制。与 DSR 协议相比，数据分组不再需要携带完整的路由信息，只需要维护活跃的路由。与 DSDV 协议相比，采用按需路由思想，不再需要维护整个网络的拓扑信息，只有在发送数据且没有到达目的节点的路由时才会发起路由发现过程。AODV 的路由表中的每个项都使用了目的节点序列号，该序列号由目的节点创建，使用目的节点序列号的目的是避免路由环路的发生。

AODV 协议包括路由发现与路由维护两个过程。在通信过程中，AODV 使用洪泛法(Flood)从源节点广播路由请求分组 RREQ 进行路由发现过程。目的或中间节点通过回复路由应答分组 RREP 的方式建立路由路径。另外，节点通过周期性地广播 HELLO 分组来检测链路的连通性，若检测到链路中断，则会发送路由出错分组 RERR 来通知其他节点该处链路已经失效。针对失效的路由首先会尝试本地修复，若修复未成功，则会重新发起路由请求。

(2) AODV 协议的路由表。

AODV 协议的主要工作就是管理路由表，即是将短期信息保存在路由表中。AODV 的路由表结构见表 8-2。

表 8-2　AODV 的路由表结构

序号	结构内容
1	目的节点 IP 地址（DestIPAddress）
2	目的节点序列号（DestSeqNum）
3	目的节点序列号标记（ValidDestSeqNumFlag）
4	其他状态和路由标志（OtherState&RoutingFlag）
5	网络层接口（NetInterface）
6	跳数（Hopcount）
7	下一跳（NextHop）
8	前驱动表（PreList）
9	生存时间（Lifetime）

其中，DestIPAddress 为目的节点 IP 地址，是后续查找网络路由的关键依据。DestSeqNum 为目的节点序列号，该值用来标识路由信息的新旧程度，目的是避免产生环路。ValidDestSeqNumFlag 是目的节点序列号标记，该值是判定路由表序列号是否有效的依据。OtherState&RoutingFlag 为其他状态和路由标记，用来标记路由过程中的一些状

态信息，如有效、无效、可修复、正在修复等相关状态。NetInterface 为网络层接口，是节点访问信道的接口。Hopcount 代表从本节点到达目的节点所需要经过节点的个数。NextHop 用来记录到达目的节点的可用路径的下一跳节点的 IP 地址。PreList 前驱动表用来记录路由表信息中邻居节点的相关信息。Lifetime 生存时间(Time to Live, TTL)用来标记该路由表项信息的过期或者删除该表项的时间。

(3) AODV 协议的分组格式。

AODV 协议中定义了三种数据分组，分别是路由请求(Route Request)分组 RREQ、路由应答(Route Reply)分组 RREP 与路由出错(Route Error)分组 RERR。此外，路由应答分组 RREP 还包括路由回复确认分组 RREP-ACK 和 HELLO 分组两种，其中 HELLO 分组是指生存时间 TTL=1 的 RREP 分组。

①RREQ 分组格式。

在 AODV 协议中，当一个节点无法找到一个到达目的节点的可用的路由时，它会采用向其邻居节点广播 RREQ 分组的方式来寻找并建立有效的路由通路。 RREQ 分组格式如图 8-11。

<table>
<tr><td>类型(Type)</td><td>J</td><td>R</td><td>G</td><td>D</td><td>U</td><td>预留(Reserved)</td><td>跳数(Hopcount)</td></tr>
<tr><td colspan="8">RREQ ID</td></tr>
<tr><td colspan="8">目的节点 IP 地址(DestIPAddress)</td></tr>
<tr><td colspan="8">目的节点序列号(DestSeqNum)</td></tr>
<tr><td colspan="8">源节点 IP 地址(SourceIPAddress)</td></tr>
<tr><td colspan="8">源节点序列号(SourceSeqNum)</td></tr>
</table>

图 8-11　RREQ 分组格式

其中，Type 为分组的类型，一般设为 1。J 是加入标志，为多播保留。R 为修复标志，也是多播保留。G 为标记中间节点是否有到达目的节点的路由。D 为应答标志。U 用来对未知的序列号进行标志。Reserved 为预留位。Hopcount 记录从发起节点到处理该请求的节点的跳数。RREQ ID 为路由请求标识，用该字段与发起节点的 IP 地址可以唯一地标识 RREQ 消息。DestIPAddress 为目的节点 IP 地址，该 RREQ 消息的目的就是建立发起节点和目的节点之间的有效路由。DestSeqNum 为目的节点序列号。SourceIPAddress 为发起本次路由请求的源节点的 IP 地址。SourceSeqNum 为源节点的路由表项中正在使用的序列号。

②RREP 分组格式。

当路由请求到达目的节点或者中间节点有一条足够新的路由可以到达目的节点时，目的或者中间节点会以单播的方式向源节点回复一个 RREP 分组，RREP 沿着之前建立的反向路径返回到源节点，源节点收到该 RREP 分组后开始向目的节点发送数据。RREP 分组格式如图 8-12。

类型(Type)	R	A	预留(Reserved)	前缀长度(PreSize)	跳数(Hopcount)
目的节点 IP 地址(DestIPAddress)					
目的节点序列号(DestSeqNum)					
源节点 IP 地址(SourceIPAddress)					
生存时间(Lifetime)					

图 8-12　RREP 分组格式

其中，Type 为分组的类型，一般设为 2。R 为修复标志。A 为确认回复标志。Reserved 为预留位，发送 RREP 分组时填充 0，接收时忽略此字段。PreSize 为前缀长度。Hopcount 表示从发起节点到目的节点需要的跳数。DestIPAddress 为目的节点 IP 地址。DestSeqNum 为目的节点序列号。SourceIPAddress 为发起 RREQ 消息的源节点的 IP 地址。Lifetime 表示路由生存时间，在这段时间内，接收 RREP 的节点才会认为这条路由是有效的。

③RERR 分组格式。

在数据传输过程中，当中间节点检测到链路中断时，会向源节点单播路由出错分组 RERR，源节点收到 RERR 分组后就知道当前存在失效的路由，随后根据 RERR 中的不可达信息重建路由。RERR 分组格式如图 8-13。

类型(Type)	N	预留(Reserved)	不可到达的目的节点的数目(DestCount)
不可达的目的节点的 IP 地址 1(UnreachedDestIPAddress1)			
不可达的目的节点的序列号 1(UnreachedDestSeqNum1)			
不可达的目的节点的 IP 地址 2(UnreachedDestIPAddress2)			
不可达的目的节点的序列号 2(UnreachedDestSeqNum2)			

图 8-13　RERR 分组格式

其中，Type 为分组的类型，RERR 的此字段值设为 3。N 为路由维护时，通知上游节点保留该路由信息的标志。Reserved 为预留位，值为 0。DestCount 用来记录不可到达的目的节点的数目，该值大于等于 1。UnreachedDestIPAddress 记录的是因连接断开而不可达的目的节点的 IP 地址。UnreachedDestSeqNum 为不可达的目的节点的序列号。

④RREP-ACK 分组格式。

当网络中存在单向连接而导致路由发现的往返过程无法完成时，就需要 RREP-ACK 分组来协助完成这一过程。RREP-ACK 分组格式如图 8-14。其中，Type 为分组类型，RREP-ACK 的标志为 4。Reserved 为预留位，接收时忽略。

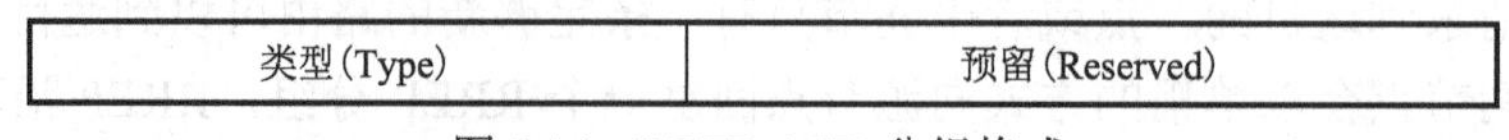

类型(Type)	预留(Reserved)

图 8-14　RREP-ACK 分组格式

⑤HELLO 分组格式。

HELLO 分组是路由维护过程中的一个很重要的数据分组，其主要用来检测邻居链路的连通性。HELLO 分组格式如图 8-15。

类型(Type)	预留(Reserved)
目的节点 IP 地址(DestIPAddress)	
目的节点序列号(DestSeqNum)	
跳数(Hopcount)	
生存时间(Lifetime)	

图 8-15　HELLO 分组格式

HELLO 分组是 TTL=1 的 RREP，对于 HELLO 分组，只需要 RREP 中的目的节点 IP 地址、生存时间、目的节点序列号、跳数，其余都为无效。图 8-15 中，Type 指数据分组的类型。Reserved 为预留位。DestIPAddress 为目的节点 IP 地址。DestSeqNum 为源节点收到的最新的到达目的节点的序列号。Hopcount 记录从源节点到当前接收到 RREQ 的节点的跳数，这里为 1。Lifetime 为允许丢弃的 HELLO 分组的个数乘以 HELLO 分组的发送间隔。

(4) AODV 路由协议的工作原理。

使用 AODV 路由协议最明显的特征是：只有当需要时源节点才发起路由请求，即源节点向其邻居节点广播 RREQ 分组，紧接着网络中收到该分组的节点再进行分组转发，直到查找到一个或多个到达目的节点的有效路由为止。中间节点在转发路由请求分组 RREQ 的过程中，会在其各自的路由表中记录其上一跳节点的相关分组信息并且会加入相应的路由表中。采用这种方式就可以建立起从目的节点到源节点的逆向路由。逆向路由一旦建立完成，目的节点就可以沿着该逆向路由回复 RREP 分组，当源节点收到该路由应答分组时，就成功建立了一条从源节点到达目的节点的正向路由。总之，AODV 路由协议主要有两个过程，即路由发现和路由维护过程。下面将详细地介绍这两个过程。

①路由发现过程。

路由发现过程一般包括源节点产生路由请求、建立逆向路由、中间节点对路由的转发及处理、目的节点产生路由应答以及对路由应答的转发几个过程。其中，AODV 路由请求的发起流程如图 8-16 所示。

当源节点 S 要与目的节点 D 通信时，源节点 S 首先在本节点所维护的路由表中查找是否有到达该目的节点 D 的有效路由。若路由表中存在到达目的节点 D 的有效路由，则会使用此路由发送数据。否则，源节点 S 将向其所有邻居节点 A 与 F 广播 RREQ 分组，以启动一个路由发现过程来建立一条到达目的节点的路由。AODV 路由请求过程如图 8-17 所示。图中，实线箭头表示本次建立的最佳路由。

图 8-17 中，邻居节点 A 与 F 收到源节点 S 广播的路由请求分组 RREQ 后，首先会查询各自的路由表中是否存在到达目的节点 D 的有效路由，若存在，则向源节点 S 回复 RREP 分组；否则，节点 A 与 F 将继续向其邻居节点 B 和 G 转发路由请求分组 RREQ。另外，节点 A 与节点 F 还会添加一条以 S 为目的节点、下一跳节点为 S 的逆向路由。AODV

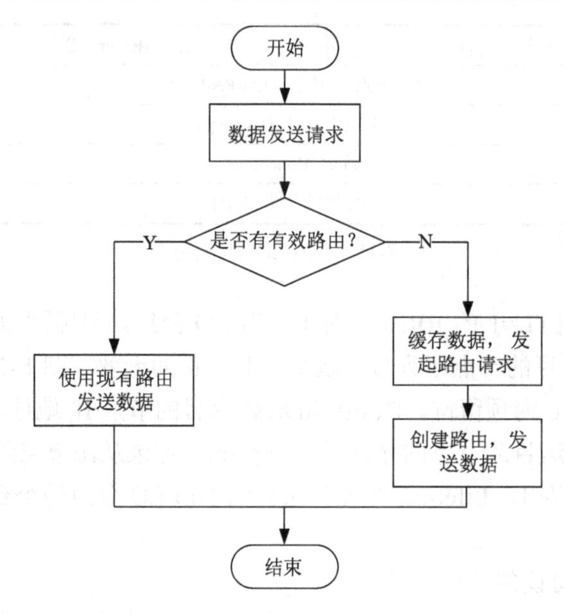

图 8-16　AODV 路由请求的发起流程图

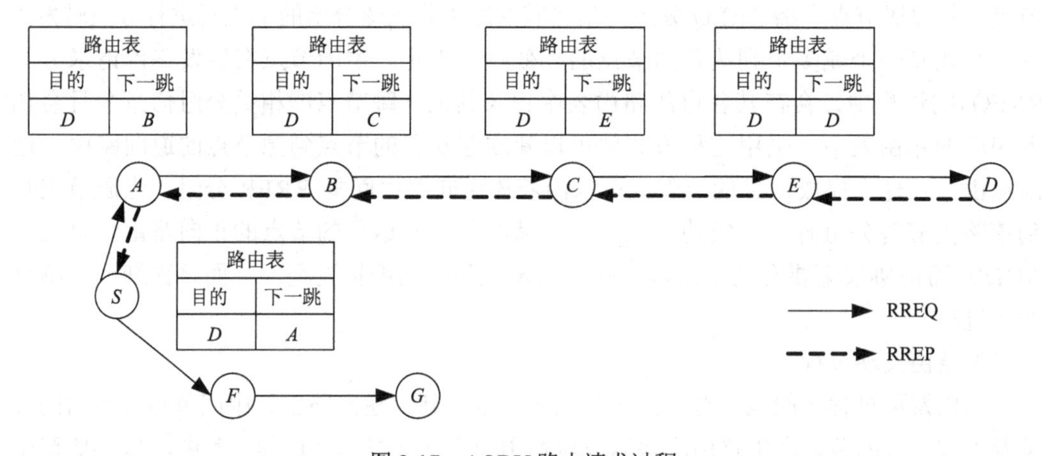

图 8-17　AODV 路由请求过程

路由协议采用这种逐跳转发的思想，节点 *B* 向节点 *C* 转发 RREQ 分组，节点 *C* 收到路由请求分组后会采用同样的方式进行相应的检查与更新操作，直到路由请求分组 RREQ 到达目的节点 *D*。此时，目的节点 *D* 维护一条目的节点为 *S*、下一跳节点为 *E* 的逆向路由信息。AODV 路由协议通过中间节点实现对路由表的建立和维护，通常包括建立正向路由和逆向路由两方面。当中间节点收到路由请求分组后，根据 RREQ 中的信息建立或者更新到上一跳节点的逆向路由。在 RREQ 分组到达目的节点的过程中会自动建立一条到源节点的逆向路由。当 RREQ 分组到达目的节点或者存在到达目的节点的有效路由的中间节点时，该节点就会响应源节点一个 RREP 分组。路由应答分组 RREP 沿着刚刚建立的逆向路由传回到源节点。在这个过程中，每个中间节点都会建立到达目的节点的正向路由，并且维护一个最新的目的节点序列号，而那些 RREP 分组没有经过的节点所建立的逆向路由在一段时间以后会自动变为无效。当发现多条路由时，源节点将选择跳数最少的为最佳路由。

目的节点 D 沿着路由请求过程中建立好的逆向路由 $(D\to E\to C\to B\to A\to S)$ 返回路由应答分组 RREP。在这个过程中，中间节点会维护各自的路由表信息，具体信息如图 8-17 中的路由表所示。当源节点 S 收到 RREP 分组后，一条源节点 S 到达目的节点 D 的路由 $(S\to A\to B\to C\to E\to D)$ 即建立成功。

②路由维护过程。

AODV 路由维护分为本地路由维护和源节点路由维护两种。节点每隔一段时间就向其邻居节点广播 HELLO 分组，如果一定时间内没有收到邻居节点返回的确认连接的 HELLO 分组，则认定该链路已经断开。此时，就需要发起路由维护。节点发起路由维护时，首先会将源节点的数据流缓存，同时向目的节点发送路由请求，若目的节点收到该请求并向该中间节点做出消息应答，则证明本地路由维护成功；若一定时间内没有收到目的节点的消息应答，则证明本地路由维护失败，此时，需要源节点进行路由重建。当源节点进行路由重建时，中间节点会向其邻居节点发送路由出错分组 RERR，所有收到路由出错分组的邻居节点都会将相应节点的路由信息设置为无效，并向该节点的上游节点发送 RERR 分组，当源节点收到 RERR 分组时就会重新发起路由请求过程。路由维护过程如图 8-18 所示。

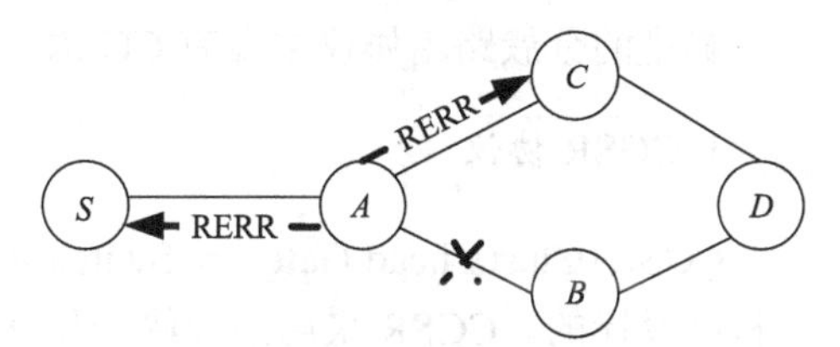

图 8-18　路由维护过程

图 8-18 中，中间节点 A 向邻居节点 B 发送 HELLO 分组，若中间节点 A 在一定时间内未收到邻居节点 B 回复的确认消息，则证明节点 A 到节点 B 的链路已经断开。首先节点 A 尝试本地路由维护，向邻居节点 B 发送路由请求分组 RREQ，若邻居节点 B 收到并响应该路由请求，则本地路由维护成功；若中间节点 A 超过一定时间还没有收到邻居节点 B 的路由应答分组 RREP，就会向其邻居节点 C 和上游节点 S 发送路由出错分组 RERR，节点 C 收到 RERR 分组后，就会将包路由 $(C\to A\to B)$ 设置为无效。当源节点 S 收到 RERR 分组时，就会重新发起对目的节点 D 的路由发现过程。

8.3.2　分簇结构的路由协议

在 Ad hoc 网络中单纯地采用先验式或反应式路由都不能取得非常理想的网络性能。在高速动态变化的 Ad hoc 网络中，使用单一的先验式路由协议会产生大量的控制开销，并且很多控制报文经常是无用的；相反地，如果仅采用反应式路由协议，需要为每个源节点与目的节点对查找路由，当存在多个源节点与目的节点对时，开销也较大，并且路由查找的时延较长。由此可见，使用结合先验式和反应式路由协议优点的混合式路由协议是一种较好的折中，这种混合式路由协议因为常常采用分簇的结构，因此也称为分簇路由协议。它在局部范围或簇内使用先验式路由协议，维护准确的路由信息，并可缩小路由控制消息传播的范围；当目的节点较远时，通过按需查找发现路由，这样既可以减少路由协议的开销，时延也得到了改善。

分簇路由协议中，网络由多个簇组成，因此节点分为两种类型：普通节点和簇头节点。处于同一簇的簇头节点和普通节点共同维护所在簇内部的路由信息，簇头节点负责所管辖簇的拓扑信息的压缩和摘要处理，并与其他簇头节点交换相互的拓扑信息。层次结构就是一种典型的分簇方式。采用分簇路由主要有两个目的：一是通过减少参与路由计算的节点数目，减少路由表尺寸，降低交换路由信息所需的通信开销和维护路由表所需的内存开销，这与固定网络中层次思想的目的是一致的；二是基于某种分簇形成策略，选举产生一个较为稳定的子网络，减少拓扑结构变化对路由协议带来的影响。分簇路由的优点是适合大规模的 Ad hoc 网络环境，可扩展性较好；缺点是簇头节点的可靠性和稳定性对全网性能影响较大，并且为支持节点在不同簇之间漫游，需要进行移动性管理，这将产生一定的协议开销。虽然 Ad hoc 网络目前主要以末端形式存在，应用规模不太大，使用分簇思想的作用不明显，已提出的或实用化的 Ad hoc 网络路由协议大多数基于平面路由思想，但是随着移动自组网应用的逐渐推广，尤其是战场通信环境中大规模网络的展开，混合式路由协议将会成为必然的研究与应用方向。

典型的分簇路由协议主要有 CGSR、CEDAR、ZRP 等协议。

1. CGSR 协议

CGSR (Clusterhead Gateway Switch Routing) 协议是在 DSDV 协议基础上结合分簇路由机制设计的。CGSR 采用最少簇变化 (Least Cluster Change，LCC) 算法形成分簇结构。为了尽量避免发生簇头节点的频繁更替，保障簇头节点身份的稳定性，LCC 算法规定：只有在两个簇头节点相互靠近或一个节点离开所有簇头节点的通信范围这两种情况下才发生簇头节点身份的变化。除了簇头节点外，CGSR 还规定了其他两种类型的节点：一个簇头的内部节点是指位于该簇头的无线通信范围内的节点；网关节点则是指同时位于多个簇头的无线通信范围之内的节点。

当节点移动导致分簇结构被破坏时，CGSR 通过分簇维护算法重新构造分簇结构。在这个过程中，一些节点会从当前分簇转移到邻居分簇。节点维护两种数据结构：簇成员表和路由表，前者描述了每个目的节点所在簇的簇头，后者用于路由维护。节点使用 DSDV 协议周期性地与邻居节点交换簇成员表，更新表项内容。当节点需要发送一个分组时，首先在簇成员表中查找距离目的节点最近的簇头，然后根据路由表信息查找去往此簇头的下一跳节点。

2. CEDAR 协议

CEDAR (Core Extraction Distributed Ad hoc Routing) 协议的目标是在 Ad hoc 网络环境中构建一个稳定的虚拟核心结构用于可靠有效地扩散路由信息。为了降低虚拟核心的变化程度，有必要使得加入该核心的节点数目尽量少，图论中的最小覆盖算法 (Minimum Connected Dominating Sets, MCDS) 可以满足这个要求。但是研究证明 MCDS 算法是一个 NP 完全问题，只能基于确定性图灵机模型采用多项式时间近似算法得到。

CEDAR 采用 MCDS 近似算法将网络分为不同的域。每个域中仅包含一个属于 MCDS 的主节点，其他节点都是主节点的邻居节点且不在 MCDS 集中。主节点收集网络路由信息，在 MCDS 中扩散，从而计算各个节点间的最短路由。

采用 MCDS 的优点是当连接非主域节点之间的链路失效时，MCDS 可以立即发挥充当备份路由的作用。此外，MCDS 这种结构有利于支持广播和多播功能。其缺点是随着网络规模增大，路由更新带来的协议开销急剧增加，可扩展性不好。

3. ZRP 协议

ZRP（Zone Routing Protocol）协议是第一个利用分簇结构混合使用按需路由和表驱动路由策略的 Ad hoc 路由协议。如图 8-19 所示，在 ZRP 中，分簇称为区域(Zone)。区域形成算法较为简单，一般通过区域半径(以跳数为单位)这个协议参数来界定，所有距离不超过该半径的节点都属于同一区域，一个节点可能同时从属于多个区域。但是 ZRP 协议并不能从真正意义上划分到分簇结构的路由协议之中，因为在 ZRP 中，每个节点都会形成自己的一个区域，并对此区域进行相应的路由信息管理，也就是说，ZRP 中并不存在簇首的概念，但正是这种区域的划分，使得 ZRP 路由方式与分簇结构有许多相似之处。

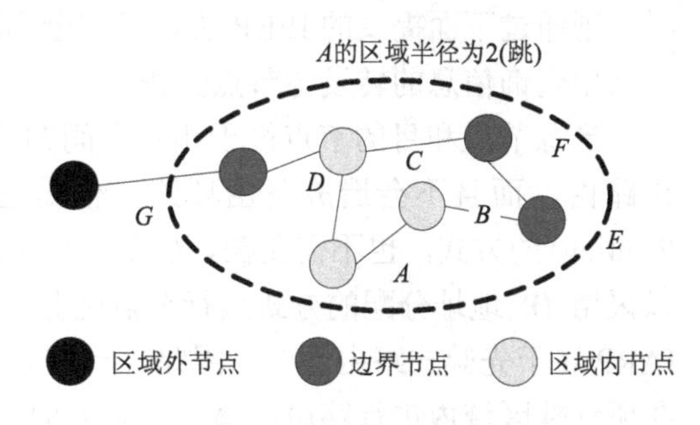

图 8-19　ZRP 协议分区示意

为了综合利用按需路由和表驱动路由的各自优点。ZRP 规定每个节点采用表驱动路由协议维护去往区域内节点的路由，采用类似 DSR、AODV 等协议中的按需路由机制寻找去往区域外节点的路由。具体而言，在区域内部采用 IARP(IntrAzone Routing Protocol)，区域间则采用 IERP(IntrEzone Routing Protocol)。区域半径 h 决定了链路状态报文向外广播的最大跳数。区域中心节点负责存储该区域内节点间的连接关系。极限情况下，当 h=1 时，中心节点只维护邻居节点间的连接关系，ZRP 协议演变为按需的路由协议。当 $h=D_L$ 时(D_L 为网络的最大直径)，ZRP 协议则成为纯粹的表驱动路由协议。此外，在 ZRP 路由中还使用到一种边界广播解析协议(Bordercast Resolution Protocol, BRP)，用于降低区域间路由发现过程中的冗余转发。

因此，ZRP 协议实体主要由三部分组成：IARP、IERP 和 BRP，其体系结构组成如图 8-20 所示。

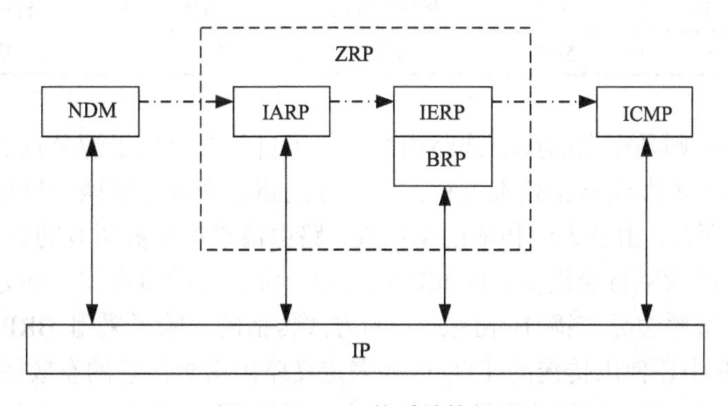

图 8-20　ZRP 体系结构组成

其中，NDM(Neighbor Discover/Maintenance Protocol)主要是为 IARP 提供一个中断，通知其发现有新的邻居节点加入或者是收到新的路由信息，一般是在 MAC 层或数据链路层中实现的，在 ZRP 协议中并不指定使用何种 NDM 机制。此外，对于 ZRP 协议的安全性，则是认为在上层中已经得到了保证，如采用 IPsec 技术等。

区域内 IARP 是一种有限区域内的表驱动路由协议，通过对本地网络中节点的监控，提供了一种有效的路由确认和维护手段。首先，如果目的节点位于区域内，路由直接可以获得，避免产生路由发现过程中的控制报文开销和时延；当路由目的节点位于区域外时，则通过下面提及的 IERP 协议发起全局路由查找过程，同时使用更为有效的 BRP 进行路由查询信息的转发与节点查找。

当源节点和目的节点位于相互之间的管辖区域内时，IARP 可以提供本地的单向链路路由，而且不会造成路由环路，但是它不使用通道(Tunneling)或者源路由(Source Routing)的方式，也不需要在邻居节点广播或 IP 单播中进行可靠、按序的接收，由于可以采用 IP 地址分配的方式进行节点区分，所以 IARP 还可以采用多通道的方式。由于 IARP 属于先验式路由协议，因此，一方面，IARP 需要周期性地进行路由表更新维护，在所管辖区域内进行路由广播；另一方面，为了获得更高的路由查询信息的转发效率，ZRP 中提出了 BRP 的思想，将在下面论述中提及。

IARP 协议可以通过对传统的先验式路由协议进行适当的修改来实现。通过节点转发路由报文的跳数，将先验式路由的范围限制在有限的区域内。IARP 中节点之间的距离以跳数来衡量，routing zone 这个参数即说明了 IARP 所管辖的有效距离范围。同时，中心节点向区域内每个其他的节点周期性地广播其链路状态信息。因此，IARP 的中心节点除了维护自身的路由表外，还有一个对应的链路状态表需要更新，分别见表 8-3 和表 8-4。

表 8-3　IARP 路由表

域名	目标地址	子网掩码	路由表信息	路由评价标准
说明	节点 ID	节点 ID	节点 ID 列表	评价标准列表

表 8-4　链路状态表

域名	链路源地址	区域半径	链路状态 ID	生成时间	链路状态信息
说明	节点 ID	整型	整型	整型	链路状态信息列表

区域间 IERP 则是完全的反应式路由协议，当目的节点位于源节点的管辖区域范围之外时，通知 IERP 发起路由查询过程。区域间的路由查询包括两个过程：路由请求和路由回复。一般而言，由于天线传输的全向性，路由请求将会被所有的邻居节点接收到，这样使得 IERP 的效率将会很低，因此需要采用一种优化的节点间广播方式，路由查询信息在网络中是按照边界广播(Bordercast)的方式传播的。除了采用 BRP 避免冗余信息的传输外，IERP 中还使用传统的 TTL 机制来定义路由请求信息的有效性。

另外，同 IARP 有着相似的特性，IERP 也可以通过 IP 寻址，其路由表形式和 IARP

完全相同(请参考表 8-3)。结合 IARP 这种先验式的路由机制，当源节点与目的节点之间的路由建立之后，对于链接失败等情况，ZRP 协议可以通过旁路(Bypass)的方式增强路由的鲁棒性。

BRP 的提出是为了提高 IERP 中路由查询广播的效率，从而减少冗余或重复广播造成的无线网络资源浪费。BRP 充分利用 IARP 维护的路由表以及链路状态表信息，构造了一种边界广播树(Bordercast Tree)，广播树的根节点为需要进行路由查询而进行广播的节点，该节点的外围节点(Peripheral Nodes)中没有经过查询的节点(Uncovered Nodes)形成树叶，路由查询信息将会沿着边界广播树传播，这种方式很好地避免发生 IERP 过程中路由查询信息的冗余广播。

查询覆盖(Query Coverage)表是 BRP 中很重要的一个数据结构，它记录了边界广播树根节点的外围节点是否曾经被查询过的状态信息，从而决定了查询广播报文的下一跳地址，见表 8-5。

表 8-5　BRP 中查询覆盖表的数据结构

域名	查询源节点	查询 ID	BRP 缓存 ID	网络图
说明	节点 ID	无符号整型	无符号整型	一种反映路由区域中节点连接性以及在路由查询中节点覆盖情况的数据结构

ZRP 协议的优点是明显的：IARP 采用先验式路由，避免发生区域内节点间的路由发现过程，减少了由此而产生的查找时延，此外，由于拓扑结构变化产生的交换信息只是在相应的区域内广播，因此不会影响到其他区域中节点的链接状态。另外，区域间的路由则是按需建立的，并没有周期性地向整个网络中广播路由表信息，这样可以节省许多控制开销。同时，先验式 IARP 协议对反应式 IERP 协议的路由维护是有帮助的，通过本地拓扑信息，失效的链路可以被旁路或本地修复，而且在区域内可以使用最优路径。除此之外，通过 BRP 协议，本地的拓扑信息还可以提高区域间路由广播的效率。

但是，ZRP 协议的性能很大程度上取决于区域半径参数值的选取。区域半径是一个可以配置的参数，不同的区域可以采用不同的半径，通过正确地设置区域半径，ZRP 路由可以获得比先验式、反应式路由更好的性能。通常，较小的区域半径适合在节点移动速率较快的密集网络中使用；较大的区域半径适合在节点移动速率慢的稀疏网络中使用。目前 ZRP 协议一般采用预置固定区域半径的做法，这无疑限制了它的自适应性。

混合式路由由于具有良好的可扩展性，适合于大规模自组织网络通信，因此成为当前 Ad hoc 网络路由的研究热点方向之一。

8.3.3　位置信息辅助的路由协议

借助于一些其他信息，如节点的地理位置，可以进一步地提升网络路由效率。基于地理信息辅助的路由协议主要有 GeoCast、LAR、DREAM 和 GPSR 协议等。

GeoCast (Geographic Addressing and Routing)协议中，节点的地址由地理坐标(经度和纬度)来表示。协议根据地理信息将消息发送给特定地理区域的所有节点。一个地理路由器(GeoRouter)计算它的服务区域作为网络指定给它的地理区域，该服务区域近似一个封闭的多边形，GeoRouter 通过交换该服务区域来构建路由表，这种方法形成了由 GeoRouter 组成的层次化结构。

由于 GeoCast 被设计用来成组接收，所以在网络节点处保留了接收地理信息的多播组。输入的地理信息被保存一定的生存时间(由发送者决定)，并且在这期间，通过指定的多播地址，这些信息被周期性地多播出去，位于相应服务区域内的客户端根据收到的多播信息，调整自己的地址用于之后的数据接收。

LAR (Location Aided Routing)协议是一个基于预测节点当前位置算法的按需路由协议。它利用位置信息，通过限制泛洪来执行路由发现，即在更小的请求区域内查找路由，目的是减少路由请求广播的数目。这种方法可以有效地提高路由请求的效率，限制路由请求过程中被影响的节点数目，其思想类似于移动蜂窝电话系统中的选呼(Selective Paging)机制。

具体而言，LAR 协议假设节点通过 GPS 获得位置信息，且每个节点都知道其他节点的平均运动速度。路由请求时，源节点根据目的节点的历史位置和移动速率指定一个请求区域，并将此信息附在路由请求分组中。LAR 规定只有请求区域的节点转发该分组，从而减少了路由请求的影响范围。当路由请求失败时，源节点将扩大请求范围，重新进行路由请求。LAR 的缺点是它必须依靠 GPS 才能正常工作，限制了其应用范围。

DREAM(Distance Routing Effect Algorithm for Mobility)协议是一个基于位置信息的表驱动路由协议。它提供分布式、无环路、多路径的路由，可以应用到移动环境。它采用与路由更新频率和消息生存时间相关的两个参数来最小化路由开销，即距离因素(Distance Effect)和移动速率(Mobility Rate)两个参数。距离因素的确定基于这样一种认识：两个节点距离越远，它们之间的相互移动看起来越缓慢。而移动速率这个参数则认为，节点移动越快，它需要广播它的新位置信息越频繁。使用从 GPS 获得的位置信息，每个节点在寻路过程中都必须意识到这两点。

在 DREAM 中，每个节点保持一个本地表(Location Table，LT)以记录所有节点的位置信息，每个节点周期性地广播控制分组以通知位于相应位置范围内的所有节点，距离越近的节点接收越频繁，这是受距离因素的影响。另外，还需要根据节点的移动速率来调整发送控制分组的频率。

根据路由表的位置信息，数据分组被部分泛洪给目的节点的方向。首先，源节点计算目的节点的方向，然后选择一个在该方向上的单跳邻居集合。若该集合为空，数据分组被泛洪给整个网络；否则，该集合被封装到数据头部并随着数据分组一起传输，只有被列入集合的节点才可以接收并处理该数据分组。接收后，再次选择它们自己的单跳邻居集合，更新数据头部并发送数据分组，重复相同的过程。若被选择的集合为空，数据分组被丢弃。当目的节点接收到数据分组时，它以相同的方式返回 ACK。然而，若数据分组是经过泛洪方式接收的，目的节点将不会返回 ACK。若源节点没有接收到指定集合中的节点返回的 ACK，它将再次以纯泛洪的方式重传该数据分组。

GPSR(Greedy Perimeter Stateless Routing)协议是一个只在转发数据分组时才使用位置信息的路由机制。它只需要少量的节点路由状态，有较低的路由消息复杂度，比较适合密集的无线网络环境。在 GPSR 协议中，每个节点周期性地广播信标消息，将自己的位置信息通知给邻居节点，这样，可以得到每个节点的最小单跳拓扑信息。为了进一步削减信标开销，位置信息封装在节点发送的所有数据分组中。GPSR 假设源节点可以通过各种不同的方法得到目的节点的位置，并且在数据分组头部包含了这些位置信息，中间节点则根据目的节点及其邻居节点的相关位置做出转发决定。

8.4 自组织网络服务质量

在 Ah Hoc 网络中与服务质量保证有关的工作主要包括以下几个方面的工作，首先是提供 QoS 保证的信令模型，这个模型提供源节点和目的节点之间资源预留、速率控制等协商的机制，为完成 QoS 功能提供控制机制。目前计算机网络中普遍使用的 IntServ 和 DiffServ 的模型并不能直接适用于无线自组织网络之中，因而引入了一些新的模型，包括 INSIGNIA 和 SWAN 等，其中 SWAN 模型是一种有效而且广泛讨论和研究的模型。其次，对于 MAC 层的 QoS 研究也是提供服务质量保证的有效方式，这项工作的意义在于能够提供快速高效地区分服务的方法，即在现有的 Ad hoc 网络 QoS 信令模型之中应用 MAC 层的 QoS 技术。另外，还有一种与 QoS 有关的研究，就是对 QoS 路由的研究。这项研究主要是研究基于 QoS 参数的路由协议，现阶段已经完成了对 AODV 和 DSR 协议的扩展，并设计了若干基于 QoS 参数的路由协议。

8.4.1 无线自组织网络的 QoS 信令模型

1. RSVP

RSVP 是一种基于 IntServ 体系结构的 QoS 信令协议。资源预留由目的节点发起，当源节点需要向目的节点发送信息时，源节点发送路径消息。目的节点在收到路径消息后，根据路径消息携带的流参数和本身的需要发送资源预留消息，该消息沿路径消息经过的相反方向由中间路由器向源节点转发，中间路由器在收到资源预留消息时，判断其可用资源能否满足预留要求，若满足，则预留资源并转发资源预留消息，否则丢弃资源预留消息，向目的节点返回拒绝预留消息，预留失败。

2. INSIGNIA

INSIGNIA 机制是第一个专门用于支持 Ad hoc 网络 QoS 的带内信令系统，它使用带内信令，支持尽力而为的业务和自适应的实时业务，INSIGNIA 利用 IP 包中的 IP 选项携带请求的带宽等信令信息。

INSIGNIA 提供 QoS 信令所需的流建立、流恢复、软状态管理、自适应调节和 QoS 报告 5 种操作，共同完成 QoS 信令功能。

(1)流建立。源节点发送资源预留请求包，中间节点在收到资源预留请求包后进行接入控制，并在可用资源满足要求的情况下进行资源分配并建立流状态信息。

(2)流恢复。当因节点移动而需要重新建立或恢复业务流路径时，在新的业务流路径建立或恢复后，新建路径上的节点根据收到的 IP 包的 IP 选项预留资源，原路径上的节点在超时后删除相关的状态信息并释放资源。

(3) 软状态管理。流路径上的中间节点保存经过它的业务流的状态，并在收到业务流数据包时对相应的业务流的状态进行刷新，如果在规定的时间内未收到某业务流的数据包，则删除该业务流对应的状态信息，并释放为其预留的资源。

(4) 自适应调节。源节点根据 QoS 报告提供的相关业务流路径上的可用资源情况，自适应地调节业务流的数据发送速率。

(5) QoS 报告。其用于目的节点向源节点报告业务流路径上的可用资源。在流建立的过程当中，QoS 报告用于告诉源节点其请求的资源被预留的情况；在流建立后，QoS 报告通知源节点业务上的可用资源的变化情况，以便源节点对数据发送速率做自适应的调节。

INSIGNIA 将信令消息放在 IP 的可选报头中，这种选项称为 INSIGNIA 选项，与 RSVP 类似，它也基于每个流的服务粒度进行管理。INSIGNIA 采用了一种移动 Ad hoc 网络的无线流管理模型，如图 8-21 所示。它的目标是在 Ad hoc 网络中支持自适应的实时业务，各种业务流能够规定它们的最小和最大的需求带宽，而后由 INSIGNIA 根据网络资源来分配带宽。图中，分组转发模块用来对进入网络的分组进行分类并将其转发到对应的模块(如路由协议、INSIGNIA、自适应应用和分组调度等模块)。如果接收的 IP 分组中含有 INSIGNIA 选项，则控制信息被送到 INSIGNIA 模块，同时数据分组根据目的 IP 地址被送到本地应用层或分组调度模块。分组转发的下一跳由路由协议决定，路由协议可以选用现存的任意一种 Ad hoc 路由协议，当然 INSIGNIA 机制的性能与路由协议的性能相关。分组调度模块用于调度分组的输出来确保公平地为每个流分配资源。INSIGNIA 模块处于核心位置，它负责建立、恢复、适配和撤销数据流连接。INSIGNIA 中包括快速的流预约、恢复和自适应算法，可以用于传递自适应的实时业务。它也通过软状态的方法来管理流状态信息，并且周期性地进行刷新。通过与接入控制模块相配合，INSGINA 可以为业务流分配相应的带宽或将它降级为尽力而为业务。为了使处理简单和

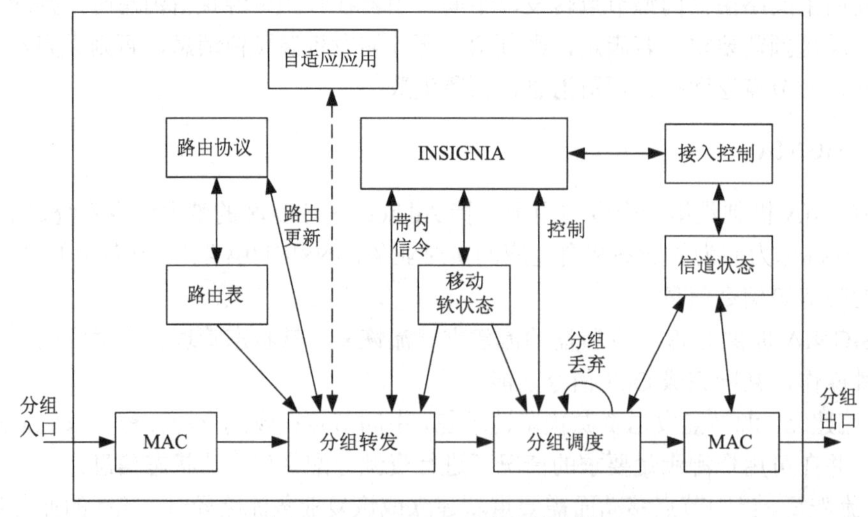

图 8-21　INSIGNIA 无线流管理模型

进一步减小开销，在资源请求得不到满足时，INSIGNIA 不发送拒绝和错误消息，而由目的节点采用 QoS 报告来通知源节点业务流当前的状态。由于采用了带内信令机制，INSIGNIA 没有给网络带来额外的负担，同时更加适应网络拓扑结构的高速变化，使得在自组网环境中，数据流仍然能够快速地建立、恢复和释放。但是在 INSIGNIA 中的自适应机制要求应用具有某种自适应性(将分组分为基层和增强层)，这并不适用于所有的业务。同时它需要在每个移动节点上保存流状态的信息，在 Ad hoc 网络规模较大时同样存在可扩展性问题，并且当存在单向链路时，反馈信息难以到达源节点，此时采用 INSIGNIA 协议将比较困难。一种解决思路是对 INSIGNIA 加以改造，引入业务等级的概念，即将业务分为不同的服务等级。不同的等级具有不同的带宽要求，当可用带宽无法满足所有业务的宽带要求时，可以牺牲部分低等级业务的服务质量或通过协商降低高等级业务的服务等级来解决。采用这种经过改造的 INSIGNIA 协议更具有通用性，而不必要求应用具有自适应机制。

3. SWAN

SWAN 是一种普遍采用的能有效在 Ad hoc 网络中提供服务质量保证的信令模型。SWAN 模型是一种无状态的 QoS 模型，一条路由中的中间节点不保存有关此条路由的服务质量保证的信息，如流状态等，仅获取和保存到相邻节点间的 QoS 相关的链路带宽与时延等信息。接入控制、资源预留、速率控制和重新协商等过程都由通信的源节点发起与执行。SWAN 目前可以为尽力而为的业务和实时业务分别提供服务质量保证。SWAN 模型的结构如图 8-22 所示，其中包括了用于对尽力而为的业务进行速率控制的速率控制和整形器模块、为实时的 UDP 业务提供的接入控制的模块以及与它们发生关系的 IP 模块和 MAC 模块之间的位置关系。

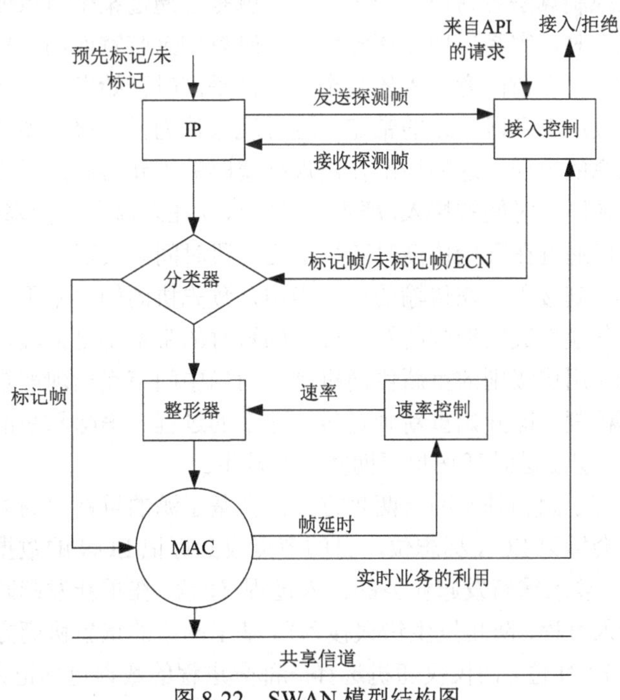

图 8-22　SWAN 模型结构图

SWAN 对尽力而为的 TCP 业务采用 AIMD 算法进行速率控制。AIMD 是加性增加乘性减少(Additive Increase Multiplicative Decrease)的英文缩写。AIMD 算法以 MAC 层帧的时延为反馈来控制整形器的发送速率。如果 MAC 层帧的时延低于门限，整形器的发送速率增加某一常量；如果 MAC 层帧的时延超过门限，整形器的发送速率乘以某小于 1 的数，以防止网络发生拥塞；如果整形器的发送速率与实际发送速率差距过大，要调整整形器的发送速率使之与实际发送速率相同。AIMD 的具体算法实现如下：

```
If(n>0)
        S=S*(1–r/100);
Else
S=S+c;
If((S–a)>a*g/100)
S=a*(1+g/100);
```

上边三条语句分别为对应乘性减少、加性增加和调整整形器发送速率使之与实际发送速率相等的算法。c 为速率增加的常量，r 为速率减小的百分比，g 为可允许的整形器发送速率与实际发送速率相差的最大的百分比。

SWAN 对需要提供服务质量保证的实时 UDP 业务根据当前到目的节点的链路的带宽资源状况进行接入控制。SWAN 模型采用了探测包来获取整条路由的带宽信息，具体做法是：开始一个新的进程前，先发送一个探测包，探测包记录下整条路由上所有链路中带宽最小的链路的带宽作为判断是否能够接入新业务的根据。源节点的 SWAN 模块根据这个带宽决定是否接入这个进程的业务，以及业务的速率。

采用这种接入控制算法容易产生一个问题，就是当通过某个节点或者链路的几个业务几乎同时协商接入时，容易出现在探测包探测时有剩余带宽而同意接入请求的业务，而到开始发送数据时，之前同意接入的几个业务几乎同时开始发包，所占用的总带宽远远大于路由中某一段或者几段链路的带宽。这种现象称为错误接入现象，这种现象一旦发生立即会导致拥塞的出现。这种情况在出现拥塞时的重新协商之后极易发生，这时，多个新的业务几乎在同一时间被接入，严重的拥塞极易在之前发生拥塞的区域再次发生。要消除这个现象可以通过在开始协商时随机延迟一段时间来实现。

一旦一个业务得到接入，在传输的过程当中，预先协商的速率不一定能够得到完全的保证，一些由业务速率突发造成的较小程度的短时的带宽不足情况可能会发生，这种情况下不需要启动应用层级别的重新协商机制，而当中间节点出现严重拥塞情况时，就需要启动重新协商机制，即开始重新确定传输速率的过程，消除网络的拥塞。可根据实时业务数据的 MAC 层发送时延来判断拥塞是否发生。

重新协商包括基于源和基于网络两种方式。在基于源的重新协商方式中，一旦发生拥塞，中间节点将会标记 ECN 标志位，目的节点收到标记 ECN 的数据包时，向源节点发送重新协商消息，要求重新发起业务的接入过程(注意，在重新发起时要随机延时一段时间再发起业务接入过程，防止发生错误接入)。基于网络的重新协商方式不对所有发生拥塞的数据包标记 ECN 位，而仅仅随机选择一部分进程的数据包标记为拥塞包。当拥塞消失时不再标记拥塞包。收到标记为拥塞的包的目的节点之后的操作同基于源的重新协商机制。这种方式的问题在于其需要中间节点识别和分辨不同的流以及协商之后新接入的流与之前接纳的流。

8.4.2　在 MAC 层区分服务的方案(IEEE 802.11e)

在 SWAN 模型中，提供 QoS 保证主要包括两个方面：一个是对实时的 UDP 业务的接入控制算法；另一个是对尽力而为的 TCP 业务的速率控制算法。对于后一种算法，要根据 MAC 层的反馈来计算确定整形器的控制速率。SWAN 模型的 AIMD 算法作为在应用层控制数据发送速率的算法是一个比较有效的算法。速率控制模块位于 IP 层和 MAC 层之间，AIMD 算法需要根据 MAC 层返回的时延数据来确定下一步的尽力而为的业务的数据发送速率，但是，其对这个速率的调整并不是即时的，而是在时延达到门限的时候才强制降低尽力而为的业务的发送速率，若这个降低的比例选取得不合适，很可能造成时延没有能够有效地降低，从而导致实时业务的服务质量不能得到保证；或者是时延大大降低，但是尽力而为的业务的吞吐量也大幅度降低，而信道资源出现较大闲置浪费的现象。由于每个节点附近的网络状况均不一样，要针对不同的网络状况选择恰当的乘性减少和加性增加的参数是一个十分困难的问题。同时，由于强行在 IP 层和 MAC 层之间插入一个整形器，导致了系统的结构复杂，实际实现需要对现有的节点结构进行较大的修改。

与这种采用 AIMD 算法的速率控制策略相比，如果把速率控制功能放在 MAC 层，则有可能取得更好的效果。IEEE 802.11e 协议采用的 MAC 层机制恰好可以提供上述要求的速率控制功能。

IEEE 802.11e 协议提供了 MAC 层的服务质量保证。该协议提供四种不同的接入等级(Access Category，AC)，对应不同服务质量等级的不同优先级的帧放入不同的队列，不同的接入等级在竞争信道时决定随机退避时间的参数和帧间等待的时间都是独立的。表 8-6 是 IEEE 802.11e 规定的 8 个优先级与 4 个 AC 之间的映射关系。

表 8-6　IEEE 802.11e 中优先级与 AC 之间的映射关系

优先级(TC)	接入类型(AC)	说明	备注
1	AC_BK	背景流量(Background)	对于延迟要求最不敏感的流量，如文件传输等的流量
2	AC_BK	背景流量(Background)	
0	AC_BE	尽力而为(Best effort)	默认的无线流量类型就是 Best effort 类型，如网页访问的数据流量类型。对于延迟有一定的需求，但是没有那么敏感
3	AC_BE	尽力而为(Best effort)	
4	AC_VI	视频服务(Video)	视频流量的优先级低于语音服务，高于其他两项。视频服务也是延迟敏感类型的服务，所以具有一定的优先级
5	AC_VI	视频服务(Video)	
6	AC_VO	语音服务(Voice)	一般为 VoIP 流量类型，对延迟最为敏感，同时也是优先级最高的流量
7	AC_VO	语音服务(Voice)	

相当于在一个节点内有四个IEEE 802.11协议MAC层机制在为四个不同优先级队列的数据包竞争信道，该机制称为EDCF。

EDCF机制具体的运行过程如下，为了保证具有较高优先级的AC能够在具有较低优先级的AC之前发送信息，具有较高优先级的AC将被分配一个较短的CW，这通过对不同的AC设置不同的CWmin和CWmax来实现。对于某个AC所对应的竞争窗口，CW[AC]的取值范围为(CWmin[AC], CWmax[AC])。为了更进一步区分，对于不同的AC数据包，采用不同的帧间隔，在EDCA中称为AIFS(Arbitration IFS)，AIFS与DIFS满足DIFS≤AIFS。定义AIFS[AC]=AIFSN[AC]×aSlots.time+SIFS，其中AIFSN[AC]为协议定义的整数数组，用于确定AIFS[AC]的长度。之所以定义这个长度，主要是因为IEEE 802.11协议退避窗口的减少并不是在时间上连续减少，而是以离散时间单位(即Slot)的整数倍递减的，所以协议规定用一个对应的整数来确定AIFS[AC]的长度。这一点与上面算法中使用的离散时间段概念和原因是相同的。与DCF类似，在EDCA方式下，如果信道空闲，无线节点在发送数据前必须等待一个AIFS的时间间隔，并开始退避过程。退避时间的取值范围为(1,CW[AC]+1)，即不同的AC具有不同的AIFS和CW。同一个站点内的多个AC可以看作几个虚拟节点，几个AC在检测到信道空闲后，它们之间也要竞争信道的使用权，并独自实现退避约定的时间。图8-23给出了IEEE 802.11e协议中几种MAC层帧间等待时间的关系。

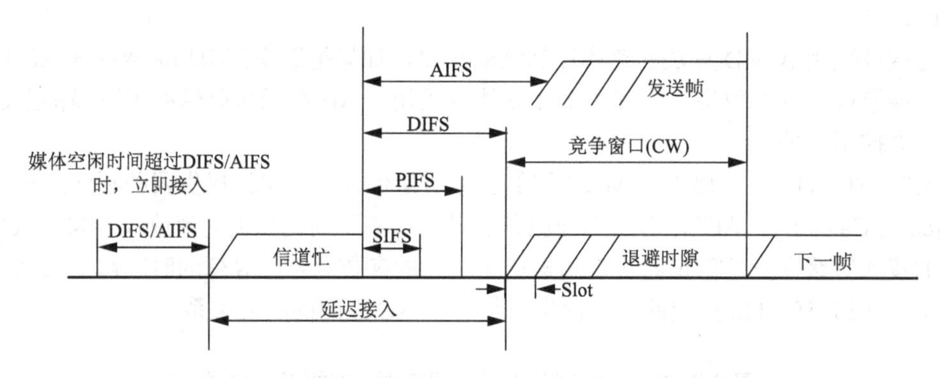

图8-23　IEEE 802.11e协议中几种MAC层帧间等待时间的关系

EDCA虽然没有提供足够的QoS保证，但建立了一种根据传输流种类分配信道访问的概率优先机制。如图8-24所示，EDCA通过对不同的AC分配不同的CW和不同的AIFS，提供了对信道访问的不同优先级。具体而言，高优先级AC的平均CW和AIFS都小，也即退避和等待的时间更短，因此，会获得更大的机会访问信道。

采用MAC层的区分服务而不是直接进行速率控制的好处在于可以对不同的优先级队列进行直接的区分服务，消除了上层控制尽力而为的数据传输速率的过程中反应滞后，在某些情况下不能有效地保证高优先级队列的服务质量的问题。采用MAC层的区分服务，在有大量低优先级数据需要传输时，如果高优先级的数据出现拥塞，低优先级的数据仍然将以一定的速率被传输。不过这个速率是可以通过设定MAC的QoS参数控制在相当小的水平上的，对高优先级的数据影响不大。在接入一个新的高优先级业务时，只需除去这部分带宽，就可保证高优先级的业务的服务质量。而当高优先级的数据流量较小时，尽力而为的数据若需要，可以填充掉剩余的带宽。由于采用了 MAC 层区分服务的机制，这个速率控制的过程几乎是实时的，缩短了反应时间，可以有效地增加网络的吞吐量。

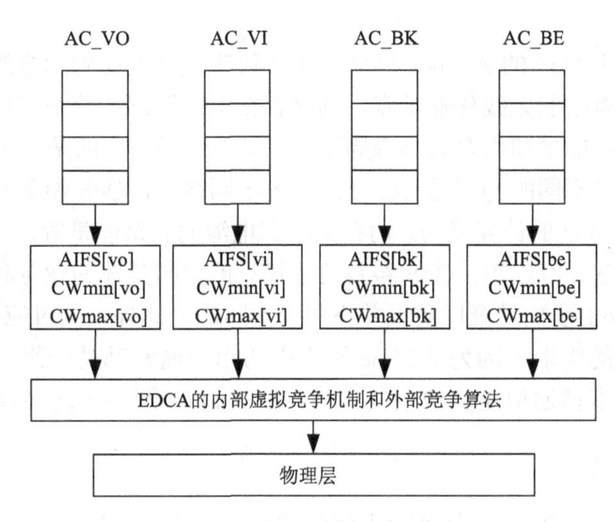

图 8-24　IEEE 802.11e 协议 MAC 层的结构

8.4.3　QoS 路由

QoS 路由的主要目标是寻找端到端满足 QoS 要求的路径以及实现全局有效地使用网络资源。其中，寻找端到端满足 QoS 要求的路径是 QoS 路由的主要问题。QoS 要求可以分为两大类：一类是考虑与应用有关的 QoS 参数，如时延、带宽等；另一类是考虑与网络状况有关的 QoS 参数，如链路或路由的稳定性、消耗的能量等。查找路由时可以对单个参数要求进行寻路，也可以对多个参数要求进行寻路。现有的 QoS 路由算法通常是在具体路由算法中加上 QoS 参数的限定，找到满足要求的路由，概括而言，要提供 QoS 路由主要涉及以下五个方面。

(1) QoS 参数的选择。合理地选择 QoS 参数非常重要，它反映了应用所关心的网络特性并定义提供了 QoS 保障的类型。衡量 QoS 的指标很多，包括时延、带宽、丢包率和网络吞吐量等。由于满足多个约束条件的 QoS 路由通常是 NP 问题，所以应当根据实际情况选择某一二个合适的指标。通常可选择带宽或丢包率作为指标，因为这两个指标最能反映无线信道的质量和链路状态的变化。

(2) QoS 路由计算。节点根据收集的网络状态信息来寻找 QoS 路由时，应尽量降低路由计算的复杂度。通常寻找满足单一约束条件的 QoS 路由，但有些情况可能需要求解多个约束条件下的 QoS 路由，一般可以按照 QoS 参数的重要性按序来计算路由。

(3) QoS 路由维护。由于 Ad hoc 网络的动态特性，路由经常失效，需要不断维护，因此只能提供软 QoS 保证，即 QoS 在链路未失效时可以得到保证，在链路失效时需要依靠路由重建、备份、路由维护等机制来减少 QoS 路由失效造成的影响，从而实现服务质量的可靠保证。

(4) 网络资源的预留。只有实现端到端的资源预留才能真正保证 QoS，资源预留目前主要有网络层的预留方法和网络层与链路层相结合的预留方法。

(5) 改造现有路由算法。对现有的经典路由算法进行改进，使其能够具备一定的 QoS 保证特性。

一个理想的基于 QoS 的 Ad hoc 网络路由协议应充分考虑到网络的自组织性、动态变化的拓扑结构、有限的无线传输带宽、网络存在单向链路、分布式控制、生存时间短以及移动设备的节点能量和内存大小等局限性。另外值得指出的是，在 QoS 路由中，需要根据实际情况选择不同的 QoS 参数。在 Ad hoc 网络中，QoS 参数既包括节点本身的参数控制，如节点 CPU 的计算能力、内存大小和电池的剩余能量等，同时又包括链路参数，主要有链路带宽、时延等。QoS 参数的选择只能依据具体的业务和网络资源状况，要同时满足多个 QoS 参数是难以实现并不切合实际的。此外，同时应充分考虑 Ad hoc 网络在多播应用中的需求，因为 Ad hoc 网络中的用户通常都是一组协同工作的群体，一对多或多对多的多播通信是其应用的主体，在 Ad hoc 网络中对多播的支持有非常重要的意义。

8.5　自组织网络的安全性分析

Ad hoc 网络的灵活性和自组织性是其主要的特点，不过凡事都有两面性，由于 Ad hoc 采用信道共享的接入方式，而且拓扑结构动态变化，所以缺少中心鉴权服务，这些特点使得 Ad hoc 网络的安全性显得非常脆弱。战场环境下，移动自组网除了面临自身的安全性问题外，还极有可能受到敌方节点的恶意攻击，因此安全问题是 Ad hoc 网络应用于军事或民用场合时所要面临的一个共同难题，它也成为战场环境下 Ad hoc 网络的研究重点之一。

Ad hoc 网络的安全威胁主要来自对物理层、数据链路层，特别是网络层(即网络路由协议)的攻击。下面简要分析其所面临的这些安全威胁，然后重点介绍 Ad hoc 网络中的路由协议攻击，最后提出战场环境下 Ad hoc 网络的安全需求。

8.5.1　Ad hoc 网络面临的安全威胁

首先，Ad hoc 网络中所有信号都是通过一定带宽的共享信道传输的，因此使得 Ad hoc 网络比有线网络更容易受到安全威胁，包括窃听、干扰等。而且，由于缺乏控制中心，难于使用基于公共密钥的鉴权认证机制，因此信息易被捕获。

其次，节点的随机移动使得网络拓扑结构经常发生变化，因此采用静态配置的安全方案是不可行的。在多数 Ad hoc 路由协议中，移动节点之间需要进行拓扑信息的交换，所以恶意的入侵者便可以利用虚假信息来修改并发送错误的路由更新信息。

再次，Ad hoc 网络中没有基础设施，所有任务的判决和执行需要依赖于各个节点的相互协作。这种分布式协作的方式使得恶意节点可以通过拒绝服务轻易地阻塞或修改经过它的业务数据，甚至可以使入侵检测机制失效。

最后，为了支持其网络节点的移动性，Ad hoc 网络中的节点一般都是通过电池供电的。因此，恶意节点可以通过类似于 DoS 攻击的方式来强迫移动节点不断地处理分组信息，从而快速耗尽能源。

8.5.2　Ad hoc 网络路由协议攻击

1) Ad hoc 网络的路由协议攻击类别

从攻击方式来看，对路由协议的攻击可以分为被动攻击和主动攻击两类。

被动攻击是指恶意节点并不发起对路由协议的侵犯，只监听网络中的路由信息，从中获取有用内容。例如，攻击者通过分析所捕获的数据，得知通向某节点的路由请求较其他节点更频繁，可能就会对该节点发起攻击，从而影响整个网络的安全和性能。这种攻击方式一般不易检测。另外，还可以进行隐藏部分路由信息的攻击：在 DSDV 协议中，广播路由表时，故意隐藏了某些重要节点的路由信息；或者在 AODV 协议中，故意放弃 RREP 回复报文等，这些攻击很难被检测到，因为它们非常类似于网络链路失败等现象。

主动攻击是指攻击者恶意插入路由数据、更改路由信息，或者发送错误、无效的路由，从而达到攻击的目的，这些攻击危害非常大。其攻击来源有两种：第一种是外部恶意攻击者，主要是通过插入错误的路由信息，或者修改路由以分隔网络，或者产生大量的重传信息和无效路由以增加网络负载；第二种是内部的不安全节点，内部不安全节点是指网络中具有合法身份的节点受恶意节点利用，向其他节点广播不正确的路由信息，从而影响其他节点的安全工作。

2) 路由协议攻击方法

针对 Ad hoc 网络路由协议的攻击方法主要如下。

Rushing 攻击：对于一些反应式路由协议，攻击者在整个网络中快速散布路由请求，由此来抑制之后到达的合法节点的正常路由请求。

拒绝服务(DoS)攻击：拒绝服务是指破坏路由的建立，或侵占过多的网络资源，或丢弃、延迟、修改、选择性地转发数据分组的一类导致服务无法完成的行为。DoS 攻击通常会导致网络的大部分带宽被恶意节点所占用，从而使得其他节点无法正常使用网络资源。

路由黑洞(Black Hole)：攻击者广播路由信息，宣称自己到达网络中所有节点的距离最短或开销最低，这样收到此信息的节点都会将自己的数据报文发向该节点，从而形成一个吸收数据的黑洞。在反应式路由中，恶意节点通过修改 RREP 报文的跳数达到攻击的目的，它将路由回复中的跳数设置为 0，这样就形成了一种类似于黑洞的攻击方式。

Tunneling 攻击：又称为虫洞攻击，两个攻击节点伪造和篡改路由信息，并将信息插入其他路由包中，造成这两点间存在通信链路的路由假象。现有的大多数 Ad hoc 路由协议都不能抵御这种攻击。

路由重播(Replay)：恶意节点发送过时的路由信息，使收到此信息的节点以陈旧的路由更新自己的路由表记录条目。

除此之外，还存在路由表溢出、诽谤合法节点、信息泄露以及伪造路由错误等多种攻击方式，而应用最为广泛的是 Rushing 攻击、虚假路由表攻击、路由黑洞以及拒绝服务攻击。

8.5.3 战场环境下 Ad hoc 网络的安全需求

相比于商用移动自组网，战场通信环境下 Ad hoc 网络对路由安全的需求显得更为迫切和必要，主要体现在以下几个方面。

1) 可用性

可用性(Availability)指的是网络服务对用户而言必须是可用的，也就是确保网络节点在受到各种网络攻击时仍然能够提供相应的服务。这里的网络攻击主要是指拒绝服务攻击。

2) 机密性

机密性(Confidentiality)保证相关信息不泄露给未授权的用户或实体。由于 Ad hoc 网络采用的是无线传输，所以更容易受到窃听攻击。因此在战术网络中传输的敏感信息，必须要求保证其机密性。特别是路由信息也要在一定程度上保证其机密性，因为在战场上路由信息的泄露会使敌方能够判断出移动节点的标识和位置。

3) 完整性

完整性(Integrity)保证信息在传输的过程中没有破坏或中断。这种破坏或中断包括网络上的恶意攻击和无线信号在传播过程中的衰弱以及人为的干扰。

4) 认证

一个移动节点需要通过认证(Authenticity)来确保通信双方都具有合法的身份，如果没有认证，网络攻击者就可以假冒网络中的某个节点和其他节点进行通信，那么它就可以获得那些未被授权的资源和敏感信息，并以此威胁整个网络的安全。

5) 不可否认性

不可否认性(Non-repudiation)保证一个节点不能否认其发送过的信息，这样就能保证其不能抵赖它以前的行为。在战场上如果被占领的节点发送了错误的信息，那么收到该信息的移动节点就可以利用不可否认性来通知其他节点该节点已被占领。

此外，更为严格一些的安全需求还有有序性、授权和隔离功能、位置秘密性、信任性、访问控制以及密钥管理服务等。其中密钥管理服务主要包括信任模型、密码系统、密钥产生、密钥存储和密钥分配等部分。

总而言之，随着计算技术和无线自组网技术的发展以及应用场景的变化，Ad hoc 网络的安全需求也在不断调整，不过其重要性已经日益凸显。Ad hoc 网络中，攻防就像矛和盾，双方都在不断地发展并交替上升。

扩展阅读一：LTE 中的 SON 的概念

LTE 中的 SON(Self-organized Networks) 是在 LTE 网络标准化阶段由移动运营商主导提出的概念，其主要思路是实现无线网络的一些自主功能，减少人工参与，降低运营成本。SON 主要包括三大功能，分别是自配置(Self-configuration)、自优化(Self-optimization)和自愈(Self-healing)。

自配置功能包括基站自建立及基站运行过程中的自动管理。自配置功能使新增的网络节点能做到即插即用，在网络节点运行过程中，对其软件、参数等进行管理升级。自配置功能大大地减少了网络建设开通中手动配置参数的工作量及基站运行过程中的人工干预，减小了网络建设难度，降低了网络建设成本。

自优化是指网络设备根据其自身运行状况，自适应地调整参数，以达到优化网络性能的目标。传统的网络优化可以分为两个方面：其一为无线参数的优化，如发射功率、切换门限、小区个性偏置等；其二为机械优化，如天线方向、天线下倾角等。SON 的自优化功能只能部分代替传统的网络优化。

自愈的目的是消除或减少那些能够通过恰当的恢复过程来解决的故障。从故障管理的角度来看，不论自动检测并自动清除的告警，还是自动检测但需手动清除的告警，故障网元都应对每一个检测到的故障给出相应的告警。自愈功能可由告警触发。在这种情况下，自愈功能模块对告警进行监视。当发现告警时，自动触发自愈过程。另外，一些自愈功能位于 eNodeB 上，并需要快速响应。这种情况下，当 eNodeB 检测到故障时，可直接触发自愈过程。自愈过程首先收集必要信息并进行深度分析，然后根据分析结果判断是否需要执行恢复过程来自动解决故障。当自愈过程结束后，自愈功能会将自愈结果上报给集成参考点(Integration Reference Point，IRP)管理器，并且可以将恢复过程存档。

根据优化算法的执行位置，SON 的实现架构可以分为三类：集中式、分布式和混合式(图 8-25)。集中式架构中，SON 算法在网管系统，即 OAM(Operation Administration and Maintenance)系统上执行；分布式架构中，SON 算法在无线接入网的网元上执行；混合式架构中，SON 算法在 OAM 系统的综合网管层、OAM 系统的设备网管层、无线接入网网元中的 2 个或 3 个中执行。集中式的优点是控制范围较大、互相冲突较小，缺点是速度较慢、算法复杂；分布式与其相反，可以达到更高的效率和速度，且网络的可拓展性较好，但缺点是彼此间难协调；混合式可结合两者的优点，但缺点是其设计变得更加复杂。

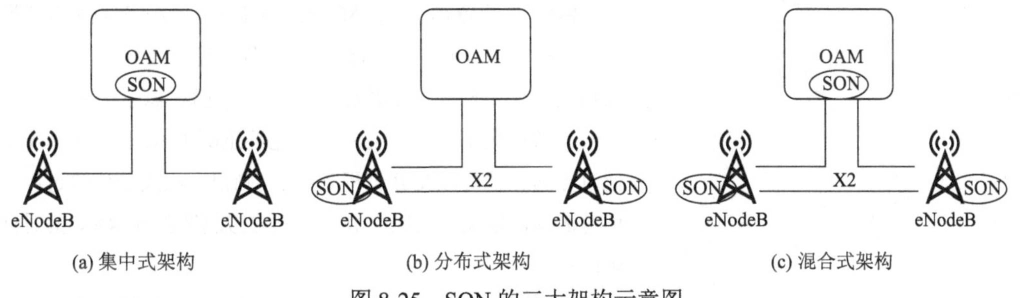

图 8-25　SON 的三大架构示意图

扩展阅读二：无人机自组织网络

无人机技术近年来得到了快速的发展。在商业领域，面向普通民众的消费级无人机已随处可见，面向农业植保、森林防火、交通监视等应用的专业级产品也日趋普及。在军事领域，无人机更是未来战场的重要组成部分，不仅可作为实时、主动、全天候地探测和收集各类军事情报的重要手段，更能协助各类作战平台完成战略支援、信息对抗和火力攻击等高难度任务。无人机系统突破了有人装备设计以及战场行动受限于人类生理极限的制约，为战争形态、装备体系、科学技术的创新开启了广阔空间。

无人机未来的一个重要趋势是由独立工作的单体无人机向协同工作的无人机集群发展。相较于单体无人机，无人机集群具有更鲁棒的分布式体系结构、更高的效费比、更广的作用范围(可实施饱和攻击)，并可形成更高级的群体智能，其典型代表是“蜂群”无人机战术。无人机集群的应用将会改变作战样式、装备体系和部队编成，成为改变战争规则的关键技术，在未来军事博弈中事关生与死。同时，在民用方面，大规模无人机的协同工作方式同样具有广泛的应用前景，它可以显著提高搜索效率、探测精度，为农林防护、搜索救援等赢取宝贵时间。

无人机协同工作对无人机集群自组网有着紧迫的需求，但要达到这个目标却并非易事。在民用领域，如无人机灯光秀等，可以进行预先的路径规划和演练，但是在军事应用中，其场景往往具有环境高复杂性、博弈强对抗性、响应高实时性、信息不完整性等特点，无人机集群的行为无法像诸多无人机商业表演那样事先彩排，难以集中控制，遇到紧急情况更是无法预先规划，只能自组织完成。有鉴于此，一个比较容易想到的思路是借鉴移动 Ad hoc 网络的设计思路，为此进行了大量研究和实验。

当无人机规模进一步增大，或突发性竞争业务增加时，网络支持用户服务质量的能力就会受到很大的挑战，特别是还可能存在恶意干扰的环境，就更需要利用灵活的无线通信和自组网体制。为此，很多学者基于认知无线电的思想，使无人机具备动态频谱认知和接入的能力，从而大大增强其灵活性和抗干扰能力。

习　　题

1 2 3

习题 8-1 图

8-1 一个遵循 IEEE 802.11 DCF 协议的三节点全互连网络拓扑如习题 8-1 图所示(虚线为各节点覆盖范围)。假设当前信道空闲，此时节点 2 需要向节点 1 发送数据(使用 RTS/CTS 模式，数据包不分段，且所有帧能够正确传输)。请画图说明此时数据传输的帧交互过程(注意：画出一次成功传输过程中所有的帧，以及此过程中节点 3 的虚拟载波监听 NAV 的时间范围)。

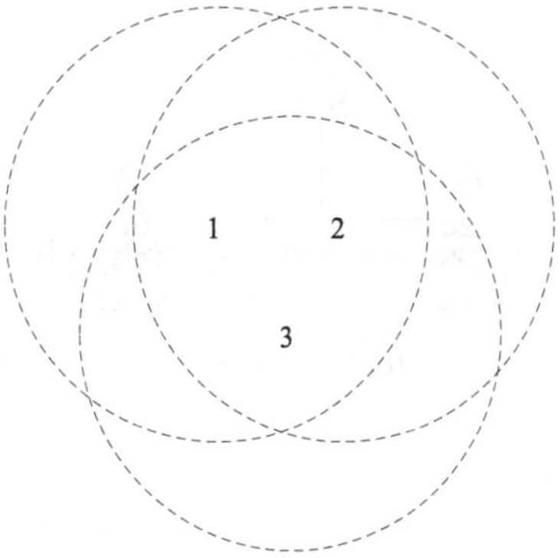

8-2 利用 Bianchi 建立的 DCF 马尔可夫过程，简要分析饱和(即网络中每一个节点都有数据要发送)情况下基于 IEEE 802.11 DCF 的单跳无线网络归一化吞吐量性能(注意：需给出归一化表达式中参数的相应说明)。

8-3 请简述按需路由、表驱动路由和混合式路由的特点。

8-4 请简述区域路由协议(ZRP)的基本原理。

8-5 试阐述 DSDV 中路由波动现象产生的原因，并说明其解决方法。

8-6 按照习题 8-6 表的格式，写出习题 8-6 图(采用距离向量路由协议)中 S 到其他所有节点的路由表项。

习题 8-6 表

Destination	NextHop	Metric

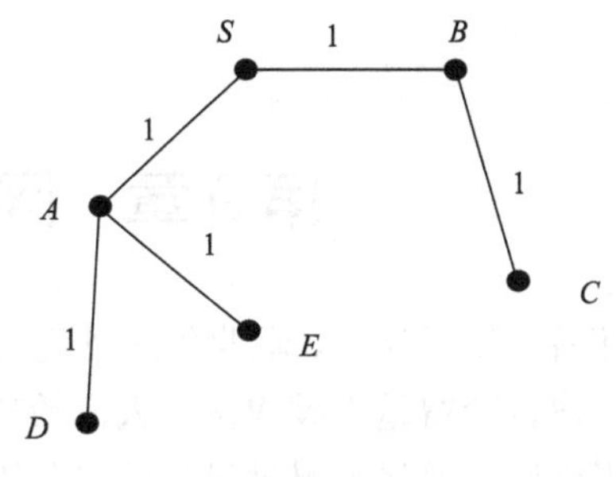

习题 8-6 图

8-7　在习题 8-7 图的网络中，如果基于地理信息辅助的路由协议，从节点 S 寻找到 D 的路由会有什么问题？图中，两个节点间有连线说明其可以互相通信，否则不能。说明其产生的原因。有什么解决方法？

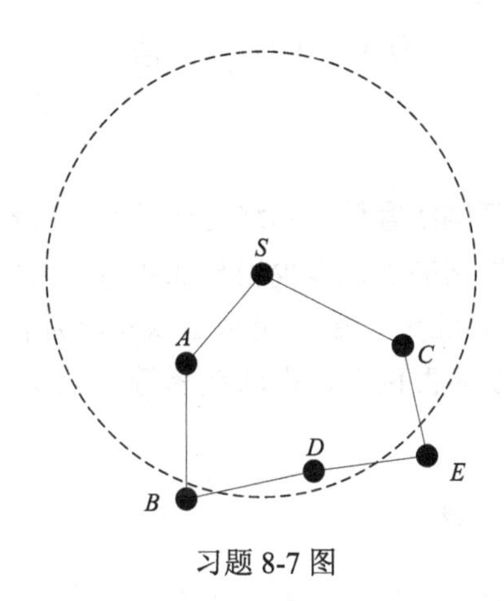

习题 8-7 图

8-8　请选择一种仿真软件，仿真和对比自组网中 DSDV 与 AODV 两种路由协议的性能。

8-9　请简述拒绝服务(DoS)攻击的基本原理。

第9章　网络性能分析与仿真

随着网络新技术、新业务的飞速发展，人们对网络性能的研究越来越重视。一方面，网络用户也变得越来越成熟，人们希望得到更好的服务和更快的联网速度；另一方面，网络提供商也要尽力提供最好的服务给用户，以在激烈的竞争环境下生存。不可避免地，网络性能越来越成为人们关注的焦点。本章将首先介绍网络性能的指标，然后，分别依次介绍进行无线网络容量分析的基础理论和方法、无线网络提供服务质量保证的方法和网络可靠性的分析方法。最后，介绍几种常用的网络仿真工具。

9.1　引　　言

1. 网络主要性能指标

网络主要的性能指标包括网络容量、网络对业务服务质量的支持能力和可靠性等。其中网络容量主要回答给定网络能承载多少用户业务这一问题；网络对业务服务质量的支持能力又可细化为端到端吞吐量、端到端时延以及时延抖动等具体指标；可靠性主要包括网络的故障概率(可以从丢包率、中断概率等量化指标中得以反映)和故障修复概率等。

2. 网络性能分析的主要手段

网络性能分析的主要手段包括现场测量和实验、计算机仿真、半实物仿真和理论分析这四种。

现场测量和实验最贴近实际网络，可以直接推广应用，多用于商业化运作之前的实际检验。该手段的基本工作过程就是对网络的性能指标进行检测、量化、记录与分析，发现网络瓶颈，优化网络配置，并进一步发现网络中可能存在的潜在危险，从而更加有效地进行网络性能管理，提高网络服务质量的验证性和控制性。要了解网络的运行状态，往往需要对相关的对象进行一段时间的测量，因而这种手段的缺点是开销巨大、实验周期长。

计算机仿真利用数学模型、通过计算机模拟来进行网络性能的评估和分析。相较于现场测量和实验，计算机仿真更简单易行，而且几乎不需要硬件成本，且评估周期也大大缩短，多用于不便于进行现场测量和实验的复杂网络性能的评估和分析。计算机仿真得到的网络性能一般是基于统计的，因而其缺点是对稀疏事件难以仿真。另外，其得到的结果可信性也没有现场测量和实验强。

半实物仿真介于现场测量和实验与计算机仿真之间，它在计算仿真回路中接入一些实物进行实验，因而相较于单纯的计算机仿真更接近实际情况。它本质上是将数学模型与实物或物理模型相结合进行实验、分析和评估的过程。一般而言，半实物仿真对系统中比较简单的部分或对其规律比较清楚的部分建立数学模型，并在计算机上加以实现；对比较复杂的部分或对其规律尚不清楚的部分，则直接采用实物或模型。

理论分析的手段通过掌握网络规律完成对其的数学建模，然后通过推导和分析来评估网络的性能。因此，一般来说该手段更简单易行，且容易抓住问题的实质。但是考虑到数学模型的复杂度，该手段多用于简单网络的性能预测和评估规划；而且一般需要引入近似，且难以应用到大规模复杂网络。

当前的网络性能分析往往需要借助于多种手段相配合，理论分析的结果需要通过仿真或者实测进行验证，而其他的三种性能分析手段都需要理论分析作为指导。

3. 网络性能测量与分析的基本类型

1) 主动测量与被动测量

主动测量就是通过向网络、服务器或应用发送测试流量，以获取与这些对象相关的性能指标。例如，可以向网络发送数据包并不断提高发送速率直至网络饱和，以此来测量网络的最大负载能力。

被动测量通过监测网络通信状况进行，因此不会影响网络。被动测量通常用于测量通信流量，即经过指定源和目的地之间的路由器或链路的数据包或字节数，也可用于获取网络节点的资源使用状况的信息。

主动测量与被动测量各有其优、缺点，而且对于不同的性能参数来说，主动测量和被动测量也都有其各自的用途。因此，将主动测量与被动测量相结合会给网络性能测量带来新的发展。

2) 分点测量

单点测量依赖于在网络的某个点上进行监测。例如，要测量一个数据包从主机 A 到主机 B 所需的时间，则需使用准确、同步的时钟记录数据包离开主机 A 和到达主机 B 的时间。

多点测量。对于大型网络上通信流量的测量，也可考虑在多点监测流量，以收集到数据包通过该网络的详细信息。

3) 分层测量

应用层测量。在网络的应用中进行数据的综合测量，利用它可以使我们对整个应用的性能有一个清楚的认识，而这是很难从低层测量数据综合得到的。同时应用层测量也能提供客户机和服务器之间、网络链路之间的性能参考。例如，下载一部电影是一种网络业务，但测量其性能也能间接反映应用层测量。

网络层测量。网络层是 OSI 参考模型中的第三层，是通信子网的最高层，对于 ISP 提供的骨干网一般采用网络层测量，以评估其提供的网络链路或路由器、服务器等网络节点的性能。

9.2　无线网络容量分析基础

本章讨论的无线网络容量的重点是第一种定义方式，即网络能达到的饱和吞吐量。自从香农创立信息论以来，无线信道容量估计就成为无线通信系统发展的基础性课题之一。随着无线网络新技术的演进，分布式、自组织网络技术得到了迅猛的发展，研究的重点开始由无线信道容量估计向网络容量估计转移。容量估计理论对于优化网络部署、提高网络效率、增强网络业务保障能力具有重要的理论价值。然而，无线自组织网络中的不确定因素增加了容量分析这一问题的复杂度：一方面，无线信道属于竞争信道，移动节点拓扑动态性较强，个别节点位置的变化可能会显著影响网络容量；另一方面，分布式环境下节点之间的协同计算行为较为复杂，使无线自组织环境下网络容量估计理论遇到了前所未有的挑战。

对分布式无线网络环境的容量估计理论研究中，具有代表性的是 Gupta 和 Kumar 所提出的多跳无线网络“逼近容量或渐近容量”(Asymptotic Capacity) 问题。渐近容量是一种理想情况，即节点数目趋于无穷的极限模型。由于无线信道具有广播特性，需要对节点之间的干扰行为建模，目前应用最广泛、最有代表性的是协议干扰模型和物理干扰模型。目前，绝大多数关于网络容量估计或优化的研究工作都建立在上述两个模型的基础上。

9.2.1　协议干扰模型与物理干扰模型

协议干扰模型与物理干扰模型可针对不同的网络场景和我们所关心的问题，描述不同情况下干扰对传输结果的影响。下面首先介绍这两种模型，然后简单分析它们的不同和应用范围。

假设单位平面内随机分布 N 个无线节点，令 i（$1 \leqslant i \leqslant N$）表示每个节点，$d_{ij}$ 表示节点 i 与节点 j 之间的距离。令 R_{TX} 与 R_{CS} 表示节点的通信范围与载波监听范围，并假设网络中所有节点采用同一无线信道进行通信。

(1) 协议干扰模型。只有当下述两个条件都满足时，节点 i 向节点 j 的传输才能成功：① $d_{ij} \leqslant R_{\mathrm{TX}}$；②满足条件 $d_{kj} \leqslant R_{\mathrm{CS}}$ 的任意节点 $k \neq i, j$ 在节点 i 的发送过程中不进行传输。

(2) 物理干扰模型。对于不考虑热噪声的干扰受限系统，令 $\mathrm{SIR}(i, j)$ 表示节点 j 接收到的来自节点 i 的信号的信干比（这里的干扰是指网络中除节点 i 之外其他正在传输的节点在节点 j 处的信号功率之和），那么只有当 $\mathrm{SIR}(i, j)$ 不小于某一阈值时，节点 i 向节点 j 的传输才能成功，而这一阈值正是捕获阈值 $\mathrm{CP}_{\mathrm{TH}}$。

在上述两个干扰模型中，主要考虑了接收端的干扰，虽然发送端的干扰会触发发送节点的载波监听机制，使得发送被推迟，但是对于已获得发送机会的发送-接收节点对来说，上述两个模型足以有效地描述干扰对传输结果的影响。协议干扰模型与物理干扰模型的本质区别在于是否考虑了捕获效应。对于不考虑捕获效应的协议干扰模型，任何在接收节点载波监听范围内出现交叠的传输都会导致失败；而在考虑捕获效应时，物理干扰模型指出了传输的成败依赖于该次传输的信干比。显然，物理干扰模型更能反映实际无线通信系统的干扰特性，而协议干扰模型的使用则更为简便。

因此，在研究单跳无线网络时，不需要考虑节点位置对网络性能的影响，可以采用协议干扰模型来进行分析；而在考虑多跳无线网络时，一般就需要使用物理干扰模型来建模隐藏节点对网络的影响。

9.2.2　任意网络与随机网络

很多学者利用协议干扰模型和物理干扰模型对无线网络的容量进行了定性或定量的分析，其中会用到两个典型的网络场景，即任意网络和随机网络，在本节做简单介绍。

(1) 任意网络(Arbitrary Networks)。在该网络场景下，网络节点可以任意分布在单位面积的圆盘上，发送节点任意选择目的节点，其传输半径、传输功率任意，传输方式也没有任何限制。在该场景下，协议模型和物理模型可如下表述。

①协议模型(Protocol Model)。当下述条件满足时，在某信道上的节点 i 到节点 j 的通信就可以成功：

$$\left|X_k - X_j\right| \geqslant (1+\Delta)\left|X_i - X_j\right| \tag{9.1}$$

式中，X_i 和 X_j 分别是节点 i 与 j 的位置；X_k 是其他任意发送节点 k 的位置；$\Delta>0$ 是保护带区域。该模型的物理意义就是当其他任何节点(如节点 k)到节点 j 的距离比节点 i 到节点 j 的距离大，并且前者超过后者的 $1+\Delta$ 倍时，节点 i 到节点 j 的通信就可以避免受到任意节点 k 的干扰，视为节点 i 和 j 通信成功。该模型主要考虑的是距离的影响。

②物理模型(Physical Model)。当下述条件满足时，某子信道上，某时刻的节点 i 到节点 j 的通信就可以成功：

$$\frac{\dfrac{P_i}{\left|X_i - X_j\right|^{\alpha}}}{N + \sum\limits_{\substack{k\in T\\ k\neq i}} \dfrac{P_k}{\left|X_k - X_j\right|^{\alpha}}} \geqslant \beta \tag{9.2}$$

式中，β 是最小信干比(SIR)门限；P_i 和 P_k 分别是节点 i 与 k 的发射功率；$\left|X_k - X_j\right|$ 是其他节点 k 和目的节点 j 之间的距离；N 是噪声功率；T 是网络中所有节点的集合。根据大尺度衰落原理，信号功率随通信距离 d 以 $d^{-\alpha}$ 衰落，其中 α 是信道衰落系数，这里取 $\alpha > 2$。该模型的物理意义就是：从接收节点 j 的角度来看，如果节点 j 收到节点 i 信号的信干比的值大于一定门限(最小信干比 β)，就可视为节点 i 和节点 j 通信成功。其中分母中的干扰功率是指节点 j 收到网络中除节点 i 的其他所有节点的接收功率之和 $\sum\limits_{\substack{k\in T\\ k\neq i}} \dfrac{P_k}{\left|X_k - X_j\right|^{\alpha}}$。

(2) 随机网络(Random Networks)。在该网络场景下，网络中的节点在平面单位面积圆盘上或三维单位圆球面上随机分布，节点 i 的吞吐量为 $\lambda(i)$bit/s。每个点独立随机选择最近的目的节点，并假设所有节点有相同的传输半径和发射功率(注意这一点和任意网络模型相区别)。在该场景下，协议模型和物理模型可如下表述。

①协议模型。当下述条件满足时，在某子信道上，节点 i 到节点 j 的通信就可以成功：

$$\left|X_i - X_j\right| \leqslant r, \quad \left|X_k - X_j\right| \geqslant (1+\Delta)r \tag{9.3}$$

式中，r 是所有节点相同的最大通信距离。因为随机网络中所有节点视为同一种节点，有相同的传输半径，故可以设为 r 值。这点和任意网络模型有区别，但是物理意义相同，都是基于距离的模型。

②物理模型。某子信道上 T 个节点 $\{X_k, k \in T\}$ 同时传输时，若满足下述条件，则认为节点 $i\{i \in T\}$ 到节点 j 可以成功通信：

$$\frac{\dfrac{P}{\left|X_i - X_j\right|^{\alpha}}}{N + \sum\limits_{\substack{k \in T \\ k \neq i}} \dfrac{P}{\left|X_k - X_j\right|^{\alpha}}} \geqslant \beta \tag{9.4}$$

式中，T 中节点的发射功率 P 相同(与任意网络相区别)；β 是最小信干比；N 是噪声功率，信号功率随距离 d 以 $d^{-\alpha}$ 衰落，其中 α 是信道衰落系数，这里取 $\alpha > 2$ 。物理意义同任意网络相同，也是基于信干比的模型。

9.2.3 无线网络中的排队系统模型

上述两个模型都没考虑排队的影响。而要考虑网络的有效容量(在一定延迟概率下的端到端吞吐量)，就要分析网络中数据的排队带来的影响。

实际网络的业务源具有随机性，在某些时刻，报文产生速率会大于 MAC 层的处理能力，这就需要在业务源与 MAC 层之间加入一个队列用来缓存报文。队列的出现给网络的性能带来很大影响，例如，报文经历的时延除了 MAC 时延外还包括排队时延，而无线节点发生报文丢弃的原因除了达到 MAC 层重传限制之外，还包括有限长度队列发生溢出。因此，在研究网络性能时，除了需要对 MAC 层进行分析，还需要建立排队系统模型将队列带来的影响考虑在内。第 3 章已经详细介绍了排队论的相关知识，本节以 IEEE 802.11 无线网络为例来具体介绍排队系统模型的建立。

1. 单节点的排队系统模型

对于只具有一个无线接口、运行 IEEE 802.11 协议的节点，其报文处理过程可以等效为如图 9-1 所示的单个服务台服务单个队列的排队系统模型。排队系统模型的输入过程依赖于该节点的业务源与转发自其他节点的外部输入，输出过程受 MAC 层对报文处理方式的制约。当节点不采用主动队列管理策略时，报文的处理过程遵循先到先服务[①] (First Come First Service，FCFS)原则。

---

① 严格地讲，无线节点的队列其实是优先级队列。例如，采用广播方式进行发送的路由协议控制报文具有高优先级，它们进入队列后会直接插入队列首部优先进行发送。这样做的目的是保证路由信息是最新的并且路由控制操作能及时执行。但是，当只考虑数据报文时，队列服从 FCFS 原则。

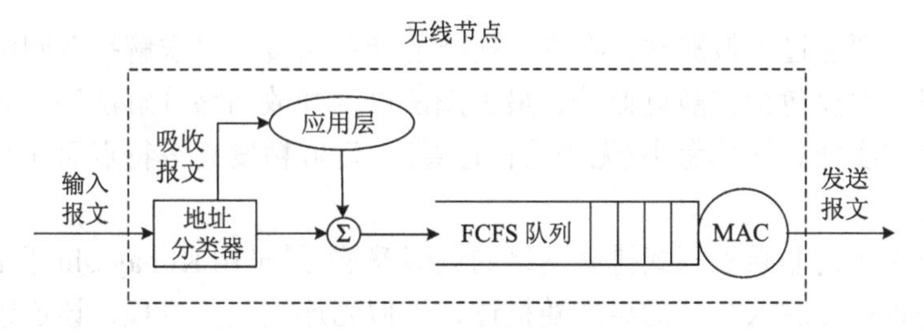

图 9-1　单节点的排队系统模型

对于具有泊松业务源的非中继节点，当分别采用无限队长假设与有限队长假设时，节点分别等效为 $M/G/1$ 与 $M/G/1/K$ 排队系统模型，这里 M、G 与 K 分别代表指数分布、一般分布与队列长度，这两种排队系统模型一般适合研究单跳网络中节点的性能。当节点可能为其他节点转发报文时，如多跳网络里的节点，即使其应用层仍然以泊松过程产生报文，但是与外部输入叠加后队列的输入过程不再具有马尔可夫特性，因此可以用 $G/G/1$ 排队系统模型来描述这样的节点。

2. 排队网络模型

多跳 Ad hoc 网络中的节点不但自己可能产生报文，还可能为其他节点转发报文。同时，每个节点还可能因其是业务流的终点而使得报文在这样的节点离开网络。于是，多跳 Ad hoc 网络可以抽象为图 9-2(b)所示的开放排队网络模型。

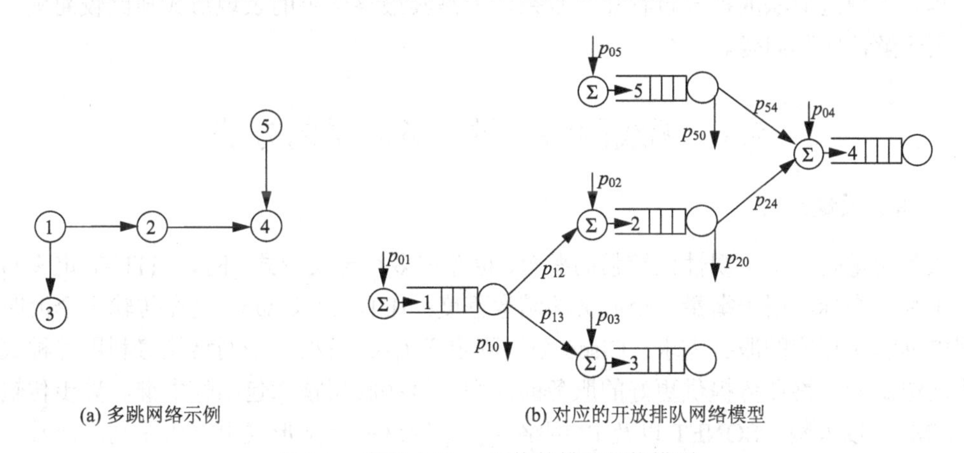

图 9-2　多跳 Ad hoc 网络的排队网络模型

在图 9-2 中，排队网络中的每个节点可看作一个 $G/G/1$ 排队系统模型，并且对应多跳 Ad hoc 网络中的一个网络节点。p_{ji} 表示报文在节点 j 服务完毕后进入节点 i 的队列的概率，又称路由概率。p_{0i} 表示报文经由节点 i 进入网络的概率，即节点 i 产生的负载占整个网络总负载之比。p_{j0} 表示报文在节点 j 处理完毕后离开网络的概率。

对于输入是泊松过程的单节点排队系统模型，当已知其服务时间统计特性时，可以通过嵌入式马尔可夫链法求得其平稳解。但是排队网络是一个比较复杂的服务系统，只有在一些严格的假设条件下才存在可以计算的解，而即便如此，有些问题的计算量也相当大。因此，需要通过近似算法，在满足需要的计算精度下来求解排队网络。开放排队网络的近似算法主要包括扩散近似法、最大熵法以及开放网络分解法等。其中，扩散近似法因其算法难度低、计算量小(无须迭代运算)、近似精度高等特点而非常适用于求解多跳网络模型。

扩散近似法作为非乘积形式排队网络的近似算法，最早由Kobayashi于1974年提出。其基本思想是将报文进入队列的离散随机过程近似为连续随机过程，该连续随机过程又称为扩散过程，其概率分布由相应的扩散方程描述。在排队网络中，扩散方程使用每个网络节点的报文到达与服务过程的方差-协方差矩阵来描述它们之间的相互影响。每个网络节点的扩散方程在适当的边界条件下能求得解析解，并且整个排队网络状态的概率分布可通过每个单独队列状态的乘积来表示。也就是说，扩散过程通过考虑网络节点间的相互影响，从而将非乘积形式网络近似成了乘积形式网络。这使得扩散近似法成为能精确分析非乘积形式网络的有力工具，同时也是现有其他分析手段很难达到的目标。

扩散近似法在求解排队网络时具有很高的精确度，因为它通过方差-协方差的形式考虑了排队网络中节点间的相互影响。与指数近似法①相比，在轻负载条件与重负载条件下，求解开放排队网络时扩散近似法的误差分别介于1.5%～15%与1%～6%；而在相同条件下简单地采用指数近似法的误差则分别介于30%～65%与30%～100%。扩散近似法的误差远小于指数近似法，尤其是在负载较重时几乎可以忽略，这是因为在重负载条件下，离散马尔可夫过程能更精确地近似为连续马尔可夫过程。

尽管扩散近似法的推导过程非常复杂，但是其最终结果的表现形式却比较简单，非常适用于解决实际问题。

9.3 无线网络提供服务质量的方法

9.3.1 服务质量定义

服务质量是一个主观性比较强的概念，也存在多种定义形式。例如，ITU-T定义QoS是一个综合指标，用于衡量一个服务的满意程度；IETF定义QoS是在传输一个流时，网络能够满足相应的服务需求；Cisco公司则定义QoS是指一个网络能够利用各种底层技术向选定的网络业务提供更好的服务的能力。这些底层技术包括帧中继、异步传输方式(ATM)、以太网、SONET以及IP网络等。尽管这些定义形式上有所差别，但其本质上都反映了QoS指的是网络满足用户服务需求的能力。

9.3.2 QoS模型

为了给用户提供更好的服务质量，IETF在20世纪90年代就提出了综合服务(IntServ)模型、区分服务(DiffServ)模型，以及两者的混合模型。这些模型非常具有代表性，时至今日仍然得到广泛的应用。

---

① 早期对排队网络的研究通常采用指数近似法，即假设网络中节点的输入间隔时间与服务时间都服从指数分布，并且指数分布的平均值等于实际概率分布的平均值。

1. 综合服务模型

综合服务(Integrated Service，IntServ)模型由 IETF 的 IntServ 工作组于 1994 年提出。它将网络提供的服务划分为不同类别，可对单个的应用会话提供服务质量的保证。具体而言，该模型定义了三种不同等级的服务类型：有保证的服务(Guaranteed Service)、受控负载服务(Controlled-load Service)和尽力而为的服务(Best Effort Service)。有保证的服务能够提供定量的带宽和端到端时延，而且保证合法的数据包不会丢失；受控负载服务提供一种类似于网络轻负载情况下的尽力而为传输服务，它比尽力而为的服务效果要好，但它并不提供严格的服务质量指标，不保证确定的排队时延，允许一定量的数据报丢失；尽力而为的服务就是在多种负载环境下提供的尽力而为的传输服务，它不提供任何类型的服务保证。

IntServ 是端到端的基于流的 QoS 技术。在发送数据分组流前，网络设备需要通过资源预留协议(RSVP)信令协议向网络申请特定服务质量，包括带宽、时延等。在确认网络已经为该数据分组流预留了资源后，网络设备才开始发送数据分组报文。IntServ 能很好地满足 QoS 的要求，但所有的网络节点必须支持 RSVP 信令协议，并且维护每个数据分组流的状态和交换信令信息，在大型网络内这可能会要求数量极大的带宽。

IntServ 的四个组成部分(图 9-3)：分类器(Classifier)、接入控制(Admission Control)、资源预留协议(也就是信令协议)和调度器(Scheduler)。

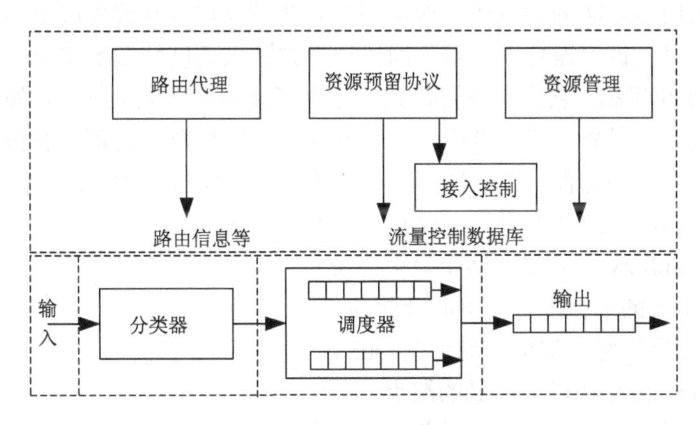

图 9-3　IntServ 模型结构及工作流程

1) 分类器

为了进行流量控制，每个进入路由器的数据分组流必须被映射到某个服务类型(Class)上，所有属于同一个服务类型的数据分组流得到调度器同样的处理。其中，这个映射过程就是由分类器实现的。分类器根据数据分组流的分组头和(或者)在分组中添加一些附加分类进行服务类型的映射，完成多字段(Multi-field，MF)分类。

2) 接入控制

接入控制用来决定是否能够在不影响其他数据分组流服务质量的情况下，为某一特定的数据分组流提供其所要求的 QoS 保证。当主机提出服务请求时，该服务途径的每一个路由器的接入控制模块都要判断是否能够接入该请求。接入控制算法必须与 IntServ 的服务类型一致，策略控制则确定该用户是否有权请求某类 QoS。

3) 资源预留协议

资源预留协议(Resource Reservation Protocol，RSVP)是一种主机到路由器或路由器之间进行数据分组流的 QoS 服务信息传递的协议，它与现有的 Internet 网络结构以及路由协议相互兼容，并能够将数据分组流的 QoS 状态传递给通路上的主机或路由器，通过彼此的协商进行资源预留。其工作流程如图 9-4 所示，它有以下几个特点。

(1) 面向接收(Receiver-oriented)。由接收方根据需要预留资源。

(2) 软状态(Soft State)。定期发送 PATH 和 RESV 消息维护。

(3) 多播支持。

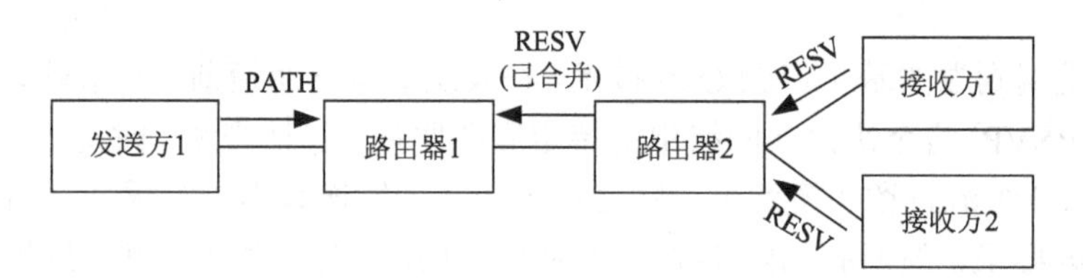

图 9-4　RSVP 协议工作流程示意图

4) 调度器

调度器可采用多重队列调度或其他机制(如定时器机制)来管理属于不同数据分组流的数据分组的转发。调度器可以采用不同的调度方法来调度转发数据分组，只要它能保证提供相应的 QoS 机制，它通常设置在数据分组可能出现排队的地方，如主机或路由器的输出或输入端口。另外，还应考虑一个功能部件：评估器。它可以看作调度器的一部分，也可以看作独立的部件，评估器用来检测输出流的特性，生成统计数据，反馈给包调度器和接入控制部件，从而更好地控制包的调度与接入。

综上所述，IntServ 具有以下两个显著的特点。

(1) 它是基于流的细粒度进行资源分配的。

(2) 它能够提供绝对有保证的端到端 QoS。

当然，IntServ 也存在以下明显的缺点。

(1) 可扩展性差，因为 IntServ 要求端到端的信令，在每一个路由器上，都要检查每一个进入的包并保证相应的服务，因而每一个路由器都必须维护每一条流的状态信息，从而增加了综合服务的复杂性，导致可扩展性差。

(2) 如果存在不支持 IntServ 的节点/网络，虽然信令可以透明通过，但对于应用来说，已经无法实现真正意义上的资源预留，所希望达到的 QoS 保证也就大打折扣。

(3) 它对路由器的要求较高，由于需要端到端的资源预留，必须要求从发送者到接收者之间的所有路由器都支持所实施的信令协议，因此所有路由器必须实现 RSVP、接入控制、MF 分类和包调度。

2. 区分服务模型

区分服务(Differentiated Services, DiffServ)是 IETF 工作组为了克服 IntServ 的可扩展性差的问题在 1998 年提出的服务模型，目的是制定一个可扩展性相对较强的方法来保证服务质量。

与综合服务不同，区分服务是基于类的 QoS 技术，它不需要信令。在网络入口处，网络设备检查数据包内容，并为数据包进行分类和标记，所有后续的 QoS 策略都依据数据包中的标记做出。DiffServ 结构模型如图 9-5 所示。

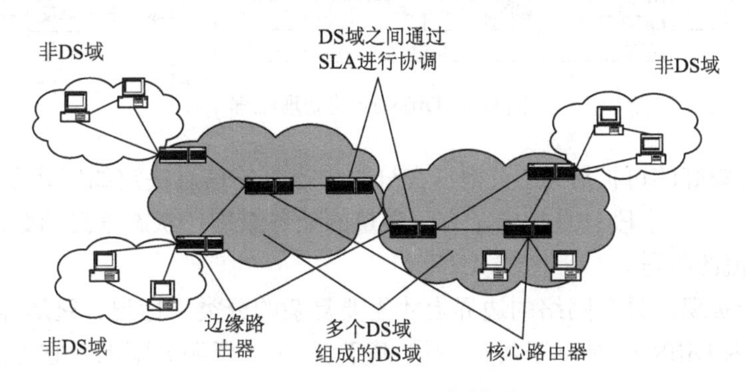

图 9-5　DiffServ 结构模型

边缘路由器主要完成业务量分类和调节，对分组头中的 DS 域进行标记；核心路由器根据 IP 分组的 DSCP 来选择对应的转发处理，即逐跳行为(PHB)，从而对分组进行调度转发；SLA(Service Level Agreement)协商不同 DS 域之间的分类规则、重新标记规则以及业务流应该符合的业务量配置文件。

区分服务无须保存流状态和信令信息，可扩展性好，但由于缺少端到端的带宽预留，在负载较重的链路上服务保证可能会被削弱。

在 DiffServ 模型中，一种服务由某些重要特征所定义，这些特征可能包括吞吐量、时延、时延抖动、丢包率和优先级的量化值或统计值等。DiffServ 模型根据这些服务的不同首先在网络边缘处对它们进行分类，然后将其分配到不同的行为集合中。每一个行为集合由唯一的区分服务域(DS Domain，DS 域)编码点标识。在网络核心处，数据包根据 DS 编码点对应的每一跳行为转发。DiffServ 的处理流程如图 9-6 所示。

DiffServ 的最大特点就是只在网络的边界节点上实现复杂的分类和调节功能，而且区分服务只包含有限数量的业务级别，状态信息的数量少，因此实现简单，可扩展性较好。它采用聚合的机制将具有相同特性的若干业务流聚合起来，为整个聚合流提供服务，而不再面向单个业务流。也就是说在 DiffServ 网络边缘路由器上保持每个流状态，核心路由器只负责数据包的转发，而不保存状态信息。

综上所述，DiffServ 具有以下显著的特点。

(1)它基于聚合类的粗粒度进行资源分配。

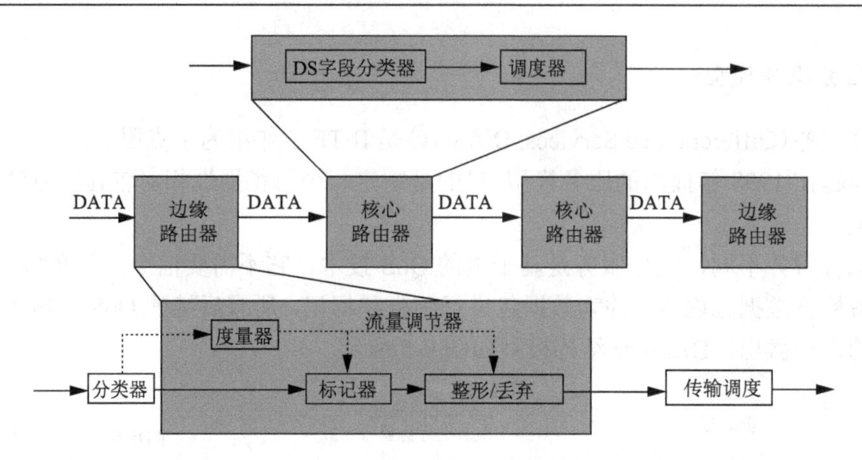

图 9-6　DiffServ 的处理流程

(2)它具有较好的可扩展性。可根据在分组中携带的信息决定如何处理，而不需要使用 RSVP 协议；DS 字段只是规定了有限数量的业务级别，状态信息的数量正比于业务级别，而不是流的数量。

(3)它易于实现。只在网络的边界上才需要复杂的分类、标记、整形等操作。

当然，因为 DiffServ 是基于类(而不是基于流)进行资源分配的，它无法提供端到端的 QoS 保证。

3. Diff-IntServ 混合模型

为了最大限度地利用 DiffServ 和 IntServ 两种模型的互补特性，当前网络中为服务提供 QoS 保证往往结合两种模型使用。

IETF 提出了两种 DiffServ 和 IntServ 的结合方法。一种方法是将 IntServ 视为 DiffServ 的接入域，DiffServ 视为 IntServ 的核心域的组网方法(图 9-7)：RSVP 信令透明地通过 DiffServ 网络。由网络边缘的设备处理 RSVP 消息，并根据 DiffServ 网络中资源的可用性提供许可控制，DiffServ 网络边缘将 IntServ 的业务类型映射为 DiffServ 的业务类型。另一种方法是为 DiffServ 网络中的节点配置 RSVP 功能，并采取一定的策略决定哪些包用 RSVP、哪些用 DiffServ 机制进行处理。

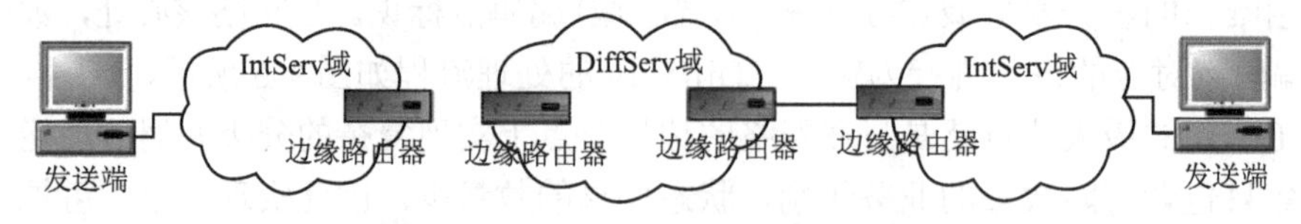

图 9-7　Diff-IntServ 混合模型示意图

9.3.3　支持 QoS 的代表性方法

无论无线网络技术如何发展，无线网络中的资源总是受限的，因而在无线网络中提供 QoS 支持是有挑战性的工作。研究者已经就此工作做出许多卓有成效的努力，这些研究成果主要集中在四个层次上，那就是物理层链路自适应、MAC 层区分服务、网络层

QoS 路由协议以及系统级 QoS 模型和信令机制。

1. *物理层链路自适应*

物理层链路自适应的思想是使节点根据信道质量选择合适的数据发送速率或者发送质量，从而充分利用无线网络资源，为支持业务的 QoS 提供尽可能好的服务。为了能够适应信道质量的变化，现在很多厂商提供的无线电设备都具备根据信道质量选择合适的发送速率的能力。在 IEEE 802.11 标准中，就通过采用不同的调制方式在物理层的 PLCP(Physical Layer Convergence Procedure)头中定义了多个发送速率。不过，IEEE 802.11 标准并没有规定具体如何选择合适的发送速率，链路自适应的速率选择算法仍然是一个开放的研究内容。

图 9-8 给出了物理层链路自适应的分类框图。其中，大部分的算法在不对标准进行修改的情况下来选择在 PLCP 中定义的各个发送速率。也有一些算法，对 IEEE 802.11 标准进行简单的修改，根据链路信道情况来自适应地调整直接序列扩频(DSSS)中的 PN 码的长度。而用于进行信道情况判断的参数包括信噪比(SNR)、载波干扰比(CIR)和接收信号强度指示(RSSI)，以及负载长度、重传次数、接收到的 ACK 等，这些参数在一些算法中也结合起来使用。

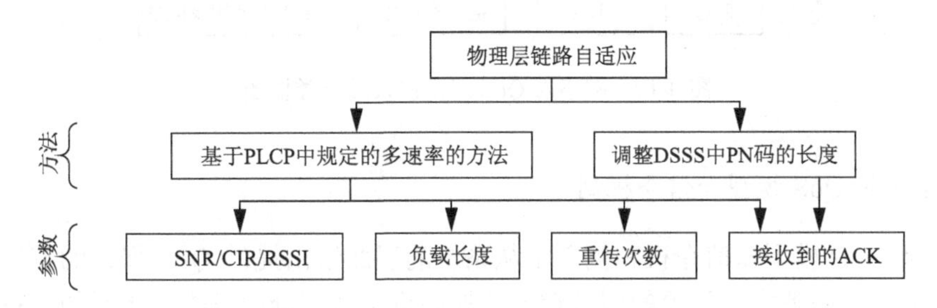

图 9-8　物理层链路自适应的分类框图

2. *MAC 层区分服务*

MAC 层支持 QoS 的主要途径是区分服务：使不同的数据包获得不同的发送优先级，高优先级的数据包以更高的概率获得无线信道。对服务的区分通常采用以下 4 种技术中的一种或多种。

(1)给每个不同优先级的数据包设定不同的退避时间，这通过设定不同的竞争窗口的大小或者采用不同的退避算法来实现。退避时间越短，优先级越高。

(2)不同优先级的数据包对应的数据包间隔(IFS)不同。数据包间隔越短，优先级越高。

(3)根据数据包的长度，优先发送短数据包，因为无线信道质量较差，长数据包比短数据包更易出错，这样在一定条件下能提高效率。

(4)根据等待时间的不同，让等待信道更久的数据包优先获得发送权。

其中，前三种主要是设置不同业务的优先级，而第四种主要是保证业务的公平性。

图 9-9 给出了 MAC 层区分服务算法的分类框图。

图 9-9　MAC 层区分服务算法的分类框图

3. 网络层 QoS 路由协议

网络层 QoS 路由协议完成的功能不仅仅是找到一条从源节点到目的节点的路径，而是要找到一条能满足一定 QoS 参数要求的路径。在多跳无线网络中，QoS 参数既包括节点本身的参数，如节点电池的剩余能量，同时又包括路径性能参数，主要有可用带宽、时延和链路稳定性等。图 9-10 给出了其分类框图。

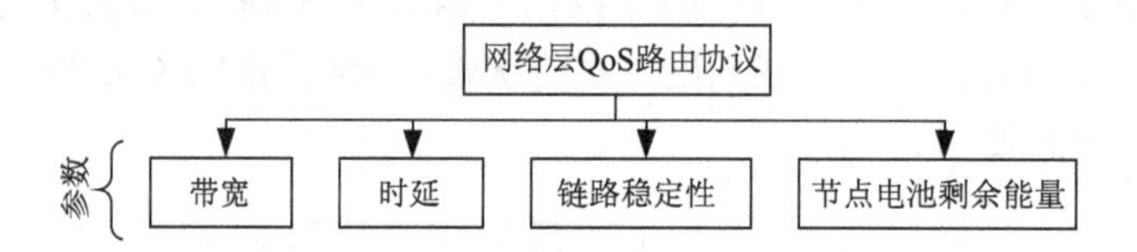

图 9-10　网络层 QoS 路由协议的分类框图

4. 系统级 QoS 模型和信令机制

系统级 QoS 模型和信令机制侧重于从系统的层面给出提供 QoS 保证的方法，其中包括：汲取综合服务中基于流的服务粒度的控制机制和区分服务中基于类的服务粒度的控制机制；寻求合适的 QoS 信令机制来传递控制信息；能实现对 QoS 支持的控制操作。其中最后一个方面最重要，因为它最终实现对业务 QoS 的支持，这些控制操作包括带宽预留、接入控制和速率控制。图 9-11 给出了这些工作分类框图，其中主要分为以接入控制和速率控制为主的机制，以及以带宽预留为主的机制。

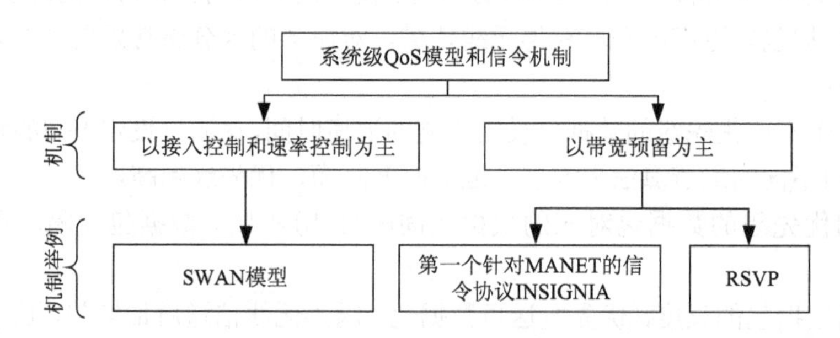

图 9-11　系统级 QoS 模型和信令机制的分类框图

总结以上相关研究，可以看出，物理层链路自适应的目的是使无线节点根据信道情况选择合适的发送速率，从而可以更好地利用无线网络资源；MAC 层区分服务的主要功能是使优先级高的业务能以更高的概率获得信道，但并不提供保证。这两种方法对提供 QoS 支持很有帮助，但它们都不能提供确定的 QoS 保证，特别是在高业务量的网络内区分服务并不能表现出好的性能。真正能够为业务提供比较确定的 QoS 保证的方法有网络层 QoS 路由协议、接入控制和带宽预留等，而这些方法的性能在很大程度上都依赖于系统获取可用带宽信息的能力。

9.4　网络可靠性分析

可靠性是通信网络规划、设计和管理中需要考虑的一个重要性能指标，也越来越受到人们的重视。可靠性不高的网络容易出现故障，一旦造成通信中断，不仅会给用户带来不便，也会给社会政治、经济等各方面带来严重影响。

9.4.1　可靠性定义及相关概念

通信网络的可靠性定义为网络在给定条件下和规定时间内，完成规定的功能，并能把其业务质量参数保持在规定值以内的能力。当网络丧失了这种能力时就是出了故障，由于网络出现故障的随机性，所以研究网络的可靠性要使用概率论和数理统计的知识。

通信网络的可靠性可以用可靠度、不可靠度以及平均故障间隔时间等来描述。

(1) 可靠度是系统在给定条件下和规定时间内完成所要求的功能的概率，用 $R(t)$ 表示，若用一非负随机变量 x 表示系统的故障间隔时间，则 $R(t)$ 定义为

$$R(t) = P(x > t) \tag{9.5}$$

即系统在指定时间间隔 t 内不发生故障的概率。

(2) 不可靠度与可靠度正好相反，用 $F(t)$ 表示，它是指系统在指定时间间隔 t 内发生故障的概率：

$$F(t) = P(x \leqslant t) \tag{9.6}$$

一般而言，为了得到系统的可靠度，必须首先知道该系统的故障间隔时间分布函数。例如，对于指数分布函数，故障间隔时间 x 不大于 t 的概率(即为系统的不可靠度)可表示为

$$F(t) = P(x \leqslant t) = 1 - \mathrm{e}^{-\lambda t}, \quad t \geqslant 0; \lambda > 0 \tag{9.7}$$

式中，λ 是系统在单位时间内发生故障的概率，称为故障率。根据可靠度定义，有

$$R(t) = P(x > t) = 1 - F(t) = \mathrm{e}^{-\lambda t} \tag{9.8}$$

(3) 平均故障间隔时间是两个相邻故障间的时间的平均值，也称为平均寿命。在故障间隔时间分布函数服从指数分布的条件下，系统故障间隔时间 x 的概率密度函数为

$$f(t) = \frac{\mathrm{d}F(t)}{\mathrm{d}t} = -R'(t) = \lambda \mathrm{e}^{-\lambda t} \tag{9.9}$$

则系统的平均故障间隔时间可用式(9.10)计算：

$$\mathrm{MTBF}=\int_0^{\infty} tf(t)\mathrm{d}t=\int_0^{\infty} R(t)\mathrm{d}t \tag{9.10}$$

注意，当 λ 为常量时，根据式(9.10)可得 MTBF=1/λ。

MTBF 是表征网络可靠性的重要参量。定性地说，MTBF 越大，系统越可靠。若 λ 为常量，MTBF 与 λ 一样，都可以用来充分描述系统的可靠性。

9.4.2 复杂系统的可靠度计算

复杂的网络系统往往由多个部件或者子系统组成，在 9.4.1 节的基础上，本节研究复杂系统的可靠性分析和可靠度计算方法。构成复杂系统的部件或者子系统之间一般是串联、并联或者串并混合的，下面分别进行分析。

1. 串联系统

由 n 个部件或子系统串联组成的系统，如图 9-12 所示，显然当 n 个部件或子系统有一个失效时，该串联系统就发生故障。

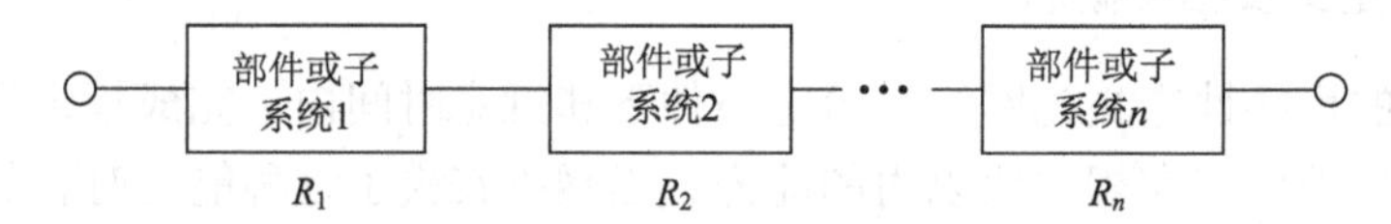

图 9-12　串联系统示意

设各个部件的故障间隔时间(即其寿命)为 x_i，可靠度为 $R_i(t)$ $(i=1,2,\cdots,n)$。假设各部件相互独立，该串联系统的故障间隔时间 x 是 n 个部件的故障间隔时间 x_i 中的最小值，即

$$x=\min(x_1,x_2,\cdots,x_n)$$

根据定义，该串联系统的可靠度可用式(9.11)计算：

$$\begin{aligned}R(t)&=P\{x>t\}=P\{\min(x_1,x_2,\cdots,x_n)>t\}\\&=P\{x_1>t,x_2>t,\cdots,x_n>t\}=\prod_{i=1}^{n}R_i(t)\end{aligned} \tag{9.11}$$

当 $R_i(t)=\mathrm{e}^{-\lambda_i t}$ 时，该串联系统的可靠度为

$$R(t)=\prod_{i=1}^{n}\mathrm{e}^{-\lambda_i t}=\exp\left(-t\sum_{i=1}^{n}\lambda_i\right) \tag{9.12}$$

其平均故障间隔时间为

$$\mathrm{MTBF}=\int_0^{\infty}R(t)\mathrm{d}t=\int_0^{\infty}\exp\left(-t\sum_{i=1}^{n}\lambda_i\right)\mathrm{d}t=\frac{1}{\sum_{i=1}^{n}\lambda_i} \tag{9.13}$$

作为特例，当 $\lambda_1=\lambda_2=\cdots=\lambda_n=\lambda$ 时，有

$$R(t)=\exp(-n\lambda t) \tag{9.14}$$

$$\mathrm{MTBF}=\frac{1}{n\lambda} \tag{9.15}$$

2. 并联系统

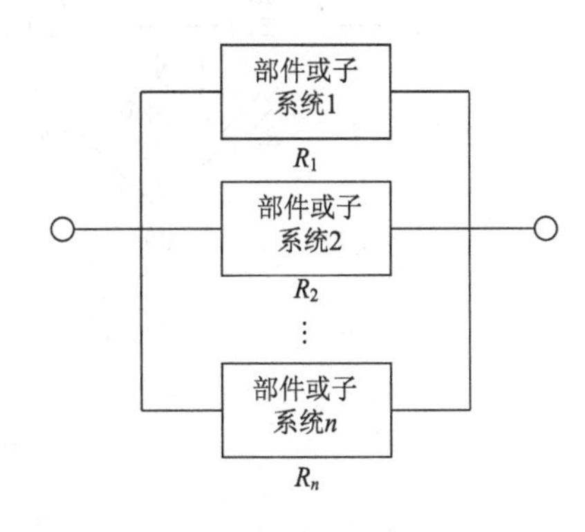

图 9-13　并联系统示意

由 n 个部件或子系统并联组成的系统，如图 9-13 所示，当 n 个部件全部失效时，该并联系统才发生故障。记各部件的故障间隔时间和可靠度分别为 x_i 与 $R_i(t)$ $(i=1,2,\cdots,n)$。

设各部件相互独立，并联系统的故障间隔时间为

$$x=\max(x_1,x_2,\cdots,x_n)$$

根据定义，该并联系统的可靠度可用式(9.16)计算：

$$\begin{aligned}R(t)&=P\{\max(x_1,x_2,\cdots,x_n)>t\}=1-P\{\max(x_1,x_2,\cdots,x_n)\leqslant t\}\\&=1-P\{x_1\leqslant t,x_2\leqslant t,\cdots,x_n\leqslant t\}=1-\prod_{i=1}^{n}[1-R_i(t)]\end{aligned} \tag{9.16}$$

当 $R_i(t)=\mathrm{e}^{-\lambda_i t}$ 时，该并联系统的可靠度为

$$R(t)=1-\prod_{i=1}^{n}(1-\mathrm{e}^{-\lambda_i t}) \tag{9.17}$$

其系统的平均故障间隔时间为

$$\mathrm{MTBF}=\int_0^{\infty}R(t)\mathrm{d}t=\int_0^{\infty}\left[1-\prod_{i=1}^{n}(1-\mathrm{e}^{-\lambda_i t})\right]\mathrm{d}t \tag{9.18}$$

作为特例，当 $\lambda_1=\lambda_2=\cdots=\lambda_n=\lambda$ 时，有

$$R(t)=1-(1-\mathrm{e}^{-\lambda t})^n \tag{9.19}$$

$$\mathrm{MTBF}=\sum_{i=1}^{n}\frac{1}{i\lambda} \tag{9.20}$$

3. 更一般的系统

一般的复杂系统往往并不只是由多部件或子系统串联或并联组成的，而是串并混合或更复杂的系统，这些系统的可靠度常常可通过等效系统的方法用串联、并联系统可靠度的计算方法得到。

例 9.1　求图 9-14 (a) 中 1 和 2 两点间的可靠度。

解　要求 1 和 2 两点间的可靠度，可以分别考虑 R_5 的有效和失效两种状态，这样图 9-14(a)所示的网络可以分别转换为图(b)和(c)的网络。其中图(b)是 R_1 和 R_2、R_3 和 R_4 分别并联然后串联的系统，图(c)是 R_1 和 R_3、R_2 和 R_4 分别串联然后并联的系统。

当 R_5 正常工作时(概率为 R_5)，系统可靠度可计算为

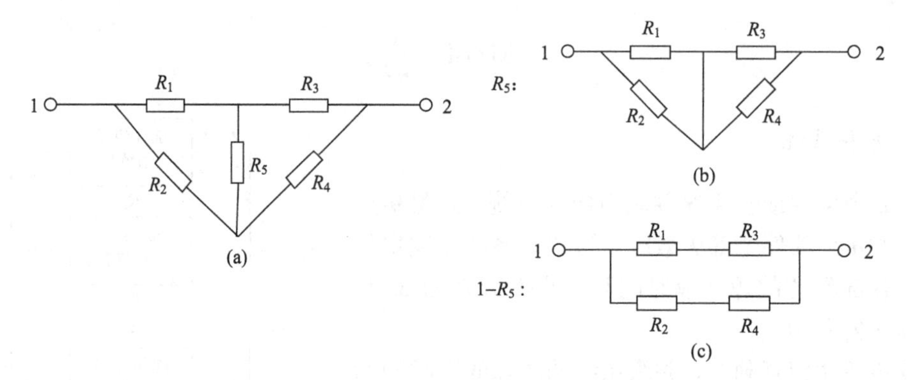

图 9-14　可靠性分析示例

$$R_a = (1 - F_1 \cdot F_2)(1 - F_3 \cdot F_4)$$

式中，$F_i(i=1,2,3,4)$ 是 R_i 的不可靠度。

当 R_5 不正常工作时（概率为 $1-R_5$），系统可靠度可计算为

$$R_b = 1 - (1 - R_1 \cdot R_3)(1 - R_2 \cdot R_4)$$

这样该复杂系统的可靠度可表示为

$$R = R_5(1 - F_1 \cdot F_2)(1 - F_3 \cdot F_4) + (1 - R_5)\left[1 - (1 - R_1 \cdot R_3)(1 - R_2 \cdot R_4)\right]$$

9.5　网络仿真软件

9.5.1　网络仿真技术

网络仿真技术是一种通过建立网络设备和网络链路的统计模型，并模拟网络流量的传输，从而获取网络设计或优化所需要的网络性能数据的仿真技术。一般而言，通信网络仿真不是基于数学计算，而是基于统计模型。

网络仿真技术具有以下几个特点：初期应用成本不高，而且建好的网络模型可以延续使用，后期投资还会不断下降；随着计算机仿真技术的不断发展，通信网络仿真结果的可信度显著提高；网络仿真的预测功能可以方便地修改参数来评估网络状态的变化；网络仿真的使用范围不断增大，既可以用于现有网络的优化和扩容，也可以用于新网络的设计，而且特别适用于中大型网络的设计和优化。

9.5.2　网络仿真软件介绍

网络仿真的执行只有少数情况需要仿真者完全自己编写代码，大部分情况需要依赖于网络仿真软件。目前在工程界和学术界已经存在众多的网络仿真软件，包括 OPNET、ns-2/ns-3、QualNet、NetSim、OMNeT++、GloMoSim 和 MATLAB 等。本节主要介绍这些常用的网络仿真软件。通过表 9-1 来比较目前所应用的仿真软件，9.5.3 节～9.5.5 节将对重点仿真软件逐一进行介绍。

表 9-1　仿真软件的对比

仿真软件	类型	操作系统	语言	适用的网络及协议	用户界面情况
OPNET	商用/学术	Windows	C、C++	有线和无线网络的大部分网络协议	友好的图形界面
ns-2/ns-3	开源	UNIX/Linux	C++、Octl/Python	有线和无线网络的大部分网络协议	少量图形界面
QualNet	商用	Windows	C++	有线和无线网络的大部分网络协议	友好的图形界面
NetSim	商用/学术	Windows	Java	有线和无线网络，重点支持 WLAN、Ethernet、TCP/IP 和 ATM 等，主要用于设备级仿真	图形界面
OMNeT++	开源	UNIX/Windows	C++	支持有线和无线网络，协议库较少	图形界面
GloMoSim	开源	Windows	C	无线网络，主要支持移动网络	无图形界面
MATLAB	商用/学术	Windows/Linux	M 语言、SIMULINK	主要用于无线通信和无线网络链路级仿真	图形界面

9.5.3　OPNET 网络仿真软件

1. OPNET 网络仿真软件简介

OPNET(Optimized Network Engineering Tool)网络仿真软件最早是 MIL-3 公司的核心软件产品，该公司成立于 1986 年，成立目的是为美国军方开发网络及其应用的决策支持软件。与军方合作成功后，MIL-3 公司逐渐与民用领域的 Cisco、HP 等网络设备大公司建立合作关系，为这些公司提供各自的设备模型、协议模型及技术支持服务，这使 MIL-3 公司逐渐成为世界上领先的网络仿真、建模、决策支持软件公司。其后来以主营软件产品命名，改名为 OPNET 公司。

OPNET 网络仿真软件主要面向专业人士，帮助客户进行网络结构、设备和应用的设计、建设、分析与管理。OPNET 网络仿真软件主要针对三类客户：网络服务提供商、网络设备生产商和一般企业。它作为 OPNET 公司的核心系列软件产品，包括了大大小小十多项产品，其中重要的有以下几种。

(1) ACE Analyst。提供管理应用性能的高级分析技术，通常用于定位并解决产品应用中的问题，并在应用发布的同时能保证质量。

(2) IT Guru Network Planner。提供可预测的网络容量规划和设计优化，也可提供网络配置更改的验证。

(3) IT Guru System Planner。提供服务器的容量规划，包括从物理服务器到虚拟服务器的迁移规划。

(4) IT Netcop。为企业提供集中、实时可见的网络拓扑、业务和状态监视，它提供了一个综合视图，用以识别网络事件的影响，并帮助定位和解决出现的问题。

(5) SP Guru Network Planner。包含对网络服务提供商很有价值的分析方法，可用于规划、网络优化以及验证配置更改。

(6) SP Guru Transport Planner。是一个用于光网络的网络规划产品，目标客户是网络设备生产商。

(7) SP Netcop。用一个综合视图提供集中、实时可见的网络拓扑、业务和状态监视。

(8) OPNET Modeler。是一个网络建模和仿真产品，它使用户能够评估网络设备、通信技术、系统和协议在仿真设定的网络条件下的性能。

OPNET 网络仿真软件是当前网络仿真领域最著名的主流产品，是目前世界上最先进的网络仿真开发和应用平台，全球有 1400 多个组织，包括美国军方和许多电信公司都在使用 OPNET 网络仿真软件。国内用户主要使用的 OPNET 网络仿真软件以 OPNET Modeler 为主，其仿真软件界面如图 9-15 所示。

(a) 主界面

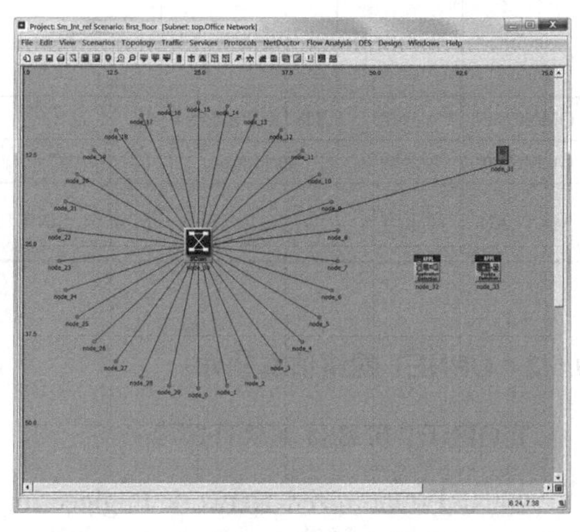

(b) 简单拓扑配置的网络模型

图 9-15　OPNET Modeler 仿真软件界面示例

OPNET 网络仿真软件具有下面的突出特点，使其能够满足大型复杂网络的仿真需要。

(1) 它提供了三层建模机制，如图 9-16 所示，最底层为进程(Process)模型，以状态机来描述协议；其次为节点(Node)模型，由相应的协议模型构成，反映设备特性；最上层为网络(Network)模型。三层模型和实际的网络、设备、协议层次完全对应，全面反映了网络的相关特性。

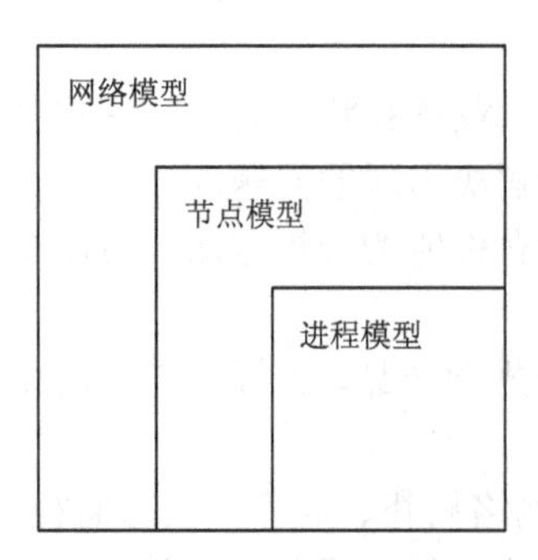

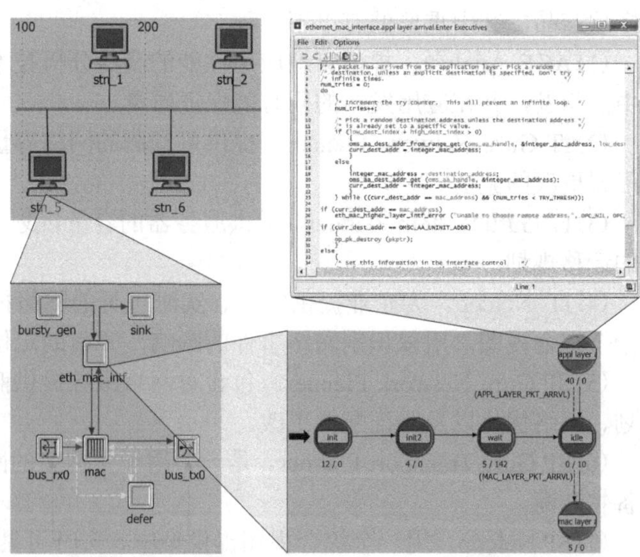

图 9-16　三层建模机制框架图

(2) 它提供了一个比较齐全的基本模型库，包括路由器、交换机、服务器、客户机、ATM 设备、DSL 设备、ISDN 设备等。

(3) 它采用离散事件驱动的模拟机理，与时间驱动相比，计算效率得到很大提高。

(4) 它采用混合建模机制，把基于包的分析方法和基于统计的数学建模方法结合起来，既可得到非常细节的模拟结果，也大大提高了仿真效率。

(5) OPNET 网络仿真软件具有丰富的统计量收集和分析功能。它可以直接收集常用的各个网络层次的性能统计参数，能够方便地编制和输出仿真报告。图 9-17 给出了网络仿真结果和显示界面的一个示例。

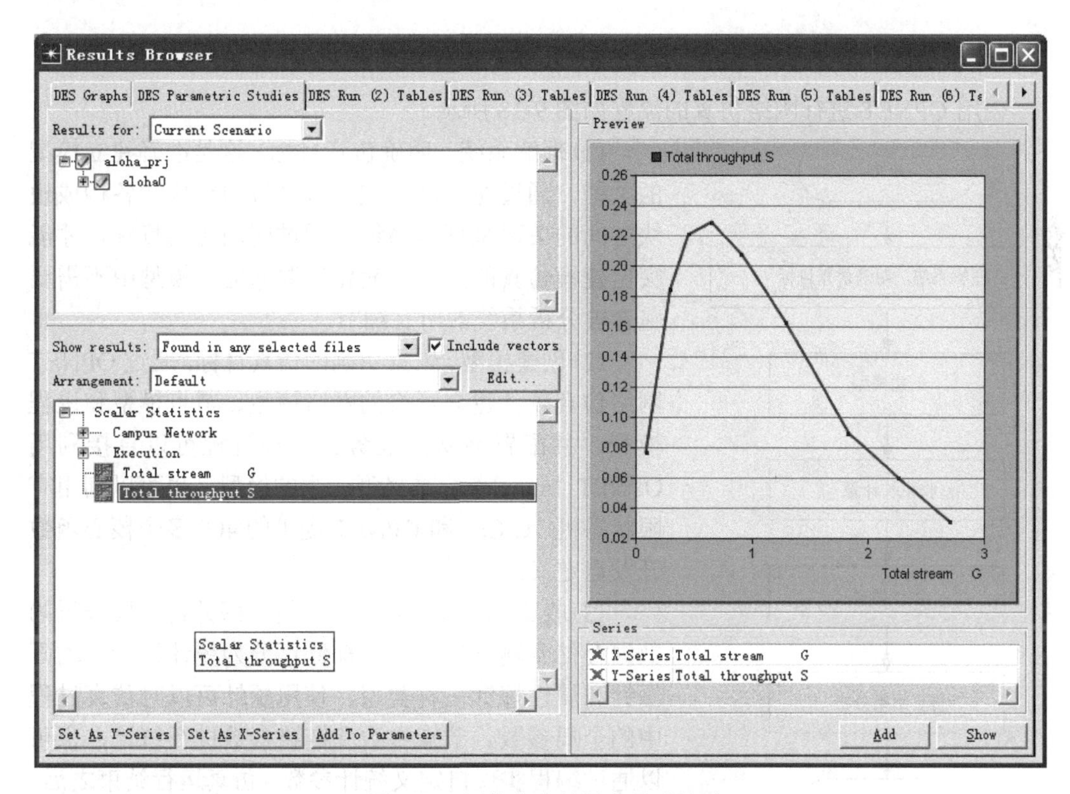

图 9-17　网络仿真结果和显示界面

(6) 它提供了和网管系统、流量监测系统的接口，能够方便地利用现有的拓扑和流量数据建立仿真模型，同时还可对仿真结果进行验证。

OPNET 网络仿真软件的缺点如下。

(1) 学习的进入障碍很高，通过专门培训而达到较为熟练的程度至少需一个多月的时间。

(2) 仿真网络规模和流量很大时，仿真的效率会降低。目前的解决方法：采用分层的建模方法，汇聚网络流量，简化网络模型；背景流量和前景流量相配合；流量比例压缩方法；优化调整仿真参数设计；路由流量的简化；结果分析中，针对不同的统计参数，选择合适的结果收集和处理方法。

(3) OPNET 网络仿真软件对路由协议的仿真比较适合，但是对链路的仿真就只能通过 Pipeline stage 来做。而 MATLAB 或者 SPW 就比较合适做链路层的仿真。

(4) 软件所提供的模型库是有限的，因此某些特殊网络设备的建模必须依靠节点和进程层次的编程才能实现。涉及底层编程的网元建模具有较高的技术难度，因为需要对协议和标准及其实现的细节有深入的了解，并掌握网络仿真软件复杂的建模机理，所以，一般需要经过专门培训的专业技术人员才能完成。编程的难度限制了 OPNET 网络仿真软件的普及与推广。此外，建立在 OPNET 上的仿真平台当前无法脱离 OPNET 环境，也是 OPNET 的一个局限性。

2. OPNET 网络仿真流程

使用 OPNET 进行网络仿真的流程如图 9-18 所示。

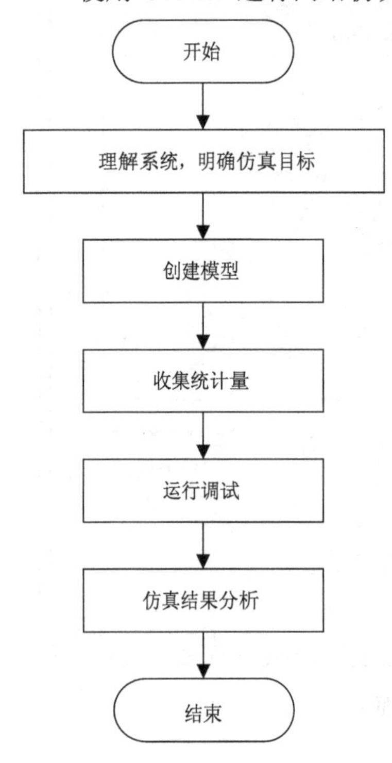

图 9-18　OPNET 网络仿真流程

(1) 理解系统，明确仿真目标。这是准确建立模型的关键，通过充分理解被分析系统的结构和各构成模块之间的关联来理解系统；通过明确仿真目标，才能突出建模仿真的重点，简化次要问题，模型中不需要包含被分析系统的所有细节。

(2) 创建模型。依据明确的仿真目标，通过 OPNET 网络仿真软件建立网络的网络模型、节点模型和进程模型，并配置网络的业务。建模过程可以直接利用 OPNET Modeler 标准模型库中的模型，也可以利用有限状态机、C/C++和 OPNET 提供的 400 多个核心函数开发自定义的模型。

(3) 收集统计量。OPNET 使用探针将需要分析的数据存储到输出文件中，探针可分为统计探针、动画探针和属性探针三种类型。使用探针可以对仿真过程中的全局参数、节点参数和链路参数进行统计，也可以通过编程实现自定义统计参数。仿真运行结束之后，统计数据会以标量或者向量的方式表示，OPNET Modeler 自带的统计工具提供信息分析和汇总的方法。

(4) 运行调试。设置仿真运行参数，运行仿真程序。通过 OPNET 仿真调试器（ODB）使用断点、跟踪等调试手段发现仿真程序中可能存在的问题。对仿真模型进行交互式调试，跟踪仿真运行过程中的数据和结果，修改完善代码直到确认代码的正确性。

(5) 仿真结果分析。运行仿真程序，获得仿真结果，调整配置参数进行多次仿真，比较不同配置下的网络性能。重复上述过程多次，直到完成预定仿真目标，得到需要的网络性能分析结果。

3. OPNET 三层建模机制

OPNET 采用三层建模机制对网络进行模拟，自上而下分别是网络模型、节点模型和进程模型。

1) 网络模型

网络模型是基于地理位置和运行业务，采用子网、通信节点和通信链路三种模块构建的反映真实网络结构的拓扑模型。子网包括一组节点和链路，表示大网络中某个小部分的抽象。通信节点代表路由器、交换机、服务器、工作站等网络中的物理设备及业务配置。通信链路代表各物理设备间的连接链路，包括点到点链路、总线链路和无线链路三种。一条链路由一条或多条信道组成，它将源节点中发送机的输入流和目的节点中接收机的输出流连接起来，只有数据速率和包格式一致时才能正确传递数据。

OPNET Modeler 中使用如图 9-19 所示的 OPNET 项目编辑器进行网络模型的创建和编辑。在项目编辑器中还可以创建自定义的链路模型、定义网络环境、运行仿真程序和分析仿真结果。

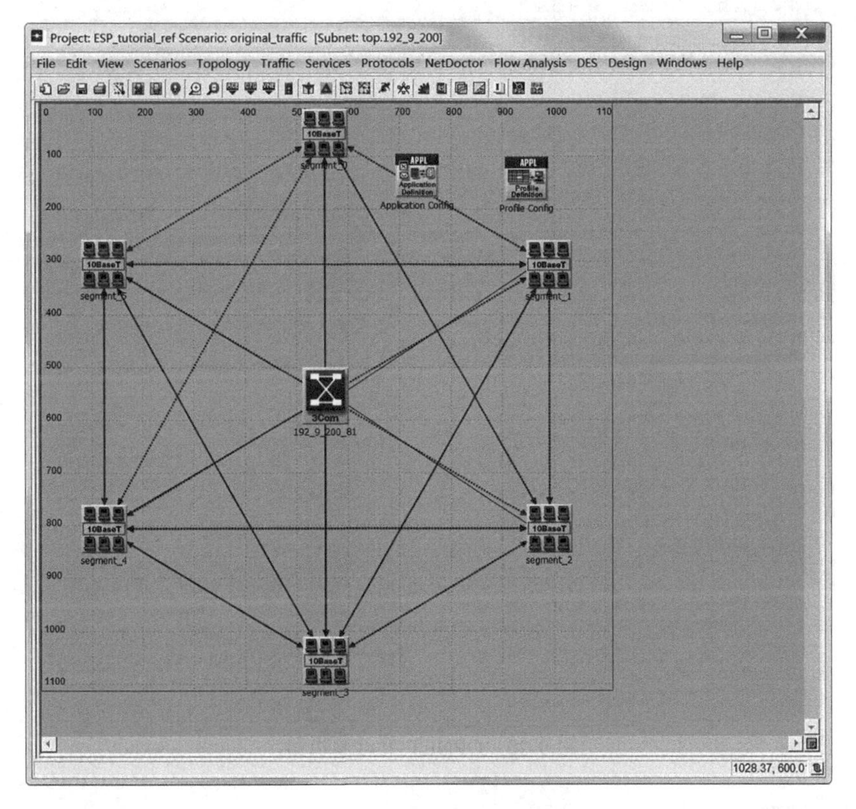

图 9-19　OPNET 项目编辑器

2) 节点模型

OPNET 中的节点按功能可以划分为两类：一类是用于产生、接收和处理数据的终端节点；另一类是用于交换和转发数据的交换节点。节点模型是用包流(Packet Stream)线或统计线(Statistic Wires)连接多个节点模块(Modules)组成的功能完整的模型。包流线用于节点模块之间传递数据包，以及模拟节点内流过硬件和软件接口的数据。统计线用于传递控制信息、监督信息和收集统计量，统计线传递的是单个值，常用于在某个特定条件的满足时通知目的模块。节点模块根据功能可以划分为处理器模块、队列模块和收/发机模块三种。处理器模块是用于产生、接收和处理数据的最常用的节点模块，其功能由模块属性中的 process model 指定的进程模型决定。队列模块在处理器模块基础上扩展增加报文的缓存和管理子队列的功能，可以模拟排队过程。收/发机模块通过管道阶段模型来模拟物理信道的发送时延、传播时延、差错率等特性。每个节点模块实现节点行为的某一个方面，一般的节点模型都采用 OSI 或 TCP/IP 参考模型的分层协议结构来做功能分解，拆分为不同的节点模块。

OPNET Modeler 中使用如图 9-20 所示的 OPNET 节点编辑器进行节点模型的创建和编辑。在节点编辑器中还可以创建自定义的节点模型、编辑节点和接口的属性等。

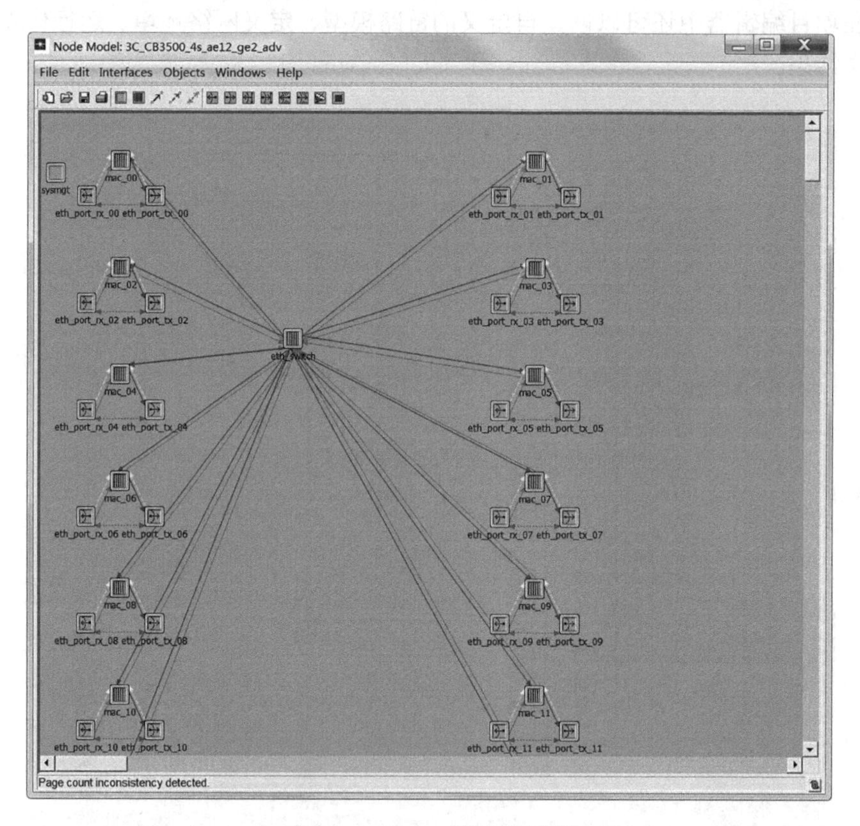

图 9-20　OPNET 节点编辑器

3) 进程模型

进程模型是各种网络协议实现的最终载体，包括通信协议、算法、排队策略、共享资源、定制业务源等。进程模型实现节点模型中处理器模块和队列模块的具体功能，用于模拟现实世界中软件或硬件系统的工作过程。

进程模型使用由状态和转移线构成的 OPNET Modeler 状态机来表示算法，在状态的进入代码、退出代码、转移过程、状态变量、临时变量、头文件区、函数区、外部头文件和源文件中进行代码编写以完成算法功能。状态表示进程在仿真过程中与特定事件的发生相对应的一个阻塞点，采用中间带矩形分割的圆形表示。圆形上半部分称为进入代码，包含由 OPNET 核心函数和标准 C/C++编写的程序来描述进入状态时所执行的操作；圆形的下半部分称为退出代码，包含由 OPNET 核心函数和标准 C/C++编写的程序来描述离开状态时所执行的操作。OPNET 中的状态分为强制状态、非强制状态和带箭头的初始状态三种。进程进入强制状态后不允许停留，执行完进入代码和退出代码后立刻转移到下一个状态；进程进入非强制状态时，执行完进入代码后保存进程相关信息，处于阻塞状态，等待事件、其他进程或者仿真核心激活后执行退出代码，然后根据条件转移到下一个状态；初始状态是进程第一次调用的状态，可以是强制状态，也可以是非强制状态，一般用于完成初始化的功能。转移线描述了从一个状态到另一个状态的过程和条件，包括源状态、目的状态、转移条件和转移代码四个部分。进程离开源状态后，对转移线上的转移条件进行判断，如果转移条件为真，则执行转移代码之后转移到目的状态，否则执行其他转移条件为真的代码并转移到对应的目的状态。每个源状态的所有转移线上，每次有且仅有一个转移条件为真。根据是否设置转移条件，转移线分为条件转移线和无条件转移线，分别用虚线和实线表示。OPNET Modeler 在如图 9-21 所示的 OPNET 进程编辑器中提供了创建进程所需的工具。

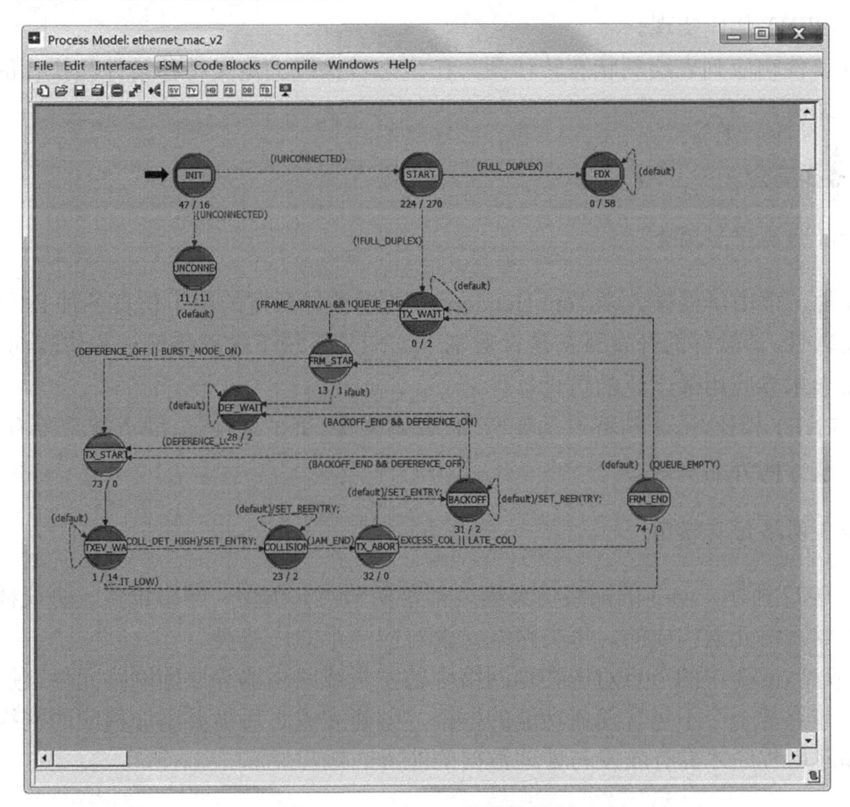

图 9-21　OPNET 进程编辑器

OPNET Modeler 有一套高效创建进程的系统化方法称为进程建模方法，该方法包含以下 5 个步骤：上下文定义、进程分解、事件枚举、填写事件响应列表并发掘状态、OPNET 代码实现。

(1) 上下文定义。

找到与本进程模块相关的所有其他节点模块，以及本模块与这些节点模块之间的通信机制。相互关联的节点模块不仅包含物理上采用包流线、统计线等方式直接相连的模块，还包括采用远程调用方式的模块。

(2) 进程分解。

根据要仿真的协议，来确定进程的实现采用单进程模型还是多进程模型。对于多进程模型，要确定每个进程各自的任务和功能、进程创建的条件和各进程之间的关系。

(3) 事件枚举。

针对前一阶段确定的进程，把每个进程中可能发生的事件一一列举出来，并指定其在 OPNET 中是什么中断类型。每个进程的唤起运行都是由于某个事件的发生，事件转化成中断之后由仿真核心将中断传递到进程。

(4) 填写事件响应列表并发掘状态。

事件响应列表描述进程模型在不同状态下对各种事件的响应行为。获取方式是采取逐层遍历的方法：任意选取一个状态作为起点，遍历所有事件和所有转换条件，确定响应行为和目标状态，重复上述过程以获得进程所有的状态。这一步是进程建模的核心。

(5) OPENT 代码实现。

根据事件响应列表绘制状态转移图，在状态转移线上定义转移条件和执行的函数，进行代码编写。

9.5.4 ns-3 简介

1. ns-3 仿真平台简介

ns-3 是一个由华盛顿大学 Tom Henderson 教授领导开发的用于仿真各种 IP 网络的优秀的仿真软件。该软件的开发最初是针对基于 UNIX 系统下的网络设计和仿真而进行的，目前是在学术界应用最广泛的仿真软件之一。

与 OPNET 相比，ns-3 的特点是免费、源代码公开、可扩展性强，缺点就是没有 OPNET 这种商业软件的界面友好。

2. ns-3 网络仿真模型

如图 9-22 所示，ns-3 的网络仿真模型都是由节点、信道、网络设备、协议栈和应用程序这五类网络元素构成的。每类网络元素对应一个 C++基类。

(1) 节点。ns-3 中的节点对应物理网络中的主机或路由器等原始网络元件，使用 Node 类表示。节点是一个不包含任何功能的框架，创建完成之后需要添加相应的网络设备、协议栈和应用程序才具有收发与处理数据的能力。

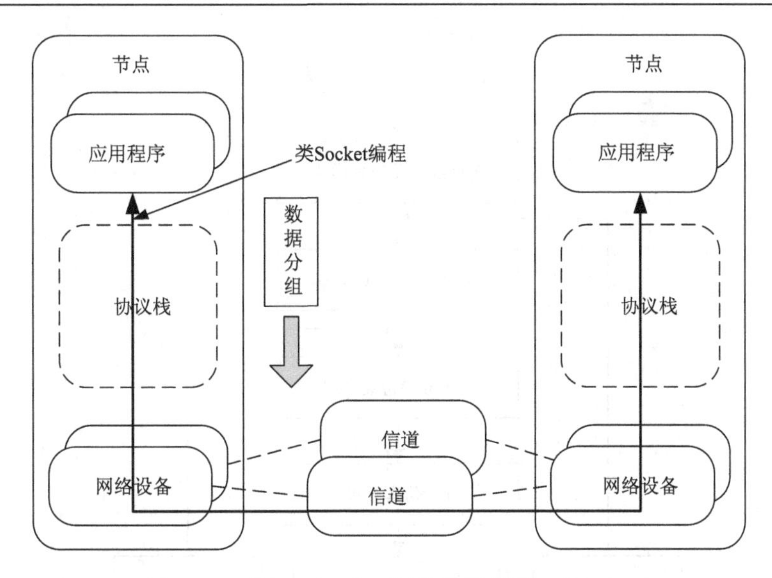

图 9-22　ns-3 网络仿真模型

(2) 信道。ns-3 中的信道对应物理网络中的物理层传输媒介，用于连接不同节点，完成节点之间的数据传输，使用 Channel 类表示。信道模拟数据传输过程中的传播时延、能量损耗、噪声干扰、误码率等特征。ns-3 目前提供了三种信道类型：点对点 (Point-to-point，PPP) 信道、载波监听多路访问信道和 Wi-Fi 信道。

(3) 网络设备。ns-3 中的网络设备对应物理网络中的数据链路层，用于连接节点的协议栈和信道，使用 NetDevice 类表示。一个节点可以绑定多个网络设备，用于绑定多个信道和其他节点进行通信。与信道类似，ns-3 提供了三种类型的网络设备，分别是点对点网络设备、有线局域网设备和无线局域网设备。

(4) 协议栈。ns-3 中的协议栈对应物理网络中的传输层和网络层协议栈，使用 InternetStack 类来表示。协议栈提供链接管理、传输控制、路由、IP 地址等功能，位于应用程序和网络设备之间。

(5) 应用程序。ns-3 中的应用程序对应物理网络中应用程序的网络传输部分，主要负责数据分组的发送、处理和接收，使用 Application 类来表示。应用程序发送和处理分组是通过网络套接字 (Network Socket) 与下层协议交互。

3. ns-3 网络仿真流程

使用 ns-3 进行网络仿真的流程如图 9-23 所示，主要包括四步：选择或开发仿真模块、编写网络仿真脚本、分析仿真结果、修改仿真脚本或源代码直至实现仿真目标。

(1) 选择或开发仿真模块。根据仿真场景的需要选择或开发相应的仿真模块。如果 ns-3 提供的类符合需求，则可以直接调用已有的类；否则需要使用者修改已有的类或者用 C++设计开发自己的仿真模块。

(2) 编写网络仿真脚本。根据仿真实验的场景，使用 C++或者 Python 应用上面的仿真模块搭建网络仿真环境。主要过程包括生成节点、安装网络设备、安装协议栈、安装应用程序、设置移动性等其他配置。脚本中还可以通过日志对数据进行记录。

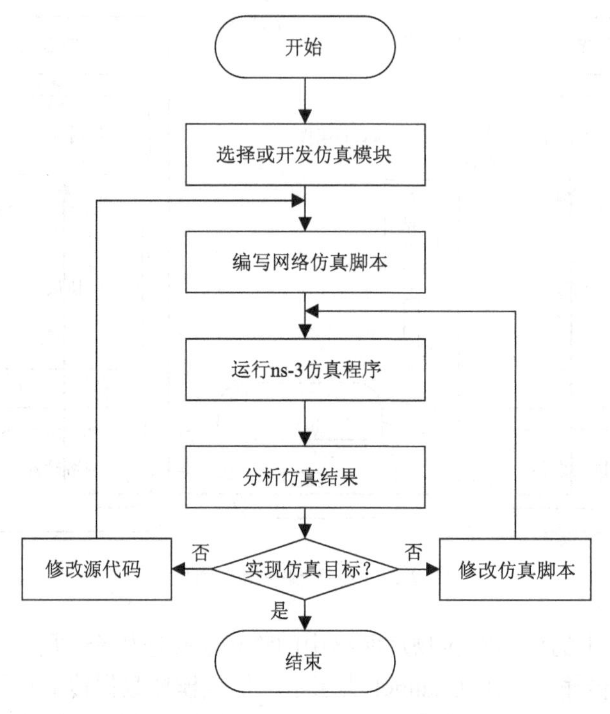

图 9-23　ns-3 网络仿真流程

(3) 仿真结果分析。运行 ns-3 仿真程序之后会输出简单的打印结果或文本文件。此时可以通过 PyViz 或 NetAnim 可视化模块和动画演示工具来直观地展示网络运行的效果；通过 Wireshark 或 tcpdump 网络数据分析工具读取 ns-3 的 TRACE 文件进行统计分析；通过 ns-3 的统计模块 status 来分析数据分组的时延、网络吞吐量、丢包率等。

(4) 修改仿真脚本或源代码直至实现仿真目标。通过分析如果发现程序有错误，则需要修改 C++源代码，重新编译运行；如果没有达到仿真目标，可能需要调整网络配置参数，修改 C++或 Python 脚本，重新仿真。重复上述过程直至达到仿真目标获得满意的结果。

9.5.5　其他仿真软件

1) GloMoSim

GloMoSim 是美国加利福尼亚大学洛杉矶分校计算机系的 R.Bagrodia 教授等开发的网络仿真平台，它用 PARSEC (Parallel Simulation Environment for Complex System) 语言写成，该语言实质上是 C 语言的并行编程扩展。GloMoSim 最早是为 DARPA 的全球移动信息系统 (Global Mobile Information System，GloMo) 提供仿真服务，所以不是开源项目，但为教育和科研单位提供免费的使用权限。该项目旨在为商业及军事应用开发、论证、转化无线移动通信技术，所以 GloMoSim 主要针对无线网络仿真，对有线网络仅提供很有限的支持。

2) QualNet

QualNet 是 GloMoSim 的商业化延续，其生产商是 SNT(Scalable Network Technologies)公司，该公司主要以大规模异构网络的开发和仿真软件的销售与咨询业务为主。QualNet 采用标准 C 语言编译，同时也支持 C++，用户易于修改、调用、仿真自己的协议，按照网络的七层架构采用模块化设计，有利于用户直接选择想仿真的协议模块，各层之间采用标准的 API。但 QualNet 为了提高仿真运行速度，对仿真细节做了很多省略，所以更倾向于模拟，而非严格意义的仿真。

3) NetSim

NetSim 有商用和学术两种类型(不过主要还是用于学术界)，可以用于多种网络协议的仿真，包括 WLAN、Ethernet、TCP/IP 和 ATM 等。

NetSim 有两个组成部分： Network Designer(实验拓扑图设计软件)和 NetSim(实验环境模拟器)。其中 Network Designer 用来绘制网络拓扑图，可让用户构建自己的网络结构或在实验中查看网络拓扑结构。NetSim 用来进行设备配置练习，用户可以选择网络拓扑结构中不同的路由、交换设备并进行配置，也就是说输入指令、切换设备都是在 NetSim 下的控制面板中进行的。全部的配置命令均在这个组件中输入。值得一提的是 NetSim 的命令和最新的 Cisco 的 IOS 保持一致，它可以模拟出 Cisco 的部分中端产品 35 系列交换机和 45 系列路由器。通过 Boson 的自定义网络拓扑结构，可以更好地理解网络结构，深入地掌握路由、交换设备的配置命令，利用它可以搭建出自己需要的网络。

4) OMNeT++

OMNeT++的英文全称是 Objective Modular Network Testbed in C++，它是一款面向对象的离散事件网络模拟器，也是一个免费的、开源的多协议网络仿真软件，具有较好的图形界面，目前也积累了不少用户。与 ns-2 或 ns-3 不同，OMNeT++不仅可以进行网络仿真，还可以建模仿真多处理器、分布式硬件系统和复杂软件系统的性能。具体而言，其可以实现的功能包括协议模拟、模拟队列网络、模拟多处理器和其他分布式硬件系统、确认硬件结构、测定复杂软件系统多方面的性能。

值得注意的是，OMNeT++本身并不是所有现实系统的模拟器，它主要为实现仿真提供了基础底层结构和工具。这种基础底层结构的基本成分之一是一种用于仿真模型的组件体系结构，模型由可重复使用的元件(即模块)组成。写好的模块可以重复使用，并且能够以各种方式组合。

OMNeT ++还支持分布式并行仿真，OMNeT++可以利用多种机制来进行用于几个并联的分布式模拟器之间的通信仿真，如 MPI 和指定的通道。这种并行仿真算法可以很容易地进行扩展，也很容易加入新的模块。各个模块不必须要特定的结构来并行运行，这只是一个配置的问题。OMNeT++甚至还可以用于并行模拟仿真算法的多层次描述，因为模拟器可以在 GUI 下并行运行，这种 GUI 为运行过程提供了详细的反馈。

5) MATLAB

在国际学术界，MATLAB 已经被确认为准确、可靠的科学计算标准软件。在许多国际一流学术刊物上(尤其是信息科学刊物)，都可以看到 MATLAB 的应用。在设计研究单位和工业部门，MATLAB 被认作进行高效研究、开发的首选软件工具。例如，美国

National Instruments 公司信号测量、分析软件 LabVIEW，Cadence 公司信号和通信分析设计软件 SPW 等，或者直接建筑在 MATLAB 之上，或者以 MATLAB 为主要支撑。又如，HP 公司的 VXI 硬件，TM 公司的 DSP，Gage 公司的各种硬卡、仪器等都接受 MATLAB 的支持。

MATLAB 的一个缺点是它和其他高级程序相比，程序的执行速度较慢。由于 MATLAB 的程序不用编译等预处理，也不生成可执行文件，程序为解释执行，所以速度较慢。MATLAB 另一个缺点是不能实现端口操作和实时控制，但结合 C++Builder 运用，实现优势互补就可以克服这一缺点。

6) SPW

SPW 仿真软件是 Cadence 公司的产品，提供面向电子系统的模块化设计、仿真及实施环境，是进行算法开发、滤波器设计、C 代码生成、硬/软件结构联合设计和硬件综合的理想环境。SPW 最出众的地方就是和 HDS 的接口，以及和 MATLAB 的接口。MATLAB 里面的很多模型可以直接调入 SPW，然后用 HDS 生成 C 语言仿真代码或者是 HDL 语言仿真代码。也就是说，要是简单行事，就可以直接用 MATLAB 做个模型，然后将其做到版图中。可以说，SPW 包括了 MATLAB 的很多功能，连示例都有点像。它的通常的应用领域包括无线和有线载波通信、多媒体和网络设备。

通过上面的分析，可以发现目前存在众多仿真软件。这些仿真软件各有优缺点，用户要根据仿真对象和自身的实际情况选择合适的仿真软件。

扩展阅读：ALOHANET

ALOHANET 是世界上第一套将计算机数据传输和无线通信结合起来的应用系统。由于计算机在 20 世纪 70 年代非常昂贵且稀有，因此产生了一种研究需求：如何设计一套通信系统可以让大量终端用户以时分复用的方式远程共享使用同一台大型计算机信息处理系统。

1968 年 9 月，夏威夷大学启动了把无线通信应用于计算机之间的数据传输的研究项目。夏威夷大学由分散在夏威夷岛、毛伊岛、瓦胡岛和考爱岛等岛屿上的众多校区构成。位于瓦胡岛火奴鲁鲁的主校区有一台大型计算机 IBM 360/65，项目的研究目标是让距离主校区 200mile[①]以内的其他岛屿上的校区的用户能远程共享使用主校区的 IBM 360/65 计算机。

在 ALOHANET 出现之前，所有远程连接到大型计算机信息处理系统的通信手段都是使用电话公司提供的租赁线路或者拨号电话线连接。二者都是为语音通信设计的电路交换有线通信网络，都是基于使用时长和通信距离来计费的。有线通信的优点是传输可靠性高并且短距离传输的价格便宜。但是有线通信在传输二进制数字信息时存在如下缺点：①对于某些应用而言，使用拨号电话线的连接时间太长；②有线通信支持的数据传输速率有限且固定，使用可变速率租赁线路的价格昂贵；③在超过 100mile 的远距离使

① 1mile=1.609344km。

用场景下，用户使用有线链路的费用将超过计算费用。另外，有些地区没有高质量的有线通信网络可用，无线通信就成为唯一的选择。

有线电话线路原本是为语音信号的传输设计的，而控制台和计算机之间的数据通信和语音通信有一些本质区别：①数据通信业务是以突发模式产生的，相邻突发业务之间有很长的静默时间，而语音通信业务是恒定速率的。例如，用户产生的峰值业务速率典型值为 110 波特，但是平均业务速率只有 1～10 波特，通信业务速率的峰均比高。如果每个控制台通过一条租赁线路连接到计算机，那么租赁线路的费用将超过计算费用，而租赁线路的使用率不到 1%。②数据通信的双向业务量不对称，语音通信的双向业务量对称。统计分析表明，从计算机发往用户的业务量比用户发往计算机的业务量高一个数量级。而当时为语音通信设计的有线通信网络对非对称业务支持不好，这使得使用有线链路进行数据通信业务传输的效率进一步降低。

为了解决上述问题，学者将 UHF 无线电通信和卫星通信应用于远程用户和计算机之间的数据传输，提出了如图 9-24 所示的 ALOHANET 系统。ALOHANET 系统的 IBM 360/65 中心计算机连接一台命名为 MENEHUNE 的 HP 2100 计算机做通信网关，所有与中心计算机交互的数据传输都需要经过 MENEHUNE 做复用与中转。远程用户连接到 MENEHUNE 通信计算机有两种方式：卫星通信链路或者 UHF 无线电通信链路。

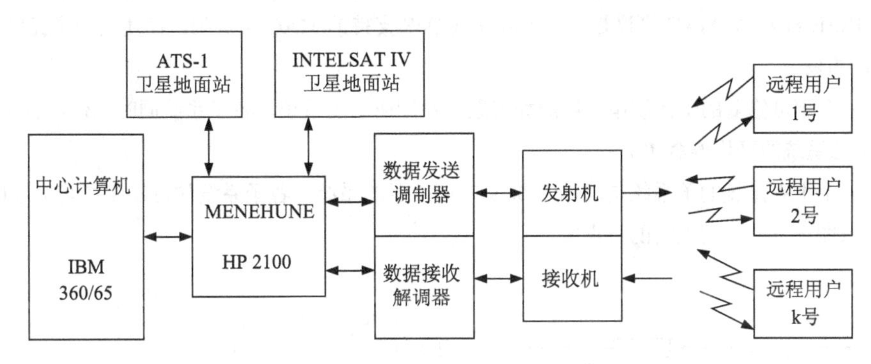

图 9-24　ALOHANET 系统框图

ALOHANET 系统连接的卫星通信链路有两种：一种是美国通信卫星公司的 INTELSAT Ⅳ卫星；另一种是美国国家航空航天局的 ATS-1 卫星。1972 年 12 月，通过建在夏威夷岛的卫星地面站，ALOHANET 系统使用一条 50K 波特的卫星语音信道连接到加利福尼亚州的詹姆斯堡，将 ALOHANET 连接到了 ARPANET。后期通过使用 ATS-1 卫星，将阿拉斯加大学、日本东北大学等连接到 ALOHANET。

ALOHANET 系统使用 UHF 无线电通信连接夏威夷大学在各岛屿上的众多校区的远程用户到 MENEHUNE 通信计算机。ALOHANET 使用 413.475MHz 的 100kHz 广播信道传输 MENEHUNE 给远程用户的消息，使用 407.350MHz 的 100kHz 信道传输远程用户给 MENEHUNE 的消息。所有传输的消息采用 704 比特固定长度的包格式：包括 32 比特包头、16 比特包头校验和、640 比特数据和 16 比特数据校验和，其中包头中包含接收本数据包的远程用户标识。数据传输速率为 9600 波特，每个包的传输时间为 73ms。

MENEHUNE 给各远程用户的消息在 MENEHUNE 集中处理和缓存后，按照优先级以广播方式发送。但是各远程用户发给 MENEHUNE 的消息需要根据一定的多址接入规则才能正常工作。如果采用传统的 FDMA 或者 TDMA 固定分配的多址接入规则，因为数据业务突发性的特点会造成信道利用率的降低，所以 ALOHANET 系统使用了纯 ALOHA 协议：当远程用户要发送数据包的时候就直接传输，传输结束之后在广播信道上等待 MENEHUNE 的确认消息。若在规定时间内收到正确的确认消息，则发送成功；若在规定时间内没有收到确认消息，则随机等待一段时间后重发数据包。MENEHUNE 对应的工作模式是只要正确收到一个远程用户的数据包，就优先在广播信道上回复一个确认消息。

习　题

9-1　请简述通信网络性能分析的几种主要手段，并分析其各自的优缺点。

9-2　请简述 IntServ 和 DiffServ 两种网络服务质量模型的特点。

9-3　请简述 Diff-IntServ 混合模型的机理，画出该模型的示意图。

9-4　无线网络提供服务质量保证的方法有哪些？

9-5　IEEE 802.11e MAC 协议是一种可以提供 QoS 支持的 MAC 层机制，简述其为了提供 QoS 支持所采用的方法。

9-6　三个不可修复的子系统串并组成如习题 9-6 图所示的系统，各子系统同时工作，且平均寿命均为 T。求总系统的平均寿命 T_w。

9-7　五个不可修复的子系统构成如习题 9-7 图所示的系统，各子系统的可靠度在其附近标注(即 R_1～R_5)。求图中 1 与 2 两点间的可靠度。

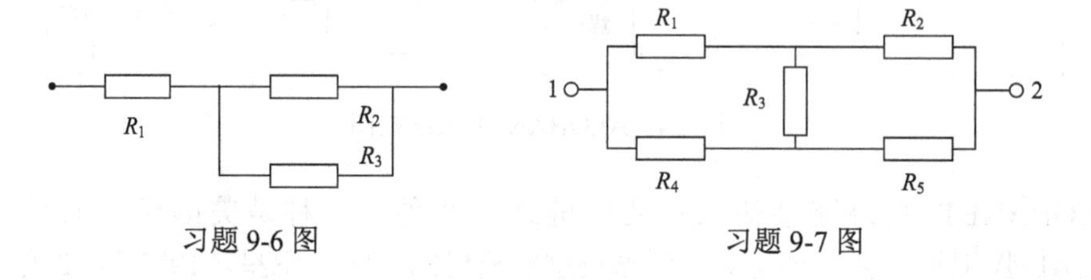

习题 9-6 图　　习题 9-7 图

9-8　请试用 ns-3 或者 OPNET 仿真软件自己设定网络场景，仿真和分析 IEEE 802.11 DCF 协议的性能。

第 10 章　智能化通信网络技术

当前，无线通信网络已经从以智能手机为中心的蜂窝移动通信系统，逐渐演变成了一个集无人机、传感器、可穿戴设备等多元化智能终端设备为一体的泛在物联网系统。工业和信息化部发布的中国通信业统计报告显示，2020 年，受“宅家”新生活模式等影响，移动互联网应用需求激增，线上消费异常活跃，短视频、直播等大流量应用场景拉动移动互联网流量迅猛增长，全年移动互联网接入流量消费达 1656 亿 GB，比 2019 年增长 35.7%。截至 2021 年 5 月末，三家基础电信企业发展智能制造、智慧交通、智慧公共事业等物联网终端用户 12.58 亿户，比 2020 年末净增 1.22 亿户，其中智慧公共事业物联网终端用户同比增长 21%，增势最为突出。一方面，数据业务量的暴增，为传输数据的通信系统以及分析数据的处理系统带来了巨大的压力，急需更为智能的通信网络规划和优化技术。另一方面，海量数据也将促进认知信息的新范式，即利用机器学习算法探索全新的信息认知理论和方法。

10.1　智能化通信网络概述

10.1.1　通信网络演化

随着 5G 的发展和部署应用，学术界和工业界已经开始着手 B5G(Beyond 5G)技术的研究，并预计在 2023 年确定 6G 的关键技术，2030 年左右实现 6G 的商用化，演进路线如图 10-1 所示。总体上看，6G 将拥有全新的架构和能力，具备按需服务、智能内嵌、柔性至简等特征，能够支持对整个物理世界的数字化。通过将物理世界中的人和场景在数字世界中重构，全面构建物联网感知设备及机器人泛在互联的智能化通信网络。当前，6G 的研究在全球范围内还处于起步阶段，中国、美国和芬兰等国暂时处于领先地位。

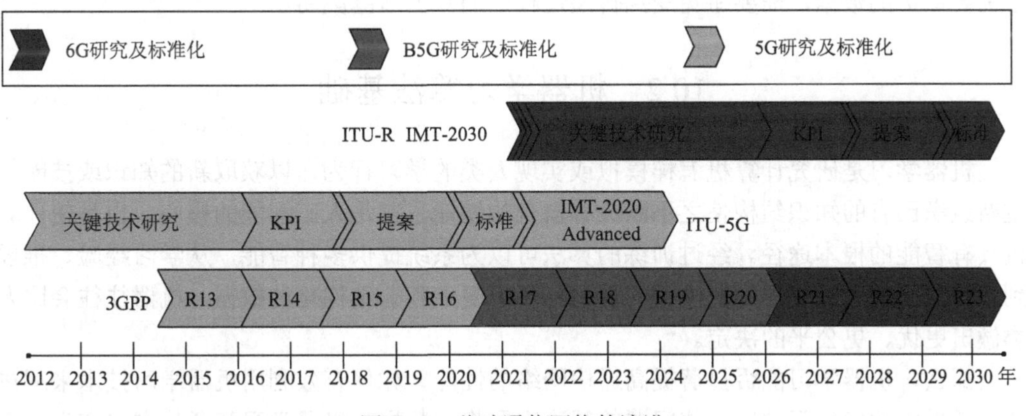

图 10-1　移动通信网络的演进

为了满足5G信息泛在可取的需求以及构建未来6G数字孪生世界的美好愿景，学术界和工业界提出了众多使能技术、概念和技术方法用于支撑通信网络的智能化演进。其中，机器学习被认为是最具有潜力的关键技术之一。

10.1.2　应用机器学习算法的优势与挑战

相对于传统的算法，机器学习算法具备其独特的优势。第一，机器学习算法可以很好地揭示无线网络的特性，识别无法通过传统算法发现的相关性和异常。第二，机器学习算法具有处理海量的、结构化的、非结构化的数据的能力。第三，机器学习算法能够容忍输入的不完整甚至不正确的原始数据。在一些数据丢失或者不完整的情况下，通过机器学习算法仍然可以获得很好的判断，这也是过去在无线网络里，优化算法所不具有的。第四，机器学习算法具有强大的控制决策能力，有助于实现无线网络智能化。依托强大的表征、识别和控制性能，机器学习技术已经在通信网络领域的部分问题上取得了显著突破。

在网络优化和控制方面，传统算法往往无法很好地适应动态实时的通信网络，强化学习在这方面取得了一些成果。许多问题可以建模为马尔可夫决策过程，并利用强化学习算法进行求解。然而，有些问题涉及高维输入，限制了传统强化学习算法的适用性。作为解决方案之一，深度强化学习算法拓展了强化学习算法处理高维数据的能力，有望用于解决复杂、可变和异构移动环境下的网络优化与控制问题。

在无线网络资源调度方面，现有的无线网络还不能很好地满足用户日益增长的数据流量需求，急需探索更加智能的调度方法，最大限度地提升无线频谱的使用效率。机器学习算法有望更好地解决不同网络环境与用户决策情况下的无线网络资源调度问题。例如，采用深度学习算法对移动流量进行预测，并基于预测结果实施无线网络资源调度，有助于实现网络的负载均衡，提升用户的服务质量。

总的来说，机器学习算法将在通信网络中发挥重要的作用，但仍面临着一些挑战。第一，海量数据的分析处理。海量数据的分析处理消耗大量的计算、存储资源，急需研究如何用少量的数据到达系统期望的性能。第二，网络发生突变的适应性。对于信道的变化、用户的变化和负载的变化都要有一定的适应性。第三，网络大数据的安全性。对于需要保护的数据，需要避免受到传递过程中的数据泄露威胁。

10.2　机器学习算法基础

机器学习是研究计算机怎样模拟或实现人类的学习行为，以获取新的知识或技能，重新组织已有的知识结构使之不断改善自身的性能。它是人工智能的核心，也是使计算机具有智能的根本途径。经过训练的算法可以为系统提供多种智能，从学习经验、推理到理解复杂的思想，再到归纳新的情况。对于复杂和非结构化的数据，机器往往会比人类做出更优、更公平的决定。

那么，机器学习能否显著提高通信网络的性能？如何有效利用机器学习技术来解决通信场景中的优化问题？这些问题的解决需要将大数据、机器学习和通信网络作为一个整体来考虑。为了实现通信网络的智能化，上述三者的结合是大势所趋。其中，大数据是资源，机器学习是分析工具，通信网络是应用场景。为了利用机器学习实现通信系统中的智能任务，需要设计相应的算法来学习数据，并根据数据或系统参数之间的特征、相似性做出预测和分类。机器学习算法可以根据不同的输入数据建立相应的决策模型，模型的输出是由数据驱动的。

10.2.1　机器学习算法的主要类型

通常情况下，机器学习算法可分类为监督学习算法、无监督学习算法和强化学习算法。下面将对机器学习算法的主要类型进行一个初步介绍。

1. 监督学习算法

监督学习算法是指从标注数据中学习预测模型的机器学习问题。标注数据表示系统输入、输出的对应关系，预测模型对给定的输入产生相应的输出。监督学习算法的本质是学习输入到输出映射的统计规律。

将输入、输出所有可能的取值的集合分别称为输入空间、输出空间。一个具体的输入是一个实例，通常由特征向量表示，特征向量组成的空间为特征空间。特征空间与输入空间可以为同一空间，也可以为不同空间。假设空间即是所有可能的预测模型的集合。

输入、输出的随机变量一般分别用大写 X 、Y 表示，具体实例使用小写 x、y 表示。

输入实例 x_i 的特征向量表示为

$$x_i = (x_i^{(1)}, x_i^{(2)}, \cdots, x_i^{(n)})^{\mathrm{T}}$$

式中，上标是第几个特征；下标是多个输入变量中的第 i 个变量。

而用于监督学习算法的训练集格式如下：

$$T = \{(x_1, y_1), (x_2, y_2), \cdots, (x_N, y_N)\}$$

测试集所用的格式与训练集相同，输入输出对又称为样本或样本点。

监督学习算法分为训练和预测两个过程，如图 10-2 所示。在监督学习算法中，假设训练数据与测试数据是依据联合分布 $P(X,Y)$ 独立同分布产生的，预测模型可以是概率模型或者非概率模型，由条件概率分布 $P(Y \mid X)$ 或决策函数 $Y = f(X)$ 表示。对实例 x 进行输出预测时，写作 $P(y \mid x)$ 或 $y = f(x)$ 。

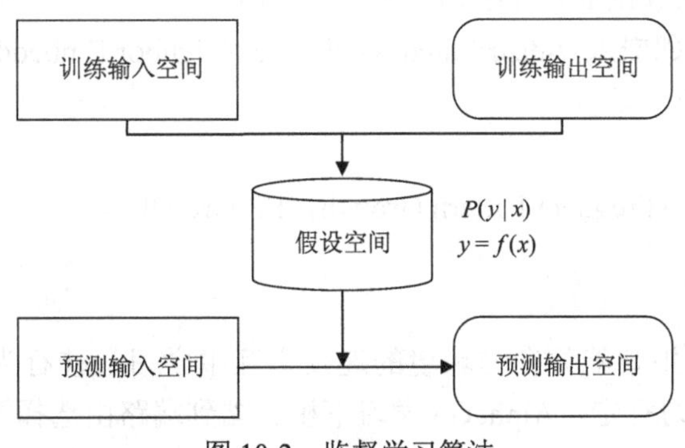

图 10-2　监督学习算法

典型的监督学习算法包括：①K近邻(K-nearest neighbor，KNN)；②线性回归；③逻辑回归；④支持向量机(Support Vector Machine，SVM)；⑤决策树和随机森林；⑥人工神经网络(Artificial Neural Network，ANN)。

2. 无监督学习算法

无监督学习算法是从无标注数据中学习其内在统计规律或预测模型，所学的模型可以是类别、转换或概率。这些模型可以实现对数据的聚类、降维、可视化、概率估计和关联规则学习。

假设x为输入空间，z为隐式结构空间，则模型可以表示为$P(x|z)$，$P(z|x)$，$z=g(x)$，如图10-3所示。无监督学习可以用于对已有数据的分析，也可以对未知数据进行预测。前者可以用作概率估计，后两者用来聚类或降维。

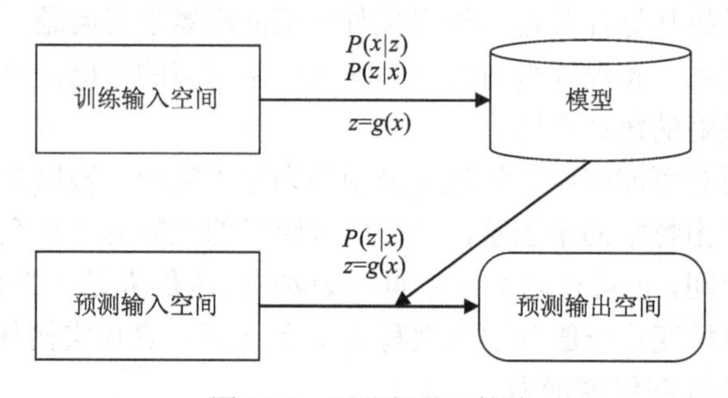

图10-3　无监督学习算法

典型的无监督学习算法如下。

1) 聚类算法

(1) K-means 聚类。

(2) 分层聚类。

(3) 最大期望(Expectation Maximization，EM)。

2) 可视化与降维

(1) 主成分分析(Principal Components Analysis，PCA)。

(2) 核主成分分析(Kernel PCA，KPCA)。

(3) 局部线性嵌入(Locally Linear Embedded，LLE)。

(4) t-分布随机近邻嵌入(t-distributed Stochastic Neighbor Embedding，t-SNE)。

3) 关联规则学习

(1) Apriori。

(2) 频繁模式增长(Frequent Pattern Growth，FP-Growth)。

3. 强化学习算法

强化学习算法是指智能体在与环境的连续交互中学习最佳行为策略的机器学习算法。例如，机器人学习行走、AlphaGo学习下棋、端到端路由选择等。强化学习算法的本质是学习最优的序贯决策。如图 10-4 所示，在每一步 t 上，智能体从环境中观测到一个状态 s_t 和一个奖励 r_t，采取一个动作 a_t。环境根据采取的动作决定下一个时刻 $t+1$ 的状态 s_{t+1} 和奖励 r_{t+1}。需要学习的策略表示为给定状态下采取的动作，目标不是短期奖励的最大化，而是长期累积奖励的最大化。

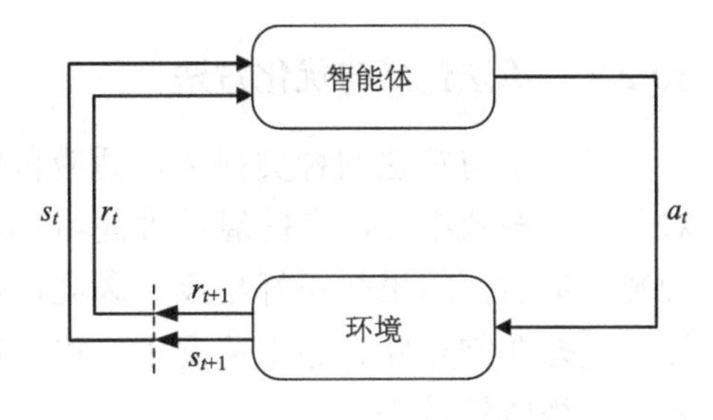

图 10-4　强化学习算法

强化学习算法的马尔可夫决策过程是状态、奖励、动作序列上的随机过程，由五元组 $<S,A,P,r,\gamma>$ 组成。

(1) S 是有限状态的集合。

(2) A 是有限动作的集合。

(3) P 是状态转移概率函数：$P(s'|s,a)=P(s_{t+1}=s'|s_t=s,a_t=a)$。

(4) r 是奖励函数：$r(s,a)=E(r_{t+1}|s_t=s,a_t=a)$。

(5) γ 是衰减系数：$\gamma\in[0,1]$。

马尔可夫决策过程具有马尔可夫性，下一个状态只依赖于上一个动作和状态，由状态转移概率函数表示。下一个奖励依赖上一个状态和动作，由奖励函数表示。

策略 π 定义为给定状态下的动作的函数 $a=f(s)$ 或条件概率分布 $P(a|s)$。

价值函数反映了智能体的长期收益，可分为状态价值函数和动作价值函数。其中，状态价值函数定义为策略 π 从某一个状态 s 开始长期累积奖励的数学期望：

$$v_\pi(s)=E_\pi[r_{t+1}+\gamma r_{t+2}+\gamma^2 r_{t+3}+\cdots|s_t=s] \tag{10.1}$$

动作价值函数定义为策略 π 从某一个状态 s 和动作 a 开始长期累积奖励的数学期望：

$$q_\pi(s,a)=E_\pi[r_{t+1}+\gamma r_{t+2}+\gamma^2 r_{t+3}+\cdots|s_t=s,a_t=a] \tag{10.2}$$

强化学习算法的目标是在所有的策略中选择出价值函数最大的策略 π^*，而实际中往往从一个具体的策略出发，不断优化现有策略。

强化学习算法可分为有模型和无模型的算法。无模型的算法可进一步分为基于价值的算法和基于策略的算法。

有模型的算法直接学习马尔可夫决策过程的模型，包括状态转移概率函数 $P(s'|s,a)$ 和奖励函数 $r(s,a)$。这样可以通过模型对环境的反馈进行预测，求出价值函数最大的策略 π^*。

无模型的算法不直接学习模型。其中基于价值的算法通过求解最优价值函数，特别是最优动作价值函数 $q^*(s,a)$，间接地获取最优策略，并根据该策略在给定的状态下做出相应的动作。而基于策略的算法通过求解最优策略 π^*，将其表示为函数 $a=f^*(s)$ 或者是条件概率分布 $P^*(a|s)$，也能达到在环境中做出最优决策的目的。

10.2.2　算法选择与优化方法

机器学习算法的种类很多，适应范围也各不相同。在应用过程中，人们常常发现，对于同一种数据集，有的算法性能特别优秀，而有的算法性能很不理想。然而，换了一种数据集后，结果却正好相反。因此，当运用机器学习方法解决通信网络中的问题时，算法选择非常重要。通常情况下，可以用一些指标来分析相同数据集下的算法的优劣或者评价相似的算法。

1. 算法性能指标

机器学习算法的主要性能指标有准确率、训练时间和线性程度。

1) 准确率

准确率是选择算法时优先要考虑的指标，反映了算法在测试集上的表现情况，一般用偏差和方差来衡量。

2) 训练时间

训练时间表示建立一个模型所需要的时间，体现了算法收敛速度。一般而言，训练时间越短，算法越理想。

3) 线性程度

线性程度反映算法的复杂度。通常情况下，尽可能采用低复杂度的算法来求解问题。

2. 模型拟合情况

在选择合适的机器学习算法后，还需要对算法进一步优化，以获得性能更好的模型。主要考虑过拟合和欠拟合两种情况。

1) 过拟合

在这种情况下，模型在训练集上能够获得比其他模型更好的效果，但是在训练集外的数据集上却不能得到很好的结果。即该模型在训练集上取得较高的准确率，但在测试集上性能很弱。造成模型过拟合的原因主要包括：①训练数据集样本单一，数量不足；②训练数据中噪声干扰过大；③模型过于复杂。

2) 欠拟合

欠拟合指模型不能在训练集上获得足够的准确率，达不到理想的效果。原因往往是模型的复杂度偏低，未能准确反映数据背后的规律，造成在测试训练集时出现较大的偏差。造成模型欠拟合的原因主要包括：①数据集很少，训练过程和检验过程不能很好地执行；②没有选择合适的机器学习算法。

一般而言，模型在训练集上的得分要比交叉验证高。因此，模型更容易陷入过拟合现象。也就是说，模型更倾向于表现出训练集的特征而不是整个数据集的特征。交叉验证表现更差是因为训练集中有更多的噪声而使其不能代表数据集。

3. 过拟合现象的修正方法

过拟合反映了模型过度地刻画了训练样本的分布情况。常见的过拟合现象修正方法包括以下几种。

1) 扩充样本数量

通过扩充样本数量，可使训练集和交叉验证集的差距进一步缩小。通常情况下，可以采集相同场景下的数据，以保证训练出来的模型更加贴近应用场景。在实验条件不具备的情况下，可以对原有的数据进行一定的改动，即采用一些人工的处理方式，如生成式对抗网络(Generative Adversarial Networks，GAN)。但是，这种方式并不完美。考虑到生成的数据间存在的关联性，训练出来的模型可能会带有一定的偏向性。因此，要优先使用采集真实数据的方式来增加样本数量。

2) 特征筛选和降维

当样本特征数量较多时，往往会出现特征之间相关联的情况，这也可能会对模型的训练产生影响，这也是导致模型过拟合的一种原因。因此，可以通过对样本特征的分析，发现各特征之间的内在联系，减少代表性较弱的特征或降低其权重，增强代表性特征较强的权重，在一定程度上缓解过拟合现象。例如，可利用关联分析和相关分析来挖掘特征之间的关联关系或相关关系。

对于维度很高的样本，可以先利用关联分析或者相关分析，找出特征之间的关联关系或相关关系，然后对特征选择及其权重进行优化。特征选择的主要原因是降低样本特征维度，从而使模型的复杂度降低，这样对一些噪声数据起到了一定的过滤作用，不至于让噪声数据影响到模型的训练。从降低模型复杂度的角度出发，降维还包括以下方式：①在多项式拟合的模型中适当降低多项式的最高次数；②在使用 SVM 模型时增加径向基核函数核的宽复参数；③在神经网络中减少神经网络的层数和每层的节点数。

3) 数据正则化

在对特征进行筛选和降维后，过拟合现象得到了一定的缓解，然而各个特征的权重系数是确定的，那么如何自动选择最佳的特征系数？怎么判断选择出的特征对最后结果产生的影响？这些问题可以通过数据正则化的方法加以解决。正则化是指修改学习算法，使其降低泛化误差而非训练误差。常见的正则化方法有 L1 正则化和 L2 正则化。其中，L1 正则化指对结果影响很小的特征权重稀疏化，对于一些特征甚至可以不赋予其权重；而 L2 正则化尽量将特征权重分散到每个特征维度上，避免发生权重在某些维度上过于集中，避免出现权重特别高的特征。

4) Dropout

Dropout 是神经网络的一种训练技巧，指在训练过程中每次按一定的概率随机删除一部分隐藏神经元(将其激活函数设为 0)，相当于给隐藏层增加了一定噪声。Dropout 为什么可以防止过拟合呢？在训练过程中会产生不同的训练模型，进而产生不同的计算结果。随着训练的进行，计算结果会在一个范围内波动，但是均值却不会有很大变化，因此可以把最终的训练结果看作是不同模型的平均输出。Dropout 消除或者减弱了神经元节点间的联合，降低了网络对单个神经元的依赖，从而增强了泛化能力。

5) 提前终止

一般情况下，对模型的训练过程往往是对参数的学习更新过程，该过程一般通过迭代算法来实现，如随机梯度下降。提前终止(Early Stopping)是一种用迭代次数截断来防止过拟合的方法，即在模型对训练集收敛之前停止迭代来防止过拟合。其缺点是该方法会对损失函数优化造成影响，造成问题的复杂化。

4. 欠拟合现象的修正方法

欠拟合反映了模型还不足以刻画了训练样本的分布情况。常见的过拟合现象修正方法包括以下四种。

1) 添加特征项

有时模型出现欠拟合是因为特征项不够导致的，可以通过添加特征项的方式加以解决，例如，在线性模型中加入二次项等多项式特征，可提高模型的泛化能力。

2) 减少正则化参数

正则化的目的是用来防止过拟合的，但当模型出现欠拟合状态时，可尝试通过减少正则化参数加以调整。

3) 修正损失函数

一部分机器学习问题可转化为损失函数最小化的优化问题，损失函数代表了模型的预测值和实际值之间的差距。考虑以下 5 种损失函数，不同损失函数对模型的影响如图 10-5 所示。

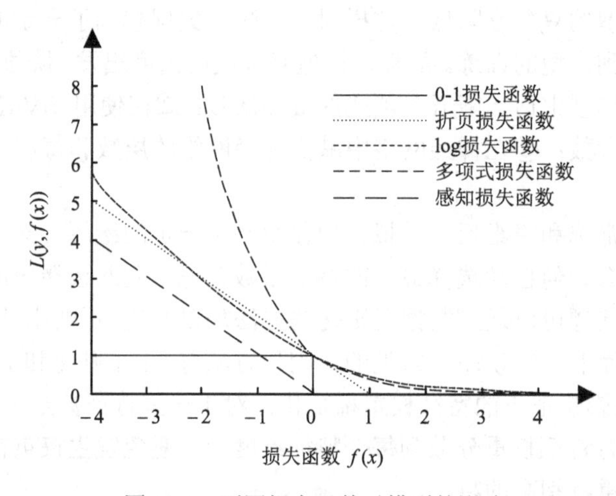

图 10-5　不同损失函数对模型的影响

(1) 0-1 损失函数直接在分类问题中用来判定错的数目。但由于它是非凸函数，实用性较差。

(2) 折页损失函数对异常点或者噪声数据不是很敏感，因此鲁棒性较强，但是缺乏一定的理论解释。

(3) log 损失函数能很好地表示出概率分布。在很多场景中，尤其是在分类场景中，如果想探究结果属于每个类别的置信度，就可以使用 log 损失函数。缺点是鲁棒性不强，相比折页损失函数，其对噪声的敏感性较弱。

(4) 多项式损失函数对异常/噪声数据非常敏感，对于提升算法性能简单有效。

(5) 感知损失函数是折页损失函数的变形。在进行边界附近的点的判定时，折页损失函数的惩罚力度很高。而对于感知损失函数，只要样本的判定类别结果正确，样本离判定边界的距离可以忽略。相比折页损失函数，感知损失函数比较简单，而由于不是最大边界，泛化能力没有折页损失函数的强。

4) 多个模型组合

单个模型对训练集的表现效果可能并不好，可考虑将多个同样的模型组合成一个模型来提高准确率。利用组合思想来改进模型甚至改进模型的训练过程，可增加模型对训练集的准确率，减弱欠拟合现象。

5. 定量分析方法

对于机器学习模型的性能，需要进行定量的分析和判断，常见的有以下三种方法。

1) 流出法

将原始数据集划分为两个互斥的集合，一部分是训练集，另一部分是验证集，模型在数据集上的表现就是模型在验证集上的准确率估计。

2) 交叉验证法

将原始数据集划分为 k 个小大相似的互斥子集，依次选择一个集合作为验证集，其他集合作为训练集，模型在数据集上的表现就是模型在各验证集上的准确率平均值。

3) 自助法

在训练样本中有放回地随机抽样，抽取到的样本作为训练集，而没有抽取的样本作为检验集，重复 k 次。模型在数据集上的表现就是模型在各验证集上的准确率加权均值。

10.3　新一代通信网络机器学习算法

新一代通信网络的机器学习技术以 ANN 和强化学习为主导。ANN 具有数据特征学习的能力，特别是在处理非结构化的数据(如图像数据、文本数据、语音数据等)时，性能变得更加突出。系统需要对大量的结构化和非结构化数据进行识别与理解，建立相应的模式。当需要分析大量的难以用传统手工特征设计方法提取特征的数据或者非结构化数据时，ANN 方法更能体现出其优势。同时，将 ANN 和强化学习技术联合起来提高了处理高维输入的能力，共同处理传统方法很难处理的复杂场景问题。在数据量大、速度快的通信网络环境中使用新一代机器学习算法，可以更好地帮助决策者采取正确的行动，逐渐提高系统的自动化水平。

10.3.1　人工神经网络

ANN 是受到人类大脑结构和功能的启发而抽象出来的一种数学模型。当前，ANN 已经在模式识别、图像处理、智能控制、组合优化、机器人以及专家系统等领域获得了广泛的应用。具体来说，ANN 和人类大脑有很多相似之处，是由一组连接的输入、输出单元构成的，中间有若干层隐藏层，相互连接的节点存在相关联的权重。在训练学习阶段，ANN 能够根据预测输入元组的类标号和正确的类标号学习调整这些权重。ANN 作为模拟人类大脑结构的一种数据模型，在认知系统的分析应用中可以解决一些问题。

ANN 有多种分类，应该如何选择呢？总体而言，选择是由具体的通信网络的具体应用和问题决定的。对于无线网络而言，所遇到的大多是带时间戳的数据。同时，数据和动作空间可能会非常大或者连续。基于该考虑，将注意力重点放在循环神经网络(Recurrent Neural Network，RNN)、脉冲神经网络(Spiking Neural Network，SNN)、深度神经网络(Deep Neural Network，DNN)上。其中，RNN 和 SNN 具备对带时间戳数据的良好建模表达能力，DNN 具备良好的处理复杂问题的能力。在介绍它们之前，首先介绍感知机和前馈神经网络(Feed-forward Neural Network，FNN)，以此作为一个基础。

1. 感知机

近代最常用的神经网络模型脱胎于 1943 年 W.S.McCulloch 和 W.H.Pitts 提出的 McCulloch-Pitts 神经元模型(简称 M-P 神经元模型)，它针对单个神经元进行了数学建模，也称为感知机模型。感知机模型是最简单的 ANN，由输入层和输出层组成，没有隐藏层。输入层节点用于输入数据，输出层节点用于模型的输出。感知机模型结构如图 10-6 所示。将感知机模拟成人类的神经系统，那么输入节点就相当于神经元，输出节点相当于决策神经元，进而学习未知的知识，同样地，感知机模型通过激活函数 $\phi(x)$ 来模拟人类大脑的刺激。这也是神经网络名称的由来。

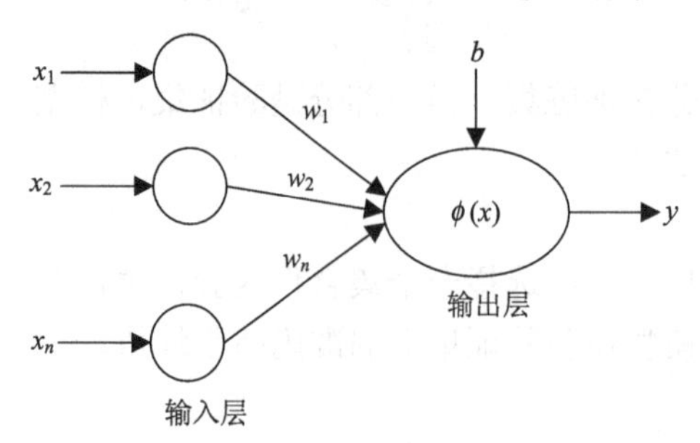

图 10-6　感知机模型结构

图 10-6 中的 $x_1,\cdots,x_n$ 为感知机模型的输入信号；$w_1,\cdots,w_n$ 为这 n 个输入信号对应的权值；$\phi(x)$ 为神经元对输入信号的变换函数，也称激活函数；b 为偏置量；y 为模型的输出。从数学形式上，可以把 y 写成

$$y=\phi\left(\sum_{i=1}^{n} w_i \cdot x_i + b\right) \tag{10.3}$$

2. 前馈神经网络

FNN 也叫作多层感知机(Multilayer Perceptron，MLP)，是典型的深度学习模型。

1) 模型

一个多层的 FNN，包括一个输入层、一个或多个隐藏层和一个输出层。层与层之间是全连接的，即相邻两层的任意两个节点都有连接。同一层中的所有神经元会共享激活函数 ϕ 和偏置量 b，所以通常会针对层结构定义 ϕ 和 b，而不是针对单个神经元定义 ϕ 和 b。FNN 模型结构如图 10-7 所示。

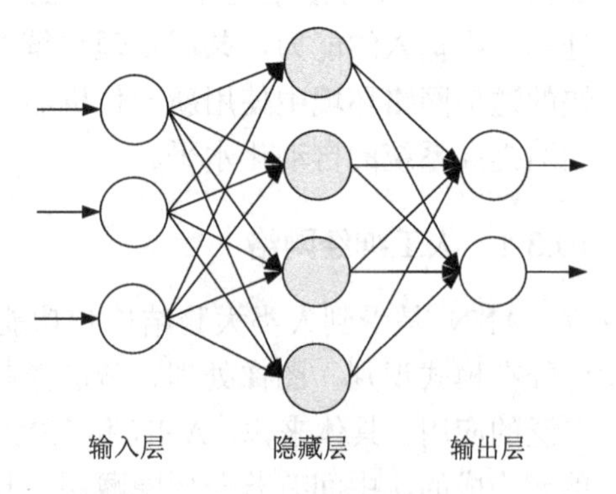

图 10-7　FNN 模型结构

其中除了输出层外，当前层的每个节点都会出来一个箭头指向下一层中的每个节点，这也正是当前层将信号传递给下一层的方式。容易想象当没有变换层时，ANN 就会退化到上面所讲的感知机模型。事实上可以将图 10-7 所示的神经元看作只有一个神经元的输出层并令 $\phi(\cdot)$ 为恒等映射，也即

$$\phi(x)=x, \quad \forall x\in\mathbb{R} \tag{10.4}$$

那么就有

$$y=\sum_{i=0}^{n}w_i x_i+b=w\cdot x+b \tag{10.5}$$

式中，$w=(w_1,w_2,\cdots,w_n)^{\mathrm{T}}$，$x=(x_1,x_2,\cdots,x_n)^{\mathrm{T}}$。

可以看出，式(10.5)即为决策机的决策公式，也直观地反映 FNN 的工作原理：①输入层和输出层即为整个模型的入口和出口；②变换层则会把上一层的输出当成输入，经过一番内部处理后把输出传给下一层。

所以问题的关键就在于层结构的搭建上。简单来说，FNN 算法包含了以下 3 个部分。

(1)通过将输入进行一层一层的变换来得到输出。

(2)通过输出与真值的比较得到损失函数的梯度。

(3)利用得到的这个梯度来更新模型的各个参数。

对于 ANN 的隐藏层个数，输入层、输出层和隐藏层每层的神经元个数以及每一层神经元的激活函数选择方式，没有统一的规则，也没有针对某种类型案例的标准，需要人为地自主选择或者根据自己的经验选择。因此，网络的选择具有一定的启发性，这也是某些学者认为 ANN 是一种启发式算法的原因。

2)训练算法

ANN 的训练算法一般采用误差逆传播(Backpropagation，BP)算法，该算法可实现权重 w 的更新。希望 ANN 的输出和训练样本的标准值一样，这样的输出称为理想输出。在实际应用中完全达到理想输出是很困难的，但会尽量地让实际输出接近理想输出。

对于任意输出神经元 m，假设实际输出和理想输出之间的差值用距离损失函数 $L(y,v^m)$ 表示：

$$L(y,v^m)=\left\|y-v^m\right\|^2 \tag{10.6}$$

对于模型参数更新，可采用最简单的随机梯度下降法来实现，通过式(10.7)完成一步训练：

$$w^{(i-1)}\leftarrow w^{(i-1)}-\eta\frac{\partial L(y,v^m)}{\partial w^{(i-1)}} \tag{10.7}$$

限于篇幅，更复杂的模型损失函数和参数更新算法不做进一步介绍。

3. 循环神经网络

RNN 对具有序列特性的数据非常有效，它能挖掘数据中的时序信息以及语义信息，已在众多自然语言处理(Natural Language Processing，NLP)中取得了巨大成功以及广泛

应用。

1) 模型

与 FNN 不同的是，RNN 模型结构的隐藏层中每个神经元均带有一个反馈环路，如图 10-8 所示。

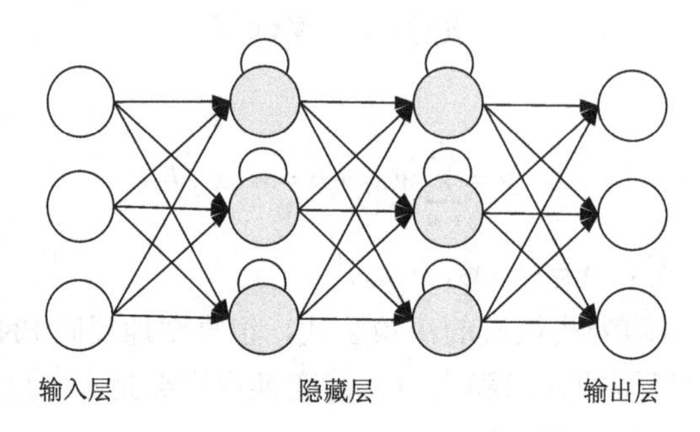

图 10-8　RNN 模型结构

任取一个隐藏层神经元，按照时间序列进行展开，可以得到一个最简单的 RNN，如图 10-9 所示。对该模型进行介绍，可推广到更加复杂的 RNN。

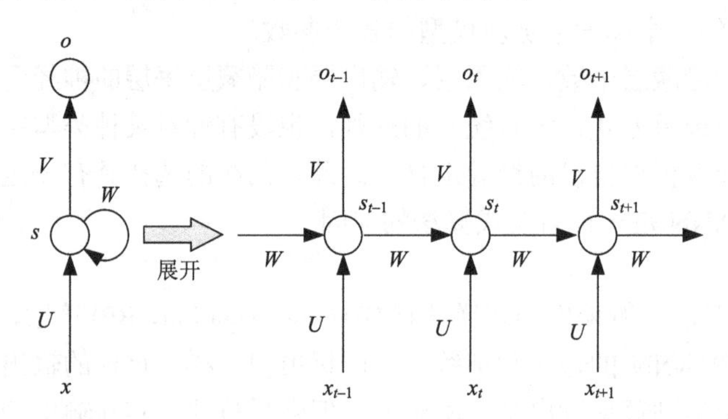

图 10-9　最简单的 RNN 模型

图 10-9 中的 RNN 模型包括：

(1) 输入单元(Input Units)，将其输入集标记为 $\{x_0, x_1, \cdots, x_t, x_{t+1}, \cdots\}$；

(2) 输出单元(Output Units)，将其输出集标记为 $\{y_0, y_1, \cdots, y_t, y_{t+1}, \cdots\}$；

(3) 隐藏单元(Hidden Units)，将其输出集标记为 $\{s_0, s_1, \cdots, s_t, s_{t+1}, \cdots\}$。

在图 10-9 中，有一条单向流动的信息流是从输入单元到达隐藏单元的，与此同时另一条单向流动的信息流从隐藏单元到达输出单元。在某些情况下，RNN 会打破后者的限制，引导信息流从输出单元返回隐藏单元，这些称为 Back Projections，并且隐藏层的输入还包括上一隐藏层的状态，即隐藏层内的节点可以自连，也可以互连。图 10-9 将 RNN 展开成一个全神经网络。例如，对于一个包含五个单词的语句，展开的网络便是一个五层的神经网络，每一层代表一个单词。对于该网络的计算过程如下。

(1) x_t 表示第 t ($t = 1,2,3,\cdots$) 步(Step)的输入。例如，x_1 为第二个词的 one-hot 向量(x_0 为第一个词)。

(2) s_t 为隐藏层的第 t 步的状态，它是网络的记忆单元。s_t 根据当前输入层的输出与上一步隐藏层的状态进行计算。$s_t = f(Ux_t + Ws_{t-1})$，其中 U 是输入 x_t 的权值矩阵，W 是上一次的值 s_{t-1} 作为这一次输入的权值矩阵，f 一般是非线性的激活函数，如 tanh 或 ReLU，在计算 s_0 时，即第一个单词的隐藏层状态，需要用到 s_{-1}，但是其并不存在，在实现中一般置为 0 向量。

(3) o_t 是第 t 步的输出，可表示为 $o_t = g(Vs_t)$，其中 V 是输出层的权值矩阵，g 是激活函数。

需要注意如下几点。

(1) 隐藏层状态 s_t 可看作网络的记忆单元，它包含了前面所有步的隐藏层状态。而输出层的输出 o_t 只与当前步的 s_t 有关，在实践中，为了降低网络的复杂度，往往 s_t 只包含前面若干步而不是所有步的隐藏层状态。

(2) 在 RNN 中，每输入一步，每一层各自都共享参数 U 、V 、W 。其反映了 RNN 中的每一步都在做相同的事，只是输入不同，因此大大地减少了网络中需要学习的参数。

(3) 图 10-9 中每一步都会有输出，但不是必须的。例如，预测一条语句所表达的“情绪”，仅仅需要关心最后一个单词输入后的输出，而不需要知道每个单词输入后的输出，同理每步都需要输入也不是必须的。RNN 的关键之处在于隐藏层，隐藏层能够捕捉序列的信息。

这个网络在 t 时刻接收到输入 x_t 之后，隐藏层的值是 s_t ，输出是 o_t 。关键一点是，s_t 的值不仅仅取决于 x_t ，还取决于 s_{t-1} 。可以用下面的公式来表示 RNN 的计算方法：

$$o_t = g(Vs_t) \tag{10.8}$$

$$s_t = f(Ux_t + Ws_{t-1}) \tag{10.9}$$

式 (10.8) 是输出层的计算公式，输出层是一个全连接层，也就是它的每个节点都和隐藏层的每个节点相连。式 (10.9) 是隐藏层的计算公式，它是循环层。

从式 (10.8) 和式 (10.9) 可以看出，循环层和全连接层的区别就是循环层多了一个权值矩阵 W 。通过反复将式 (10.9) 代入式 (10.8)，可以得到

$$\begin{aligned} o_t &= g(Vs_t) \\ &= g(Vf(Ux_t + Ws_{t-1})) \\ &= g(Vf(Ux_t + W(f(Ux_{t-1} + Ws_{t-2})))) \\ &= g(Vf(Ux_t + W(f(Ux_{t-1} + W(f(Ux_{t-2} + Ws_{t-3})))))) \\ &= g(Vf(Ux_t + W(f(Ux_{t-1} + W(f(Ux_{t-2} + W(f(Ux_{t-3} + \ldots \end{aligned} \tag{10.10}$$

从上面可以看出，RNN 的输出 o_t 是受前面历次输入 $x_t, x_{t-1}, x_{t-2}, x_{t-3}, \cdots$ 影响的，这就是 RNN 可以往前看任意多个输入的原因。

2) 训练算法

如果将 RNNs 进行网络展开，那么参数 U 、V 、W 是共享的，并且在使用随机梯度下降法时，每一步的输出不仅依赖当前步的网络，还依赖前面若干步网络的状态。例如，在 $t=4$ 时，还需要向后传递三步，后面的三步都需要加上各种的梯度。该学习算法称为 Backpropagation Through Time（BPTT）。BPTT 算法是针对循环层的训练算法，它的

基本原理和 BP 算法是一样的，也包含同样的三个步骤：

(1) 前向计算每个神经元的输出值；

(2) 反向计算每个神经元的误差项值 δ_j，它是误差函数 E 对神经元 j 的加权输入的 net_j 偏导数；

(3) 计算每个权重的梯度。

最后用随机梯度下降法更新权重。对于简单结构的 RNN，BPTT 无法解决长时依赖问题(即当前的输出与前面很长的一段序列有关，一般超过十步就无能为力了)，因为 BPTT 会带来梯度消失或梯度爆炸问题(the Vanishing/Exploding Gradient Problem)。

经过长期的实践，研究者发现许多 ANN 的训练复杂度很高，尤其是 RNN。对于某些模型，采用随机训练的方式，是克服这一缺点的有效方法。储备池计算(Reservoir Computing，RC)就是在这样的背景下提出来的。RC 的基本思想是随机构建一个包含众多神经元的动态系统，称为储备池。对于储备池神经网络模型，仅训练其输出层。该模型也称为回声状态网络(Echo State Network，ESN)，下面将其作为 ANN 的一个分类单独进行介绍。

4. 回声状态网络

ESN 是 RNN 的一个变种，它有一个连接非常稀疏的隐藏层(通常是 1%的连通性)。神经元的连通性和权值是随机分配的，忽略层和神经元的差异。通过学习输出神经元的权重，网络能够产生和再现特定的时间模式。这个网络背后的原因是，尽管它是非线性的，但在训练过程中修改的权值只是突触连接，因此误差函数可以被微分为线性系统。

1) 模型

ESN 作为一种新型的 RNN，也由输入层、隐藏层(即储备池)、输出层组成，如图 10-10 所示。其将隐藏层设计成一个由很多神经元组成的稀疏网络，通过调整网络内部权值的特性达到记忆数据的功能，其内部的动态储备池包含了大量稀疏连接的神经元，蕴含系统的运行状态，并具有短期记忆功能。ESN 训练的过程就是训练隐藏层到输出层的连接权值矩阵(W_{out})的过程。

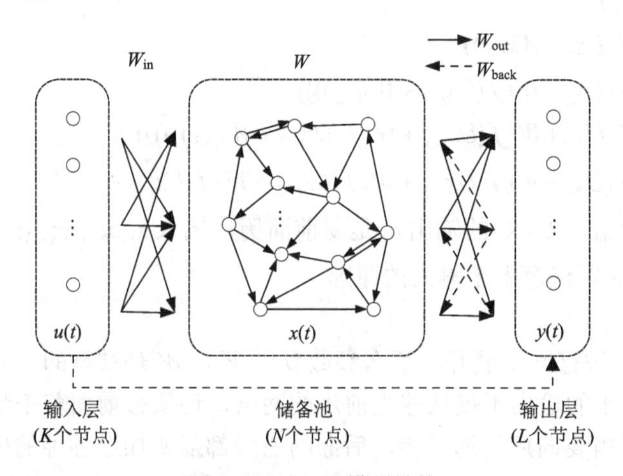

图 10-10　ESN 模型结构

总结以下 3 个特点。

(1) 核心结构是一个随机生成且保持不变的储备池(Reservoir)。

(2) 其输出权值是唯一需要调整的部分。

(3) 简单的线性回归就可完成网络的训练。

在图 10-10 中，t时刻的输入为$u(t)$，一共有K个节点；储备池状态为$x(t)$，有N个节点；输出为$y(t)$；L个节点。

t时刻的状态为

$$u(t)=[u_1(t),u_2(t),\cdots,u_K(t)]^{\mathrm{T}}$$

$$x(t)=[x_1(t),x_2(t),\cdots,x_N(t)]^{\mathrm{T}}$$

$$y(t)=[y_1(t),y_2(t),\cdots,y_L(t)]^{\mathrm{T}}$$

储备池就是常规神经网络的隐藏层，输入层到储备池的连接权值矩阵为W_{in}（$N\times K$阶），储备池到下一个时刻储备池的连接权值矩阵为W（$N\times N$阶），储备池到输出层的连接权值矩阵为W_{out}（$L\times(K+N+L)$阶）。另外还有一个前一时刻的输出层到下一时刻的储备池的连接权值矩阵W_{back}（$N\times L$阶），这个连接权值矩阵不是必需的(图 10-10 中用虚线箭头表示)。

每一时刻输入$u(t)$，储备池都要更新状态，它的状态更新方程为

$$x(t+1)=f(W_{\text{in}}\times u(t+1)+W_{\text{back}}x(t)) \tag{10.11}$$

式(10.11)中，W_{in}和W_{back}都是在最初建立网络的时候随机初始化的，并且固定不变。$u(t+1)$是这个时刻的输入；$x(t+1)$是这个时刻的储备池状态；$x(t)$是上一个时刻的储备池状态，在$t=0$时刻可以用 0 初始化。f是内部神经元激活函数，通常使用双曲正切函数(tanh)。

在建模的时候，和一般的神经网络一样，会在连接权值矩阵上加上一个偏置量，所以输入$u(t)$的是一个长度为$K+1$的向量，W_{in}是一个$[K+1,N]$的矩阵，x是一个长度为N的向量。

ESN 的输出状态方程为

$$y(t+1)=f_{\text{out}}\times(W_{\text{out}}\times(u(t+1),x(t+1))) \tag{10.12}$$

式中，f_{out}是输出层神经元激活函数。

到这里有了储备池状态，有了 ESN 输出方式，就可以根据目标输出$y(\text{target})$来确定W_{out}，以使得$y(t+1)$和$y(\text{target})$的差距尽可能小。这是一个简单的线性回归问题，计算方法有多种，不再赘述。

下面介绍储备池的四个参数。储备池是该网络的核心结构，储备池就是随机生成的、大规模的、稀疏连接(通常保持 1%～5%连接)的递归结构。ESN 的最终性能是由储备池的各个参数决定的，包括储备池内部连接权谱半径SR、储备池规模N、储备池输入单元尺度IS、储备池稀疏程度SD。

(1) 储备池内部连接权谱半径SR。其为连接权值矩阵W的绝对值最大的特征值，记为$\lambda_{\max}$，$\lambda_{\max}<1$是保证网络稳定的必要条件。

(2) 储备池规模 N 。其为储备池中神经元的个数，储备池的规模选择与样本个数有关，对网络性能影响很大，储备池规模越大，ESN 对给定动态系统的描述越准确，但是会带来过拟合问题。

(3) 储备池输入单元尺度 IS 。其为储备池的输入信号连接到储备池内部神经元之前需要相乘的一个尺度因子，即对输入信号进行一定的缩放。一般需要处理的对象非线性越强，IS 越大。

(4) 储备池稀疏程度 SD 。其表示储备池中神经元之间的连接情况，储备池中并不是所有神经元之间都存在连接。SD 表示储备池中相互连接的神经元总数占总的神经元个数 N 的百分比，其值越大，非线性逼近能力越强。

2) 训练算法

ESN 的训练过程就是根据给定的训练样本确定系数输出连接权值矩阵 W_{out} 的过程。其训练算法分为两个阶段：采样阶段和权值计算阶段。为了简单起见，这里假定 W_{back} 为 0。

(1) 采样阶段。

采样阶段首先任意选取网络的初始状态，但是通常情况下选取网络的初始状态为 0，即 $x(0)=0$ 。

①训练样本 $(u(t)\ (t=1,2,\cdots,P))$ 经过输入连接权值矩阵 W_{in} 被加入储备池。

②按照前述两个状态方程，依次完成系统状态和输出 $y(t)$ 的计算与收集。

为了计算输出连接权值矩阵，需要从某一时刻 m 开始收集(采样)内部状态变量，并以向量 $(x_1(i),x_2(i),\cdots,x_N(i))\ (i=m,m+1,\cdots,P)$ 为行构成矩阵 $B(P-m+1,N)$，同时相应的样本数据 $y(t)$ 也被收集，并构成一个列向量 $T(P-m+1,1)$ 。

(2) 权值计算阶段。

权值计算就是根据在采样阶段收集到系统状态矩阵和样本数据，计算输出连接权值矩阵 W_{out} 。因为状态变量 $x(t)$ 和预测输出之间是线性关系，所以需要实现的目标就是利用预测输出，逼近期望输出 $y(t)$ ：

$$y(k)\approx\hat{y}(k)=\sum_{i=1}^{L}W_{\text{out}}^{i}x_i(k) \tag{10.13}$$

也就是希望计算权值矩阵满足系统均方误差最小，即求解如下目标：

$$\min\frac{1}{P-m+1}\sum_{k=m}^{P}\left(y(k)-\sum_{i=1}^{L}W_{\text{out}}^{i}x_i(k)\right)^2 \tag{10.14}$$

进而可归结形式为

$$W_{\text{out}}=(M^{-1}\times T)^{\mathrm{T}} \tag{10.15}$$

式中，M 是输入 $x_1(k),x_2(k),\cdots,x_N(k)\ (k=m,m+1,\cdots,P)$ 构成的 $(P-m+1)\times N$ 的矩阵；T 是输出 $y(k)$ 构成的 $(P-m+1)\times 1$ 的列矩阵。

至此，ESN 网络训练已经完成，训练好的网络可以用于时间序列建模具体问题。

5. 脉冲神经网络

脉冲神经网络，简称 SNN，被誉为第三代人工神经网络，是由大脑这样一个脉冲信号处理系统启发而构建的。SNN 的结构仿照了生物神经系统的组织结构，其复杂性不仅体现在连接权值与拓扑的多样性，还体现在神经元内在的动力学方程上，能够同时处理时域与空域的信息。

1) 模型

神经元是大脑信息处理的最基本的单元，它们通过发送和接收动作电位进行交流。神经元通过突触互相连接，其连接方式错综复杂，形成了特定的结构。Leaky Integrate-and-fired (LIF) 模型和 Spiking Response Model (SRM) 模型是两种比较流行的计算消耗比较低的脉冲神经元模型。相较于其他模型，LIF 模型结构简单，更容易进行仿真计算。其原理是每一个神经元当作一个积分器(Integrator)，随时都在接收成百上千的由突触传来的信息并对之进行加工，当神经元膜电压达到一定的阈值时，就会产生放电。其等效电路图如图 10-11 所示，主要由外部电流、电容以及和电容并联的电阻组成。

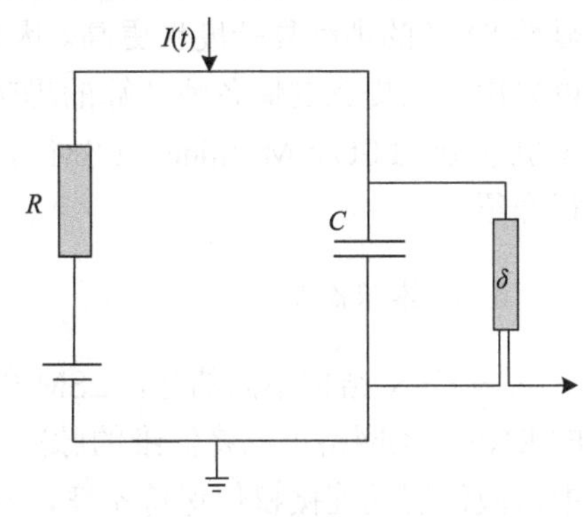

图 10-11　LIF 模型等效电路示意图

当外部输入电流 I 时，电容会被充电，当电压稳定时，外部电流就分别由电容上的电流以及流经电阻上的电流组成。因此，LIF 神经元模型的子阈值动力学方程如下：

$$\tau_m \frac{\mathrm{d}v_m(t)}{\mathrm{d}t} = -(v_m(t) - E_r) + R_m I(t) \tag{10.16}$$

式中，$v_m(t)$ 是膜电势；τ_m 是细胞膜时间常数；E_r 是细胞膜静息电位；R_m 是细胞膜电阻；$I(t)$ 是输入突触提供的电流的和，其计算方式如下：

$$I(t) = W \cdot S(t) \tag{10.17}$$

其中，$W = [w_1, w_2, \cdots, w_n]$ 是权值向量；$S(t) = [s_1(t); s_2(t); \cdots; s_n(t)]$ 是时空脉冲序列，$s_i(t)(i = 1, 2, \cdots, n)$ 的计算方式为

$$s_i(t) = \sum_f \delta(t - t_i^f) \tag{10.18}$$

这里，t_i^f 是第 i 个输入脉冲序列的第 f 个脉冲；$s_i(t)$ 是第 i 个突触；$\delta(t - t_i^f)$ 是狄利克雷函数。

当膜电势 $v_m(t)$ 达到阈值 V_{th} 时，便会输出一个脉冲，然后膜电势重置为静息电位 E_r，并在静息水平上保持不应期的时间 t_{ref}。

2) 训练算法

FNN 等神经网络主要基于误差逆传播(BP)原理进行有监督的训练，目前取得很好的效果。对于 SNN 而言，神经信息以脉冲序列的方式存储，神经元内部状态变量及误差函数不再满足连续可微的性质，因此传统的 ANN 学习算法不能直接应用于 SNN。通过生物可解释的方式建立人工神经系统，科学家希望可以通过神经科学和行为实验来达到预期目的。大脑中的学习可以理解为突触连接强度随时间变化的过程，这种能力称为突触

可塑性(Synaptic Plasticity)。神经科学的研究成果表明，生物神经系统中的脉冲序列不仅可引起神经突触的持续变化，并且满足脉冲时间依赖可塑性(Spike Timing-dependent Plasticity，STDP)机制。在决定性时间窗口内，根据突触前神经元和突触后神经元发放的脉冲序列的相对时序关系，应用 STDP 学习规则可以对突触权值进行无监督方式的调整。

对于较大规模的SNN，采用STDP训练复杂度较高。相对于同等规模的FNN或RNN，显然 SNN 的训练复杂度也更高。因此，有必要探索复杂度更低的训练算法。类似地，可以采用前面提到的储备池计算的思想。与 ESN 不同的是，需要采用的是一种称为液体状态机(Liquid State Machine，LSM)的模型。下面，将 LSM 作为一个独立的 ANN 模型进行介绍。

6. 液体状态机

与 FNN 结构不同的是，LSM 的液体层(隐含层)是一个由若干神经元相互连接组成的 RNN，该网络可以将低维的脉冲序列输入信号转换成高维状态。同时，在计算的过程中，液体层的连接权值保持不变，只对隐含层与输出层的连接权值进行训练。由于具有简便的计算过程和丰富的动态特性，液体状态机因而拥有强大的计算能力，在计算速度和计算精度等方面的表现尤为突出。

1)模型

LSM 的基本工作原理是：假设网络的输入是$u(t)$，它是时间的函数，常见的是时间序列，网络的目标输出为$y(t)$。LSM 的网络模型可以用L^M表示，如图 10-12 所示。网络的状态是所有神经元的放电状态组成的向量$x^M(t)$，网络层的作用就是将$u(t)$映射为$x^M(t)$。需要注意的是，假设当前的时间为t，$x^M(t)$则不仅与当前的输入$u(t)$有关，还与$t'<t$内的输入有关，因此网络层是具有记忆能力的，这种记忆能力的来源在于网络层的神经元是递归连接的，通过这种递归的连接，输入影响在网络中持续传递一定的时间后才会消失，这就像人往池塘中不断投入石头，在某一个时刻水面上产生的波纹不

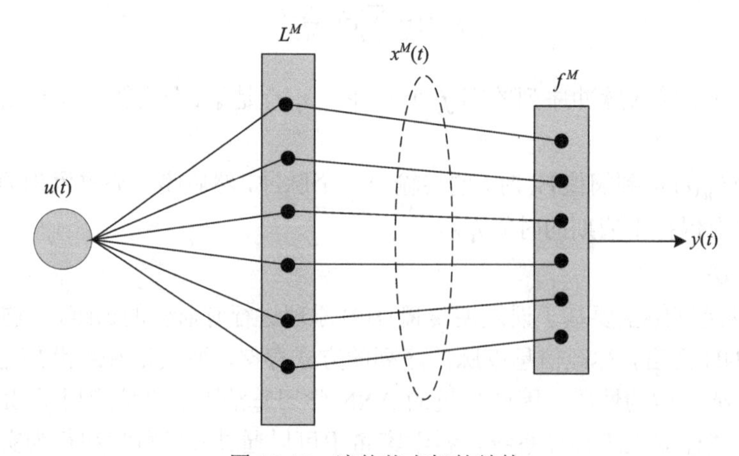

图 10-12　液体状态机的结构

仅仅与上一个投入的石头有关，也与之前投入的一些石头有关，因为波纹的传递需要一定的时间才能扩散出去，这和液体状态机网络中输入的传播时延很相似，液体状态机的名字也是来源于此。由于液体层具有吸收时间信息的能力，所以输出层不再需要了解 t 时刻以前的相关输入就能训练输出。输出层为 f^M，和网络层不同的是，输出层是无记忆能力的，f^M 通过一定的学习算法将 $x^M(t)$ 映射到 $y(t)$，如山脊回归(Ridge Regression)算法。

理论上，可以用数学表达式来表述输出 $u(t)$ 到 $x^M(t)$ 的映射：

$$x^M(t) = L^M u(t) \tag{10.19}$$

L^M 如果用物理电路来实现，则称为液体滤波器；如果用神经电路来实现，则称为液体神经元。接下来，通过无记忆能力的 f^M 将 $x^M(t)$ 转换成输出，相关的数学描述为

$$y(t) = f^M x^M(t) \tag{10.20}$$

在计算机科学中一些可计算模型为了能够增强计算能力，会存储所有的相关的状态信息，然而 LSM 模型则说明了即使网络的记忆能力是衰减的，像 L^M 一样，通过合适的 f^M 选取，网络仍能够增强计算能力，因此，没有必要存储所有的状态信息。

2) 训练算法

LSM 除了具有记忆能力之外，还有一个最大的特点就是它具有普适性，传统的 ANN 的难点在于寻找合适的训练算法来训练网络的权值，从而得到理想的输出。但是由于网络中的连接可能非常复杂，这会导致训练时收敛的速度非常慢，同时针对不同的任务时，往往需要不同的训练算法，有时训练算法的好坏决定了结果的好坏。对于 LSM，这些问题都会不复存在，因为 LSM 只需要训练输出的训练权值，网络层的权值通常是保持不变的，而且通常是随机选取的，这大大降低了训练的复杂度，同时，在 LSM 训练输出层的时候，也只需要简单的训练算法就能完成，像线性回归等。这样面对不同的任务时，LSM 的网络部分完全可以不用改变，这种特点使得 LSM 具有普适性。从某种角度上来说，这也高度符合大脑的运行方式，因为人类大脑天生是一个多任务的处理系统，如果网络的权值需要训练学习后才能完成某些任务，那么人类大脑不可能并行地、快速地处理外部感知事件。

那么，如何构造 LSM 中的液体部分呢？一般可以采用以下 4 个步骤。

(1) 选择抑制神经元和刺激神经元，一般取 20%～80%。

(2) 以一定概率生成输入神经元和液体神经元的连接，概率一般不超过 30%。

(3) 以一定概率生成任意液体神经元 a 和 b 之间的连接，概率表达式为 $P_{ab} = C\exp(-d_{ab}^2/\lambda^2)$，其中 C 为与时间相关的常数，d_{ab} 为液体神经元之间的距离，λ 为控制参数。

(4) 所有液体神经元都与输出层相连。

7. 深度神经网络

DNN 目前是许多机器学习应用的基础。由于 DNN 在语音识别和图像识别上的突破

性应用，使用 DNN 的应用量有了爆炸性的增长。这些 DNN 部署到了从自动驾驶汽车、癌症检测到复杂游戏等各种应用中。在这许多领域中，DNN 能够超越人类的准确率。而 DNN 的出众表现源于它能使用统计学习方法从原始感官数据中提取高层特征，在大量的数据中获得输入空间的有效表征。这与之前使用手动提取特征或专家设计规则的方法不同。

1) 模型

DNN 是深度学习的一种框架，它是一种至少具备一个隐藏层的神经网络，如图 10-13 所示。与浅层神经网络类似，DNN 也能够为复杂非线性系统提供建模，但多出的层为模型提供了更高的抽象层次，因而提高了模型的能力。DNN 获得出众准确率的代价是高计算复杂性成本。通用计算引擎（如 GPU）已经成为 DNN 处理的砥柱，提供 DNN 计算专属的加速方法也越来越热门。

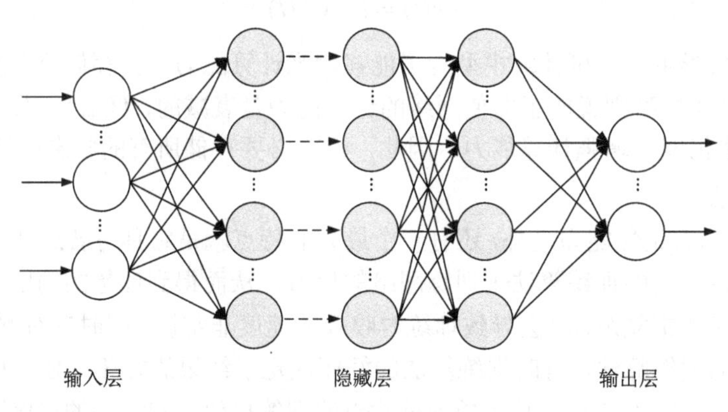

图 10-13　DNN 模型结构

根据应用情况不同，DNN 的形态和大小也各异。流行的形态与大小正快速演化以提升模型准确率和效率。所有 DNN 的输入是一套表征网络将加以分析处理的信息值。这些值可以是一张图片的像素，或者一段音频的样本振幅，或者某系统或游戏状态的数字化表示。

DNN 不仅可以是 FNN，也可以是 RNN 或 SNN。DNN 处理输入的网络有两种主要形式：前馈以及循环。前馈网络中，所有计算都是在前一层输出基础上进行的一系列运作。最终一组运行就是网络的输出。在这类 DNN 中，网络并无记忆，输出也总是与之前的网络输入顺序无关。相反，循环网络是有内在记忆的，允许长期依存关系影响输出。在这些网络中，一些中间运算的状态值会存储于网络中，可作为后续其他运算的输入。

2) 训练算法

与 FNN 类似，DNN 也可以使用 BP 算法进行训练。但是，DNN 的层数变多时，可能会发生梯度消失（更常见）和梯度爆炸的问题。梯度消失和梯度爆炸的问题主要是由 BP 计算中链式求导法则引起的。针对梯度消失和梯度爆炸的问题，有以下 3 种比较常见的处理方法。

(1) 合理地初始化权重。初始化权重，使每个神经元尽可能不要取极大或极小值，以躲开梯度消失的区域。

(2) 使用 relu 代替 sigmoid 和 tanh 作为激活函数。

(3) 使用其他结构的 RNN，如长短期记忆(Long Short-term Memory，LSTM)网络和 Gated Recurrent Unit(GRU)，这是最流行的方法。

下面将最常用的 LSTM 网络作为一个独立的 ANN 进行介绍。

8. 长短期记忆网络

LSTM 网络是一种特殊的 RNN，主要是为了解决长序列训练过程中的梯度消失和梯度爆炸问题。简单来说，就是相比普通的 RNN，LSTM 能够在更长的序列中有更好的表现。

1) 模型

LSTM 与基本的 RNN 具有类似的控制流程，不同的是 LSTM 基本单元内部的控制逻辑要稍复杂。原始 RNN 的隐藏层只有一个状态 h，它对于短期的输入非常敏感。假如再增加一个状态 c，让它来保存长期的状态。新增加的状态 c 称为单元状态(Cell State)，按照时间维度展开后如图 10-14 所示。

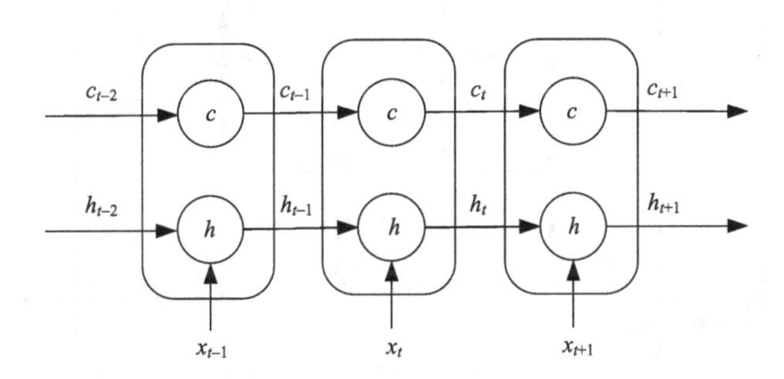

图 10-14　LSTM 单元状态展开

可以看出，在 t 时刻，LSTM 的输入有三个：当前时刻网络的输入 x_t、上一时刻 LSTM 的输出 h_{t-1} 以及上一时刻的单元状态 c_{t-1}。LSTM 的输出有两个：当前时刻 LSTM 输出 h_t 和当前时刻的单元状态 c_t。注意 x、c、h 都是向量。

LSTM 的关键就是怎样控制长期状态 c。在这里，LSTM 的思路是使用三个控制开关。第一个开关，负责控制继续保存长期状态 c；第二个开关，负责控制把即时状态输入长期状态 c；第三个开关，负责控制是否把长期状态 c 作为当前的 LSTM 的输出。三个开关的作用如图 10-15 所示。

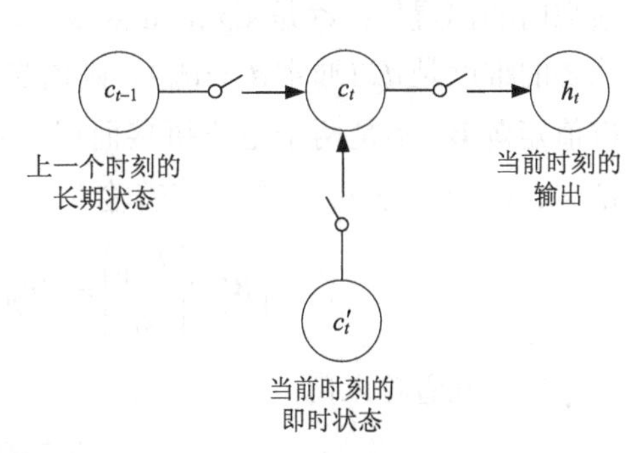

图 10-15　长期状态 c 的控制

前面描述的开关是怎样在算法中实现的呢？这就用到了门(Gate)的概念。门实际上就是一层全连接层，它的输入是一个向量，输出是一个 0～1 的实数向量。假设 W 是门的权值矩阵，b 是偏置量，那么门可以表示为

$$g(x)=\sigma(Wx+b) \tag{10.21}$$

门的使用，就是用门的输出向量按元素乘以需要控制的那个向量。因为门的输出是0～1的实数向量，所以，当门输出为0时，任何向量与之相乘都会得到0向量，这就相当于什么都不能通过；输出为1时，任何向量与之相乘都不会有任何改变，这就相当于什么都可以通过。因为σ（也就是sigmoid函数）的值域是(0,1)，所以门的状态都是半开半闭的。

LSTM的内部结构如图10-16所示。可以看出，LSTM用两个门来控制单元状态c的内容：一个是遗忘门(Forget Gate)，它决定了上一时刻的单元状态c_{t-1}有多少保留到当前时刻c_t；另一个是输入门(Input Gate)，它决定了当前时刻网络的输入x_t有多少保存到单元状态c_t。LSTM用输出门(Output Gate)来控制单元状态c_t有多少输出到LSTM的当前输出h_t。

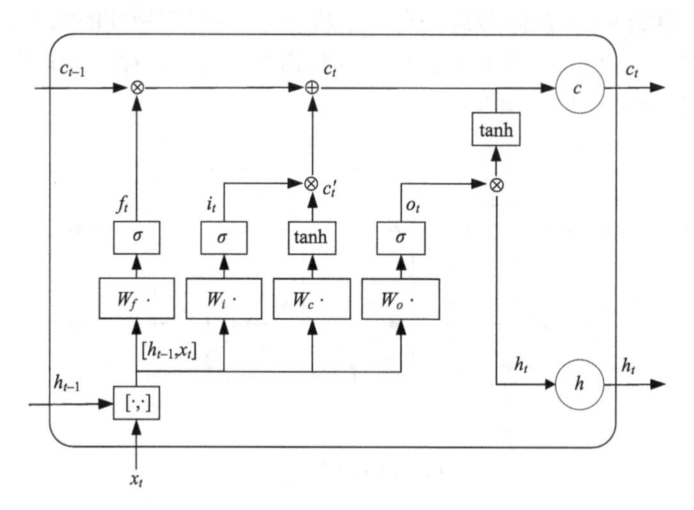

图10-16　LSTM内部结构

先来看遗忘门：

$$f_t=\sigma(W_f\cdot[h_{t-1},x_t]+b_f) \tag{10.22}$$

式中，W_f是遗忘门的权值矩阵；$[h_{t-1},x_t]$表示把两个向量连接成一个更长的向量；b_f是遗忘门的偏置量；σ是sigmoid函数。如果输入的维度是d_x，隐藏层的维度是d_h，单元状态的维度是d_c（通常$d_c=d_h$），则遗忘门的权值矩阵W_f维度是$d_c\times(d_h+d_x)$。事实上，权值矩阵W_f都是两个矩阵拼接而成的：一个是W_{hf}，它对应着输入项h_{t-1}，其维度为$d_c\times d_h$；一个是W_{fx}，它对应着输入项x_t，其维度为$d_c\times d_x$。W_f可以写为

$$\begin{bmatrix}W_f\end{bmatrix}\begin{bmatrix}h_{t-1}\\x_t\end{bmatrix}=\begin{bmatrix}W_{fh} & W_{fx}\end{bmatrix}\begin{bmatrix}h_{t-1}\\x_t\end{bmatrix}=W_{fh}h_{t-1}+W_{fx}x_t \tag{10.23}$$

接下来看输入门：

$$i_t=\sigma(W_i\cdot[h_{t-1},x_t]+b_i) \tag{10.24}$$

式中，W_i是输入门的权值矩阵；b_i是输入门的偏置量。

计算中，用于描述当前输入的单元状态 c_t' 是根据上一次的输出和本次输入来计算的：

$$c_t' = \tanh\left(W_c \cdot \left[h_{t-1}, x_t\right] + b_c\right) \tag{10.25}$$

现在，计算当前时刻的单元状态 c_t。它是由上一次的单元状态 c_{t-1} 按元素乘以遗忘门 f_t，再用当前输入的单元状态 c_t' 按元素乘以输入门 i_t，最后将两个积相加产生的：

$$c_t = f_t \circ c_{t-1} + i_t \circ c_t' \tag{10.26}$$

式中，符号 $\circ$ 表示按元素乘。

这样就把 LSTM 关于当前记忆 c_t' 和长期记忆 c_{t-1} 组合在一起，形成了新的单元状态 c_t。由于遗忘门的控制，它可以保存很久之前的信息，由于输入门的控制，它又可以避免当前无关紧要的内容进入记忆。下面分析输出门，它控制了长期记忆对当前输出的影响：

$$o_t = \sigma(W_o \cdot [h_{t-1}, x_t] + b_o) \tag{10.27}$$

LSTM 最终的输出是由输出门和单元状态共同确定的：

$$h_t = o_t \circ \tanh(c_t) \tag{10.28}$$

至此，就完成了 LSTM 的前向计算。

2) 训练算法

LSTM 的训练算法仍然是 BP 算法。主要有下面 3 个步骤。

(1) 前向计算每个神经元的输出值，对于 LSTM 来说，即 5 个向量的值。

(2) 反向计算每个神经元的误差项值。与 RNN 一样，LSTM 误差项的 BP 也包括两个方向：一个是沿时间的 BP，即从当前 t 时刻开始，计算每个时刻的误差项；另一个是将误差项向上一层传播。

(3) 根据相应的误差项，计算每个权值的梯度。

10.3.2　强化学习算法

强化学习 (Reinforcement Learning) 算法是机器学习算法的一个非常重要的分支，其核心思想是实验者构建一个完整的实验环境，在该环境中通过给予被实验者一定的观测值和回报等方法来强化或鼓励被实验者的一些行动，从而以更高的可能性产生实验者所期望的结果或目标。强化学习算法主要是用来解决一系列决策问题的，因为它可以在复杂、不确定的环境中学习如何实现设定的目标。强化学习算法的应用场景非常广，几乎包含了所有需要做决策的问题。其中，掀起强化学习算法研究热潮的是著名的 AlphaGo，它是由谷歌公司的 DeepMind 团队结合了策略网络 (Policy Network)、价值网络 (Value Network) 与蒙特卡罗搜索树 (Monte Carlo Tree Search) 实现的具有超高水平的进行围棋对战的深度强化学习程序，自打问世就一举战胜人类世界围棋冠军李世石，并一战成名。

从广义上讲，强化学习算法是序贯决策问题。但序贯决策问题包含的内容更丰富。它不仅包含马尔可夫过程的决策，而且包括非马尔可夫过程的决策。本书将强化学习算法纳入马尔可夫决策过程 MDP 的框架之内。马尔可夫决策过程可以利用元组 $< S, A, P, r, \gamma >$ 来描述，根据转移概率 P 是否已知，可以分为基于模型的强化学习算法和基于无模型的强化学习算法，两种类别都包括策略迭代算法、值迭代算法和策略搜索算法。

基于模型的强化学习算法可以利用动态规划的思想来解决。顾名思义，动态规划中的动态蕴含着序列和状态的变化；规划蕴含着优化，如线性优化、二次优化或者非线性优化。利用动态规划可以解决的问题需要满足两个条件：一是整个优化问题可以分解为多个子优化问题；二是子优化问题的解可以存储和重复利用。

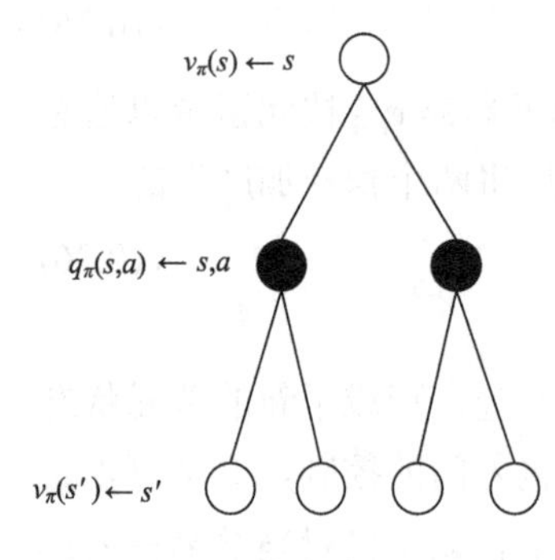

图 10-17　值函数计算过程

动态规划的核心是找到最优值函数。那么，第一个要解决的问题是：给定一个策略π，如何计算在策略π下的值函数？值函数的计算过程可以用图 10-17 来表示。

其中，在状态s处的值函数等于采用策略π时，所有状态-行为值函数的总和：

$$v_\pi(s) = \sum_{a\in A} \pi(a|s) q_\pi(s,a) \tag{10.29}$$

而状态-行为值函数的计算可表示为

$$q_\pi(s,a) = R_s^a + \gamma \sum_{s'\in S} P_{ss'}^a v_\pi(s') \tag{10.30}$$

式(10.30)表示，在状态s处采用动作a的状态-行为值函数等于回报加上后继状态值函数的期望。将式(10.30)代入式(10.29)便得到状态的值函数的计算公式：

$$v_\pi(s) = \sum_{a\in A} \pi(a|s) \left(R_s^a + \gamma \sum_{s'\in S} P_{ss'}^a v_\pi(s') \right) \tag{10.31}$$

状态s处的值函数$v_\pi(s)$，可以利用后继状态的值函数$v_\pi(s')$来表示，其计算要用到的正是 bootstrapping 自举算法。

如何求解(10.31)所示的方程？首先，从数学的角度进行解释。对于模型已知的强化学习算法，式(10.31)中的$P_{ss'}^a$、γ 和 R_s^a 都是已知数，$\pi(a|s)$为要评估的策略，是指定的，也是已知值。式(10.31)中唯一的未知数是值函数，从这个角度去理解式(10.31)可知，式(10.31)是关于值函数的线性方程组，其未知数的个数为状态的总数，用$|S|$来表示。

策略评估算法的伪代码如下。

输入待评估策略π
算法参数：小阈值$\theta > 0$，用于确定估计量的精度
对于任意$s \in S^+$，任意初始化$V(s)$，其中V(终止状态)$=0$
循环：
　　$\Delta \leftarrow 0$
　　对每一个$s \in S^+$循环：
　　　　$v \leftarrow V(s)$
　　　　$v_\pi(s) \leftarrow \sum_{a\in A} \pi(a|s) \left(R_s^a + \gamma \sum_{s'\in S} P_{ss'}^a v_\pi(s') \right)$
　　　　$\Delta \leftarrow \max(\Delta, |v - V(s)|)$

直到$\Delta<\theta$

需要注意的是，在每次迭代中都需要对状态集进行一次遍历以便评估每个状态的值函数。

计算值函数的目的是利用值函数找到最优策略。第二个要解决的问题是：如何利用值函数进行策略改善，从而得到最优策略？

一个很自然的方法是当已知当前策略的值函数时，在每个状态处采用贪婪策略对当前策略进行改进，即$\pi_{l+1}(s)\in\arg\max\limits_{a} q_{\pi_l}(s,a)$，如图 10-18 所示。

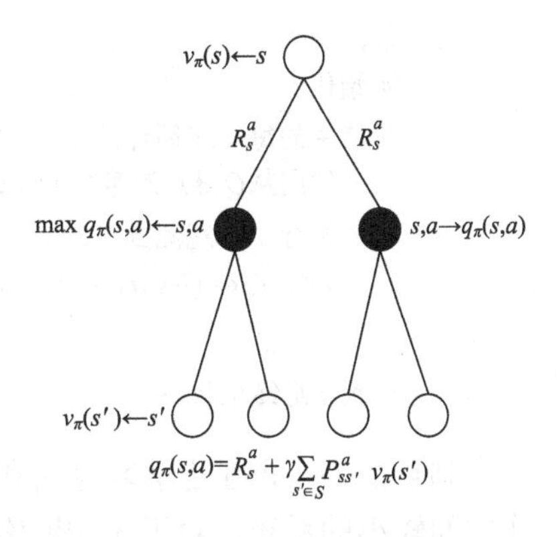

图 10-18　贪婪策略计算

将策略评估算法和策略改进算法合起来便组成了策略迭代算法。

策略迭代算法包括策略评估和策略改进两个步骤。在策略评估中，给定策略，通过数值迭代算法不断计算该策略下每个状态的值函数，利用该值函数和贪婪策略得到新的策略。如此循环下去，最终得到最优策略。这是一个策略收敛的过程，如图 10-19 所示。

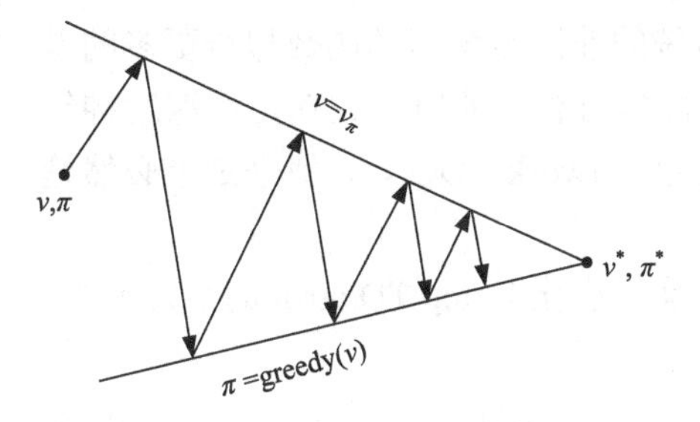

图 10-19　策略收敛过程

利用贝尔曼最优性原理得到最优的值函数方程：

$$v^*(s)=\max_{\pi} v_\pi(s)=\max_{a} R_s^a+\gamma\sum_{s'\in S}P_{ss'}^a v^*(s') \tag{10.32}$$

$$q^*(s,a)=\max_{\pi} q_\pi(s,a)=R_s^a+\gamma\sum_{s'\in S}P_{ss'}^a\max_{a'} q^*(s',a') \tag{10.33}$$

贝尔曼最优方程是非线性的，一般情况下无法获得闭合解。因此，需要采用迭代近似的算法进行求解。常见的求解算法有：①价值迭代算法；②策略迭代算法；③Q 学习算法；④Sarsa 算法。本书以最常用的 Q 学习算法为例进行介绍。

Q 学习算法是强化学习算法中 value-based 的算法，其中的核心变量为$Q(s,a)$，就是在某一个时刻的 state 状态下，采取动作 a 能够获得的收益的期望，环境会根据 agent 的动作反馈相应的 reward 奖赏，所以算法的主要思想就是将 state 和 action 构建成一张 Q 表来存储 Q 值，然后根据 Q 值来选取能够获得最大收益的动作。

Q 学习算法的主要优势就是使用了时间差分法(融合了蒙特卡罗和动态规划)能够进行离轨(Off-policy)的学习，使用贝尔曼最优方程可以对马尔可夫过程求解最优策略。Q 学习算法直接估计每个状态下每个动作的 Q 值，然后通过在每个状态下选择具有最高 Q 值的动作来绘制相应的策略。如果智能体不断地访问所有状态动作对，则 Q 学习算法会收敛到最优 Q 函数。

Q 学习(离轨策略下的时序差分控制)算法的代码如下。

算法参数：步长$\alpha\in(0,1]$，很小的ε，$\varepsilon>0$

对所有 $s \in S^+$，$a \in \mathcal{A}(s)$，任意初始化 $Q(s,a)$，其中 $Q(\text{终止状态},\cdot)=0$

对每幕：

　　初始化 s

　　对幕中的每一步循环：

　　　　使用从Q得到的策略（如 $\varepsilon-$greedy），在 s 处选择 a

　　　　执行 a，观测到 r、s'

　　　　$Q(s,a) \leftarrow Q(s,a) + \alpha\left[r + \gamma \max_{a'} Q(s',a') - Q(s,a)\right]$

　　　　$s \leftarrow s'$

　　直到 s 是终止状态

到目前为止，强化学习算法利用了观测值或者 Q 表来存储信息，只适用于状态和动作空间较小的系统，对于无线网络的适用度并不高。随着状态数量的增加，Q 表的规模可呈指数级增长。另外，如果一个状态从未出现过，Q 学习算法是无法处理的。也就是说 Q 学习算法缺少预测或泛化能力。

为了使得 Q 学习算法具备预测能力，可以采用回归的方式用函数拟合 Q：

$$Q(s,a;\theta) \approx Q^*(s,a) \tag{10.34}$$

式中，θ 是模型参数。

模型有很多种选择，如线性的或非线性的。传统的非深度学习的函数拟合更多的是人工特征+线性模型拟合。最近几年深度学习在监督学习领域的巨大成功，用深度神经网络端到端地拟合 Q 值，也就是深度 Q 网络(Deep Q-network，DQN)，似乎是个必然趋势。

因为DQN本身是个回归问题，模型的优化目标是最小化 1-step TD error 的平方损失，表示为

$$L = E[(r + \gamma \max_{a'} Q(s',a') - Q(s,a))^2] \tag{10.35}$$

因此，Q 学习梯度可以表示为

$$\frac{\partial L(w)}{\partial w} = E\left[(r + \gamma \max_{a'} Q(s',a') - Q(s,a))\frac{\partial Q(s,a,w)}{\partial w}\right] \tag{10.36}$$

以上损失函数目标可以采用随机梯度下降法(Stochastic Gradient Descent，SGD)进行优化。

10.4　机器学习算法在通信网络中的应用

近年来，各国学者对机器学习算法在无线通信领域中的应用展开了广泛的研究，本节将以信道接入、流量分类、TCP 传输优化和路由优化为例，介绍机器学习技术在通信网络中的应用。

10.4.1　信道接入

电磁环境中的干扰存在一定的动态性，公共控制信道的使用受到了一定的限制。在

这种情况下，终端用户可主要依赖本地信息实现对信道的接入，为了避免发生冲突，需要用户能够进一步学到干扰源的活动策略，并据此选择最优的本地信道接入策略。该研究的重点在于构建本地信息与干扰源活动策略之间的关联，并依据本地信息的变化不断调整本地接入策略。根据任务需求，可以将本问题建模为多智能体强化学习问题，从问题中抽象出相关的状态、回报、协作机制，依托深度学习多维感知能力和强化学习自主决策能力的优势，采用离线训练、在线执行的方式，设计一种通信场景自适应、接入节点可扩展的多用户频谱协作接入架构。离线训练时，集中训练器根据各用户的感知-接入经验训练频谱协作共享策略；在线执行时，用户节点依赖有限的频谱感知能力利用学习到的接入策略自主进行信道接入，有利于减少集中式频谱分配时通信协议的开销，保证信道接入的实时性。

将边缘网络的多用户信道接入与分配问题建模成多智能体马尔可夫博弈过程，通过在边缘服务器上部署深度强化学习算法进行集中式训练，搭建集中式学习、分布式执行的多智能体强化学习框架，如图 10-20 所示。在训练阶段，部署在边缘服务器上的集中训练器利用各用户的感知-接入经验离线训练频谱协作接入策略；在执行阶段，用户节点只依赖局部频谱感知信息自主决策进行信道接入。将可用的信道按照相同的起止时间划分为等间隔的时隙，将多用户的频谱合作接入问题建模为一个完全合作博弈问题，利用多智能体强化学习来求解分布式部分可观测马尔可夫博弈问题达到纳什均衡的最优策略。

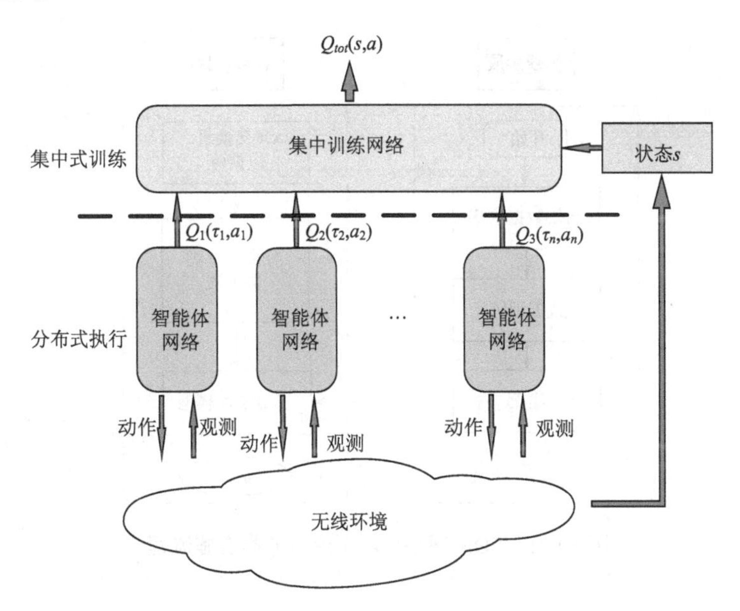

图 10-20　集中式学习、分布式执行的多智能体强化学习框架

10.4.2　流量分类

流量分类是智能化通信网络的典型应用之一，对网络监控、入侵检测以及服务质量保障都具有十分重要的作用。网络流量分类和应用识别也是 IP 网络工程、管理和控制以

及其他关键领域的核心技术之一。传统流量分类方法基于深度包检测(Deep Packet Inspection，DPI)模块来实现，该模块可以对数据包荷载进行准确检测，从而识别和控制业务流。然而，DPI 受到数据包荷载的加密、使用私有协议、P2P 端口加密等一系列限制，并不能有效识别所有数据流，并且识别底层协议也需要进行大量的逆向工程。另外，随着当前网络应用的大量涌现，很多应用都提供同质化服务，导致 DPI 在识别每个具体应用并维护其数据库时是低效的。 在实际网络中，单纯的 DPI 技术会消耗大量的计算资源，带来一定的时延，降低网络反应速率。

针对上述不足，相关研究学者提出将机器学习算法应用于流量分类中。与传统算法相比，基于机器学习算法的流分类方法不需要对数据包荷载进行检查，只提取流粒度的特征，如前 N 个数据包的大小、源和目的 IP 地址、协议与流到达间隔等。从理论上分析，基于机器学习算法的流分类方法的计算复杂度更小，并且可以对加密流量进行分类。将网络流量分类场景扩展至软件定义网络(SDN)环境下，借助 SDN 的数控分离和集中式控制的优势实现准确的流量分类。核心思想是借助从 OpenFlow 交换机中接收到的数据包的头部信息和控制器中的统计数据对 SDN 上的流量进行分类。通过提取流量统计并基于神经网络变量(如 FNN、NaiveBayes 等)的协议能力，可实现一种基于应用层协议的在线流量分类框架，实施流程如图 10-21 所示，主要分为在线和离线两个阶段，离线阶段的训练数据和建模作为在线阶段机器学习的输入，二者互相配合共同完成流量分类任务。

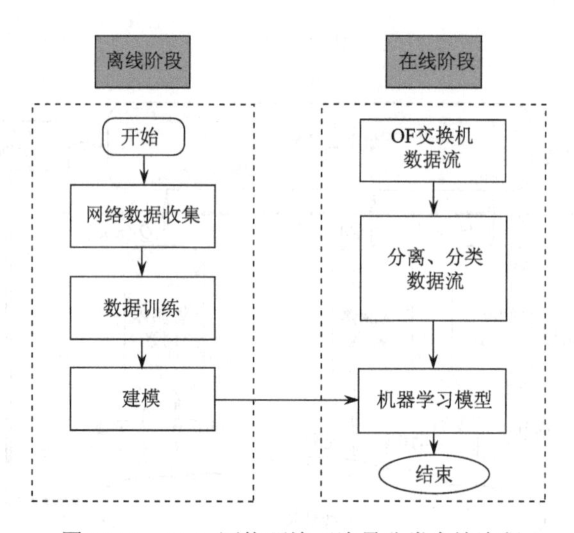

图 10-21　SDN 网络环境下流量分类实施流程

10.4.3　TCP 传输优化

基于机器学习、网络测量等技术，智能化通信网络可以对数据流实现更细粒度的感知与控制，在错误恢复、带宽利用、提高吞吐量方面实现更高的性能，从而有效优化用户服务质量(QoS)，实现更加有效的数据传输。网络需要适应互联网流量的动态性和突发性，保证良好稳定的 QoS，从而不影响最终用户的体验。然而，由于互联网的动态特性，无法通过预定义自适应算法来满足未来应用对网络资源的需求，因此难以保证QoS。针对此问题，研究者提出用机器学习算法根据当前网络状态来适时调整网络参数，以稳定或最优化用户体验。例如，采用基于监督分类的无监督特征学习架构来控制视频准入和资源管理。

机器学习算法可对无线传感器网络的 QoS 进行优化，通过采用一种基于多参数自组织映射神经网络的集中式自适应能量聚类(Energy Based Clustering Self-organizing，EBC-S)协议，可对传感器节点能量水平和坐标进行聚类，将一些最大能量节点作为 SOM 地图单元的权重，使能量较高的节点吸引能量较低的最近节点，如图 10-22 所示。该方法能够形成能量均衡的群集并平均分配能量消耗。最后，与以前的协议进行比较，仿真结果证明该方法能够延长网络的生存时间，同时通过分布式节点部署可以确保网络具有更大的覆盖范围。

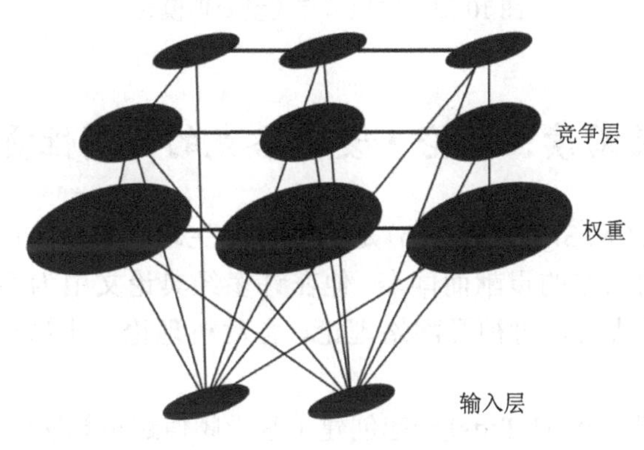

图 10-22　EBC-S 组织架构

10.4.4　路由优化

近年来，随着网络规模的逐步扩大和网络应用的多样化推出，网络流量近乎呈现指数增长。在此背景下，流量控制和路由优化对保证服务质量显得至关重要。特别是在实时多媒体网络中，不当的路由选择会导致拥塞、丢包，而之后的重传又会加剧拥塞。因此，网络拥塞后重传并非最佳选择，改进之处在于需要对路由选择进行优化。传统路由协议的核心理念在于选择具有最大或最小度量值的路径，如最短路径(Short Path，SP)算法。然而，传统 SP 算法存在收敛速度慢的问题，不适合动态网络，对网络变化的延迟响应可能导致严重的拥塞。

通过采用深度学习算法，可以实现一种异构网络流量控制路由方案，其中本地节点的流量处理模式如图 10-23 所示。虽然采用深度学习算法可以有效提升路由选择效率，但收集具有标签的异构网络流量所需的计算量较大，并且输入数据的不平衡和过度拟合使该方法具有较低的容错率。

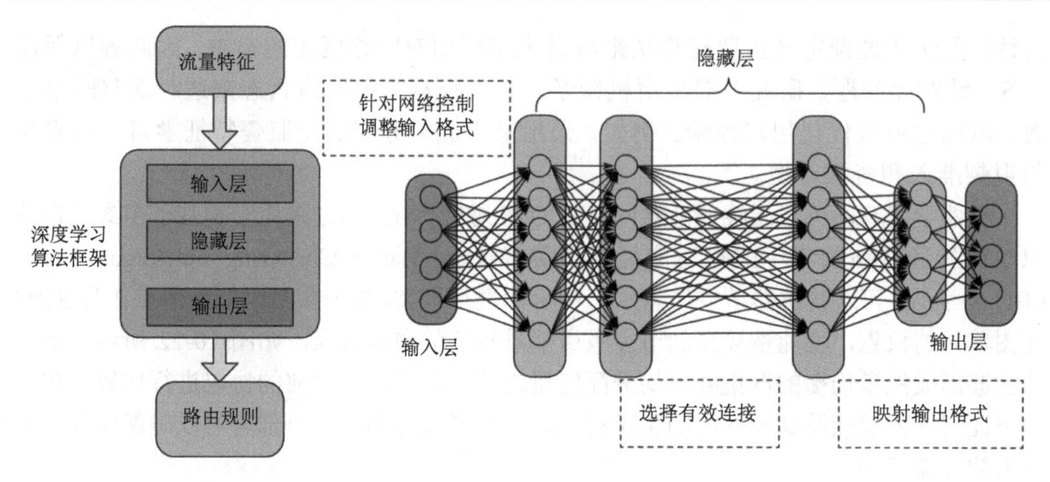

图 10-23　本地节点流量处理模式

扩展阅读：沃伦·麦卡洛克的开创性贡献

沃伦·麦卡洛克(W. S. McCulloch)是美国神经生理学家和控制论学家，以其在某些大脑理论基础上的工作的贡献而闻名。他在许多经典论文中为某些大脑理论提供了基础，其工作被广泛认为是对神经网络理论、自动机理论、计算理论和控制论的开创性贡献。

他与沃尔特·皮茨（W. H. Pitts)一起创建了基于阈值逻辑算法的计算模型，称为 M-P 神经元模型。该模型衍生出两条重要的科学研究路径：一条侧重于研究大脑的生物过程；另一条侧重于神经网络在人工智能中的应用。在 1943 年的论文 *A Logical Calculus of the Ideas Immanent in Nervous Activity* 中，麦卡洛克和皮茨试图证明图灵机程序可以在形式神经元的有限网络中实现，神经元是大脑的基本逻辑单元。在 1947 年的论文 *How We Know Universals: the Perception of Auditory and Visual Forms* 中，他们提供了设计神经网络以识别视觉输入的方法，尽管方向或大小发生了变化。

从 1952 年开始，麦卡洛克在麻省理工学院电子研究实验室工作，主要从事神经网络建模。他的团队根据麦卡洛克 1947 年的论文检查了青蛙的视觉系统，发现眼睛为大脑提供的信息在一定程度上已经被组织和解释，而不是简单地传递图像。麦卡洛克还提出了“扑克筹码”网状结构的概念，解释了大脑如何在一个民主的体表神经网络中处理相互矛盾的信息。

麦卡洛克是美国控制论学会的创始成员，并在 1967～1968 年期间担任该学会的第二任主席。受益于他的交叉学科背景，该学会成为全球神经网络科学研究的重要推动力量。

习　　题

10-1　采用机器学习技术解决通信网络问题的优势和挑战有哪些？

10-2　机器学习算法选择的基本依据有哪些？

10-3　请简述 RNN 对时序信息处理的基本原理。

10-4　请简述储备池计算的基本思想。

10-5　请简述贝尔曼最优方程的主要求解方法。

10-6　请简述策略迭代算法的主要步骤。

10-7　思考并列举 3 个 ESN 在通信网络中的可能应用。

10-8　思考并列举 3 个 SNN 在通信网络中的可能应用。

10-9　思考并列举 3 个 LSTM 在通信网络中的可能应用。

10-10　思考并列举 3 个 DQN 在通信网络中的可能应用。

参 考 文 献

陈敏, 2020. 人工智能通信理论与方法[M]. 武汉: 华中科技大学出版社.

陈相宁, 2014. 网络通信原理[M]. 北京: 科学出版社.

古天龙, 蔡国永, 2003. 网络协议的形式化分析与设计[M]. 北京: 电子工业出版社.

李广林, 2014. 现代通信网技术[M]. 西安: 西安电子科技大学出版社.

李航, 2019. 统计学习方法[M]. 2 版. 北京: 清华大学出版社.

李伟章, 2003. 现代通信网概论[M]. 北京: 人民邮电出版社.

李文海, 2005. 现代通信网[M]. 北京: 北京邮电大学出版社.

刘学观, 郭辉萍, 2006. 微波技术与天线[M]. 2 版. 西安: 西安电子科技大学出版社.

陆传赉, 2009. 排队论[M]. 2 版. 北京: 北京邮电大学出版社.

聂景楠, 2006. 多址通信及其接入控制技术[M]. 北京: 人民邮电出版社.

秦国, 秦亚莉, 韩彬霞, 2004. 现代通信网概论[M]. 北京: 人民邮电出版社.

沈庆国, 周卫东, 陈涓, 等, 2004. 现代通信网络[M]. 北京: 人民邮电出版社.

石文孝, 2008. 通信网理论与应用[M]. 北京: 电子工业出版社.

STALLINGS W, 2005. 无线通信与网络[M]. 2 版. 何军, 等译. 北京: 清华大学出版社.

王承恕, 2005. 现代通信网[M]. 北京: 电子工业出版社.

王昊, 王艳营, 2014. 通信网络基础[M]. 北京: 北京大学出版社.

王新梅, 肖国镇, 2001. 纠错码——原理与方法（修订版）[M]. 西安: 西安电子科技大学出版社.

夏靖波, 刘振霞, 张锐, 2006. 通信网理论与技术[M]. 西安: 西安电子科技大学出版社.

谢希仁, 2008. 计算机网络[M]. 5 版. 北京: 电子工业出版社.

姚玉坤, 鲜永菊, 赵国锋, 2009. 现代通信网络实用教程[M]. 北京: 机械工业出版社.

曾勇, 董丽华, 马建峰, 2011. 排队现象的建模、解析与模拟[M]. 西安: 西安电子科技大学出版社.

赵利, 符杰林, 宁向延, 2011. 现代通信网络及其关键技术[M]. 北京: 国防工业出版社.

AKHTAR M W, HASSAN S A, GHAFFAR R, et al., 2020. The shift to 6G communications: vision and requirements[J]. Human-centric computing and information sciences, 10(53): 1-27.

CHEN M Z, CHALLITA U, SAAD W, et al., 2019. Artificial neural networks-based machine learning for wireless networks: a tutorial[J]. IEEE communications surveys and tutorials, 21(4): 3039-3071.

CHEN M Z, MOZAFFARI M, SAAD W, et al., 2017. Caching in the sky: proactive deployment of cache-enabled unmanned aerial vehicles for optimized quality-of-experience[J]. IEEE journal on selected areas in communications, 35(5): 1046-1061.

CUI J J, LIU Y W, NALLANATHAN A, 2020. Multi-agent reinforcement learning-based resource allocation for UAV networks[J]. IEEE transactions on wireless communications, 19(2): 729-743.

JIANG W, FENG G, QIN S, et al., 2019. Multi-agent reinforcement learning for efficient content caching in mobile D2D networks[J]. IEEE transactions on wireless communications, 18(3): 1610-1622.

LASAULCE S, TEMBINE H, 2011. Game theory and learning for wireless networks: fundamentals and application[M]. Orlando: Academic Press.

LEON-GARCIA A, WIDJAJA I, 1999. Communication networks: fundamental concepts and key architectures[M]. 2nd ed. Boston: McGraw Hill Higher Education.

LUONG N C, HOANG D T, GONG S M, et al., 2019. Applications of deep reinforcement learning in communications and networking: a survey[J]. IEEE communications surveys and tutorials, 21(4): 3133-3174.

NASIR Y S, GUO D N, 2019. Multi-agent deep reinforcement learning for dynamic power allocation in wireless networks[J]. IEEE journal on selected areas in communications, 37(10): 2239-2250.

SAMARAKOON S, BENNIS M, SAAD W, et al, 2020. Distributed federated learning for ultra-reliable low-latency vehicular communications[J]. IEEE transactions on communications, 68(2): 1146-1159.

SUTTON R S, BARTO A G, 2018. Reinforcement learning: an introduction[M]. 2nd ed. London: The MIT Press.

TEMBINE H, 2012. Distributed strategic learning for wireless engineers[M]. Boca Raton: CRC Press.

WANG J J, JIANG C X, ZHANG H J, et al., 2020. Thirty years of machine learning: the road to Pareto-optimal wireless networks[J]. IEEE communications surveys and tutorials, 22(3): 1472-1514.

WANG W B, KWASINSKI A, NIYATO D, et al., 2016. A survey on applications of model-free strategy learning in cognitive wireless networks[J]. IEEE communications surveys and tutorials, 18(3): 1717-1757.

WEI Y F, YU F R, SONG M, et al., 2019. Joint optimization of caching, computing, and radio resources for fog-enabled IoT using natural actor-critic deep reinforcement learning[J]. IEEE internet of things journal, 6(2): 2061-2073.

XIONG Z H, ZHANG Y, NIYATO D, et al., 2019. Deep reinforcement learning for mobile 5G and beyond: fundamentals, applications, and challenges[J]. IEEE vehicular technology magazine, 14(2): 44-52.